Gerhard Vollmer

Was können wir wissen?

Band 1

Die Natur der Erkenntnis

Was können wir wissen?

Band 1
Die Natur der Erkenntnis

Beiträge zur
Evolutionären Erkenntnistheorie

Prof. Dr. rer. nat. Dr. phil. **Gerhard Vollmer**
Zentrum für Philosophie und Grundlagen der Wissenschaft
der Justus-Liebig-Universität Gießen

Mit einem Geleitwort von Nobelpreisträger
Prof. Dr. med. Dr. phil. Dres. h. c. Konrad Lorenz

Mit 11 Abbildungen und 12 Tabellen

3., durchgesehene Auflage

S. Hirzel Verlag Stuttgart

ÜBER DEN AUTOR

Prof. Dr. rer. nat. Dr. phil. Gerhard Vollmer ist am 17. November 1943 in Speyer am Rhein geboren. Er studierte Mathematik, Physik und Chemie in München, Berlin und Freiburg und arbeitete als Praktikant beim Deutschen Elektronen-Synchrotron (DESY) in Hamburg. Sein Physikstudium beendete er 1968 mit dem Diplom. Er promovierte 1971 bei Siegfried Flügge in Freiburg über Umkehrprobleme der Streutheorie und war dort bis 1975 Wissenschaftlicher Assistent für theoretische Physik.

Neben seiner Tätigkeit als Naturwissenschaftler studierte er Philosophie und allgemeine Sprachwissenschaft. Ein einjähriger Aufenthalt 1971/2 als postdoctoral fellow bei Mario Bunge in Montreal (Kanada) regte ihn an, über Probleme der modernen Wissenschaftstheorie zu arbeiten. 1974 promovierte er in Philosophie mit einer Arbeit über Evolutionäre Erkenntnistheorie. Diese Arbeit erschien 1975 im S. Hirzel Verlag, Stuttgart, und inzwischen in 8. Auflage.

Von 1975 bis 1981 lehrte er am Philosophischen Seminar der Universität Hannover. Seine Arbeitsgebiete sind Logik, Erkenntnis- und Wissenschaftstheorie, Grundlagen der Physik und der Biologie und Naturphilosophie. Ab 1981 war er Professor am Zentrum für Philosophie und Grundlagen der Wissenschaft in Gießen, seit 1991 am Seminar für Philosophie der Technischen Universität Braunschweig.

Bibliographische Informationen Der Deutschen Bibliothek
Die Deutsche Bibliothek verzeichnet diese Publikation in der Deutschen Nationalbibliografie; detaillierte bibliografische Daten sind im Internet unter http://dnb.ddb.de abrufbar.

3. Auflage 2003
ISBN 3-7776-1248-0

Druck: Karl Hofmann, Schorndorf

Meiner lieben Frau,
deren Geduld und Fürsorge diese
Aufsätze zu verdanken sind

INHALT

Band 2 enthält folgende Beiträge:

Geleitwort von Hans Sachsse
Einführung
Die Unvollständigkeit der Evolutionstheorie (1984)
Ein neuer dogmatischer Schlummer?
Kausalität trotz Hume und Kant (1981)
Kann es von einmaligen Ereignissen eine Wissenschaft geben? (1981)
Evolutionäre Erkenntnistheorie und Leib-Seele-Problem (1980)
Probleme der Anschaulichkeit (1982)
Jenseits des Mesokosmos –
Anschaulichkeit in Physik und Didaktik (1984)
Die Einheit der Wissenschaft in evolutionärer Perspektive (1984)
Probleme des Reduktionismus für die Biologie (1979)
Reduktion und Evolution – Argumente und Beispiele (1984)
Woher stammt die Asymmetrie der Zeit?
Zeitpfeile in Physik und Kosmologie (1985)
Kopf und Computer (1979)

Nachweis der Erstveröffentlichungen

Was können wir wissen? Eigenart und Reichweite menschlichen Erkennens.
Beitrag zur zehnbändigen Enzyklopädie „Der Mensch“, Band I. Kindler, Zürich 1982, 114–149

Evolution und Erkenntnisfähigkeit – Ansätze zu einer Evolutionären Erkenntnistheorie.
Dialektik *8* (1984) 76–89

Mesokosmos und objektive Erkenntnis – Über Probleme, die von der Evolutionären Erkenntnistheorie gelöst werden.
In K. Lorenz / F.M. Wuketits (Hrsg.): Die Evolution des Denkens. Piper, München 1983, 29–91

Das alte Gehirn und die neuen Probleme – Aspekte und Folgerungen einer Evolutionären Erkenntnistheorie.
In M. Horvat (Hrsg.): Das Phänomen Evolution. Literas-Verlag, Wien 1988

Kant und die Evolutionäre Erkenntnistheorie.
Allgemeine Zeitschrift für Philosophie *9*/2 (1984) 19–71

Über vermeintliche Zirkel in einer empirisch orientierten Erkenntnistheorie.
Original englisch: On supposed circularities in an empirically oriented epistemology. Proc. 11th Int. Conf. on the Unity of the Sciences (Philadelphia (1982). Int. Cultural Foundation Press, New York 1983, 783–833. Reprinted in: G. Radnitzky/W.W. Bartley, III (eds): Evolutionary epistemology, rationality, and the sociology of knowledge. Open Court, La Salle (Ill.) 1987, 163–200.

Evolution und Erkenntnis – Zur Kritik an der Evolutionären Erkenntnistheorie.
Originalbeitrag 1985

Allen Verlagen und Herausgebern sei für die Erlaubnis zum Abdruck in diesem Band herzlich gedankt.

GELEITWORT

von Nobelpreisträger Prof. Dr. Dr. Konrad Lorenz

Ich halte den Durchbruch und die rasche Verbreitung der Evolutionären Erkenntnistheorie für das wichtigste geistesgeschichtliche Ereignis der letzten Jahre. Es drängt mich, eine Erklärung für diesen Vorgang zu finden, und ich suche sie in einer Analyse des Gründe, die mich selbst zu dieser Philosophie geführt und von ihrer Richtigkeit überzeugt haben.

Donald Campbell unterscheidet zwischen proximalem und distalem Wissen. Zum ersteren zählt er ganz allgemein das, was wir als evident bezeichnen, insbesondere die apriorischen Denkkategorien und Anschauungsformen, ohne die Erfahrung nicht möglich wäre und die uns vor aller Erfahrung gegeben sind. Zum distalen Wissen zählt er jene Überzeugungen, die wir durch Folgern erreichen und die uns deshalb weniger sicher erscheinen als die des proximalen Wissens.

Zum proximalen Wissen, zu den unmittelbar evidenten Gegebenheiten der uns umgebenden Natur, gehört merkwürdigerweise auch die Tatsache, daß wir nicht allein auf der Welt sind, sondern daß grundsätzlich gleich strukturierte, erlebende Mitwesen uns umgeben. Es war Karl Bühler, der das Vorliegen einer solchen „Du-Evidenz" betont und überzeugend nachgewiesen hat. Ohne die Existenz gleich strukturierter, erlebender Wesen wären alle Lehren über Ethik hinfällig; und auch alle großen, selbst die nicht-realistischen Philosophen waren vom Dasein ihrer Mitmenschen überzeugt, obwohl sie davon doch nur durch die so verachteten Sinnesorgane Kenntnis hatten. Die „Du-Evidenz" ist dabei keineswegs die einzige Vorwegnahme von Anschauungen der Evolutionären Erkenntnistheorie; in Bühlers vielen Schriften über Wahrnehmung ist sie vielmehr zwischen den Zeilen vorausgesetzt, und wahrscheinlich ist dies die wichtigste Grundlage meiner eigenen Anschauungen gewesen.

Es liegt im Wesen des Menschengeistes, daß große Durchbrüche der Erkenntnis fast nie von einem Einzelmenschen vollbracht werden. Auch die Evolution ist nicht von einem Einzelmenschen entdeckt und analysiert worden, und ebenso sind die aus der Tatsache der Evolution zu ziehenden epistemologischen Folgerungen nicht von einem einzelnen Mann gezogen worden. Schon vor 100 Jahren hat Boltzmann nach Lektüre von Darwins „Origin of Species" in sein Tagebuch geschrieben: „Aber was wird dann aus den von Kant für apriori gehaltenen Denk- und Anschauungsformen?"

Wenn man mich fragt, wie ich zu meiner erkenntnistheoretischen Überzeugung gelangt bin, so muß ich zuerst den Einfluß Karl Bühlers erwähnen. Man kann aber nicht von einem *Weg* sprechen, auf dem ich meine eigene Erkenntnistheorie entwickelt hätte. Von früher Kindheit an lebte ich in unmittelbarem Umgang mit Tieren, zunächst mit Enten, später mit Wildgänsen und anderen Tieren, und tue das heute noch in unvermindertem Maße. Für mich hat die Du-Evidenz Karl Bühlers höhere, warmblütige Tiere immer mit eingeschlossen und das tut sie für die meisten Menschen, die von der Notwendigkeit eines Schutzes der Tiere gegen Grausamkeiten überzeugt sind. Seit ich mit nicht ganz sechs Jahren, auf dem Fliesenboden unserer Küche sitzend, ein laut weinendes Entenküken zu trösten versuchte, indem ich die Laute der ihm fehlenden Mutter nachahmte, bin ich bis in die Grundfesten meines Wesens von der Tatsache überzeugt, daß höhere Tiere, vor allem Warmblüter, Leid und Freude in grundsätzlich gleicher Weise erleben wie wir. Mit anderen Worten, ich wurde in einer Weise, die mein Menschentum in keiner Weise beleidigt, davon überzeugt, daß ich ein Lebewesen bin wie viele andere, daß ich *auch ein Tier* bin. Die Identifikation des eigenen Lebens mit dem meiner geliebten Freunde belehrte mich aber nicht nur darüber, wie ähnlich das Erleben von Freud und Leid bei Tieren dem meinen war; gleichzeitig machte sie mir auch verständlich, wie *unglaublich dumm* Tiere sein können. Mit anderen Worten, ich lernte verstehen, wieviele Einzelheiten im Aufbau der Welt, für mich leicht verständlich und durchaus evident, in der Welt meiner Freunde einfach nicht vorhanden waren.

Zu dieser Zeit, also in früher Jugend, geriet ich unter den Einfluß von Jakob von Uexküll, begriff ich die Fruchtbarkeit seiner Methode, der sogenannten „Umweltforschung". Sie untersucht, welche Daten der umgebenden Welt sich in der Sinneswelt eines Tieres abbilden und welche zu bestimmten Verhaltensweisen in Beziehung stehen. Die Umwelt eines Lebewesens zu erforschen, ist in der Tat eine unserer ersten Aufgaben, und von ihrem Erfolg hängt unsere spätere Einsicht in die Physiologie des Verhaltens einer Tierart weitgehend ab. Jakob von Uexküll glaubte allerdings nicht an die Evolution. Die psychologischen Gründe für diese unbegreifliche Voreingenommenheit eines ganz großen Mannes müssen in seiner frühen Kindheit oder Jugend zu suchen sein. Mit der Evolution leugnete er auch jeden Vorgang der Anpassung, war aber keineswegs blind für die feine Passung der Lebewesen und ihres Verhaltens an Einzelheiten ihrer verschiedenen Welten. Den gordischen Knoten der Frage, wie diese Entsprechungen zustande kamen, suchte Uexküll zu lösen, indem er eine *prästabilierte Harmonie* zwischen der Merkwelt und der Wirkwelt jeglichen Lebewesens annahm. Mit diesem philosophischen Gewaltakt entging er auch der Notwendigkeit, eine gemeinsame und allen Lebewesen gleichermaßen eigene reale Welt anzunehmen.

Damit bleibt uns die Umweltphilosophie Uexkülls aber die Frage schuldig, wie es kommt, daß Pantoffeltierchen, Enten und Affen sich offensichtlich mit ähnlichen Problemen herumschlagen, wie sie auch in unserer menschlichen Welt auftreten, nur daß sie bei uns noch sehr viel zahlreicher sind. Das für mich Erstaunliche war, daß höhere Tiere, die Freud und Leid in so ähnlicher Weise erleben wie wir, eine ganze Reihe von Gegebenheiten nicht sehen und daher Lösungen, die uns selbstverständlich scheinen, nicht finden. Durch Beobachtungen dieser Art kam ich zu systematischen Vergleichen zwischen den Gegebenheiten, die sich in der Welt des einen Tieres abbilden, in der des anderen aber nicht. Sicher war dabei der Gedanke richtungweisend, daß das Erleben der verschiedenen Tiere jeweils ein Abbild *derselben* realen Welt sei und daß lediglich der Informationsgewinn, den zwei Organismen aus denselben Umweltdaten zu ziehen vermögen, so ungeheuer verschieden ist. Das Pantoffeltierchen erfährt bei seiner phobischen Reaktion nur die Tatsache, daß der Weg in einer bestimmten Richtung blockiert ist. Ein mit der Fähigkeit zu dreidimensionaler Orientierung begabter Fisch erfährt bei einem analogen Umwegversuch, *welche* von unendlich vielen möglichen Richtungen die erfolgversprechendste ist. Als mir klar geworden war, wie unmittelbar die zweckmäßige Auseinandersetzung mit bestimmten Umwelt-Daten vom Vorhandensein eines *auf eben diese Umwelt* „gemünzten" Wahrnehmungsapparates abhängt, verstand ich auf einmal, warum bei allen Orientierungsversuchen an untermenschlichen Lebewesen regelmäßig nur solche Gegebenheiten zutage kamen, die auch in unserer menschlichen Umwelt wahr und richtig sind: In der Richtung, aus der das Paramaecium phobisch zurückzuckt, geht es tatsächlich nicht weiter! Keine der Informationen, auf die wir ein Tier reagieren sehen, ist von der Ebene unseres eigenen Weltbildes aus betrachtet „falsch"; nur der allgemeine Informationsgehalt der untermenschlichen Welten ist sehr viel geringer als der unserer eigenen.

Der Vergleich verschiedener tierischer Umwelten, wie ihn Uexküll angebahnt hat, kann uns offensichtlich darüber belehren, welches Verhältnis zwischen der jeweiligen Umwelt eines Tieres und seiner Fähigkeit besteht, diese Umwelt wahrzunehmen. Wir geraten auf den naheliegenden Gedanken, daß das rezeptorische und effektorische System, welches eine Tierart in *Anpassung* an die Wirklichkeiten ihrer Umwelt ausgebildet hat, in gewissem Sinne ein *Bild* dieser Wirklichkeiten darstellt. Diese Erkenntnis steht in schärfstem Widerspruch zu der These

Immanuel Kants, daß keine wie immer geartete Beziehung zwischen dem Weltbild des Organismus, auch dem des Menschen, und dem An-Sich-Seienden, dem Ding-An-Sich, besteht. Das physikalische Weltbild des Menschen ist ja für Kant keineswegs ein Bild des Dings-An-Sich.

In keinem der unterschiedlichen Weltbilder verschiedener Organismen begegnen wir je einer Gegebenheit, die im Widerspruch zu dem stünde, was wir Menschen von der realen Außenwelt zu wissen glauben. Auch wenn Lebewesen völlig andere, uns Menschen unzugängliche Reizqualitäten auswerten, kommen wir keineswegs in die Verlegenheit, an transzendente Verwerfungen der äußeren Realität glauben zu müssen; meistens sind wir imstande, das uns Unzugängliche mittels „Sinnesprothesen" technischer Art doch noch zu registrieren.

Vergleiche darüber, was in verschiedenen Weltbildern „abbildbar" ist, helfen uns dann auch, Begrenzungen unseres eigenen Weltbildapparates zu erwarten und anzuerkennen. Wir wissen, daß mikroskopische Feinstrukturen nur dann sichtbar werden, wenn das erste Beugungs-Spektrum noch innerhalb des Bereiches der „numerischen Apertur" des betreffenden Mikroskops liegt. Ist die Struktur feiner als dies, so liefert das Objektiv ein strukturloses einförmiges Braun. Feinere Strukturen liegen jenseits der Grenze möglicher Erfahrung, sie sind in gewissem Sinne transzendent. Wenn jedoch der Besitzer des besten auf der Erde existierenden Mikroskops behaupten wollte, es gebe Strukturen bis herab zu der Größe, die von seinem Instrument eben noch aufgelöst wird, und *daneben* noch strukturlose braune Materie, so würde wohl jeder die geozentrische Beschränktheit dieses Urteils erkennen.

Was die Uexküll'sche Umweltlehre mir persönlich gegeben hat, war die Erkenntnis, daß viele Wirklichkeiten, die für uns Menschen durchaus verständlich erscheinen, für einfacher gebaute Organismen unerreichbar transzendent sind. Zutiefst überzeugt von der organischen Natur meines eigenen Erkenntnisapparates, erschien es mir deshalb als eine frevlerische Arroganz, die Grenzen unserer menschlichen Erkenntnisfähigkeit absolut zu sehen und ein endgültiges „bis hierher und nicht weiter" aussprechen zu wollen. Pantoffeltierchen leben in einer Welt mit nur einer Dimension, bauchhaarige Infusorien in einer Welt von zweien, alle räumlich orientierten Lebewesen offensichtlich im gleichen dreidimensionalen Raume wie wir selbst; wer wird da zu behaupten wagen, daß dies die letzte mögliche Orientierung im Raume sein müsse? Allerdings kennen wir kein Tier, das, wie die Raumschiffe der Science Fiction, durch Übergang in eine weitere Dimension aus unserer Welt verschwinden könnte.

Ein Vergleich der Dinge, die wir uns anschaulich vorstellen können, mit der Unzahl von weiteren, logisch denkbaren Seinsformen, die im Rahmen unseres eigenen raum-zeitlichen Vorstellungsvermögens schlechterdings unmöglich sind, zeigt uns, wie eng begrenzt dieses Vorstellungsvermögen im Vergleich zum *Denkmöglichen* ist. Unser „perceptive apparatus", wie Karl Popper ihn nennt, ist offensichtlich auf die mittleren Bereiche der außersubjektiven Wirklichkeit geeicht. Gerhard Vollmer hat diesen Bereich sehr treffend „Mesokosmos" genannt. In diesem mittleren Bereich arbeiten unsere Sinnesorgane und unsere angeborenen Denk- und Anschauungsformen, die uns Erfahrungen möglich machen und deshalb vor jeder Erfahrung da sein müssen, auch zuverlässig; hier geraten wir so gut wie nie in Widerspruch mit den Tatsachen.

Sowie wir aber ins ganz Große oder ganz Kleine vordringen, stimmen die Tatsachen nicht mehr mit den Erwartungen unseres „perceptive apparatus" überein: Kategorien wie Substantialität und Kausalität verlieren ihre Gültigkeit; dasselbe An-Sich-Seiende kann einmal als Korpuskel, das andere Mal als Welle in Erscheinung treten; und unser logisches entweder-oder wird fragwürdig.

Wer an die Gedankengänge der Evolutionsforschung gewöhnt ist, dem drängt sich der Gedanke auf, daß die Strukturen unseres Denkens und unserer Anschauung genau so wie die unseres Körpers in Auseinandersetzung mit Wirklichkeiten und in Anpassung an diese entstanden sein müssen. Was sie uns über die uns umgebende reale Außenwelt mitteilen, ist in gewisser Weise analog zu dem, was ein einfacher Robbenfänger über die Ökologie der Beutetiere weiß, von denen er lebt: Nur das für ihn Relevante tritt in seiner Welt in Erscheinung. Auf Gegenstände von der ungefähren Größe unserer Körperteile und auf die Stärke unserer Organwirkungen angewandt, sind die Gesetze unserer Anschauungsformen und Kategorien durchaus verläßlich. Für den mesokosmischen Bereich sind sie in der Tat *so verläßlich*, daß es dem Menschen keinen Schaden getan hat, sie für absolut wahr oder, genauer gesagt, die von ihnen gemalte Welt schlicht und einfach für das An-Sich-Seiende zu halten. Der nicht reflektierende Mensch ist gewiß ebenso naiver Realist wie jedes höhere Tier.

Man kann die Reflexion und ihren Eintritt in unsere Welt nahezu mit der Menschwerdung gleichsetzen. Sie gehört zu unseren größten und wichtigsten Begabungen. Und doch war es die Reflexion, die den naiven oder tierischen Realismus in Schwierkeiten gebracht hat: Ich sitze an meinem Schreibtisch, und neben mir liegt, ein Bild friedlicher Häuslichkeit, mein schlafender Hund. Gestern aber schlief ich an der gleichen Stelle ein und *träumte*, es läge mein Hund neben mir. Dann aber wachte ich auf und siehe, es war gar kein Hund da! Woher weiß ich nun, daß ich jetzt *nicht* träume, ja, daß die ganze mich umgebende makroskopische Welt nicht nur Schaum und Traum ist? So wird gleichzeitig mit der wesentlichen Leistung des Menschseins, mit der Reflexion, auch der größte Irrtum der menschlichen Geistesgeschichte geboren: Der Zweifel an der Realität der Außenwelt!

Durch Jahrtausende schien den meisten Menschen, vor allem denen mit gutem Denkvermögen, der Blick nach innen fruchtbarer als der Blick nach außen. Wer wollte sich mit der unästhetischen, schreienden, stinkenden Außenwelt näher befassen, wenn der Blick nach innen unmittelbar tiefste und schönste Wahrheiten offenbaren konnte? Es ist völlig begreiflich, daß nicht-realistische Erkenntnistheorien die Geisteswelt so lange beherrschten, bis sich allmählich die Erkenntnis Bahn brach, daß der Mensch auch ein Lebewesen ist und wie alle anderen im Zuge einer äonenlangen Auseinandersetzung mit einer realen Außenwelt entstanden ist.

Aus dieser Erkenntnis ergeben sich Folgerungen, die für die Strategie der Naturwissenschaft wesentlich sind: Das „Denknotwendige" verliert seine zwingende Notwendigkeit. Die wesentlichen Taten von Planck und Einstein sind meines Erachtens darin zu sehen, daß sie die Anschauungsformen und Kategorien, sowie sie mit den Tatsachen nicht mehr übereinstimmen wollten, wie menschengemachte Hypothesen behandelt und versuchsweise – und erfolgreich! – beiseitestellten. Mathematik und andere Strukturwissenschaften reichen weiter in die Bereiche des Makro- und Mikrokosmischen hinein und sind auch da noch verwendbar, wo Anschauungsformen und Kategorien versagen.

Es gibt aber auch im mesokosmischen Gebiet Probleme, zu denen die Evolutionäre Erkenntnistheorie Wesentliches zu sagen hat. Nach herkömmlicher Meinung gibt es drei mögliche Einstellungen zum Rätsel des Leib-Seele-Problems: die Lehre von der *Wechselwirkung* zwischen physiologischen und psychischen Vorgängen, die Lehre von ihrer *Parallelität* und die von ihrer *Identität.* Wenn wir unserem Prinzip treu bleiben, daß wir das, was eine unmittelbare, proximale Evidenz uns lehrt, niemals für unwahr erklären wollen, ist von diesen drei Einstellungen zum Leib-Seele-Problem nur die Annahme der Identität tragfähig. Wenn ich sage, auf dem Stuhl neben mir sitzt mein Freund Hans, so meine ich damit gewiß nicht sein subjektives Erleben, das dem meinen gleicht und das ich nach der Du-Evidenz Karl Bühlers anerkennen muß, noch meine ich seine physikalische, mit den Methoden der Physiologie erforschbare Körperlichkeit. Was ich meine, ist eindeutig die untrennbare Einheit dieser beiden an sich bestehenden Seiten des Lebewesens Mensch. Wollte ich mein proximales Wissen über diese Einheit leugnen, so müßte ich *lügen*.

Aus dem Gesagten geht wohl hervor, wie fest ich von der Wissenschaftlichkeit und von der Richtigkeit der Evolutionären Erkenntnistheorie überzeugt bin. In dieser Meinung bestätigt mich eine Erfahrung, die ich regelmäßig mache, wenn ich Gerhard Vollmers Arbeiten über Erkenntnistheorie lese: Ich komme mit der Lektüre wohltuend schnell voran, und zwar deshalb, weil ich sehr oft schon ahnen kann, was im nächsten Satz stehen wird. Diese beglückende Erfahrung habe nicht nur ich gemacht: Als Donald Campbell meine Arbeit „Kants Lehre vom Apriorischen im Lichte gegenwärtiger Biologie" ins Englische übersetzt hatte, drückte ich ihm meine Bewunderung dafür aus, wie schnell ihm das gelungen war. Er antwortete schlicht, dies sei leicht gewesen, da er bei der Lektüre eines Satzes immer schon gewußt habe, was im nächsten stehen würde. Auch in den Arbeiten von Gerhard Vollmer finde ich nichts, was nicht voll und ganz meiner Auffassung entspräche. Die Selbstverständlichkeit, mit der die Evolutionäre Erkenntnistheorie manchen Lesern eingeht, darf jedoch nicht mit Banalität verwechselt werden. Nicht alles scheinbar Banale ist richtig, und auch Richtiges braucht nicht selbstverständlich zu sein.

EINFÜHRUNG

Denken und Erkennen sind Leistungen des menschlichen Gehirns. Wer etwas über unser Erkenntnisvermögen herausfinden möchte, wird nicht umhin können, das menschliche Gehirn zu studieren und das dabei gewonnene Wissen zu berücksichtigen. Freilich ist dieses Gehirn das komplizierteste System, das wir kennen. Kein Wunder, daß wir Schwierigkeiten haben, es zu durchschauen. Wir sollten unsere diesbezügliche Position aber auch nicht unterschätzen.

Zunächst einmal gibt es sehr viele solcher Gehirne. Der Geowissenschaftler, der Erdbeben oder Vulkanausbrüche voraussagen will, der Meteorologe, der Orkane und Wirbelstürme untersucht, der Biogenetiker, der die Entstehung des Lebens erforscht, der Astrophysiker, der auf den Ausbruch einer Supernova wartet, der Kosmologe, der über das Weltall als Ganzes nachdenkt, – sie alle wüßten es wohl zu schätzen, wenn die Objekte ihrer Forschung so häufig und sogar milliardenfach existierten wie menschliche Gehirne.

Zum anderen trägt sogar jeder von uns ein solches System mit sich herum. Auch das ist nicht bei allen Systemen, die wir erforschen, der Fall.

Des weiteren besitzen wir nicht nur einen, sondern mehrere Zugänge zu diesem System. Wir können es als ein körperliches Organ betrachten und seinen Aufbau, seine Teile, seinen Stoffwechsel untersuchen; das ist die Aufgabe des Neurophysiologen. Wir können uns aber auch – als Psychologen – auf einige Funktionen und Leistungen des Gehirns beschränken und sie untersuchen unabhängig davon, wie sie zustandekommen, wie sie sich entwickeln oder ob sie von anderen Systemen, z.B. von Maschinen, erbracht werden können. Wir können auch die individuelle Entstehung des Gehirns verfolgen und seinen Werdegang vom befruchteten Ei bis zum erwachsenen Menschen erforschen. Wir können es mit Gehirnen und Zentralnervensystemen anderer Lebewesen vergleichen und versuchen, seinen stammesgeschichtlichen Werdegang zu rekonstruieren. Viele Gehirnfunktionen lassen sich auch anhand ihrer Ergebnisse studieren, an Leistungen, an Sprachen, an Mythen, an Religionen, an Gedichten, an Theorien, an

Schlußweisen. Und schließlich können wir Systeme konstruieren, die ähnliche Leistungen vollbringen wie das Gehirn, und hoffen, an und mit solch „künstlicher Intelligenz", die kognitive Leistungen erbringt oder wenigstens simuliert, mehr über unser eigenes Gehirn und seine Funktionen herauszufinden.

Alle diese Zugänge, ob natur- oder geisteswissenschaftlich, ob beschreibend, erklärend oder „verstehend", sind Zugänge von außen; sie machen das Gehirn und seine Leistungen zum *Objekt*; sie sind objektivierend. Wir haben aber noch einen weiteren Zugang, den Innenaspekt, das *subjektive Erleben*. Über viele Eigenheiten unseres Fühlens, Empfindens, Wahrnehmens, Denkens und Erkennens gibt uns – zumindest vorläufig – nur dieser subjektive Zugang Aufschluß. Die unleugbaren Unterschiede zwischen äußerem und innerem Aspekt führen unvermeidlich zur Frage nach dem Verhältnis von Gehirn und Geist, zum Leib-Seele-Problem. *Ohne* den inneren Zugang hätte sich dieses Problem zwar gar nicht erst gestellt; aber hätten wir dann überhaupt eine Chance, das Gehirn je zu verstehen?

Neben den bisher genannten beschreibenden und erklärenden Aspekten menschlichen Erkennens gibt es auch explikative und normative Fragen. Was ist Wahrheit, und wie lassen sich wahre von falschen Aussagen unterscheiden? Was ist Geltung, und wie lassen sich Geltungsansprüche für unsere Aussagen rechtfertigen? Gibt es objektive Erkenntnis, und kann man Erkenntnis als objektiv ausweisen? Gibt es sichere Erkenntnis, und worauf beruht ihre Sicherheit?

Mit solchen Fragen befaßt sich die Erkenntnistheorie. Die traditionelle Erkenntnistheorie ist dabei von der Annahme ausgegangen, daß es wenigstens für Teile der menschlichen Erkenntnis ein sicheres Fundament, eine Letztbegründung, eine absolute Rechtfertigung gebe, und hat versucht, solche Fundamente, Begründungen, Rechtfertigungen zu liefern. Gemessen an diesem Anspruch, ist das Ergebnis jahrhundertelangen Nachdenkens eigentlich enttäuschend: Auf einen allgemeinverbindlichen Wahrheitsbegriff hat man sich nicht einigen können. Eine Begründung oder absolute Rechtfertigung unserer vermeintlichen Erkenntnisse ist bisher niemandem gelungen. Objektive Erkenntnis ist zwar möglich, aber als solche nicht ausweisbar. Apriorisches Wissen über die Welt scheint es nicht zu geben. Das Begründungspostulat, wonach alle oder wenigstens einige Erkenntnisse in unangreifbarer Weise abgesichert werden sollten, hat sich als unerfüllbar erwiesen.

Diese Einsichten machen Erkenntnistheorie jedoch nicht überflüssig oder sinnlos. Sicheres Wissen ist zwar eine Illusion; aber auch hypothetisches Wissen kann hilfreich und zuverlässig sein. Objektive Erkenntnis ist zwar nicht garantiert, aber immerhin möglich.

Eine Erkenntnistheorie, die dem hypothetischen Charakter unseres Wissens Rechnung trägt, wird – schon aus Gründen der Selbstkontrolle – wieder stärker an unser faktisches Wissen über kognitive Systeme anknüpfen. Sie wird berücksichtigen, daß Erkenntnis nicht nur im Sinne von „Wissen" ein *Ergebnis* ist, sondern als „Erkennen" auch *Prozeß*charakter hat. Sie wird die Zuverlässigkeit unseres Wissens auch über die Vorgänge einzuschätzen versuchen, durch die Erkenntnis zustande kommt.

Nun hat der Entwicklungsgedanke bei Lebewesen immer zwei Aspekte, einen ontogenetischen und einen phylogenetischen. Die ontogenetische Entwicklung menschlichen Erkennens wird vor allem von der Entwicklungspsychologie untersucht. Aber auch Piaget, der Vater der (ontogenetisch orientierten) „Genetischen Erkenntnistheorie" bezeichnet eine evolutionsbiologische (also phylogenetisch ausgerichtete) Erkenntnislehre als die eigentliche Aufgabe der Kognitionsforschung, die nur deshalb zugunsten entwicklungspsychologischer Untersuchungen zurückgestellt wird, weil die Evolution unserer Erkenntnisfähigkeit *empirisch* so schwer zu erforschen ist. „Leider wissen wir über die Psychologie des Neandertalers . . . nicht sehr viel. Da uns diese Dimension der Biogenese nicht zugänglich ist, werden wir uns wie die Biologen der Ontogenese zuwenden müssen."[1]

Der Erkenntnistheoretiker kann aber nicht warten, bis alle empirischen Befunde verfügbar sind. Schon vorher wird er die evolutive Bedingtheit unseres Erkenntnisvermögens in seine Überlegungen einbeziehen müssen. Dieser Forderung trägt die Evolutionäre Erkenntnistheorie (EE) Rechnung. Die EE macht also Ernst

– mit der Tatsache, daß Erkennen eine *Funktion* des Gehirns ist,
– mit dem *hypothetischen* Charakter aller menschlichen Erkenntnis,
– mit der Berücksichtigung einschlägigen *faktischen* Wissens,
– mit dem *dynamischen* Charakter menschlichen Erkennens,
– mit dem *evolutiven* Ursprung unserer kognitiven Fähigkeiten,

und untersucht die erkenntnistheoretischen und anthropologischen Konsequenzen.

Die Grundgedanken der EE habe ich 1968 entwickelt, bevor mir die Ideen von Lorenz, Campbell, Popper oder Riedl bekannt waren. Ich studierte damals „nebeneinander" Physik und Philosophie. Seminare über Relativitätstheorie, über Kant und über konstruktive Logik führten mich auf die Frage, inwieweit die Ergebnisse einzelwissenschaftlicher Forschung für philosophische, insbesondere für erkenntnistheoretische Probleme relevant sein könnten. Die Tatsache, daß wir die Raumzeitstruktur der Welt anders erleben, als die moderne Physik sie beschreibt, schien mir die Vorstellung einer evolutiven Passung nahezulegen, die zwar überlebensadäquat ist, aber nicht ideal zu sein braucht.

Dieser Gedanke war so einleuchtend, daß ich annahm, er müsse entweder längst geäußert worden oder aber elementar falsch sein. Ich suchte deshalb nach Vorgängern oder nach einem aufweisbaren Trugschluß. Bei Philosophen fand ich damals nichts. Aber einen grundlegenden Denkfehler konnte ich auch nicht entdecken. Und doch waren meine Ideen weder so neu noch so falsch, daß nicht auch andere sie geäußert hätten: Über den Systemtheoretiker Ludwig von Bertalanffy geriet ich schließlich mit einem lachenden und einem weinenden Auge an die Arbeiten von Konrad Lorenz aus den Jahren 1941 und 1943.

Hier möchte ich besonders auf „Die angeborenen Formen möglicher Erfahrung" von 1943 hinweisen.[2] Während nämlich der Aufsatz von 1941 inzwischen mehrfach nachgedruckt und sogar ins Englische übersetzt worden ist, so daß er überall zitiert wird, ist die zweite Arbeit nahezu unbekannt geblieben. Die Zeitschrift für Tierpsychologie jener Kriegsjahre ist längst nicht in jeder Universitätsbibliothek zu finden. Dieser Aufsatz ist aber wegen seines Umfangs, seiner Klarheit und seiner Reichhaltigkeit ein bemerkenswertes Zeugnis für die Reichweite und die Tiefe der Lorenzschen Gedanken.

Inzwischen sind viele weitere und auch frühere Texte zur EE bekanntgeworden. Schon Darwin schrieb in sein Notizbuch M: „Platon . . . sagt im *Phaidon*, unsere *'notwendigen Ideen'* entstammten der Präexistenz der Seele, seien nicht von der Erfahrung abgeleitet, – lies Affen für Präexistenz."[3]

Diese Bemerkung verweist bereits auf den Grundgedanken der EE: Viele unserer Erkenntnisstrukturen (unserer „notwendigen Ideen") sind zwar genetisch bedingt, also *ontogenetisch a priori*; sie sind jedoch stammesgeschichtlich erworben, also *phylogenetisch a posteriori*. Diesen Grundgedanken hat auch der Physiker Ludwig Boltzmann, dessen populäre Schriften 1979 wieder zugänglich gemacht wurden, in bemerkenswerter Klarheit ausgesprochen:

> Denkgesetze werden im Sinne Darwins nichts anderes sein als ererbte Denkgewohnheiten . . . Man kann diese Denkansätze aprioristisch nennen, weil sie durch die vieltausendjährige Erfahrung der Gattung dem Individuum angeboren sind. Jedoch scheint es nur ein logischer Schnitzer von Kant zu sein, daß er daraus auch auf ihre Unfehlbarkeit in allen Fällen schließt.[4]

Der Gedanke einer evolutiven Passung unseres Erkenntnisapparates lag also seit Darwin in der Luft. Aber erst Lorenz hat die Gesetze der Evolutionstheorie, die Fakten der von ihm mitbegründeten Verhaltensforschung und die Fragestellungen der Erkenntnistheorie zu einer EE verknüpft und dabei *beide* Seiten, die biologische *und* die erkenntnistheoretische, gebührend beachtet. Darin sehe ich sein Verdienst, und deshalb dürfen wir ihn als den Vater der EE ansehen.

Aber die EE ist immer noch Programm. Dieses Forschungsprogramm habe ich 1973 in meiner Dissertation entwickelt, die 1975 als „Evolutionäre Erkenntnistheorie" in Buchform erschien. Inzwischen hatten auch Poppers „Objektive Erkenntnis" und Lorenz' „Rückseite des Spiegels" das Interesse an einer EE geweckt.

Die Ähnlichkeit der Gedanken des Wissenschaftstheoretikers Popper und des Verhaltensforschers Lorenz und die von *beiden* verwendete Bezeichnung „Evolutionäre Erkenntnistheorie" hat allerdings auch zu folgenreichen *Mißverständnissen* geführt. Der Begriff „EE" hat nämlich zwei Bedeutungen, eine mehr wissenschaftstheoretische und eine mehr biologische. Für den Wissenschaftstheoretiker Popper ist sie eine „Theorie der Evolution der *Erkenntnis*" und damit vor allem methodologisch, wissenschaftshistorisch, theoriendynamisch orientiert. Für den Verhaltensforscher Lorenz handelt es sich dagegen um eine „Theorie der Evolution der Erkenntnis*fähigkeit*", also um eine biologische, evolutionstheoretische, artvergleichende Fragestellung mit weitreichenden erkenntnistheoretischen Konsequenzen.

Natürlich bestehen zwischen beiden Aspekten enge und aufschlußreiche Beziehungen. Auch sie können und sollen zum Gegenstand erkenntnistheoretischer Betrachtung gemacht werden. Eben das war das Ziel der Arbeiten Campbells, insbesondere seiner Schrift „Evolutionary Epistemology"[5]. Wichtig ist aber, daß man die beiden Bezugsrahmen kultureller und biologischer Evolution zunächst einmal unterscheidet, um sie überhaupt vergleichen und ihre gemeinsamen Strukturen herausarbeiten zu können. Das ist bisher nicht genügend beachtet worden. Über Poppers Feststellung, von der Amöbe bis zu Einstein, die beide die Methode von Versuch und Irrtum anwenden, sei es „nur ein Schritt" (nämlich der zur *bewußten Kritik*), wurden die entscheidenden Unterschiede leicht vergessen.

Auch ist Poppers Theorie der „drei Welten", insbesondere die angebliche Autonomie von „Welt 2" (subjektive Erlebnisse) und von „Welt 3" (Produkte des menschlichen Geistes), zwar gerade noch mit der Idee einer Evolution unseres *Wissens* vereinbar, also mit einer „EE" im wissenschaftstheoretischen Sinne, nicht jedoch mit einer EE in biologischer Orientierung, in der unsere *Erkenntnisfähigkeit als Organfunktion* aufgefaßt wird, die zusammen mit dem natürlichen Organ Gehirn einer materiellen Evolution unterworfen war. Nimmt die EE im Lorenzschen Sinne beim Leib-Seele-Problem eine eindeutig identitätstheoretische Haltung ein, so kann der Interaktionist Popper sie nicht gleichzeitig für seine Wissenschaftstheorie in Anspruch nehmen.

Als ich das Forschungsprogramm der EE entwickelte, hatte ich, obwohl ich als Wissenschaftstheoretiker auf diese Probleme aufmerksam geworden war, hauptsächlich die biologische Dimension vor Augen. Mein Buch und die später entstandenen Aufsätze sind also Beiträge zur EE in biologischer Orientierung. In ihnen wird die EE weiter ausgebaut, gegen Einwände verteidigt, mit anderen Positionen verglichen oder auf neuere Probleme angewandt.

Da diese Arbeiten an ganz verschiedenen Stellen erschienen und manchmal auch schwer zugänglich sind, schien es angesichts des anhaltenden Interesses an der EE sinnvoll, sie in einem Sammelband zu vereinigen.

Der erste Aufsatz „*Was können wir wissen?*“ gibt eine elementare Einführung in Fragestellungen der Erkenntnistheorie und versucht, historische mit systematischen Gesichtspunkten zu verbinden, indem er einige hervorragende Denker vorstellt, jeweils eines ihrer Hauptprobleme herausgreift und darstellt, wie wir diese Probleme heute beurteilen.

Alle folgenden Texte beziehen sich mehr oder weniger direkt auf die EE. Der Aufsatz „*Evolution der Erkenntnisfähigkeit – Ansätze zu einer EE*“ versucht, die Grundthesen der EE in Frage und Antwort möglichst knapp und präzise darzustellen.

Der dritte Beitrag „*Mesokosmos und objektive Erkenntnis*“ belegt die Fruchtbarkeit des evolutionären Ansatzes, indem er zeigt, welche Probleme dadurch gelöst oder wenigstens neu beleuchtet werden.

Der Beitrag „*Das alte Gehirn und die neuen Probleme*“ zieht aus der EE einige anthropologische Folgerungen. Hier werden vor allem kognitive Fehlleistungen dargestellt und untersucht. Sie erklären sich daraus, daß das menschliche Gehirn nicht als Erkenntnis-, sondern als Überlebensorgan entstanden ist. So haben wir beim Umgang mit komplizierten Systemen, bei langen, verzweigten oder gar vernetzten Kausalketten, bei nichtlinearem Wachstum, bei Rückkopplung, bei Zufallsereignissen, bei Unsicherheit und Risiko, große Schwierigkeiten. Das zeigt sich nicht nur im modernen Alltag, sondern auch in der Wissenschaft und besonders bei der Erforschung des Gehirns. Trotzdem gibt es kein triftiges Argument gegen die These, daß das menschliche Gehirn sich selbst verstehen und erklären kann.

Gerade *wegen* ihrer engen Beziehung zu Kant muß sich die EE besonders intensiv mit dem transzendentalphilosophischen Ansatz auseinandersetzen. Um eine solche Gegenüberstellung zu erleichtern, zeigt der Aufsatz „*Kant und die EE*“ kurz, wo die beiden Aufsätze übereinstimmen, und ausführlich, wo sie einander widersprechen. Es wird deutlich, daß die EE *weder* in völligem Widerspruch zu Kant steht *noch* auch als biologische Grundlegung des Kantischen Apriori beziehungsweise als mit ihm *vereinbar* aufgefaßt werden darf. Sie sieht sich vielmehr in Konkurrenz zu anderen erkenntnistheoretischen Auffassungen und versucht, eben auch Kant dort zu korrigieren, wo es erforderlich scheint.

Von mehreren Seiten wird der EE vorgeworfen, sie arbeite mit einem vitiösen Zirkel, und zwar mit einem Zirkel der Selbstbestätigung oder (seltener) der Selbstwiderlegung. Der Beitrag „*Über vermeint-*

liche Zirkel in einer empirisch orientierten Erkenntnistheorie" setzt sich mit solchen Einwänden auseinander. Er unterteilt die Zirkelvorwürfe in drei Klassen, solche, wonach Erkenntnistheorie überhaupt unmöglich sein sollte, andere, wonach sie jedenfalls nicht auf empirische Fakten zurückgreifen dürfte, und schließlich jene, die wenigstens die EE als zirkulär ansehen. Die Zirkelvorwürfe erweisen sich jedoch als verfehlt; insbesondere ist die Berücksichtigung empirischer Fakten in der Erkenntnistheorie in einem *virtuosen* Zirkel durchaus möglich und legitim.

Natürlich ist die EE nicht unwidersprochen geblieben. In den letzten Jahren sind zahlreiche kritische Arbeiten erschienen. Der letzte Beitrag *„Evolution und Erkenntnis – zur Kritik an der EE"* versucht, die wichtigsten Kritikpunkte übersichtlich darzustellen und auf sie einzugehen. Fünfundzwanzig verschiedene Einwände werden formuliert und auf ihre Stichhaltigkeit geprüft. Die meisten erweisen sich dabei als ungerechtfertigt.

Die Beiträge sind hier so geordnet, daß sie eine fortlaufende Lektüre und Bearbeitung gestatten. Sie sind jedoch unabhängig voneinander entstanden und deshalb auch unabhängig voneinander lesbar. Damit diese Unabhängigkeit erhalten bleibt, wurde auch nicht der Versuch gemacht, die in solchen Fällen unvermeidlichen Überschneidungen zu beseitigen.

Größeren Beiträgen sind Zusammenfassungen vorangestellt, die den Überblick erleichtern sollen. Die Anmerkungen befinden sich jeweils am Ende des Beitrags. Die Texte sind unverändert; nur die bibliographischen Hinweise wurden vereinheitlicht und auf neueren Stand gebracht. Den Schluß bilden Namen- und Sachverzeichnisse für das gesamte Buch. Die im zweiten Band zusammengefaßten Arbeiten sind stärker wissenschaftstheoretisch und naturphilosophisch orientiert.

Anmerkungen

1 J. Piaget: Einführung in die genetische Erkenntnistheorie. Suhrkamp, Frankfurt 1973, 21

2 K. Lorenz: Die angeborenen Formen möglicher Erfahrung. Zeitschrift für Tierpsychologie *5* (1943) 235–409

3 M. T. Ghiselin: Darwin and evolutionary psychology. Science *179* (1973) 964–8, 965

4 L. Boltzmann: Populäre Schriften. Vieweg, Braunschweig 1979, 252–3 (ähnlich 111, 179)

5 D. T. Campbell: Evolutionary epistemology. In P. A. Schilpp (ed.): The philosophy of Karl Popper. Open Court, La Salle 1974, 413–463

WAS KÖNNEN WIR WISSEN?

Eigenart und Reichweite menschlichen Erkennens

Zusammenfassung: Fragen nach Charakter und Umfang menschlicher Erkenntnis haben im Laufe der Geistesgeschichte zahlreiche Antworten erhalten. Als Resultate solchen Nachdenkens werden die erkenntnistheoretischen Modelle von Platon, Aristoteles, Descartes, Locke, Leibniz, Hume und Kant skizziert und aus heutiger Sicht beurteilt. Das Ergebnis könnte enttäuschen: Sichere Erkenntnis über die Welt ist uns versagt; all unser Wissen ist Vermutungswissen, vorläufig und fehlbar. Und doch ist die Erkenntnisfähigkeit des Menschen nicht wertlos; trotz aller Beschränkungen hat sie ihn zum bisher erfolgreichsten Geschöpf dieser Erde gemacht. Dieser Doppelaspekt geht in die Evolutionäre Erkenntnistheorie ein. Sie steht nicht nur mit den Ergebnissen der Einzelwissenschaften in Einklang, sondern vermag auch zahlreiche erkenntnistheoretische Probleme zu lösen. In einem kopernikanischen Standortwechsel nimmt sie den Menschen aus seiner zentralen Stellung als „Gesetzgeber der Natur" heraus und macht ihn zu einem Beobachter kosmischen Geschehens – das ihn einschließt.

1 Aufgaben der Philosophie

„Zwar weiß ich viel, doch möcht' ich alles wissen", bekennt der eifrige Wagner gegenüber Faust, während sein Lehrer längst zu der Einsicht gereift ist, „daß wir nichts wissen können". „Ich weiß, daß ich nichts weiß", soll auch Sokrates gesagt haben, und gerade deshalb sah das Orakel von Delphi in ihm den weisesten aller Griechen.

Was können wir wissen? Diese prinzipielle Frage beantworten wir nicht, indem wir alles Wissen, alle Erkenntnisse sammeln, vergleichen und ordnen; dazu müssen wir vielmehr *über* das Wissen, *über* die menschliche Erkenntnis nachdenken. Solches ist die Aufgabe der *Philosophie.* Was ist Philosophie?

Man kann Philosophie charakterisieren als „Weiterfragen", als kritische Untersuchung dessen, was sonst unkritisch vorausgesetzt wird. Da alles, was Menschen sagen, und natürlich auch, was Philosophen sagen, kritisch untersucht werden kann, ist das Feld der Philosophie entsprechend weit. Es ist deshalb sinnvoll, eine Aufteilung vorzunehmen. So meint Immanuel Kant, der große Philosoph des achtzehnten Jahrhunderts:

„Das Feld der Philosophie läßt sich auf folgende Fragen bringen:
1. Was kann ich wissen?
2. Was soll ich tun?
3. Was darf ich hoffen?
4. Was ist der Mensch?

Die erste Frage beantwortet die Metaphysik, die zweite die Moral, die dritte die Religion und die vierte die Anthropologie. Im Grunde könnte man aber alles dieses zur Anthropologie rechnen, weil sich die drei ersten Fragen auf die letzte beziehen." (Logik, 1800, A25)

Heute sind wir geneigt, die Philosophie eher anders aufzuteilen – so zählen wir die Religion nicht mehr zu den philosophischen Disziplinen –, und wir würden auch für die Zuordnung andere Begriffe wählen – statt Metaphysik zum Beispiel Logik, Erkenntnis- und Wissenschaftstheorie als Bereiche der theoretischen Vernunft, Ethik als Bereich der praktischen Vernunft; es bleibt aber richtig, daß *der Mensch im Zentrum aller philosophischen Betrachtung* steht, und Kants Fragestellungen sind immer noch richtungweisend. Wir werden uns in diesem Beitrag mit seiner ersten Frage beschäftigen.

Philosophieren heißt philosophische Probleme entdecken, formulieren und zu lösen versuchen. Gelöste philosophische Probleme haben allerdings die Neigung, sich zu eigenständigen Wissensgebieten zu entwickeln, denen man ihren Ursprung kaum noch ansieht. So sind alle Naturwissenschaften aus der Philosophie hervorgegangen, aber auch die Logik, die Psychologie, die Soziologie. Und die Kosmologie ist sogar erst in unserem Jahrhundert zu einer wissenschaftlichen Disziplin geworden.

Trotzdem bleibt auch für den Philosophen genug zu tun. Gerade durch die Entstehung der neuzeitlichen Wissenschaften sind ganz neue Probleme aufgetaucht, Fragen *über* Wissenschaften und wissenschaftliche Theorien, wie sie von Erkenntnis- und Wissenschaftstheorie behandelt werden. Gefragt wird nicht wie in den empirischen Wissenschaften „Wie sieht die *Welt* aus?", sondern „Wie sieht unser *Wissen von der Welt* aus?" Erkenntnis- und Wissenschaftstheorie sind also typische *Metadisziplinen*. Zwar stammt die Bezeichnung „Erkenntnistheorie" erst aus dem neunzehnten Jahrhundert; aber der Katalog erkenntnistheoretischer Probleme ist wesentlich älter:

Was ist Erkenntnis?	Begriffsklärung
Wie erkennen wir?	Wege und Formen
Was erkennen wir?	Gegenstand
Wie weit reicht die Erkenntnis?	Umfang und Grenzen
Warum erkennen wir gerade so, dies und nur dies?	Erklärung
Wie sicher ist unsere Erkenntnis?	Geltung
Worauf beruht ihre Sicherheit?	Begründung

Die Versuche, diese Fragen zu beantworten, füllen Bibliotheken. Es ist lehrreich, solche Antworten zu kennen und zu vergleichen. Was können wir daraus lernen? Warum bemühen wir uns überhaupt um historische Quellen? Genügt es nicht, das heutige Wissen zusammenzustellen? Es genügt nicht aus mindestens drei Gründen:

Der erste Grund ist die Einsicht, daß wir eine Theorie erst dann verstehen, wenn wir nicht nur wissen, was sie behauptet, sondern auch, was sie nicht behauptet und was sie bestreitet und inwiefern sie ihr Problem besser löst als ihre Konkurrenten. Erst vor dem Hintergrund von Alternativen erkennen wir die Konturen einer Theorie. Die Kenntnis und Darstellung der Alternativen dient also der Kontrastverschärfung, sie erhöht unsere begriffliche Trennschärfe. Konkurrenztheorien sollen nicht die Kritiksucht befriedigen, sondern darauf aufmerksam machen, wo entscheidende Unterschiede liegen, wo genauere Formulierungen nötig, Nachprüfungen sinnvoll und entscheidende Experimente möglich sind.

Der zweite Grund ist die Feststellung, daß alle Theorien – auch unsere Erkenntnistheorien – *vorläufig* sind; daß sie sich eines Tages als fehlerhaft und verbesserungsbedürftig erweisen können. Dann ist es wichtig, alternative Denkmodelle zu kennen. Wofür wir die frühen Denker, vor allem die Griechen, bewundern, ist ihr Reichtum an Ideen, an Vermutungen, an kühnen Hypothesen, an Modellen, über die nachzudenken und zu forschen sich lohnte.

Der dritte Grund ist die Tatsache, daß gerade in der Philosophie die Entscheidung zwischen konkurrierenden Theorien besonders schwerfällt oder unmöglich ist. Sie ist schwierig, wenn unser Wissen zu lückenhaft ist, sie ist unmöglich, wenn es sich gar nicht um faktische, sondern um normative Fragen handelt. Normen werden nicht in der Natur gefunden; sie sind nicht wahr oder falsch: Sie werden gesetzt.

Aber gerade hier hat der Philosoph seine Aufgabe. Er kann analysieren, welche Voraussetzungen einer Theorie zugrunde liegen; er kann zeigen, welche Folgerungen sie hat; er kann prüfen, ob die Teile der Theorie miteinander verträglich sind; er kann darlegen, welche Lösungsvorschläge bereits gemacht wurden; er kann untersuchen, welche Argumente für das vorliegende Problem relevant sind. Viele Fehler werden immer wieder gemacht. Der Philosoph kann darauf hinweisen, daß sich bestimmte Vorschläge längst als undurchführbar erwiesen haben, und kann uns so vergeblichen Aufwand ersparen.

Um eine Darstellung wichtiger erkenntnistheoretischer Modelle werden wir uns im folgenden bemühen. Dabei versuchen wir, historische mit systematischen Gesichtspunkten zu verbinden. Zu jedem Philosophen betrachten wir eines seiner Hauptprobleme und skizzieren, wie wir dieses Problem heute beurteilen. Jedes Problem muß sich als Frage formulieren lassen; die Abschnitte tragen deshalb Titel in Frageform. Um in die Fülle der Ansichten etwas Ordnung zu bringen, orientieren wir uns zunächst an der Frage: *Woher stammt unser Wissen*?

Man wird – erkenntnistheoretisch unbelastet – geneigt sein zu antworten: Was ich weiß, habe ich gelernt; ich weiß es aus Erfahrung. Die Quelle allen Wissens ist also die *Empirie*. Diese Auffassung nennt man „Empirismus".

Bei genauerem Hinsehen wird man jedoch feststellen, daß man eigentlich viel mehr weiß und kann, als man jemals selbst erfahren oder gelernt hat. Dies ist bei Tieren und Säuglingen deutlicher als beim erwachsenen Menschen. Woher wissen Termiten, wie sie ihre Bauten zu lüften haben? Woher weiß ein Neugeborenes, was es mit der Mutterbrust anfangen soll? Woher kennen isoliert aufgewachsene Fische, Vögel oder Säugetiere ihre Artgenossen? Wir schreiben diese Fähigkeiten dem „Instinkt" zu, sagen dabei aber im Grunde nicht mehr, als daß diese Informationen eben *nicht* in einem individuellen Lernprozeß erworben wurden.

Wenn nun unser Wissen nicht ausschließlich der Erfahrung entstammt, woher kommt es dann? Vielfach wurde die Auffassung vertreten, es entstamme dem reinen Denken, der *Ratio*. Diese Auffassung nennt man „Rationalismus". So reichen die Möglichkeiten und auch die tatsächlich gegebenen Antworten vom reinen Empirismus (all unser Wissen entstammt der Erfahrung) bis zum strengen Rationalismus (all unser Wissen entstammt dem reinen Denken). Obwohl diese „-ismen" erst in der Neuzeit ausformuliert wurden, ist es doch sinnvoll, auch frühere Denker in dieses Schema einzuordnen. Zu den Rationalisten gehören vor allem Platon, Descartes, Spinoza, Leibniz, Wolff und (in unserer Zuordnung) Kant, zu den Empiristen Aristoteles, Francis Bacon, Berkeley, Locke, Hume, Mill. Schon die Namen machen deutlich, daß die kontinentaleuropäische Philosophie eher rationalistisch orientiert war, während England eine ausgeprägte empiristische Tradition hat. Allerdings muß man sich klarmachen, daß strenger Rationalismus und strenger Empirismus keine vollständige Fallunterscheidung bilden; sie spannen vielmehr ein Spektrum auf, in dem es zahlreiche Zwischenstufen gibt.

Im Dienste einer einfachen und klaren Ausdrucksweise nennen wir eine Auffassung schon dann *rationalistisch*, wenn nach ihr wenigstens Teile unseres Wissens über die Welt dem reinen Denken entstammen. Dann schließen rationalistische und empiristische Elemente einander nicht aus, sondern können sich ergänzen. Die Frage „Rationalismus oder Empirismus?" läßt dann keine Ja-Nein-Entscheidung mehr zu, sondern ist eine Frage der Abstufung, des Schwerpunkts. Tatsächlich versuchen die meisten späteren erkenntnistheoretischen Positionen, zwischen den Extremen zu vermitteln.

2 Platon (427–347 v. Chr.)

Platons erkenntnistheoretische Auffassung hängt eng mit seiner Ideenlehre zusammen. Für ihn sind alle konkreten, sinnlich erfahrbaren Gegenstände nur Abbilder, nur unvollkommene Kopien, eigentlich nur Schatten einer höheren Wirklichkeit, nämlich der *Ideen*. Ein konkreter Stuhl ist nur Abbild der *Idee* des Stuhles, ein gezeichnetes Dreieck nur Stellvertreter für die *Idee* des Dreiecks, auch eine gute Tat ist nur gut, insoweit sie teilhat an der *Idee* des Guten. Die Ideen haben eine höhere Form von Existenz; sie sind das eigentlich Wirkliche, ewig und unveränderlich.

Es ist eine philosophische Streitfrage geblieben, ob es eine derartige höhere Wirklichkeit gibt, ob dem Allgemeinen, dem „Typ", tatsächlich eine reinere Form der Existenz zukommt als dem Einzelnen.

Der Unterscheidung von Idee und Erscheinung folgend, kennt nun Platon auch verschiedene Erkenntnisarten. Entsprechend der ontologischen (seinsmäßigen) Höherwertigkeit der Ideen ist aber nur die Erkenntnis der Ideen *wahre* Erkenntnis, während die Erkenntnis der Sinnendinge unvollkommen und trügerisch bleiben muß. Berühmt ist Platons *Höhlengleichnis* (Politeia, 514–518), wonach wir Menschen in unserem Streben nach Erkenntnis vergleichbar sind mit Gefangenen in einer langgestreckten Höhle, die mit dem Rücken zum Eingang angekettet sind und von der Außenwelt nur Schatten an ihrer Höhlenwand verfolgen können. Diese Schatten halten sie zunächst naiv für die Dinge selbst; allein der Weise, der Philosoph, durchschaut diese perspektivische Situation und bietet uns seine Hilfe, um die Höhle zu verlassen und die Dinge (also die Ideen) in der blendenden Helligkeit der wirklichen Welt zu schauen. „Wenn wir je etwas rein erkennen wollen, müssen wir uns vom Körper losmachen und mit der Seele selbst die Dinge selbst schauen." (Phaidon, 66e)

Solch reine Erkenntnis ist möglich, weil die Seele unsterblich ist und aus früheren Zuständen und Verkörperungen Erinnerungen behält, die durch geeignete Anregungen wiedererweckt werden können. Seine Lehre von der *Wiedererinnerung* (Anamnesis) veranschaulicht Platon durch die schöne Szene (Menon, 82c ff), in der Sokrates einem ungebildeten Sklaven eine geometrische Wahrheit entlockt.

Tatsächlich kann man an geometrischen Figuren – und allgemeiner an mathematischen Strukturen – Platons Auffassung gut verdeutlichen. Wenn wir einen Satz der Geometrie, etwa den Satz von der Winkelsumme im Dreieck, beweisen wollen, so zeichnen wir ein Dreieck hin und benützen es bei der Beweisführung, ziehen Hilfslinien, vergleichen Winkel und so weiter. Natürlich ist jedes gezeichnete Dreieck unvollkommen: Keine Seite ist ganz gerade, kein Winkel genau ein rechter, kein Punkt ohne Ausdehnung. Aber obwohl wir immer nur ein ganz spezielles, unvollkommenes Dreieck vor Augen haben, beweisen wir daran Sätze über *alle* Dreiecke, über Dreiecke im allgemeinen, über das *ideale* Dreieck. Was wir an der sinnlich wahrnehmbaren Figur erschlossen haben, das soll zugleich auch für die Idee des Dreiecks gelten. Deshalb definiert man gerne scherzhaft und doch durchaus sinnvoll: „Geometrie ist die Kunst, aus falschen Figuren richtige Schlüsse zu ziehen."

Was aber in der Mathematik möglich ist, das sollte nun nach Platon auch in anderen Bereichen menschlicher Erkenntnis möglich sein. Und weil gerade die Geometrie den Zugang zum Reich der Ideen zu eröffnen scheint, legt Platon Wert darauf, daß seine Schüler Geometrie studieren. Der Eingang zu seiner Akademie in Athen trug deshalb die Inschrift: „Kein der Geometrie Unkundiger sollte hier eintreten!"

Und doch bleibt die Mathematik für Platon nur Vorbild, nur didaktischer Weg zur wahren Erkenntnis. Das Reich der Ideen umfaßt ja nicht nur mathematische, sondern auch ganz andere Objekte. Deshalb erstreckt sich das Ideengefüge, mit dem der menschliche Geist von Geburt an ausgestattet ist, auch auf nichtmathematische Bereiche, auf Sein und Nichtsein, Ähnlichkeit und Unähnlichkeit, Gleichheit und Verschiedenheit, auf das Schöne und Häßliche, auf Gut und Böse. „So daß wir notwendig von diesem allen die Erkenntnis schon erhalten haben, ehe wir geboren wurden." (Phaidon, 75d)

Was sind Ideen?

Die Frage, ob es angeborene Ideen gibt – von Platon eindeutig bejaht –, hat Denker aller Zeiten beschäftigt. Im allgemeinen wird die

Existenz angeborener Ideen von Rationalisten behauptet, von Empiristen bestritten. In jahrhundertelanger Diskussion konnte jedoch zunächst nicht geklärt werden, was unter „angeborenen Ideen“ eigentlich zu verstehen sei.

Schon der Begriff des „Angeborenen“ blieb umstritten. Unter anderem sollte er bedeuten „von Gott mitgegeben, bei Geburt eingepflanzt, ererbt, instinktiv, notwendig wahr . . .“. Häufig schien er auch nur als Ausflucht, als Scheinerklärung für etwas schlechthin Mysteriöses zu dienen. Kein Wunder, daß mit ihm auch das Problem der angeborenen Ideen in Verruf geriet. Denkern des neunzehnten Jahrhunderts, vor allem Kantianern, erschien dieses Problem als überholt, als unlösbar, als negativ entschieden oder als Scheinproblem.

In den letzten Jahrzehnten hat sich diese Situation jedoch grundlegend geändert.

Auf der einen Seite hat die moderne Biologie, insbesondere die Genetik, klären können, was „angeboren“ bedeutet. Ein Merkmal ist *angeboren*, wenn es von Geburt an vorhanden ist; es ist *ererbt*, wenn es sich aufgrund der Erbanlagen, also der genetischen Information, entwickelt.

Instinkte sind heute als genetisch bedingte, also *erbliche* Verhaltensmuster erkannt. Erbkoordinationen, artspezifische Handlungsschemata, Auslöse- und Antriebsmechanismen, Lernfähigkeiten und Reaktionsnormen sind der empirischen Forschung zugänglich.

Auf der anderen Seite sind es vor allem Logik und Sprachphilosophie, die zum Begriff der „Idee“ eine Klärung gebracht haben. Für diesen Terminus gibt es vier qualifizierte Kandidaten, nämlich *Begriffe* (z.B.: Sonne, Mensch, Freiheit), *Aussagen* (beschreibende Sätze, Urteile; z.B.: 2 + 2 = 4; Gold glänzt; der physikalische Raum ist dreidimensional), *Normen* (Gebote, Verbote und Erlaubnisse; z.B.: Du sollst nicht töten!) und *Wertungen* (z.B.: Das Leben ist der Güter höchstes nicht).

Werte und Normen hängen sehr eng zusammen. Aber auch zwischen Begriffen und Aussagen und zwischen Aussagen und Normen bestehen bedeutsame Analogien.

Tabelle 1 belegt den engen Parallelismus von Definitionstheorie (zuständig für Begriffe), Axiomatik (zuständig für Aussagen) und Ethik (zuständig für Normen und Werte). Alle vier Kategorien kommen als Ideen in Betracht; als Träger von Wahrheit allerdings nur Aussagen. So läßt sich die erkenntnistheoretische Frage nach angeborenen Ideen endlich hinreichend scharf formulieren: Gibt es genetisch bedingte Informationen über die Umwelt? (Für eine Antwort s. den Abschnitt „Gibt es angeborene Ideen?“.)

Ideen können sein	Begriffe	Aussagen (Urteile)	Normen	Wertungen
Sie werden formuliert in	Wörtern.	beschreibenden Sätzen.	normativen Sätzen.	Werturteilen.
Sie können	Bedeutung haben,	wahr sein,	gelten,	gelten,
und ihre	Bedeutung	Wahrheit	Geltung	Geltung
kann durch	Definitionen	logische Ableitungen	logische Ableitungen	logische Ableitungen
auf	Grundbegriffe	Axiome	Grundnormen	Grundwerte
zurückgeführt werden.				
Der Versuch, die	Bedeutung von Begriffen	Wahrheit von Sätzen	Geltung von Normen	Geltung von Werten
letztgültig zu sichern, führt in eine dreifache Sackgasse, das sogenannte Münchhausen-Trilemma, nämlich entweder in einen unendlichen Regreß, bei dem man auf der Suche nach	Definitionen	Beweisen	Begründungen	Begründungen
immer weiter zurückgeht (er ist praktisch nicht durchführbar), oder in einen logischen Zirkel, wobei man auf	Begriffe	Aussagen	Normen	Wertungen
zurückgreift, die schon als	definitionsbedürftig	beweisbedürftig	begründungsbedürftig	begründungsbedürftig
aufgetreten waren (das ist logisch fehlerhaft), oder zu einem Abbruch des Verfahrens an einem willkürlichen, selbstgewählten Punkt, wobei bestimmte	Begriffe	Aussagen	Normen	Werte
als „selbstevident“, „unmittelbar einsichtig“, „intuitiv klar“,				

„gott- oder naturgegeben" o.ä. bezeichnet werden. Diese Haltung nennt man auch	Essentialismus (Platon, Aristoteles Hegel).	Dogmatismus (Theologie).	Naturrechtslehre (christl. Theologie Grotius, Leibniz).	Wertmetaphysik (Platon, Scheler, N. Hartmann).
Der einzige Ausweg besteht darin, mit	undefinierten Begriffen	unbewiesenen Sätzen	gesetzten Normen	gesetzten Werten
anzufangen, deren	Bedeutung	Wahrheit	Geltung	Geltung
man hypothetisch annimmt, und zu prüfen, wie weit man damit kommt.				
Auch	Grundbegriffe	Axiome	Grundnormen	Grundwerte
sind nicht prinzipiell	undefinierbar,	unbeweisbar,	unbegründbar,	unbegründbar,
sondern man verzichtet auf ihre(n)	Definition,	Beweis,	Begründung,	Begründung,
weil man irgendwo anfangen muß.				

Tab. 1

3 Aristoteles (384–322 v. Chr.)

Aristoteles, Schüler und Kritiker Platons, beurteilt die Rolle der Sinne wesentlich positiver als sein Lehrer. Den platonischen Ideenhimmel lehnt er ab. Nur Einzeldinge kommen in der Welt vor; Gesamtheiten, Klassen, Mengen, „Typen" existieren dagegen nur in unserem Denken und verschwinden mit ihm. Sinneserkenntnis ist deshalb keineswegs minderwertig, sondern durchaus zuverlässig; aller Irrtum entstammt nur der falschen Verbindung der Sinnesdaten im Denken. Deshalb muß auch jede aus den Sinneseindrücken durch Denken gewonnene Einsicht wieder in der Erfahrung überprüft werden. So beruft sich Aristoteles, wenn er die Lehren seiner Vorgänger kritisiert, besonders gern auf die Alltagserfahrung als widerlegende Instanz.

Das klingt ganz empiristisch. Aber Aristoteles kennt und vertritt auch Prinzipien, die nicht der Erfahrung entstammen. Es gebe Grundsätze, die weder durch logischen Beweis noch durch Beobachtung und Erfahrung, sondern allein aufgrund ihrer Evidenz, ihrer unmittelbaren Einsichtigkeit, als wahr erkennbar seien und die man als wahr erkannt haben müsse, bevor man überhaupt Wissenschaft treiben könne. Diese Grundsätze sind also *notwendig* im doppelten Sinne: notwendig wahr und notwendig für Erfahrung.

Auf der höchsten Allgemeinheitsstufe stehen dabei die ersten Prinzipien der Logik, insbesondere der Satz vom (ausgeschlossenen) Widerspruch: Es ist unmöglich, daß etwas ist und zugleich nicht ist. (Metaphysik, 1006a) Dieser Satz sei der sicherste von allen, er gelte voraussetzungslos und sei selbst Grundlage für alles Erkennen und Argumentieren.

„Was jeder erkannt haben muß, der irgend etwas erkennen soll, das muß er schon zum Erkennen mitbringen." (1005b) Dieser Gedanke, wonach gewisse erfahrungsunabhängige (apriorische) Prinzipien erforderlich sind, damit Erfahrung und Erkenntnis überhaupt möglich werden, wird uns noch mehrfach begegnen. Vor allem Kant hat die erfahrungstiftende, die erkenntniskonstitutive Rolle solcher Prinzipien oder Kategorien betont (s. unten).

Der Satz vom Widerspruch ist ein Satz der Logik. Aristoteles gilt als Begründer dieser Disziplin. Tatsächlich dürfte es keine zweite Wissenschaft geben, die von einem einzigen Manne nahezu aus dem Nichts zu solcher Höhe geführt worden ist. Bis nach 1800 wurde die Aristotelische Logik (die sogenannte „Syllogistik") zwar verbessert und ausgebaut, aber nicht wesentlich erweitert. Das verleitete Kant zu der Vermutung, sie sei als wissenschaftliche Disziplin bereits vollendet.

Erst im neunzehnten Jahrhundert wurde deutlich, wie unvollkommen und lückenhaft die Syllogistik doch war. Durch die Arbeiten von Frege, Russell, Hilbert, Gödel und anderen hat dann die Logik in unserem Jahrhundert eine neue Blüte erlebt, die – wie es scheint – durchaus noch anhält. Was leistet die Logik für unsere Erkenntnis der Welt?

Kann Deduktion unser Wissen erweitern?

Logik ist die Lehre von den gültigen Schlüssen. Ein *Schluß* ist ein Text, in dem von bestimmten Voraussetzungen, den Prämissen, zu einer Folgerung, der Konklusion, übergegangen wird. Ein Schluß ist *gültig*, wenn er *wahrheitsbewahrend* ist, wenn also bei wahren Prämissen auch die Konklusion wahr ist. Ein gültiger Schluß kann also nie von wahren zu falschen Aussagen führen; sind alle Prämissen wahr, so ist es auch die Konklusion. Darin liegt der Wert solcher Schlüsse.

Die Logik untersucht nun, unter welchen Bedingungen ein Schluß gültig ist. Er kann gültig sein aufgrund von Tatsachen oder Naturgesetzen (dann ist er faktisch zwingend), aufgrund von Definitionen (dann ist er analytisch) oder aufgrund seiner Form oder Struktur (dann ist er formal gültig).

Die *formale* Logik ist somit die Lehre von den formal gültigen Schlüssen; das sind jene Schlüsse, die allein aufgrund ihrer Form oder Struktur gültig sind, unabhängig von der Bedeutung der Begriffe und sogar von der Wahrheit der Teilaussagen. Solche formal gültigen Schlüsse nennt man *deduktiv zwingend* oder einfach *deduktiv*. Ein korrekter Beweis ist also eine Kette von deduktiven Schlüssen. Die deduktive Schlußweise heißt auch *Deduktion*.

Deduktive Schlüsse sind zwar wahrheitsbewahrend (das ist erfreulich); aber sie erweitern unser Wissen nicht (das ist bedauerlich). In der Konklusion eines deduktiven Schlusses oder Beweises kann inhaltlich nichts herauskommen, was nicht bereits in den Prämissen steckte. Möglicherweise sagt die Konklusion sogar weniger als die Prämissen, niemals aber mehr. Es mag sein, daß wir durch die Konklusion überrascht werden, daß wir das Ergebnis nicht erwartet hätten. *Erwartung* und *Überraschung* sind jedoch keine logischen, sondern psychologische Phänomene. Diese beiden Aspekte muß man also streng auseinanderhalten. Unter *logischem* Aspekt kann die Deduktion nur *deutlich* machen, was in den Prämissen schon steckt; sie kann den Gehalt entwickeln, erläutern, klarmachen, mehr nicht.

Deshalb kann die Logik allein uns nichts über die Welt lehren. In der Konklusion eines Schlusses kann nicht *mehr* über die Natur ausgesagt sein, als in den Prämissen – vielleicht von uns unbemerkt – bereits steckte. Die Logik ist deshalb keine Naturwissenschaft. Auch die logisch wahren Sätze, die Tautologien, sind wahr allein aufgrund ihrer *Form*. Zwar scheint der Satz „kein Apfel ist rot und zugleich nicht rot“ etwas über Äpfel auszusagen; in Wahrheit gibt er nur Auskunft darüber, wie wir Dingen Eigenschaften zu- oder absprechen und wie wir die logischen Verknüpfungen („und“, „kein“, nicht“ . . .) gebrauchen.

Nun könnte man doch hoffen, daß neben der deduktiven Logik eine andere Logik möglich ist, die es erlaubt, zu reicheren Aussagen zu kommen. Tatsächlich sieht es so aus, als ob die Erfahrungswissenschaften über eine solche Methode verfügten: Allgemeine Naturgesetze sagen mehr, als in noch so vielen Beobachtungen der Vergangenheit enthalten ist. Ein solches Schlußverfahren könnte man in Analogie zur Deduktion „Induktion“ nennen. Schon Aristoteles hat sich darum bemüht. Auf dieses Problem werden wir in einem späteren Abschnitt zurückkommen.

4 René Descartes (1596–1650)

Descartes gilt als Begründer der neuzeitlichen Philosophie. Auch er stellt sich die Frage „Was kann ich wissen?“. In seinen „Meditationen über die erste Philosophie“ (1641) bemerkt er, daß er im Grunde genommen an allem zweifeln kann, daran, daß er wach ist, an der Existenz der Welt, an der Existenz anderer Menschen, an der Existenz seines eigenen Körpers, an allem – außer an der Tatsache, *daß* er zweifelt. So läßt ihm auch sein radikaler Zweifel doch noch eine Gewißheit: Er weiß, daß er zweifelt. Wer aber zweifelt, der denkt; und wer denkt, der muß eben als Denkender auch existieren. „Cogito, ergo sum“, schließt Descartes, „ich denke, also bin ich“.

Auf diesem Schluß baut er seine ganze Philosophie auf. Er prüft sein Bewußtsein und findet darin verschiedene Ideen. Davon seien einige angeboren, andere von außen hinzugekommen, wieder andere von ihm geschaffen. So sei die Idee von Gott angeboren; angeboren seien ferner die obersten logischen und mathematischen Ideen. (Descartes' Nachfolger rechneten noch weitere Prinzipien zu den angeborenen, zum Beispiel den Pflichtbegriff und den Kausalitätssatz.) Die Idee Gottes als eines vollkommenen Wesens verbürge nun aber auch dessen Existenz. Und seine Wahrhaftigkeit garantiere schließlich, daß alles, was uns vollkommen klar und deutlich vor Augen tritt, auch existiere oder wahr sei.

So gelangt Descartes zuletzt doch wieder zurück zur Anerkennung der Körperwelt, die er anfangs so hartnäckig in Frage gestellt hatte. Zu diesem Wissen verhilft ihm allein die Vernunft; er ist wohl der ausgeprägteste Rationalist der Philosophiegeschichte. Aber ist seine Argumentation zwingend?

Woher weiß ich, ob ich wach bin?

Descartes' Schlußweise ist verführerisch und hat viele Bewunderer gefunden. Aber sie enthält logische Sprünge. Akzeptieren wir einmal das (ebenfalls umstrittene) „cogito, ergo sum“ – was ist damit gewonnen? Können wir daraus weitere Erkenntnisse über die Welt gewinnen? Letztlich ist sich doch das einzelne, zweifelnde, denkende Ich nur seiner selbst bewußt; alles Weitere bleibt offen. Könnte nicht alles, was wir empfinden, wahrnehmen, erleben, erkennen, ein Traum sein, eine Fiktion, eine Ausgeburt unserer Vorstellung, unserer Phantasie?

Tatsächlich kann sich jeder auf den Standpunkt stellen, daß nur er allein existiere. Diesen Standpunkt nennt man *Solipsismus* (vom lateinischen *solus ipse* = allein [ich] selbst). Die Gegenposition ist der (ontologische) *Realismus*, der die Existenz der Welt anerkennt. Natürlich ist in der Praxis niemand Solipsist; auch Descartes nimmt die solipsistische Position nur ein, um von ihr aus zu weiteren Behauptungen über die Welt vorzustoßen. Aber angenommen, jemand bekennt sich konsequent zu einem theoretischen Solipsismus – könnten wir ihn widerlegen?

Logisch widersprüchlich ist sein Standpunkt jedenfalls nicht, behauptet er doch weniger als jeder andere. Natürlich darf er auch nicht behaupten, daß die Welt *nicht* existiere; in dieser Hinsicht muß er Agnostiker bleiben, d.h., er darf nicht vorgeben, *irgend etwas* über eine äußere Welt zu wissen. Wir könnten versuchen, ihn zu berühren, ihn zu zwicken, ihm Widerstandserlebnisse zu bieten oder Schmerzen zuzufügen – er besteht darauf, daß er sich das alles nur vorstellt. Wir weisen ihn darauf hin, daß er sich mit uns unterhält, während ein konsequenter Solipsist doch jede Kommunikation einstellen müßte – er aber meint, daß eben auch unsere Unterhaltung nur ein Produkt seiner Vorstellung sei. Wir deuten an, daß unsere Einwände doch neu und unerwartet für ihn seien, also nicht von ihm selbst stammen könnten – er verweist auf Träume, in denen ebenfalls – von ihm nur vorgestellt – Unerwartetes und Unerwünschtes passiert. Wir bezeichnen ihn als größenwahnsinnig, wenn er die Werke von Platon, Beethoven, Einstein alle selbst geschaffen, nämlich sich vorgestellt haben will – und müssen einsehen, daß wir auch mit Vorwürfen nichts erreichen.

Der Solipsist ist weder logisch noch erkenntnistheoretisch noch durch Hinweise auf Fakten zu widerlegen. Deshalb können wir auch niemals *sicher* wissen, ob wir wach sind. Noch die elementarste Beobachtung, die deutlichste Wahrnehmung, aber auch die genialste Einsicht könnte geträumt sein. Ein konsequenter Solipsist akzeptiert nur die Existenz seines eigenen Bewußtseins in diesem Augenblick – alles andere bleibt für ihn offen. Auch wer – wie der sogenannte Positivist – immer nur handfeste, „positive" Daten gelten lassen möchte, der muß eigentlich in diesem strengen Sinne Solipsist sein; der *Solipsismus ist der einzig konsequente Positivismus.*

Obwohl dieser Standpunkt nicht widerlegbar ist, wird er doch von niemandem ernsthaft vertreten. Wir betrachten es als Scherz, wenn jemand nach einer Fahrt durch die Heide, befragt, ob die Schafe schon geschoren seien, antwortet: „Auf der mir zugewandten Seite jedenfalls nicht." Es ist ein *Scherz*, weil man normalerweise so nicht redet. Andererseits müßte der wahre Skeptiker sogar noch vorsichtiger antworten: „In meiner Erinnerung machten die Schafe, die *ich* gesehen habe, auf mich zu *dem* Zeitpunkt, als ich sie sah, auf der *mir* zugewandten Seite keinen geschorenen *Eindruck*."

Wer dagegen über seinen augenblicklichen Bewußtseinszustand hinaus *irgend etwas* als real anerkennt, der ist als Solipsist schon nicht mehr konsequent. Wer zum Beispiel annimmt, er sei wach oder sein Bewußtsein habe schon vorhin oder gestern existiert, er habe einen Körper, es gebe auch andere Wesen mit Bewußtsein oder es gebe Steine, Pflanzen, Tiere in der Welt, der ist kein Solipsist mehr, er ist Realist, und zwar – wenn er diese Annahmen als hypothetisch und kritisierbar ansieht – hypothetischer Realist. Dann aber sollte er wiederum konsequent sein und alles als real akzeptieren, wofür sich vernünftig (das heißt zusammenhängend und willkürfrei) argumentieren läßt. Denn jeder Schnitt in der Kette der als existierend anerkannten Objekte wäre *willkürlich*.

Wer beispielsweise sagt „ich glaube, was ich sehe“, der meint vielleicht, einen besonders selbstkritischen und deshalb einen unangreifbaren Standpunkt zu vertreten. Aber natürlich nimmt er schon die Erscheinungen und die Gesetze der Optik zu Hilfe, insbesondere seine Augenlinse. Warum sollte er dann aber die Benutzung von Haftschalen ausschließen, die doch nur die mangelnde Biegefähigkeit der Augenlinse ausgleichen (wie er sie früher hatte und wie andere sie haben)? Was ist gegen die Verwendung einer Brille einzuwenden, gegen eine Lupe, ein Mikroskop, ein Elektronenmikroskop, einen Elementarteilchen-Beschleuniger (der doch nichts weiter ist als eine Riesenlupe)? Warum sollte man dann die Existenz der Objekte, die man mit derart bewaffneten Augen „sieht“, bezweifeln? Wer nicht Solipsist ist, der muß hypothetischer Realist sein!

Der Realist hat auch Kriterien und Argumente dafür, daß er wach ist. Sie sind, wie wir gesehen haben, nicht zwingend; aber sie sind vernünftig. Descartes dagegen hoffte, zwingende Argumente zu haben, indem er sich auf angeborene Ideen, auf die Existenz und Wahrhaftigkeit Gottes, auf die Klarheit und Deutlichkeit seiner Vorstellungen berief; aber wie evident auch immer ihm oder uns diese Argumente erscheinen mögen, zwingend sind sie nicht. Seine Kritiker haben das natürlich deutlich gesehen, unter ihnen John Locke.

5 John Locke (1632–1704)

Locke gehört zu den Begründern des englischen Empirismus. In seinem „Essay concerning human understanding“ (Abhandlung über den menschlichen Verstand) aus dem Jahre 1690 wendet er sich vor allem gegen die Lehre von den angeborenen Ideen, wie sie Descartes und seine Anhänger vertreten. „No innate ideas!“, lautet sein Kampfruf. Für ihn ist die Seele bei der Geburt eines Menschen „weißes Papier, ohne alle Schriftzeichen, frei von allen Ideen“ (2. Buch, I 2), eine *tabula rasa*, in die Sinneseindrücke eingegraben werden wie in Wachs.

Locke sieht nun seine Aufgabe darin zu zeigen, wie die Ideen – da sie ja nicht angeboren sind – *nach* der Geburt in den Geist des Menschen hineinkommen. Dazu muß er also an möglichst vielen verschiedenartigen Beispielen zeigen, wie Sinneserfahrung und Selbstwahrnehmung (äußerer und innerer Sinn, sensation and reflection) Ideen *hervorbringen* können, die vorher noch nicht vorhanden waren. Diese Bemühung macht denn auch einen großen Teil seines Werkes aus. So verteidigt er den empiristischen Grundsatz, den schon Descartes zitiert (aber natürlich verworfen) hat: „Nihil est in intellectu, quod non prius fuerit in sensu“ (Nichts ist im Verstand, was nicht vorher in den Sinnen gewesen wäre).

Aber damit ist es natürlich nicht getan. Selbst der Nachweis, daß alle Ideen individuell erworben oder konstruiert sein *könnten*, läßt noch die Möglichkeit offen, daß einige Ideen gleichwohl bei der Geburt schon vorhanden sind. Locke muß deshalb auch Argumente vorbringen, die gegen das Angeborensein sprechen. Hierin ist er allerdings weniger erfolgreich. Leibniz hat diese Schwächen erkannt und versucht, Locke zu widerlegen (s. unten den Abschnitt über Leibniz).

Obwohl nun unsere Ideen nur durch Anstoß von außen zustande kommen, ist doch keineswegs sichergestellt, daß sie die Außenwelt auch richtig abbilden. Unsere Empfindungen sind ja nur Wirkungen äußerer Gegenstände; die Ideen, die daraus im Gehirn entstehen, sind nicht nur nicht die Dinge selbst, sondern sie brauchen diesen nicht einmal zu gleichen. Locke trifft deshalb eine wichtige Unterscheidung:

„Die Eigenschaften der Körper sind: Erstens solche, die vom Körper völlig untrennbar sind, in welchem Zustand er auch sein mag; die er bei allen Veränderungen, Verwandlungen und Kräften, denen er unterliegt, konstant beibehält . . . Diese nenne ich *ursprüngliche* oder *primäre Qualitäten* eines Körpers . . . nämlich Festigkeit, Ausdehnung, Gestalt, Bewegung oder Ruhe, und Zahl. Zweitens solche Eigenschaften, die in Wahrheit nichts in den Gegenständen selbst sind, sondern nur das Vermögen, vermittels ihrer primären Qualitäten . . . in uns verschiedenartige Empfindungen hervorzurufen, zum Beispiel Farben, Töne, Geschmacksarten und so weiter. Diese nenne ich *sekundäre Qualitäten*“ (2. Buch, VIII 9.10.).

Die primären Qualitäten sind also wirkliche, reale Eigenschaften der Dinge, sie sind *objektiv*; wir nehmen sie so wahr, wie sie sind. Die sekundären Qualitäten sind dagegen durch unsere Sinnesorgane bedingt; sie sind *subjektiv*; sie gehören nur zur Erscheinung, nicht zu den Dingen selbst. Körper, die wir blau nennen, *sind* nicht blau, sondern werden von uns nur blau *gesehen*. Auch Wärme ist nicht objektive Eigenschaft eines Körpers, sondern nur die Weise, wie wir die Bewegung seiner kleinsten Teilchen *empfinden*.

Gibt es objektive Erkenntnis?

Es war geistesgeschichtlich eine große Entdeckung, und es ist auch für jeden Menschen ein tiefgreifendes Erlebnis festzustellen, daß die Welt anders ist, als sie uns erscheint. Die Wende vom naiven Realismus („die Welt ist so, wie ich sie sehe") zum kritischen Realismus ist viel einschneidender als die nachfolgende Frage, wie *sehr* verschieden von unserer naiven Vorstellung die Welt denn nun eigentlich sei. Im ersten Fall handelt es sich um einen qualitativen Sprung, einen Gestaltwandel, eine neue Dimension des Erlebens; im zweiten Fall nur um eine quantitative Entscheidung, um ein Mehr oder Weniger, um die Strenge der kritischen Haltung.

Die Frage aber, *welche* Qualitäten nun objektiv (primär) und welche subjektiv (sekundär) seien, hat ganz verschiedene Antworten gefunden. Mit wachsendem Erkenntnisfortschritt wurden mehr und mehr Eigenschaften als subjektiv erkannt. So gilt Locke die *Undurchdringlichkeit* als primäre Qualität. Sie ist jedoch nur eine relative und überdies makroskopische Eigenschaft; es hängt von den aufgewandten Energien ab, ob der betreffende Körper gespalten wird. Die Feldauffassung der Materie hat die Vorstellung der Undurchdringlichkeit endgültig zerstört: Felder können einander durchdringen. Nicht einmal *Ausdehnung* bleibt als primäre Qualität erhalten; die theoretischen Modelle der Elementarteilchenphysik behandeln Leptonen (Elektronen, Neutrinos ...) und Quarks *erfolgreich* als punktförmig. Auch der Euklidische Raum und die Newton-Zeit sind ihres Absolutcharakters entkleidet. Länge und Masse eines Körpers, die Zeitdauer zwischen zwei Ereignissen, Gleichzeitigkeit und Zeitordnung, alle hängen vom Bezugssystem ab, von dem aus gemessen wird.

Was bleibt dann eigentlich an Objektivem noch übrig? Wir glauben, die Welt zu erkennen, und finden nichts als Subjektivität. Landen wir zuletzt doch im Solipsismus, der *alle* Erkenntnis für subjektiv erklärt?

Zunächst einmal muß man wissen, daß die Relativitätstheorie keineswegs alles relativiert; die Theorie zeigt auch, welche Größen *absolut* sind, also nicht vom Bezugssystem, insbesondere nicht von der Geschwindigkeit des Beobachters, abhängen: Ruhlänge, Eigenzeit, Ruhmasse, Raumzeit-Intervalle, Lichtgeschwindigkeit, Lichtkegel, Zeitordnung von Kausalketten. Diese Strukturen sind *invariant* gegenüber einem Wechsel des Bezugssystems.

Ferner hat die moderne Wissenschaftstheorie gezeigt, daß es sinnvolle Objektivitätskriterien gibt; das sind vor allem Intersubjektivität, Unabhängigkeit vom Bezugssystem, Unabhängigkeit von der experimentellen Methode und Unabhängigkeit von Konventionen. Alle diese Eigenschaften lassen sich als Invarianzkriterien formulieren. Der *Invarianzbegriff ist der Schlüssel zu einem vernünftigen Objektivitätsbegriff.*

Allerdings muß man klar sehen, daß alle diese Kriterien nicht ausreichen, um die Objektivität einer Struktur oder einer Aussage zu garantieren oder zu beweisen; sie sind notwendig, aber nicht hinreichend für Objektivität. Objektivität kann niemals – auch nicht mit anderen Mitteln – endgültig und zweifelsfrei festgestellt werden. Objektive Erkenntnis, also Wissen über die Welt, wie sie ist (und nicht nur, wie sie uns erscheint), ist danach zwar möglich und existiert vermutlich auch; aber keine Erkenntnis ist endgültig als objektiv ausweisbar. Dies hat schon Xenophanes (etwa 577–485 v. Chr.) gewußt:

„Nimmer noch gab es den Mann, und nimmer wird es ihn geben, der die Wahrheit erkannt von den Göttern und allem auf Erden. Denn auch wenn er einmal das Rechte vollkommen getroffen, wüßte er selbst es doch nicht. Denn nur Wähnen [hypothetisches Wissen] ist uns beschieden." (Fragment 34)

6 Gottfried Wilhelm Leibniz (1646–1716)

Lockes Betrachtungen haben Leibniz zu seinen 1704 erschienenen „Nouveaux essais sur l'entendement humain" (Neue Abhandlungen über den menschlichen Verstand) angeregt. In Titel, Gliederung und sogar in der Terminologie lehnt er sich deshalb eng an das Werk „des berühmten Engländers" an.

„Allerdings bin ich oft ganz anderer Ansicht als er . . . Sein System hat mehr Beziehung zu Aristoteles und das meinige zu Platon . . . Es handelt sich darum zu wissen, ob die Seele an und für sich ganz leer ist, gleich einem noch unbeschriebenen Blatt (*tabula rasa*), wie Aristoteles und [Locke] annehmen, und ob alles, was darauf verzeichnet ist, einzig von den Sinnen und der Erfahrung herrührt; oder ob die Seele ursprünglich die Prinzipien verschiedener Begriffe und Lehrsätze enthält, welche die äußeren Gegenstände nur bei Gelegenheit in ihr wieder erwecken, wie ich in Übereinstimmung mit Platon, ja selbst der Scholastik glaube." (Vorrede)

Das Bild der Wachstafel, das die empiristische Position verdeutlichen soll, zeigt zugleich ihre Schwäche. Denn auch wenn die Tafel noch keine Schriftzeichen trägt, so hat sie doch von vornherein eine gewisse *Struktur*, vor allem eine ganz spezielle Oberfläche.

Es hängt also wesentlich von der Tafel ab, wozu sie dienen kann: Für eine Wachstafel braucht man einen Stift, für eine Schiefertafel Griffel, für eine Wandtafel Kreide, für Papier Bleistift oder Tinte, für eine Leinwand einen Projektor. Analog gilt: Welche Signale als Sinneseindrücke verarbeitet werden, das hängt auch von Art und Zahl der Sinnesorgane ab. Offenbar liegt hier eine gewisse Bereitschaft vor, eine Art *Passung* von Signal und Empfänger. Mindestens diese Passung muß vorausgesetzt werden, wenn auf der Tafel Zeichen, beim Menschen Sinneseindrücke und Erkenntnisse zustande kommen sollen. Leibniz zieht es deshalb vor, die Seele mit einem Stück Marmor zu vergleichen, das durch seine Adern bereits die Gestalt des Herkules anzeigt, „und Herkules wäre ihm in gewissem Sinne wie eingeboren ... In dieser Weise sind uns die Ideen und Wahrheiten eingeboren als Neigungen, Anlagen, Fertigkeiten oder natürliche Kräfte." (Vorrede)

Wenn Locke die Maxime vertritt, es gebe nichts im Verstande, was nicht vorher in den Sinnen gewesen wäre, so fügt Leibniz dem hinzu: „nisi intellectus ipse" (außer dem Verstand selbst). Zur Begründung stützt er sich auf das Argument, dem wir schon bei Aristoteles begegnet sind, daß nämlich der Verstand, um zur Erkenntnis befähigt zu sein, gewisse Eigenschaften schon mitbringen müsse.

Die Auseinandersetzung zwischen dem Empiristen Locke und dem Rationalisten Leibniz konnte nicht fortgesetzt werden, da Locke im Entstehungsjahr der „Neuen Abhandlungen ..." starb.

Gibt es angeborene Ideen?

Zu Inhalt und Umfang erblicher Umweltinformation kann man natürlich sehr verschiedene Bekenntnisse ablegen. Heute erscheint es angebracht, in dieser Frage ein *Tatsachenproblem* zu sehen, das nach Möglichkeit durch empirische Untersuchungen gelöst werden sollte.

Grundsätzlich kann man in allen Bereichen geistiger Aktivität nach angeborenen Strukturen fragen. Auch ethische, ästhetische, soziale Strukturen können angeboren sein. Wir beschränken uns jedoch hier auf den kognitiven Bereich, also auf das Erkenntnisvermögen. Gibt es erbliche Information über die Welt?

Daß es sie gibt, läßt sich bei Tieren durch Isolierungsexperimente, Kreuzungsversuche, Artvergleich und Attrappenversuche belegen. Beim Menschen kann man diese Methoden nur bedingt anwenden. Hier liefern jedoch genetische Studien (Verwandtenanalyse, vor allem Zwillingsforschung), Entwicklungspsychologie, Sinnesphysiologie,

Neurobiologie, Verhaltensforschung, Spracherwerbsforschung und vergleichende Kulturanthropologie deutliche Belege.

Angeboren sind Bewegungssehen, Farbwahrnehmung und Zeitempfinden; angeboren ist das räumliche Sehen, also die Fähigkeit, zweidimensionale Netzhautbilder dreidimensional zu interpretieren, und die Scheu vor der Tiefe; angeboren sind vor allem auch die Konstanzleistungen, die es erst erlauben, Objekte wiederzuerkennen, die Welt zu „objektivieren", Klassen und Begriffe zu bilden; angeboren ist die „Kenntnis" menschlicher Gesichter, Lächeln und Wutmimik, das optische Fixieren einer Schallquelle (auch bei blindgeborenen Kindern!); angeboren sind die Sprachfähigkeit und das Bedürfnis zu sprechen, möglicherweise auch einige grundlegende grammatische Strukturen; teilweise angeboren sind Intelligenz, Musikalität, logische Strukturen, zum Beispiel der modus ponens (wenn A, so B; nun A; also B), biologisch realisiert durch die Fähigkeit, bedingte Reflexe auszubilden; elementare mathematische Strukturen (z.B. Gruppenstrukturen und Invariantenbildung), möglicherweise auch das kausale Denken.

Daß das Gehirn bei Geburt *keine* strukturlose *tabula rasa* ist, belegen auch die Ergebnisse der Gehirnforschung. Die Verbindungen zwischen den Nervenzellen, die für die „Verschaltung" des Gehirns und damit für seine Leistungsfähigkeit entscheidend sind, werden zum Teil schon vor der Geburt, zum größten Teil in den drei ersten Lebensmonaten und nur zu einem geringen Teil erst später ausgebildet. Auch diese Vernetzung erfolgt größtenteils nach einem genetisch festgelegten „Schaltplan", der durch die individuellen Erfahrungen nur abgerufen wird. Es wäre – um einmal ein modernes Bild zu gebrauchen – bei allen diesen Befunden gänzlich abwegig, das Gehirn bei Geburt als einen Computer anzusehen, der erst allmählich programmiert würde. Die meisten Programme sind vielmehr bei Geburt längst eingebaut; die spätere subjektive Erfahrung liefert nur noch die für die einzelnen Individuen unterschiedlichen Daten für die nahezu fertigen Programme.

Die Frage, ob es angeborene Ideen gibt, läßt sich somit auch für den Menschen positiv beantworten. Damit ist der strenge Empirismus widerlegt. Das bedeutet natürlich nicht, daß unser *gesamtes* Wissen angeboren wäre; auch der strikte Rationalismus hat sich längst als falsch erwiesen. Es bedeutet überdies nicht, daß alle Umweltinformation, die wir bei Geburt mitbringen, auch korrekt sein müßte. Vielmehr *könnten* wir auch ausschließlich mit Fehlurteilen beladen zur Welt kommen. Tatsächlich sind aber die angeborenen Erwartungen an unsere Umwelt unter normalen Bedingungen durchweg brauchbar und meistens auch korrekt. Wie kommt es zu dieser Passung? Wie kommt es, daß die subjektiven Erkenntnisstrukturen, die wir mitbringen, so gut auf die Realität passen, mit ihr sogar teilweise übereinstimmen? Leibniz erklärt diese Passung durch eine gottgefügte „prästabilierte Harmonie“. Gibt es dafür keine wissenschaftliche Erklärung? Wir werden sie im Abschnitt „Evolutionäre Erkenntnistheorie“ zu geben versuchen.

7 David Hume (1711–1776)

In seinem Hauptwerk aus dem Jahre 1748 „An enquiry concerning human understanding“ (Eine Untersuchung über den menschlichen Verstand) setzt Hume die Tradition des Empirismus fort. In der Analyse der komplexen Ideen und vor allem in seiner Kritik der herkömmlichen Metaphysik ist er jedoch wesentlich gründlicher und scharfsinniger als Locke. Hatte jener seine Überzeugung „Keine angeborenen Ideen!“ zum Dogma erhoben, so gesteht Hume die Existenz angeborener Ideen durchaus zu. Insbesondere beruhe das Folgern aus der Erfahrung, das Schließen von der Vergangenheit auf die Zukunft, auf einer *Gewohnheit*, die nicht mit rationaler Deduktion gleichzusetzen sei. Da solches Schließen lebenswichtig ist, wäre es unzweckmäßig, wenn es unserem langsamen und unzuverlässigen Verstand anvertraut wäre. „Es entspricht mehr der gewöhnlichen Weisheit der Natur, einen so notwendigen Geistesakt durch einen Instinkt oder eine mechanische Tendenz sicherzustellen.“ (V.2)

Diese „mechanische Tendenz“, diesen Instinkt, haben wir mit den Tieren gemeinsam. Es ist deshalb durchaus konsequent, wenn Hume einen Abschnitt „Über die Vernunft der Tiere“ aufnimmt.

„Obwohl die Tiere einen großen Teil ihrer Kenntnis aus der Beobachtung erlernen, gibt es doch noch einen anderen großen Teil, den sie aus der Hand der Natur ursprünglich empfangen, der bei weitem ihre gewöhnlichen Fähigkeiten übersteigt und worin sie auch durch die längste Übung und Erfahrung nur geringe oder gar keine Fortschritte machen. Wir bezeichnen das als Instinkt und bewundern es gerne als etwas ganz Außerordentliches und durch keine Untersuchung des menschlichen Verstandes Erklärbares. Aber unser Staunen wird vielleicht aufhören oder nachlassen, wenn wir bedenken, daß unser Folgern aus der Erfahrung, das wir mit den Tieren gemeinsam haben und von dem die ganze Lebensführung abhängt, selbst nichts anderes ist als eine Art Instinkt oder mechanische Kraft, die – uns selbst unbekannt – in uns wirkt.“ (IX.)

Trotzdem bleibt es erstaunlich, daß Tiere wie Menschen meistens gerade jene Ereignisfolgen *erwarten*, die dann auch tatsächlich eintreten. „Hier gibt es also eine Art prästabilierter Harmonie zwischen dem Naturablauf und der Abfolge unserer Vorstellungen." (V.) Aber Bezeichnungen wie „Weisheit der Natur" oder „prästabilierte Harmonie" erklären natürlich nichts. Hume deutet zwar an, daß diese Übereinstimmung notwendig sei „zur Erhaltung unserer Art" (V.), läßt aber offen, wie sie zustande gekommen sein könnte. Bis zur Entwicklung einer Evolutionstheorie, die dieses Problem lösen könnte, sollten ja noch Jahrzehnte vergehen.

Auf eines jedoch weist Hume besonders hin. Auch unsere psychologisch oder gar biologisch bedingte Gewohnheit, von der Vergangenheit auf die Zukunft zu schließen, liefert kein zuverlässiges Wissen. Was immer wir bisher erlebt haben, wie bereitwillig wir auch aus der Vergangenheit lernen mögen und wie oft sich unsere Erwartungen auch erfüllt haben – eine Garantie oder Sicherheit oder Notwendigkeit ergibt sich daraus nicht. Im Hinblick auf die Erkenntnis der Welt zählt für den Empiristen Hume allein die Erfahrung; die Erfahrung aber kann keine Notwendigkeit verbürgen. So geht Hume mit den traditionellen Lehren über Substanz und kausale Notwendigkeit hart ins Gericht.

Humes Kritik richtet sich auch gegen die Lehre von der Induktion. Die „induktive Methode" war von Francis Bacon (1561–1626) entwickelt worden. Bewußt hatte er den logischen Hauptschriften des Aristoteles, dem „Organon", 1620 sein „Novum Organum" gegenübergestellt, mit dem er die wissenschaftliche Methode zu revolutionieren hoffte. Die Induktion soll es erlauben, von Bekanntem auf Unbekanntes zu schließen, von endlich vielen vergangenen Beobachtungen etwa auf den nächsten Einzelfall, auf alle zukünftigen Fälle oder sogar auf ein allgemeines Gesetz (und damit auf *alle* einschlägigen Fälle, vergangene und zukünftige).

Eine solche Methode wäre natürlich hochwillkommen. Sie würde unsere Frage beantworten, woher wir so viel wissen, wie wir wissen. Sie würde die Kluft zwischen der beschränkten und lückenhaften individuellen Erfahrung und unserer Kenntnis allgemeiner Naturgesetze überbrücken. Während die Deduktion unser Wissen nicht vermehrt, sondern allenfalls verdeutlicht (s.oben), würde die Induktion unsere Erkenntnis erweitern. Sie würde nicht nur unser Wissen rechtfertigen, sondern uns darüber hinaus anleiten, neues Wissen zu erlangen. Somit würde sie sowohl das Gebäude wissenschaftlicher Erkenntnis sichern als auch den Erkenntnisfortschritt garantieren.

Gibt es induktive Schlüsse?

Bacon hat seine Vorstellungen so begeistert und begeisternd vorgetragen, daß die Erfahrungswissenschaften bald als „induktive Wissenschaften“ bezeichnet wurden. Den von Bacon erhofften Siegeszug haben zumindest die Naturwissenschaften auch tatsächlich angetreten. Trotzdem haben sich die Zweifel vermehrt, ob es so etwas wie Induktion überhaupt gibt.

Um diese Frage zu klären, muß man verschiedene Aspekte unterscheiden. Der *logische* Anteil des Induktionsproblems läßt sich dabei kurz und klar formulieren in der Frage: Gibt es wahrheitsbewahrende Erweiterungsschlüsse? Gibt es also Schlüsse, die bei wahren Prämissen (Voraussetzungen) immer auch zu wahren Folgerungen führen und die gleichzeitig eine Erweiterung unseres Wissens bedeuten? Es gibt sie nicht!

Zunächst einmal muß man darauf hinweisen, daß zahlreiche, für selbstverständlich gehaltene, induktive Verallgemeinerungen sich als Fehlschlüsse erwiesen haben. So galten folgende Sätze lange Zeit als „induktiv gesichert“: Alle Schwäne sind weiß. (In Australien fand man dann aber schwarze Schwäne.) Die Sonne geht durchschnittlich alle 24 Stunden auf. (Das gilt jedoch nicht jenseits der Polarkreise.) Alle Lebewesen müssen sterben. (Einzeller müssen jedoch nicht sterben; sie teilen sich; es gibt keine Leiche.) Brot ernährt. (Humes Paradespiel: In Frankreich starb nahezu ein ganzes Dorf an Mutterkornvergiftung.) Alle Lebewesen sind entweder Pflanzen (autotroph) oder Tiere (heterotroph). (Der Einzeller *Euglena* kann seine Lebensweise umstellen.) Metalle sind schwerer als Wasser. (Die 1807 entdeckten Alkali-Metalle [Na, K . . .] sind leichter.)

Wer nun überhaupt induktive Schlüsse anerkennt, der müßte sich demnach sagen: Meine Erwartungen haben sich in der Vergangenheit häufig als falsch erwiesen; also werden sie sich auch in der Zukunft häufig als falsch herausstellen. Wir müssen – logisch gesehen – bei *jeder* induktiven Verallgemeinerung prinzipiell damit rechnen, daß sie sich im nächsten Einzelfall als falsch erweist.

Man wird einwenden, daß ein solches Verhalten doch durch die *Naturgesetze* ausgeschlossen sei. Aber woher wissen wir denn, daß die von uns erkannten und formulierten Naturgesetze gelten? Wir haben sie ja nur in der Vergangenheit überprüfen können und wissen nicht, ob sie auch in der Zukunft noch anwendbar sind.

Man wird darauf hinweisen, daß die Natur eine gewisse Konstanz und Gleichförmigkeit aufweise. Aber auch das *wissen* wir natürlich nur hinsichtlich der Vergangenheit: die Gleichförmigkeit der Natur *könnte* morgen durchbrochen sein.

Man wird betonen, daß sich bisher die Erwartung, die Natur werde sich gesetzmäßig verhalten, bestens *bewährt* habe. Aber auch diese – wahre – Feststellung garantiert natürlich nicht, daß solche Erwartungen sich auch in Zukunft bewähren müßten.

Man wird einwenden, daß induktive Schlüsse doch wenigstens eine gewisse *Wahrscheinlichkeit* böten, daß also die Konklusion (Folgerung) eines induktiven Schlusses zwar nicht sicher, aber immerhin wahrscheinlich sei. Interpretiert man jedoch „Wahrscheinlichkeit" in der hier einzig sinnvollen Weise, nämlich als „Häufigkeit", dann ist doch das Wahrscheinliche das, was *bisher* immer oder häufig eingetreten ist; aber woher wissen wir, daß das bisher Häufige auch in Zukunft häufig sein wird? Wir könnten es allenfalls durch ein höheres Induktionsprinzip sicherstellen, wonach vergangene Häufigkeiten auch für die Zukunft gelten. Wie aber sollten wir dann dieses noch umfassendere Induktionsprinzip begründen?

Man wird schließlich zu bedenken geben, daß doch die Mathematiker in der sogenannten „vollständigen Induktion" ein Verfahren besäßen, allgemeine Aussagen (z.B. „Für *alle* natürlichen Zahlen n gilt $1+2+\ldots+n = \frac{n}{2}(n+1)$") zu beweisen. Die mathematische Induktion ist jedoch nur dann anwendbar, wenn vorher eigens *bewiesen* wird, daß man von n auf n+1 übergehen darf. Dieser Induktionsschritt ist eine *Voraussetzung* (neben anderen) für den logisch-mathematischen Induktionsschluß, und gerade diese Voraussetzung ist bei Aussagen über die Welt nicht erfüllt, sondern sollte ja durch Induktionsprinzipien erst sichergestellt werden.

Wie immer wir einen induktiven Schritt zu rechtfertigen versuchen, wir müssen dazu die Gültigkeit dieses oder eines anderen Induktionsprinzips schon *voraussetzen*. Wir geraten somit in einen Zirkel oder in eine unendliche Begründungskette (s. den Abschnitt „Was sind Ideen?"). Aber weder Zirkel noch infiniter Regreß sind logisch zulässig.

Das Induktionsproblem ist also, soweit es ein logisches Problem ist, gelöst; induktive Schlüsse oder Prinzipien, die irgendeine logische Symmetrie zu deduktiven Schlüssen aufweisen, die also – wie deduktive Schlüsse – wahrheitsbewahrend, zugleich aber – im Gegensatz zu den deduktiven Schlüssen – gehalterweiternd sind, *gibt es nicht*. Was Aristoteles oder Francis Bacon vorschwebte – eine zuverlässige Methode, induktiv zu allgemeinen Aussagen über die Welt zu gelangen –, das ist unmöglich.

Diese Einsicht schließt freilich nicht aus, daß wir uns – in Ermangelung besserer Information – bei unseren Erwartungen für die Zukunft psychologisch und forschungsstrategisch auf unser Wissen über die Vergangenheit stützen. Das tut schon jeder Organismus, wenn er sich auf gewisse konstante Umweltbedingungen einstellt; es geschieht beim bedingten Reflex; es ist Grundlage allen Lernens aus Erfahrung. Das Induktionsproblem hat also neben der logischen Seite noch biologische, psychologische und methodologische Aspekte.

8 Immanuel Kant (1724–1804)

Kant wächst zunächst in der Tradition des Leibniz-Wolffschen Rationalismus auf. Durch Hume fühlt er sich jedoch „aus dogmatischem Schlummer“ geweckt. Er sieht, daß Hume mit seiner empiristischen Kritik an den zeitgenössischen Lehren über Raum und Zeit, Induktion und Kausalität, Substanz und Notwendigkeit durchaus recht hat, will sich aber mit dessen skeptischen Antworten nicht abfinden. In seinem Hauptwerk „Kritik der reinen Vernunft“ (1781, ²1787) sucht er eine neue Möglichkeit, die Passung zwischen subjektiven Erkenntnisstrukturen und objektiven Strukturen (der Realität) zu erklären.

„Nun sind nur zwei Wege, auf welchen eine *notwendige* Übereinstimmung der Erfahrung mit den Begriffen von ihren Gegenständen gedacht werden kann; entweder die Erfahrung macht diese Begriffe, oder diese Begriffe machen die Erfahrung möglich.“ (B 166)

Der erste Weg ist der des Empirismus. Ihn hält Kant für unannehmbar, weil dann den Begriffen und Grundsätzen des Verstandes die Notwendigkeit abgehen würde, die sie für Kant unzweifelhaft haben. Daß die Erfahrung uns nicht über die *Notwendigkeit* einer Abfolge belehren könne, eben dies hat Kant von Hume gelernt. Wenn nun aber die Anschauungsformen Raum und Zeit und die Kategorien und Grundsätze des reinen Verstandes doch eine solche Notwendigkeit besitzen, dann muß diese eben anders erklärt werden. Dazu sieht Kant nur noch *einen* Weg.

„Bisher nahm man an, alle unsere Erkenntnis müsse sich nach den Gegenständen richten; aber alle Versuche, über sie a priori etwas durch Begriffe auszumachen, wodurch unsere Erkenntnis erweitert würde, gingen unter dieser Voraussetzung zunichte. Man versuche es daher einmal, ob wir nicht mit den Aufgaben der Metaphysik damit besser fortkommen, daß wir annehmen, die Gegenstände müssen sich nach unserer Erkenntnis richten . . .

Es ist hiermit ebenso, als mit den ersten Gedanken des Kopernikus bewandt, der, nachdem es mit der Erklärung der Himmelsbewegungen nicht gut fort wollte, wenn er annahm, das ganze Sternenheer drehe sich um den Zuschauer, versuchte, ob es nicht besser gelingen möchte, wenn er den Zuschauer sich drehen, und dagegen die Sterne in Ruhe ließ. In der Metaphysik kann man nun, was die Anschauung der Gegenstände betrifft, es auf ähnliche Weise versuchen." (Vorrede, B XVI f.)

Diese Alternative hat Kant nun ausgearbeitet. Danach bringt jeder Mensch bereits fertige Strukturen mit, die Erfahrung erst ermöglichen. Wir *bekommen* also Erfahrung, indem wir im eigentlichen Wortsinne Erfahrungen *machen*. Alles, was wir dann an Strukturen in der Erfahrung zu finden glauben, das haben wir selbst eingebaut. „Der Verstand schöpft seine Gesetze (a priori) nicht aus der Natur, sondern schreibt sie dieser vor." (Prolegomena, § 36)

Dieser Standortwechsel, den Kant offenbar als eine kopernikanische Wende sieht, beantwortet *erstens* die Frage, warum Erkenntnis und Welt so gut aufeinander passen: weil nämlich die Erfahrungswelt weitgehend ein Produkt des Verstandes ist. Statt die Natur zu befragen, können wir also auch unsere eigene Erkenntnisfähigkeit untersuchen; gerade deshalb nennt Kant ja sein Hauptwerk „Kritik der reinen Vernunft". Durch eine solche Untersuchung würden wir die allgemeinsten Naturgesetze auffinden.

Kants Theorie erklärt also *zweitens*, wie wir *vor* aller Erfahrung (a priori) Kenntnis von den Gegenständen der Erfahrung und von den Strukturen der Natur haben können. Die Struktur der erfahrbaren Welt ist euklidisch, genügt also der von Euklid formulierten Geometrie – weil unsere Raumanschauung euklidisch ist und andere Strukturen als euklidische deshalb gar nicht angeschaut oder vorgestellt werden *können*. Alles, was wir erleben, folgt dem Gesetz von Ursache und Wirkung – weil wir außerhalb der Kausalität gar keine Erfahrung machen *können*.

Ohne Anschauungsformen und Kategorien wäre Erfahrung gar nicht möglich; diese Erkenntnisstrukturen sind konstitutiv für Erfahrung, erfahrungstiftend. Deshalb gelten sie für jede mögliche Erfahrung, allgemein und notwendig. Kants Standortwechsel erklärt also *drittens*, warum wir allgemeingültige und notwendig wahre Naturgesetze finden und formulieren können. Das war seine selbstgestellte Aufgabe: die allgemeine und notwendige Geltung der mathematischen und naturwissenschaftlichen Sätze zu erklären, wie sie ihm in der zeitgenössischen Wissenschaft, insbesondere der so zwingend arbeitenden Geometrie und der erfolgreichen Newtonschen Physik, begegneten.

Nun taugen die Kategorien für die Erfahrung, aber auch *nur* für die Erfahrung. Auf Ideen außerhalb menschlicher Erfahrung sind sie nicht anwendbar. Insbesondere können die Themen der Metaphysik – Gott, Welt, Seele, Freiheit und Unsterblichkeit – damit nicht erfaßt werden. Auch über die Welt, soweit sie nicht Gegenstand unserer Erfahrung ist, über das „Ding an sich", wissen wir nichts. Wenn wir trotzdem versuchen, die Verstandesbegriffe auf solche Themen anzuwenden, so verwickeln wir uns leicht in Widersprüche. Kants Theorie erklärt also *viertens*, warum wir immer wieder auf Widersprüche stoßen, wenn wir über die zeitliche oder räumliche Endlichkeit beziehungsweise Unendlichkeit der Welt, über die letzten Bausteine der Materie, über Kausalität und Freiheit, über Zufall und Notwendigkeit nachdenken oder gar die Existenz Gottes beweisen wollen.

Die Frage liegt nahe, ob uns die Strukturen, die wir nach Kant zur Erkenntnis beisteuern (Anschauungsformen, Verstandesbegriffe, Vernunftideen), angeboren sind. Das würde immerhin erklären, warum sie für alle Menschen gleich und verbindlich, also intersubjektiv sind. Wäre dies nicht auch eine Möglichkeit, die Strukturgleichheit von Verstand und Erfahrung zu erklären? Tatsächlich erwähnt Kant in der zweiten Auflage seiner „Kritik der reinen Vernunft" diese Möglichkeit, versucht aber sogleich, sie zu widerlegen.

Wieder ist Kants Hauptargument die angebliche Notwendigkeit der Kategorien. Wie aber, wenn diese Notwendigkeit gar nicht bestünde? Wenn die Naturgesetze gar nicht die allgemeine und notwendige Geltung besäßen, die Kant ihnen zuschreibt?

Gibt es sicheres Wissen über die Welt?

Auf der einen Seite ist es ein Grundbedürfnis des Menschen, sich auf sein Wissen verlassen zu können; auf der anderen Seite versucht die Philosophie schon immer, den Geltungsanspruch menschlicher Erkenntnis zu überprüfen. Kann die Erkenntnistheorie unseren Wunsch nach sicherem Wissen befriedigen? Das Ergebnis jahrtausendelangen Nachdenkens ist im Grunde niederschmetternd.

Zuerst entdeckten kritische Geister, daß die Welt nicht so ist, wie sie uns erscheint. Optische und andere Sinnestäuschungen, Halluzinationen, Träume, unmögliche und doppeldeutige Figuren sind nur Beispiele für diese Tatsache. Schon sie bedeuten eine Widerlegung des naiven Realismus.

Außerdem gerät jede Haltung, die sicheres Wissen postuliert, unweigerlich in das Münchhausen-Trilemma, nämlich in eine unendliche Begründungskette, einen logischen Zirkel oder an eine Stelle, wo sie gewisse Sätze einfach behaupten und sich mehr oder weniger dogmatisch auf Evidenz, Autorität, Offenbarung, Mehrheit, angeborene Ideen oder Ähnliches berufen muß.

Die *Deduktion* kann unser Wissen nicht erweitern, sondern allenfalls Wahrheit bewahren. Die Sätze der *Logik* sind zwar sicher, aber leer. Nicht besser steht es mit der *Mathematik*. Soweit mathematische Theorien überhaupt über die Logik hinausführen, beruhen sie auf

Axiomen, aus denen mit Hilfe logischer Schlüsse auf weitere Sätze (Theoreme) geschlossen wird. Es wird also gezeigt, welche Sätze wahr sind, *wenn* man die Axiome als wahr unterstellt. *Ob* die Axiome wahr sind, das kann der Mathematiker nicht entscheiden, schon deshalb nicht, weil in jedem Axiom undefinierte Begriffe auftreten, die im Rahmen der mathematischen Theorie gar keine Bedeutung haben. Deshalb sagt Bertrand Russell einmal spöttisch: „Mathematik ist ein Gebiet, bei dem wir nie wissen, wovon wir eigentlich reden und ob das, was wir sagen, auch wahr ist."

Induktion hilft uns nicht weiter. Wahrheitsbewahrende Erweiterungsschlüsse gibt es nicht. Sicheres Wissen über die Welt ist also weder durch Deduktion noch durch Induktion zu gewinnen. So können wir nicht einmal den Solipsisten widerlegen, der sein augenblickliches Bewußtsein für allein existent hält. Das einzige, dessen ich sicher sein kann, ist die Existenz meines Bewußtseins; und gerade diese Gewißheit ist kein Wissen im üblichen Sinne, da sie nicht übertragbar, also auch nicht intersubjektiv prüfbar ist.

Wie steht es mit den angeborenen Ideen? Der inzwischen *empirisch* gelieferte Nachweis, daß es solche tatsächlich gibt, hätte die Rationalisten sehr befriedigt, die das schon immer behauptet hatten. Aber *sicheres* Wissen liefern sie nicht. Genetisch übertragene Information ist zwar immer brauchbar und in den meisten Fällen auch zuverlässig, aber doch nicht unfehlbar. Daß solche „uns mit unserer Existenz zugleich eingepflanzte Anlagen zum Denken" die gewünschte Notwendigkeit nicht aufweisen, das hat Kant ganz richtig gesehen.

Aber auch die von uns formulierten Naturgesetze haben nicht den Notwendigkeitscharakter, den Kant ihnen zuschreibt. Insbesondere ist die Newtonsche Mechanik – die einzige zu Kants Zeit ausgearbeitete naturwissenschaftliche Theorie – nicht nur hypothetisch und korrigierbar, sondern längst als falsch erkannt und durch Relativitäts- und Quantentheorie ersetzt. Es ist allerdings wissenschaftshistorisch und psychologisch *verständlich*, wie man aufgrund der ausnahmslosen Erfolge der Newtonschen Mechanik über mehr als hundert Jahre zu der Überzeugung kommen konnte, sie sei uneingeschränkt gültig und enthalte sogar notwendige Wahrheiten. Wenn dies aber gar nicht der Fall ist, dann erübrigt sich auch für den Erkenntnistheoretiker die Aufgabe, die Möglichkeit notwendiger Wahrheiten über die Welt zu *erklären*. Was es nicht gibt, braucht man auch nicht zu erklären. Zwar halten wir fest an der erfahrungskonstitutiven Rolle der subjektiven Erkenntnisstrukturen, wie Kant sie betont hat; doch kommen wir durchaus ohne den Kantischen Anspruch auf Notwendigkeit und Allgemeingültigkeit aus.

Was bleibt uns dann eigentlich? Erkenntnistheoretische Sicherheit jedenfalls nicht. Entgegen der Hoffnung vieler Philosophen gibt es keinen Königsweg zum Wissen, auch nicht in der Erkenntnistheorie. All unser Wissen ist Vermutungswissen, hypothetisch, vorläufig und korrigierbar.

Der hypothetische Charakter all unserer Erkenntnis gilt natürlich auch für diese Einsicht; sie ist auf sich selbst anwendbar. Aber darin liegt kein Widerspruch: Daß all unser Wissen hypothetisch ist, bedeutet, auf sich selbst bezogen, nur, daß auch dies falsch sein *könnte*. Ist es aber falsch, ist also das Gegenteil wahr, so wäre damit natürlich nicht alle Erkenntnis sicher, sondern nur nicht alles unsicher. Hierin liegt noch kein Widerspruch.

Der grundsätzlich vorläufige Charakter aller menschlichen Erkenntnis bedeutet freilich nicht, daß unser Wissen völlig unverbindlich bleiben müßte, daß wir – da es nicht beweisbar ist – ebensogut darauf verzichten könnten. Die Wissenschaftstheorie hat Kriterien entwickelt, nach denen eine erfahrungswissenschaftliche Theorie zu bewerten ist. Unverzichtbare Merkmale einer guten Theorie sind danach innere und äußere Widerspruchsfreiheit, Erklärungswert und Prüfbarkeit. Die gleichen Forderungen stellen wir auch an jede erkenntnistheoretische Position, die wir ernst zu nehmen bereit sind:

Sie muß in sich widerspruchsfrei sein (interne Konsistenz); sie muß mit den anerkannten Fakten der empirischen Forschung vereinbar sein (externe Konsistenz); sie muß unsere erkenntnistheoretischen Fragen beantworten, insbesondere das Zustandekommen von Erkenntnis erklären können (Erklärungswert); sie muß an empirischen Fakten prüfbar sein (Prüfbarkeit).

Ein Versuch, diese Forderungen zu erfüllen, ist die projektiv-evolutionäre Erkenntnistheorie. Ihr sind die weiteren Abschnitte dieses Beitrags gewidmet.

9 Das projektive Modell

Wie alle Theorien muß auch die projektive Erkenntnistheorie von gewissen Annahmen ausgehen, die ihrerseits zwar vielleicht plausibel sind, aber doch nicht bewiesen werden können. Solche Postulate sind: Existenz einer bewußtseinsunabhängigen, gesetzlich strukturierten und zusammenhängenden Welt, teilweise Erkennbarkeit und Verstehbarkeit dieser Welt durch Wahrnehmung, Erfahrung und eine intersubjektive Wissenschaft. Der Kürze halber werden wir diese Annahmen unter der Bezeichnung „hypothetischer Realismus" zusammenfassen. Dieses Etikett macht einerseits deutlich, daß es sich um eine realistische Position handelt; es betont andererseits den hypotheti-

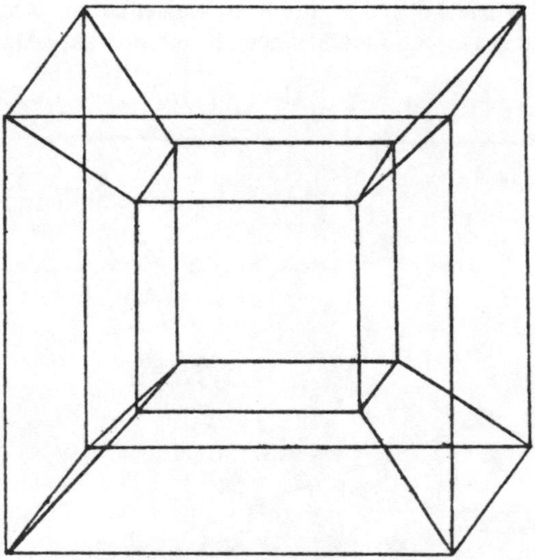

Abb. 1: Der Hyperwürfel

schen Charakter unseres Wissens, wie er sich aus allen bisherigen Abschnitten, vor allem aus dem letzten, ergibt.

Unsere Umwelt ist dreidimensional: Es gibt drei paarweise aufeinander senkrecht stehende Richtungen. Dreidimensionale Gegenstände können wir uns auch vorstellen, Kugeln zum Beispiel oder einen Würfel. Das zweidimensionale Analogon zu einem Würfel ist ein Quadrat. Er hat aber auch ein vierdimensionales Analogon, den Hyperwürfel (Abb. 1); er hat 16 Ecken, 32 Kanten, 24 Flächen und 8 begrenzende Räume. Einen Hyperwürfel können wir uns nicht vorstellen, wohl aber seine Projektion in den dreidimensionalen Raum (als Drahtgebilde) oder auf die zweidimensionale Papierebene (als Strichzeichnung). Umgekehrt ist es durchaus möglich, aus Projektionen des Hyperwürfels das Urbild zu rekonstruieren. Unsere Anschauung läßt uns dabei zwar im Stich; aber der mathematische Formalismus leistet das Gewünschte.

Wir können uns auch Flächenwesen vorstellen, die vor einer entsprechenden Aufgabe stehen. Sie leben in einer dreidimensionalen Welt, seien aber selbst im wesentlichen zweidimensional und an eine Ebene oder auch Kugeloberfläche als ihren Lebensraum gebunden. In dieser Fläche erleben sie nur zweidimensionale Objekte und Bilder und können sich deshalb auch nur flächige Gebilde vorstellen. Die Mathematiker unter ihnen könnten jedoch die „heimische" Flächengeometrie zu einer mehrdimensionalen Geometrie erweitern und dabei in Analogie zu unserem Hyperwürfel ein „Superquadrat" (unseren gewöhnlichen Würfel) erfinden, für sie unvorstellbar, aber mathematisch erfaßbar und aus seinen Projektionen rekonstruierbar (Abb. 2).

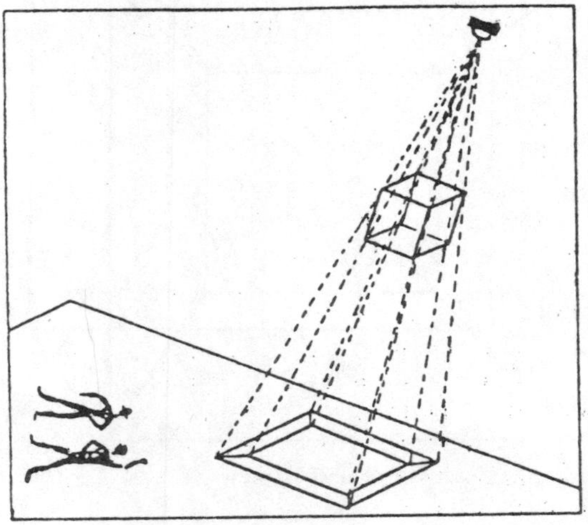

Abb. 2: Flächenwissenschaftler erforschen ihre Welt.

Es wäre dann ein wahrhaft kopernikanischer Schritt solcher Flächenwissenschaftler anzunehmen, daß sie eigentlich in einer dreidimensionalen Welt leben und daß ihre Erlebnisse und Sinneseindrücke nur Projektionen dreidimensionaler Objekte auf ihre Erfahrungs-„Ebene" sind. Sie würden dann versuchen, Auskunft über diese wahre Welt zu erhalten, die hinter ihren Erscheinungen steht, und würden dabei möglicherweise zu allgemeinen Naturgesetzen kommen, die sich *nur* in einem dreidimensionalen Raum formulieren lassen, die aber ihre zweidimensionalen Erfahrungen adäquat als Projektionen beschreiben. Sie würden diese Tatsache als Argument dafür einsetzen, daß ihre Annahme korrekt ist, daß also ihre Welt *wirklich* dreidimensional ist.

Sind wir nicht in einer ähnlichen Situation? Sind wir nicht darauf angewiesen, aus Sinneseindrücken eine „wahre Welt" zu rekonstruieren? So wie sich das Verhältnis von Objekt und Netzhautbild projektiv deuten läßt, so können wir ganz allgemein das Verhältnis von Realität und Sinneseindrücken am Modell einer graphischen Projektion illustrieren.

Die Struktur eines durch Projektion entstandenen Bildes hängt ab von

der Struktur des Gegenstandes,	z.B. Würfel, Pyramide, Kugel;
der Art des Projektionsmechanismus,	z.B. Parallel-, Zentralprojektion;
der Struktur des auffangenden Schirms,	z.B. Farb- oder Schwarzweißfilm, Korn, Empfindlichkeit.

Kennt man diese drei Bestimmungsstücke, so kann man das Bild konstruieren, alle Eigenschaften des Projektionsergebnisses logisch ableiten. Das Bild wird dabei nicht in allen Einzelheiten mit dem Original übereinstimmen. Im allgemeinen wird der Informationsgehalt durch Projektion verringert. Es bleibt jedoch immer eine gewisse *partielle Isomorphie* (Strukturgleichheit) zwischen Objekt und Bild bestehen.

Deshalb kann man *hoffen*, daß sich auch das projizierte Objekt aus einer oder mehreren Projektionen ermitteln läßt. Diese Leistung muß laufend von unserem Gehirn erbracht werden, wenn wir etwas *sehen*. Aus zweidimensionalen Projektionsbildern auf der Netzhaut muß das Gehirn dreidimensionale Objekte *rekonstruieren*. Dasselbe geschieht, wenn wir ein Bild, eine Photographie oder ein Gemälde betrachten, die ja auch nur zweidimensional sind, aber als Darstellungen dreidimensionaler Objekte *interpretiert* werden. Diese Interpretation erfolgt automatisch, unbewußt und über die Verrechnung verschiedener Tiefenkriterien, die dem Psychologen und dem Physiologen wohlbekannt sind. Sie stellt eine ratiomorphe Leistung dar, die auch rational erbracht werden kann. Sogar Computer können heute einfache (geradlinig begrenzte) Strukturen aus ihren zweidimensionalen Projektionen rekonstruieren.

Bei dieser Rekonstruktion (beim Sehen, Wahrnehmen) dreidimensionaler Gegenstände muß unser Gehirn (wie auch der Computer) versuchen, die Information zurückzugewinnen, die bei der Projektion verlorenging. Während also die Konstruktion eines Projektionsbildes bei vorgegebenem Objekt, Projektionsmechanismus und Schirm eindeutig, das heißt deduktiv zwingend ist, bleibt der umgekehrte Vorgang, die Rekonstruktion dieses Objekts, *hypothetisch*, sogar dann, wenn Bild, Projektionsart und Schirm vollständig bekannt sind. Schon jeder Wahrnehmungsakt ist eine versuchte interne Rekonstruktion äußerer Objekte aus reichlich chaotischen Sinneseindrücken. Meistens ist diese Rekonstruktion erfolgreich, manchmal aber auch nicht. Unser Wahrnehmungsapparat arbeitet also zuverlässig, wenn auch nicht perfekt. (Dies ist eine Tatsache, die durchaus einer Erklärung bedürftig und fähig ist; s. den Abschnitt „Evolutionäre Erkenntnistheorie.")

Die Analogie zwischen graphischer Projektion, visueller Wahrnehmung und unserer Erkenntnissituation im allgemeinen wird besonders deutlich in Tabelle 2.

Tab. 2

graphische Projektion	visuelle Wahrnehmung	menschliche Erkenntnis (faktisches Wissen)
projiziertes Objekt	Würfel	reale Welt (Wirklichkeit, das Objektive, Ding an sich)
Projektionsart	Lichtwellen, Photonen	Signale (elektromagnetische Wellen, Schallwellen, Moleküle, Energie)
Aufnahmeschirm	Netzhaut	Erkenntnisapparat (Sinnesorgane, Zentralnervensystem und Gehirn)
Bild	Netzhautbild des Würfels	Sinneseindrücke
rekonstruiertes Objekt	gesehener Würfel	Wahrnehmung, Erfahrung, wissenschaftliche Erkenntnis

Das projektive Modell spiegelt also das Verhältnis, in dem Wirklichkeit und Wirklichkeitserkenntnis stehen. Dabei ist der Begriff der Projektion nicht auf die graphische Projektion beschränkt. Auch das Gehör entschlüsselt die akustischen Reize dreidimensional. Die Richtung der Schallquelle wird dabei aus der Laufzeitdifferenz ermittelt, mit der die Schallwellen an den beiden Ohren ankommen. Diese geringfügige Verzögerung wird als solche gar nicht wahrgenommen und kann auch durch große Aufmerksamkeit nicht bewußtgemacht werden, sondern sie wird sofort als Richtungskriterium interpretiert und verrechnet. Aus Lautstärke und Klang wird sogar die Entfernung einer Schallquelle erschlossen: Die Lautstärke nimmt mit zunehmender Entfernung ab, die Tonreinheit wegen stärkerer Absorption der Obertöne zu. Die Fähigkeit zur akustischen Lokalisation ist gerade bei Blinden besonders gut ausgebildet.

So liefern *alle* Wahrnehmungen schon eine gewisse Rekonstruktion äußerer Objekte. Aber auch die Wahrnehmung ist nur die unterste Stufe dieses Rekonstruktionsversuchs, nur ein Spezialfall unseres Bemühens um objektive Erkenntnis. Weitere Stufen sind Erfahrung und wissenschaftliche Erkenntnis.

10 Der Stufenbau menschlicher Erkenntnis

Die projektive Erkenntnistheorie deutet Sinneseindrücke als Projektionen realer Strukturen auf unsere Peripherie, auf unsere Ober-„Fläche“, auf die „Ebene“ unsere Sinnesorgane. Unser Bemühen um Erkenntnis ist dann umgekehrt der Versuch, diese realen Strukturen in unserem Gehirn zurückzugewinnen, also isomorphe Modelle davon zu bilden. Dieser Versuch erfolgt in der Wahrnehmung unbewußt und unkritisch, in der Erfahrung bewußt und unkritisch, in der Wissenschaft bewußt und kritisch. Wir gelangen so zu einem Mehrschichtenmodell unserer Erkenntnis (Abb.3).

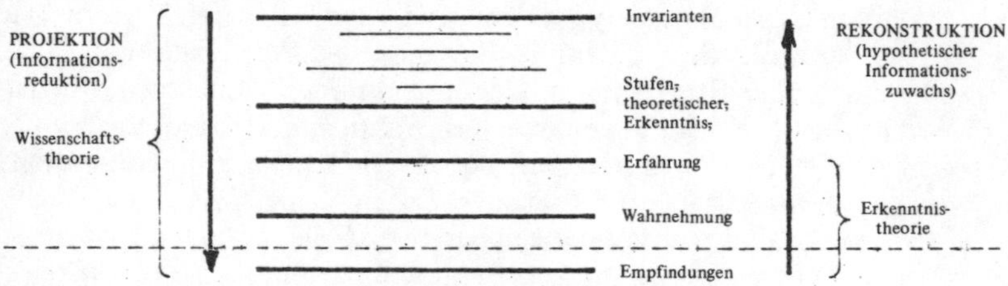

Abb. 3: Mehrschichtenstruktur der menschlichen Erkenntnis.

Die unterste Stufe bilden die *Empfindungen* („ich sehe etwas Rotes“, „mir tut es hier weh“). Sie stellen noch keine Erkenntnis dar. Sie sind weder hinreichend strukturiert noch intersubjektiv prüfbar. Auch müssen wir Erkenntnis als eine dreigliedrige Beziehung auffassen, die zwischen dem erkennenden Subjekt S, einem zu erkennenden Objekt O und dem besteht, *als was* O erkannt wird. Zwar genügt es zu sagen „S empfindet O“, „S kennt O“, aber nicht „S erkennt O“, sondern nur „S erkennt O *als* A“. Diese Bedingung erfüllen erst die höheren Stufen Wahrnehmung, Erfahrung, theoretische Erkenntnis. Erkenntnis besteht also nicht in einer passiven Spiegelung der Welt im Bewußtsein, auch nicht im bloßen Erleben, sondern kommt erst durch die Bearbeitung und Strukturierung von Erlebnisinhalten und durch Vergleich mit gespeicherten Mustern (Engrammen) im Gehirn zustande.

Wahrnehmung dagegen beruht bereits auf einer Verarbeitung und Synthese solcher Inhalte. Diese Synthese ist ein aktiver Beitrag des Subjekts. Der Beitrag kann perspektivisch, selektiv (auswählend) oder konstruktiv sein. Wahrnehmung enthält so schon die typischen Merkmale der Erkenntnis: Sie ist selektiv und erfahrungskonstitutiv und rekonstruiert äußere Objekte.

Die (vorwissenschaftliche) *Erfahrung* bezieht weitere Elemente in den Erkenntnisprozeß ein: Sie macht – meist unkritisch – Gebrauch von sprachlichen Mitteln, Verallgemeinerungen, Analogien, elementaren Schlüssen und Gedächtnis. Sie übersteigt die Wahrnehmung und ist in der Lage, sie zu korrigieren. Auch wenn wir die Zahnbürste im Wasserglas grundsätzlich geknickt sehen, so wissen wir doch *aus Erfahrung*, daß sie „in Wahrheit" nicht geknickt ist.

Die *wissenschaftliche Erkenntnis* geht auch noch über diese Alltagserkenntnis weit hinaus. Sie arbeitet mit Abstraktionen, theoretischen Begriffen und logischen Schlüssen. Sie ergänzt die Sinnesorgane (also den „Projektionsschirm") durch hochempfindliche Geräte, die auch auf Signale noch ansprechen, von denen wir durch unsere Sinne unmittelbar nichts erfahren. Im Experiment gewinnt sie gezielt Information („Daten") über das Bild der Projektion und bildet zur Erklärung dieser Daten Hypothesen und Theorien, deren Folgerungen sie wiederum kritisch überprüft. Sie kann – beispielsweise mit Hilfe mathematischer Strukturen – Rekonstruktionen vornehmen, die der Wirklichkeit viel näher kommen als Wahrnehmung und Erfahrung, weil sie über einen weiteren Aufnahmebereich, mehr Projektionsarten, reichere Informationen und genauere Daten verfügt. Wissenschaftliche Instrumente sind sozusagen die apparative „Falle", durch die wir reale Objekte auf die „Ebene" unserer Sinne projizieren.

Die theoretische Erkenntnis weist selbst eine innere Stufung auf. Je nachdem, wie weit wir uns von der Ebene der Empfindungen entfernen, erhalten wir verschiedene Theoriegrade. Dabei steigen wir zu immer umfassenderen Hypothesen, Naturgesetzen und Theorien auf. Erkenntnisfortschritt besteht also nicht nur in einer Verbreiterung unseres Wissens, in der Ansammlung immer neuer und genauerer Daten, sondern auch und vor allem in der *Vertiefung*, in der Aufstellung allgemeinerer und einheitlicherer Theorien.

Der Erkenntnisprozeß besteht demnach in einer gestuften Rekonstruktion einer hypothetisch postulierten Realität, einer schrittweisen Befreiung von den Fesseln unserer Sinnesorgane (des Aufnahmeschirms oder Weltbildapparates). Dieser Weg verläuft in genau umgekehrter Richtung wie die Projektion. Freilich stellt die Deutung eines Bildes als *Projektion* eines Objekts eine Annahme dar, die sich bewähren kann, aber keineswegs zwingend ist. Die Interpretation der Projektion bleibt somit grundsätzlich hypothetisch. Insbesondere läßt sich der projizierte Gegenstand nicht deduktiv „erschließen", eine Aussage, deren erkenntnistheoretisches Analogon uns schon mehrfach begegnet ist.

Die Idee der Projektion ist in der Erkenntnistheorie auch schon früher aufgetaucht. Freilich dient sie im allgemeinen didaktischen Zwecken; sie soll etwas verdeutlichen, was im Prinzip auch ohne dieses Bild erläutert werden könnte: Platons Ideenlehre am Höhlengleichnis, Lockes Ablehnung angeborener Ideen an der *camera obscura*, die aktive Rolle des Subjekts anhand einer gespannten Leinwand bei Leibniz. Die Frage, unter welchen Bedingungen Projektionen überhaupt zustande kommen, wird dort nicht gestellt. In der projektiven Erkenntnistheorie dagegen, für die das Projektionsmodell unverzichtbar ist, muß diese Frage beantwortet werden.

11 Der Passungscharakter unseres Erkenntnisapparates

Mit einem Schwarzweißfilm kann man keine Farben unterscheiden, mit einem Photoapparat keine Töne registrieren, mit einem Mikrophon keine Gerüche erkennen. In unserem projektiven Modell müssen wir also annehmen, daß der Projektionsschirm, der die Signale aufnehmen soll, für diese Signale auch tatsächlich empfänglich ist. Erkenntnistheoretisch heißt das: Wenn überhaupt Erkenntnis über die Welt möglich sein soll, so muß unser Erkenntnisapparat gerade für solche Reize empfindlich sein, die von der Umwelt angeboten, von den realen Objekten ausgesandt werden. Eine solche Passung liegt nun auch tatsächlich vor, wie wir schon mehrfach betont haben. Der Begriff der „Passung“ hat dabei drei Aspekte.

Erstens paßt unser Erkenntnisapparat in dem Sinne auf die Welt, wie ein Werkzeug auf das Werkstück paßt. Eine Schraube kann man nicht mit einem Faden, einer Taschenlampe, nicht einmal mit einem Schraubenschlüssel lösen. In diesem Sinne *paßt* das menschliche Auge zum Tageslicht, zum Strahlungsmaximum des Sonnenlichts und zum optischen Fenster der Atmosphäre.

Das heißt nicht, daß das Auge „sonnenhaft“ sein müsse, wie Plotin oder Goethe meinten. Sonne und Auge haben nichts gemeinsam; das Auge absorbiert und verarbeitet lediglich einige Signale, die von der Sonne ausgesandt, von der Atmosphäre durchgelassen und von den meisten Gegenständen reflektiert werden. Ohne dieses Mindestmaß an Passung wäre Erkenntnis unmöglich.

Zweitens ist Erkenntnis nützlich, indem sie nämlich für das Überleben einen Vorteil bietet. Ist aber Erkenntnis nützlich in diesem Sinne, so ist es auch die Passung zwischen äußeren Bedingungen und subjektivem Erkenntnisapparat. Wir sehen also jede derartige Passung als *Vorteil* an. Tabelle 3 stellt solche vorteilhaften Passungen zusammen.

Die Tatsache, daß unsere subjektiven Erkenntnisstrukturen gut auf die realen Strukturen passen in dem Sinne, daß durch ihr Zusammenspiel Erkenntnis möglich wird, bedeutet nicht, daß diese Erkenntnis, diese interne Rekonstruktion äußerer Strukturen, immer korrekt sein müßte. Wir wissen zum Beispiel, daß Farben, Töne, Geruch und Ge-

Passungen	Vorteile
Auge	
Die Empfindlichkeit der Netzhaut liegt gerade im „optischen Fenster" der Erdatmosphäre und um das Intensitätsmaximum der Sonnenstrahlung.	Normale Gegenstände reflektieren das Sonnenlicht und können so gesehen, verfolgt oder vermieden werden.
Verschiedene Wellenlängen werden als verschiedene Farben wahrgenommen.	Gegenstände werden leichter und zuverlässiger erkannt und unterschieden.
Aber eine Überlagerung aller Wellenlängen wird nicht als buntes Gemisch, sondern als farbloses („weißes") Licht interpretiert.	Normalbeleuchtung ist informationslos. Nur Abweichungen von der Normalverteilung bieten Information und sind es wert, wahrgenommen zu werden.
Die untere Empfindlichkeitsschwelle eines Photorezeptors in der Netzhaut liegt bei einem einzigen Lichtquant. Aber nur die gleichzeitige Reizung mehrerer benachbarter Sehzellen führt zu einer Lichtempfindung im Bewußtsein. Die Verschaltung der Sehnerven übt also eine Zensur der Reize aus.	Gelegentliche Störungen der Sehzellen, spontanes Feuern und die statistischen Schwankungen des Photonenstroms („Rauschen") sind informationslos und werden durch diese Zensur ausgeschieden.
Ohr	
Schallwellen sind mechanische Schwingungen (i.a. der Luft), die das Trommelfell zum Schwingen bringen. Wir vermögen Töne zu hören, bei denen die Auslenkung des Trommelfells dem Radius eines einzigen Wasserstoffatoms entspricht. Geringere Ausschläge werden zwar vom Ohr noch registriert, aber nicht mehr als Geräusche wahrgenommen.	Sonst würden sogar die Knochenbewegungen gehört, und die regellose Brownsche Bewegung der Luftmoleküle, die ebenfalls informationslos ist, würde als fortwährendes Rauschen empfunden.
Andere Sinne	
Giftige Gase oder Substanzen riechen bzw. schmecken „scheußlich".	So werden sie „instinktiv" verabscheut und vermieden.
Ausnahme: Kohlenmonoxid (CO) ist hochgiftig, aber für uns nicht nur unsichtbar, sondern auch geruchlos.	Dies bedeutete jedoch keinen Nachteil in der Evolution: CO trat praktisch nie auf.

Tab. 3

schmack ganz subjektiv sind. Wir wissen, daß der (psychologische) Farbenkreis geschlossen ist (durch die „erfundene" Farbe Purpur), während das sichtbare (physikalische) Spektrum offen ist (und keine einzelne Wellenlänge den Eindruck „purpur" erzeugen kann). Gleichwohl *paßt* der Farbenkreis sehr gut auf die Bedingungen der äußeren Welt (indem er über das Prinzip der Komplementärfarben Farbkonstanz ermöglicht) und *dient* auch den Bedürfnissen des Organismus (indem er das Wiedererkennen von Objekten unter verschiedenen Beleuchtungen ermöglicht oder erleichtert). Passung schließt also nicht immer Strukturgleichheit ein. In einigen Fällen geht sie jedoch auch weiter.

Drittens also passen einige subjektive Strukturen sogar in dem Sinne auf die Welt, daß sie mit ihnen *übereinstimmen*. Dann gibt es eine gewisse Strukturgleichheit, eine partielle Isomorphie zwischen subjektiven und objektiven Strukturen.

Beispielsweise *sehen* (rekonstruieren) wir die Dinge der äußeren Welt dreidimensional und wissen zugleich aus der Physik, daß sie wirklich dreidimensional sind. Wenn wir verschiedene Farben *sehen*, dann sind die Wellenlängen auch *tatsächlich* verschieden. Wenn immer wir Unterschiede *wahrnehmen*, dann *gibt es* auch einen Unterschied in der Realität. Die Umkehrung gilt nicht: Nicht alle Unterschiede, die in der Welt (objektiv) existieren, werden von uns erkannt; unser Auflösungsvermögen ist beschränkt, und wir versuchen, es durch instrumentelle Hilfsmittel zu verbessern. Nach Tabelle 3 hat aber auch diese Beschränkung häufig durchaus Passungscharakter (wenn nämlich höhere Empfindlichkeit des Organs keine zusätzliche Information mehr liefern könnte). Offenbar hat die Begrenztheit unserer Sinne das Überleben der menschlichen Art nicht verhindert. So finden wir nicht nur in den Leistungen, sondern auch in den Beschränkungen unseres Erkenntnisapparates eine gewisse Passung. Diese Passung verlangt nach einer Erklärung.

12 Evolutionäre Erkenntnistheorie

Wie kommt es, daß subjektive und objektive Strukturen so gut aufeinander passen, teilweise sogar übereinstimmen? Die meisten Philosophen waren der Meinung, daß diese Übereinstimmung kein Zufall, sondern einer Erklärung bedürftig sei. Die Evolutionäre Erkenntnistheorie gibt darauf eine biologisch orientierte Antwort:

Unser Erkenntnisapparat ist ein Ergebnis der biologischen Evolution. Die subjektiven Erkenntnisstrukturen passen auf die Welt, weil sie sich im Laufe der Evolution in Anpassung an diese reale Welt her-

ausgebildet haben. Und sie stimmen mit den realen Strukturen (teilweise) überein, weil nur eine solche Übereinstimmung das Überleben ermöglichte.

Die Evolutionäre Erkenntnistheorie beantwortet also eine alte philosophische Frage über eine relativ junge biologische Theorie, nämlich die Evolutionstheorie. Die unleugbare und zum Teil verblüffende *Passung* wird dabei als Ergebnis einer *Anpassung* erklärt, die den beiden großen Baumeistern der Evolution, Mutation und Selektion, unterworfen war. Nicht nur Sinnesorgane, Zentralnervensystem und Gehirn sind evolutiv entstanden, sondern natürlich auch ihre *Funktionen*: Sehen, Wahrnehmen, Gedächtnis, Erkennen, Denken, Sprechen.

Eine solche These erscheint vielen Geisteswissenschaftlern kühn, dem Biologen dagegen geradezu zwingend. Wenn wir diese evolutionäre Antwort – wenigstens versuchsweise – akzeptieren, dann können wir zahlreiche Einsichten der Evolutionstheorie in die Erkenntnistheorie übertragen.

Zunächst einmal wird durch diesen Schritt der Bereich erkenntnistheoretischer Fragestellung und Diskussion erheblich *erweitert*. Die traditionelle Erkenntnistheorie hatte als ihr Untersuchungsobjekt die „Erkenntnis" des erwachsenen Kulturmenschen angesehen. Die Evolutionäre Erkenntnistheorie dagegen bezieht nicht nur die individuelle Entwicklung der Erkenntnisfähigkeit beim heranwachsenden Kinde ein, also den ontogenetischen Aspekt (der z.B. Gegenstand von Jean Piagets „Genetischer Erkenntnistheorie" ist), sondern auch ihre stammesgeschichtlichen Wurzeln, also den phylogenetischen Aspekt, und die ganze genetisch bedingte Bandbreite kognitiver Merkmale, die *Unterschiede* zwischen Individuen, Rassen und Arten. Kein Wunder also, daß gerade die vergleichende Verhaltensforschung – früher durchaus angemessen „Tierpsychologie" genannt – zu den Wurzeln der Evolutionären Erkenntnistheorie gehört.

Nun wissen wir aus der Evolutionstheorie, daß die Anpassung eines Organismus an seine Umwelt *nie ideal* ist. Eine ideale Anpassung wäre einerseits sehr aufwendig; andererseits ist sie gar nicht erforderlich und auch kaum möglich, weil dem Selektionsdruck ein Mutationsdruck entgegenwirkt und weil auch die Umwelt sich laufend ändert. So ist auch unser Erkenntnisvermögen, ist insbesondere die Passung zwischen Erkenntnisapparat und Umwelt keineswegs vollkommen.

Das ist uns natürlich längst bekannt. Die Evolutionäre Erkenntnistheorie behauptet hier nicht etwas Neues, sondern sie *erklärt* Altbekanntes. Seit Jahrtausenden wußten Leute, daß ein Apfel zu Boden fällt, wenn man ihn losläßt. Aber erst Newton konnte es *erklären.* Warum ist der Himmel blau? (Auf dem Mond ist er schwarz!) Warum ist es nachts dunkel? (Olberssches Paradoxon!) Die Erklärung einer „trivialen“ Tatsache braucht keineswegs trivial zu sein.

Obwohl die Passung unseres Erkenntnisapparates nicht ideal ist und nicht ideal sein kann, ist sie auch nicht gar zu schlecht. Daß eine *gewisse* Passung und sogar eine gewisse Isomorphie zwischen subjektiven und objektiven Strukturen besteht, haben wir bereits im letzten Abschnitt gesehen, und es war auch Anlaß zu unserer Hauptfrage (wie kommt es zu dieser Passung?). Wie weit Passung und Isomorphie reichen, ist eine empirische Frage. Immerhin gibt die Evolutionäre Erkenntnistheorie eine *prinzipielle* Antwort: Die Passung muß wenigstens so weit reichen, daß die wesentlichen Bedürfnisse des Organismus im allgemeinen und des Menschen im besonderen befriedigt werden; sie muß *überlebens-adäquat* sein.

Nehmen wir ein Beispiel. Baumlebende Tiere wie Affen, die von Ast zu Ast und sogar von Baum zu Baum springen, müssen irgendwie die räumliche Struktur ihrer Lebenswelt bewältigen. Nur wenn sie die Entfernung eines Astes richtig einschätzen, wird ihre Greifhand im richtigen Moment zufassen. Dazu müssen sie die dreidimensionalen Objekte ihrer Umwelt aus zweidimensionaler Netzhautinformation rekonstruieren, also wahrnehmen. Es ist also kein Zufall, daß wir Menschen eine so gute Raumwahrnehmung besitzen: Wir verdanken sie unseren baumbewohnenden Vorfahren!

„Um es grob, aber bildhaft auszudrücken: Der Affe, der keine realistische Wahrnehmung von dem Ast hatte, nach dem er sprang, war bald ein toter Affe – und gehört daher nicht zu uneren Urahnen.“ (Simpson)

Erkenntnistheoretisch kann man jede subjektive Erkenntnisstruktur als eine *Hypothese* über die Struktur der Welt auffassen. Diese Hypothese ist – da biologisch oder gar genetisch bedingt – meist unbewußt und unkorrigierbar. Evolution ist also *biologisch* ein Prozeß von Mutation und Selektion, *erkenntnistheoretisch* dagegen ein Prozeß von Vermutungen und Widerlegungen, ein Zusammenhang, den vor allem Karl Popper betont. „Leben ist ein erkenntnisgewinnender Prozeß“, sagt Konrad Lorenz, einer der Väter der Evolutionären Erkenntnistheorie.

Im allgemeinen sind *richtige* Hypothesen auch für die Arterhaltung günstiger als falsche. Falsche Hypothesen werden, wenn ihre Falschheit für das Überleben relevant ist, in der Evolution eliminiert. Hypothesen dagegen, die den evolutiven Erfolg erhöhen, werden beibehalten (bzw. langfristig durch noch geeignetere ersetzt). So führt dieser Prozeß von Mutation und Selektion, von Versuch und Irrtumsbeseitigung, von Vermutung und Widerlegung, von Hypothese und Test, zu der erwähnten partiellen Isomorphie zwischen Welt und Erkennen.

Wieder können wir aufgrund evolutionärer Prinzipien allein nicht angeben, wie weit diese Isomorphie reicht. Sie könnte ziemlich gut, *im Prinzip* sogar vollständig sein; objektive Erkenntnis ist *möglich*, aber nicht garantiert (und, wie wir bereits wissen, niemals als solche ausweisbar).

Offenbar geht die Evolutionäre Erkenntnistheorie davon aus, daß es angeborene Ideen, das heißt genetisch übertragene Information über die Welt, gibt. Dieses Vorwissen steckt in den Sinnesorganen, im Zentralnervensystem, im Gehirn. In einer Welt, in der es keine elektromagnetische Strahlung im sichtbaren Bereich gibt, hätten sich keine Augen entwickelt. Wozu hätten sie auch dienen können? Wir sehen, hören, fühlen gerade dort, wo es etwas zum Sehen, Hören, Fühlen *gibt*.

Unser Erkenntnisapparat ist darauf vorbereitet, optische Reize dreidimensional zu entschlüsseln; er arbeitet mit der *Hypothese*, die visuell wahrnehmbaren Objekte seien dreidimensional. Solche Hypothesen sind unabhängig von aller individuellen Erfahrung, also *ontogenetisch a priori*. In den meisten Fällen sind sie auch richtig. Und soweit sie Erkenntnis erst ermöglichen und gestalten, sind sie sogar erfahrungskonstitutiv oder transzendental im Kantischen Sinne. Aber selbst diese genetische Information ist erst im Laufe der Evolution entstanden; sie wurde getestet und bei Bewährung beibehalten. Sie ist ein Ergebnis guter und schlechter Erfahrungen aus Tausenden und Millionen von Jahren, also *phylogenetisch a posteriori*.

Obwohl demnach die Evolutionäre Erkenntnistheorie erfahrungsunabhängiges, das heißt apriorisches Wissen anerkennt, zerstört sie doch den Kantischen Begriff des Apriori: Dieses Wissen über die Welt ist zwar angeboren, aber nicht notwendig wahr. Die Evolutionäre Erkenntnistheorie ist also bescheidener und zugleich anspruchsvoller als Kants Transzendentalphilosophie: bescheidener, weil sie nicht vorgibt, notwendiges oder absolutes oder sicheres Wissen zu liefern oder zu verbürgen; anspruchsvoller, weil nach dem projektiven Modell durchaus die Aussicht besteht, die *Welt an sich* zu erkennen, nämlich hypothetisch zu rekonstruieren.

Kant hat seinen Standortwechsel gern als kopernikanische Wende gesehen. Tatsächlich war sein Schritt epochemachend; aber er entspricht eher einer ptolemäischen Gegenrevolution. Denn *erkenntnistheoretisch* setzte er den Menschen wieder in den Mittelpunkt der Welt, von wo Kopernikus ihn *kosmologisch* vertrieben hatte. Erst die Evolutionäre Erkenntnistheorie nimmt den erkennenden Menschen wieder aus seiner zentralen Stellung als „Gesetzgeber der Natur" heraus und macht ihn zu einem Beobachter kosmischen Geschehens, das ihn einschließt, in dem er aber seine Rolle meist weit überschätzt hat.

Erst die Evolutionäre Erkenntnistheorie vollzieht also eine echte kopernikanische Wende in der Erkenntnistheorie. Sie erlaubt es deshalb auch, den Menschen in vieler Hinsicht in einer etwas bescheideneren Perspektive zu sehen.

13 Mensch und Mesokosmos

Die menschliche Erkenntnisfähigkeit ist ein Ergebnis der Evolution. Das bedeutet natürlich nicht, daß alles menschliche Wissen genetisch determiniert wäre. Die Evolutionäre Erkenntnistheorie beschreibt oder erklärt auch gar nicht die Evolution menschlichen Wissens; das ist eine Aufgabe der Kulturgeschichte und der Wissenschaftstheorie. Während genetische Prozesse beim Menschen Zehntausende von Jahren in Anspruch nehmen, ist Wissenschaft eine Erscheinung der letzten Jahrhunderte oder allenfalls Jahrtausende. *Biologisch* hat sich in dieser Zeit praktisch nichts geändert. Wäre Aristoteles zweitausend Jahre später geboren, so wäre er vielleicht ein Leibniz geworden, Archimedes wäre ein Gauß, Euklid ein Hilbert. Selbst Noah hätte keine Schwierigkeiten, Molekularbiologie zu studieren oder Astronaut zu werden. Der Unterschied zwischen ihrem und unserem Wissen ist *kulturell* bedingt.

Die Evolutionäre Erkenntnistheorie behauptet also nicht, kulturelle Evolution gebe es nicht, sie sei unerheblich oder sie genüge ausschließlich biologischen Gesetzen. Das Gegenteil ist richtig. Erst die kulturelle Evolution hat zu dem geführt, was wir als das typisch Menschliche ansehen, und die jeweiligen Evolutionsgesetze sind auch durchaus verschieden. Allerdings hört die biologische Evolution nicht einfach dort auf, wo die kulturelle Evolution einsetzt; sie geht – mit kulturell veränderten Auslesebedingungen – weiter.

So ist auch für die Zukunft nicht zu erwarten, daß der Mensch biologisch unverändert bleiben werde. Gehirn und Gehirnfunktionen sind weiterhin der Evolution unterworfen, freilich über Zeitspannen, die nahezu jede Betrachtung über die zukünftige Evolution menschlicher Erkenntnisfähigkeit zur reinen Spekulation machen. Und doch ist es nicht ganz unnütz, sich klarzumachen, daß wir nicht notwendig den End- oder Höhepunkt kognitiver Systeme darstellen.

Wir brauchen auch nicht einmalig zu sein. Wie auf der Erde *kann* es auch auf anderen Himmelskörpern intelligente Wesen geben, jedenfalls auf Planeten, deren Zentralgestirn eine genügend lange Leuchtdauer hat, um die Entstehung höheren Lebens zu erlauben. Gewiß würde sich die Erkenntnisfähigkeit solcher Wesen von der unsrigen erheblich unterscheiden; aber sie müßten doch, soweit unsere Erkenntnis objektiv ist, zu gleichen Ergebnissen kommen. Dies würde eine erweiterte

Art von intersubjektiver Kontrolle, sozusagen eine „interplanetarische“ oder gar „intergalaktische“ Intersubjektivität, bedeuten, ein schärferes Kriterium für objektive Erkenntnis (vgl. S. 17). Wir würden in einem solchen Vergleich zweifellos erneut entdecken, wie sehr (und) wie gut) wir auf die speziellen Bedingungen geprägt sind, die unsere Umwelt kennzeichnen.

Die Welt, an die sich unser Erkenntnisapparat in Jahrmillionen der Evolution angepaßt hat, weil er sie wahrnehmend und handelnd zu bewältigen hatte, ist nur ein Teil der wirklichen Welt. Es ist eine Welt der mittleren Dimensionen; sie reicht von Millimetern zu Kilometern, von Sekunden zu Jahren, von Gramm zu Tonnen. Diese Welt nennen wir „Mesokosmos“.

Auf den Mesokosmos sind die Formen unserer Anschauung und unserer unmittelbaren Erfahrung geprägt. Mesokosmische Strukturen können wir uns anschaulich vorstellen; jedoch müssen wir damit rechnen, daß unser Anschauungsvermögen außerhalb dieses Bereichs versagt. Tatsächlich sind die Theorien der Atom-, Kern- und Elementarteilchenphysik, also des ganz Kleinen, aber auch die der modernen Kosmologie, also des ganz Großen, unanschaulich. Der modernen Physik wird diese Unanschaulichkeit häufig zum Vorwurf gemacht – zu Unrecht, wie wir nun einsehen: Sie ist eine Folge unserer mesokosmischen Prägung.

Diese Prägung zeigt sich noch in einer anderen Richtung. Auch die Strukturen komplizierter Systeme sind nicht mehr anschaulich; zur Einsicht in komplizierte Gefüge hat uns die Evolution nicht vorbereitet. Besonders komplizierte Systeme sind die Organismen; sie sind *durchstrukturiert* von der makroskopischen bis hinunter zur molekularen Ebene. Die Lebenserscheinungen – Stoffwechsel, Wachstum, Entwicklung, Reizbarkeit, Vermehrung, Artenwandel – sind deshalb besonders schwer zu erklären.

Das komplizierteste System schließlich, das die Evolution bisher hervorgebracht hat, ist das Gehirn. Kein Wunder, daß wir Schwierigkeiten haben, es zu durchschauen. Insbesondere zeigen viele Gehirnprozesse einen Innenaspekt, eine subjektive Seite, die wir ganz anders erleben als den bei allen anderen Systemen allein zugänglichen Außenaspekt. Diese Verschiedenheit des Erlebens führt zum Leib-Seele-Problem, zur Frage nach dem Verhältnis von Seele, Geist, Bewußtsein zum Gehirn. Die Evolutionäre Erkenntnistheorie steht in dieser Frage eindeutig zu einer *Identitätsauffassung*, nach der psychische und physische Prozesse nur verschiedene Aspekte ein und desselben Vorgangs sind.

Auch die ratiomorphen Hypothesen, auf die unser Erkenntnisapparat programmiert ist, sind nur mesokosmisch getestet und bewährt; außerhalb *können* sie versagen. Weil sie jedoch biologisch verankert sind, bleiben sie unkorrigierbar, selbst wenn sie auf rationalem Wege als falsch erkannt wurden. Die Evolutionäre Erkenntnistheorie führt also zu der Einsicht, daß wir unseren „natürlichen" Überzeugungen nicht zu sehr vertrauen sollten, nicht der Erwartung, daß nach einer Serie Rot beim Roulette nun doch endlich und mit um so größerer Wahrscheinlichkeit Schwarz kommen müsse, nicht der Annahme, die Zusammenhänge der realen Welt ließen sich in *lineare* Kausalketten auflösen, nicht unserer naiven Zuversicht, Evolution und Geschichte würden die Existenz oder gar den Fortschritt der Menschheit schon garantieren, nicht der selbstherrlichen Behauptung, zu jedem Problem werde sich auch rechtzeitig eine Lösung finden lassen.

Biologischen Systemen ist die Garantie für ihre Stabilität oder gar Unsterblichkeit nicht einprogrammiert, auch nicht dem Menschen oder der Menschheit. Wir führen eine riskierte Existenz zwischen Naturgesetz und Selbstbestimmung. Auch stammesgeschichtliches Wissen ist fehlbar und unter veränderten Umweltbedingungen sogar gefährlich. Gerade das, was wir am sichersten zu wissen glauben, kann auf dem Prüfstand der zukünftigen Evolution versagen, wie es jetzt auf dem Prüfstand rationaler, theoretischer Erkenntnis versagt. Vielleicht gehört diese Tatsache zu den wichtigsten anthropologischen Folgerungen der Evolutionären Erkenntnistheorie. Sie ist nicht so sehr verschieden von der Sokratischen Einsicht: „Ich weiß, daß ich nichts weiß." Eben das wissen wir aber jetzt noch genauer!

EVOLUTION DER ERKENNTNISFÄHIGKEIT – Ansätze zu einer evolutionären Erkenntnistheorie

1 Das Problem

Was ist Evolutionäre Erkenntnistheorie?

Evolutionäre Erkenntnistheorie ist eine neue Disziplin, die philosophische mit wissenschaftlichen Aspekten verbindet.

Was sind ihre philosophischen Aspekte?

Die *Hauptprobleme* der Evolutionären Erkenntnistheorie sind erkenntnistheoretische Probleme; und Erkenntnistheorie ist ein Teilgebiet der Philosophie. Ferner hat die Evolutionäre Erkenntnistheorie zahlreiche philosophische *Implikationen.*

Was sind dann ihre wissenschaftlichen Aspekte?

Die Lösungen für diese Probleme stützen sich auf die Evolutionstheorie, die ihrerseits zur Biologie, also zur empirischen Wissenschaft gehört. Darüber hinaus gibt es viele weitere wissenschaftliche Disziplinen, die zur Evolutionären Erkenntnistheorie beitragen: Verhaltensforschung, Genetik, Neurobiologie, Entwicklungs- und Wahrnehmungspsychologie, Anthropologie, Linguistik.

Ist es möglich und zulässig, auf philosophische Fragen eine wissenschaftliche Antwort zu geben?

Warum nicht? Wir sollten die Antworten auf unsere Fragen von dort nehmen, wo wir sie finden.

Ist das denn schon früher vorgekommen?

Es ist sogar die Regel, nicht die Ausnahme. Alle Naturwissenschaften (außer der Astronomie) haben ihre Wurzeln in der Philosophie. Newtons

Hauptwerk trug den Titel „Philosophiae Naturalis Principia Mathematica“ (Mathematische Prinzipien der *Naturphilosophie*). An traditionsreichen englischen Universitäten gibt es noch heute Lehrstühle für theoretische Physik unter der Bezeichnung „Naturphilosophie“.

Gibt es auch jüngere Fälle eines solchen Emanzipationsprozesses?

Die Kosmologie war eine typisch philosophische Disziplin, bis Einstein im Jahre 1917 zeigte, wie seine Gravitationstheorie (Allgemeine Relativitätstheorie) auf das Universum als Ganzes angewendet werden könnte. Die Biogenetik ist sogar erst 1971 durch Manfred Eigen zu einer wissenschaftlichen Disziplin geworden.

Wird die Erkenntnistheorie schließlich zu einer empirischen Wissenschaft werden?

Solche Voraussagen sind problematisch. Jedenfalls wird der *metadisziplinäre* und *normative* Charakter der Erkenntnistheorie im allgemeinen sie mit Sicherheit davor bewahren, eine rein empirische Wissenschaft zu werden.

In welchem Sinne ist die Erkenntnistheorie eine Metadisziplin?

Die empirische Wissenschaft fragt: „Wie sieht *die Welt* aus?“ Die Erkenntnistheorie dagegen fragt: „Wie sieht *unser Wissen*, unsere Erkenntnis über die Welt aus?“

Was ist Erkenntnis?

Vielleicht können wir uns über eine Arbeitsdefinition verständigen: Erkenntnis ist eine adäquate interne Rekonstruktion und Identifikation äußerer Objekte (im Subjekt).

Was ist die Hauptfrage der Evolutionären Erkenntnistheorie?

Wie kommt es, daß die (subjektiven) Strukturen menschlicher Erkenntnis auf die (objektiven) Strukturen der Realität passen?

Könnte man für diese verschiedenen „Strukturen“ Beispiele geben?

Nehmen wir zunächst den einfacheren Teil. Reale Strukturen sind Elektronen, Atome, Moleküle, Münzen, Felsen, Organismen, Planeten, Sterne, Galaxien, zusammen mit ihren Eigenschaften, Beziehungen, Gesetzen, mit ihrem Verhalten und ihrer Geschichte.

Woher wissen wir, daß sie real sind?

Wir können es nicht beweisen. Unser Wissen ist nie sicher. Aber es ist vernünftig, sie als real anzusehen.

Die Evolutionäre Erkenntnistheorie ist also realistisch?	Zweifellos. Sie setzt eine bescheidene Form von Realismus, den hypothetischen Realismus voraus.
Was sind die Hauptthesen des hypothetischen Realismus?	Alle faktische Erkenntnis ist hypothetisch, also vorläufig, fehlbar, unsicher. Es gibt eine reale Welt, unabhängig von unserem Bewußtsein; sie ist strukturiert, zusammenhängend und quasikontinuierlich; sie ist teilweise erkennbar und erklärbar durch Wahrnehmung, Denken und eine intersubjektive Wissenschaft.
Was sind dann *subjektive* Erkenntnisstrukturen?	Obwohl menschliche Erkenntnis sich auf äußere *Objekte* bezieht, enthält sie Anteile, die auf das erkennende Subjekt zurückgehen. Derartige Strukturen heißen „subjektiv".
Gibt es dafür Beispiele?	Solche Strukturen sind Farbe, Geruch, Geschmack, Muster, Raum und Zeit, kausale Verknüpfungen, logische Schlüsse, Begriffe usw.
Stimmt diese Unterscheidung zwischen objektiv und subjektiv überein mit Lockes Aufteilung in primäre und sekundäre Qualitäten?	Begrifflich schon. Aber Lockes tatsächliche Einteilung ist überholt. Viele Qualitäten, die er für primär hielt, wurden inzwischen als sekundär, als nicht-objektiv erkannt. Sie sind abhängig vom Subjekt, vom Bezugssystem, vom experimentellen Verfahren, von Konventionen. Auch spielen die subjektiven Strukturen für das Erkennen eine sehr wichtige Rolle.
Welche Rolle spielen diese subjektiven Strukturen?	Sie sind erkenntnis*konstitutiv*. Sie leisten eine interne Rekonstruktion äußerer Objekte. Ohne sie wäre menschliche Erkenntnis unmöglich, würde also auch nicht existieren.
Sind diese subjektiven Strukturen transzendental im Kantischen Sinne?	Ja und nein. Sie liegen – wie Kant behauptet – aller individuellen Erfahrung voraus und sind für sie konstitutiv; sie sind jedoch – entgegen Kant – weder notwendig noch allgemeingültig.
Wie nun können subjektive Strukturen auf objektive passen?	Hier muß man drei Bedeutungen unterscheiden: Erstens passen objektive und subjektive Strukturen aufeinander, indem sie zusammen Erkenntnis möglich machen. Sie passen, wie ein *Werkzeug* auf ein Werkstück paßt. Ohne diese Passung gibt es auch keine Erkenntnis. Zweitens

ist diese Passung *nützlich*, weil und insoweit Erkenntnis nützlich ist. In Darwinschen Begriffen erhöht diese Passung die *Fitness* des Organismus. Drittens passen in einigen Fällen die subjektiven Strukturen auf objektive, indem sie sogar mit ihnen *übereinstimmen*. In diesen Fällen gibt es eine gewisse Strukturgleichheit, eine *partielle Isomorphie*. Alle drei Bedeutungen sind in unserer Hauptfrage eingeschlossen.

Was wäre denn ein Beispiel für eine solche dreifache Passung?

Nehmen wir den Sehraum. Äußere Objekte werden durch Lichtstrahlen auf unsere Augen, genauer auf unsere Netzhaut projiziert. Obwohl die dabei entstehende Netzhautinformation zweidimensional ist, rekonstruiert unser Wahrnehmungsapparat daraus dreidimensionale Strukturen, wodurch ein Erkennen jener Objekte möglich wird. Offenbar passen das menschliche Auge und der Wahrnehmungsapparat sehr gut auf die äußeren Bedingungen elektromagnetischer Wellen, geradliniger Lichtausbreitung und reflektierender Körper. Diese Passung erhöht ihrerseits die Lebensfähigkeit des Organismus. Und in diesem speziellen Fall stimmt die Dreidimensionalität der intern rekonstruierten Objekte mit der Dreidimensionalität der realen Objekte da draußen überein.

Gibt es auch ein Beispiel für eine Passung in der ersten und zweiten Bedeutung, aber ohne die Passung in der dritten Bedeutung?

Der Farbenkreis ist ein typischer Fall. Er ist *geschlossen*, während der sichtbare Ausschnitt des elektromagnetischen Spektrums beidseitig *offen* ist, nämlich jenseits vom Rot und jenseits vom Violett. Hier besteht also keine vollständige Isomorphie zwischen physikalischen (objektiven) und psychologischen (subjektiven) Fakten. Trotzdem ermöglicht der Farbenkreis die Farbkonstanz (die Tatsache, daß die wahrgenommene Farbe trotz wechselnder Beleuchtung unverändert bleibt). Hier gibt es also zwar eine *nützliche Passung* zwischen objektiven Strukturen und subjektiver Interpretation, aber keine *Kongruenz*.

2 Die Hauptthese

Diese Beispiele betreffen doch eigentlich nur Tatsachen der Psychologie, der Physiologie, der Neurobiologie. Was hat das alles mit Erkenntnistheorie zu tun?

Erinnern wir uns an unsere Hauptfrage: Wie kommt es, daß die (subjektiven) Erkenntnisstrukturen auf die objektiven Strukturen passen? Diese Frage setzt einige *empirische Fakten* als gegeben voraus, nämlich u.a. die Existenz (und also die Möglichkeit) von Erkenntnis, die erwähnte Passung zwischen subjektiven und objektiven Strukturen, ihre partielle Isomorphie, und die Existenz verschiedenartiger Erkenntnisapparate bei Organismen. Aber die Frage selbst ist durchaus erkenntnistheoretisch und wurde von vielen Philosophen gestellt und bearbeitet.

Konnten sie sie beantworten?

Es gibt viele Versuche, vom Rationalismus zum Empirismus, von der prästabilierten Harmonie (Leibniz) zum Occasionalismus (Geulincx), von der Transzendental-Philosophie (Kant) zum transzendentalen Lingualismus (Wittgenstein), vom Konventionalismus (Poincaré) zum Ökonomismus (Mach).

Und welche Antwort ist dann korrekt?

Nach der Evolutionären Erkenntnistheorie – keine.

Wie beantwortet die Evolutionäre Erkenntnistheorie ihre Hauptfrage?

„Unser Erkenntnisapparat ist ein Ergebnis der (biologischen) Evolution. Die subjektiven Erkenntnisstrukturen passen auf die Welt, weil sie sich im Laufe der Evolution in Anpassung an diese reale Welt herausgebildet haben. Und sie stimmen mit den realen Strukturen (teilweise) überein, weil nur eine solche Übereinstimmung das Überleben ermöglichte."[1]

Wer hat als erster diese Antwort gegeben?

Die Evolutionäre Erkenntnistheorie setzt die Evolutionstheorie voraus. Es dürfte deshalb nicht überraschen, daß der erste *Hinweis* auf eine evolutionäre Erklärung unserer kognitiven Strukturen von Darwin selbst stammt. Ihm folgten Evolutionstheoretiker aller Art. Aber erst 1941 hat Konrad Lorenz (ein Verhaltensforscher) die Evolutionäre Erkenntnistheorie entworfen, indem er Evolutionstheorie und

Erkenntnistheorie *beide* angemessen berücksichtigte.[2]

Warum hat das so lange gedauert?

Normalerweise kümmern sich Biologen nicht um Erkenntnistheorie, während Philosophen nicht genug Biologie können. Glücklicherweise haben sich die Verhältnisse inzwischen etwas geändert.

Wer hat den Ausdruck „Evolutionäre Erkenntnistheorie" geprägt?

Das war Donald T. Campbell (ein Psychologe) etwa 1967 in einem Aufsatz über Poppers Methodologie, der allerdings erst 1974 veröffentlicht wurde.[3]

Ist die Bedeutung dieses Ausdrucks klar umrissen?

Leider wird er mehrdeutig gebraucht. Manchmal geht es dabei um die Evolution der *Erkenntnis* (dann handelt es sich um ein Problem der Wissenschaftsgeschichte und der diachronischen Wissenschaftstheorie); öfter aber auch – und das ist die Bedeutung, die hier gemeint ist – um die Evolution unserer *Erkenntnisfähigkeit* und ihre erkenntnistheoretischen Konsequenzen (das ist ein Problem der Erkenntnistheorie).

Worin liegt der Unterschied?

Der eindrucksvollste Teil menschlicher Erkenntnis ist die Wissenschaft, die sich natürlich auch entwickelt, aber keine enge Beziehung zur biologischen Evolution hat, während unser Erkenntnisapparat tatsächlich ein Ergebnis der biologischen Evolution ist.

Gibt es hier nicht sehr viele Ähnlichkeiten?

Es gibt *Analogien*, aber die „evolutionären" Prozesse unterscheiden sich dabei erheblich. Sie unter einen einzigen Evolutionsbegriff zu fassen, ist eher irreführend als hilfreich.

Gibt es dafür ein Beispiel?

In der Evolution der Wissenschaft gibt es keine „Mutationen", weil es bei wissenschaftlichen Theorien keine „Nachkommen" und keine „Vererbung" gibt. Evolutionäre Erkenntnistheorie ist nur sinnvoll, soweit subjektive Erkenntnisstrukturen vererbt werden. Auch gibt es keine Absichten in der Evolution, keinen Plan; sie macht dieselben Fehler immer wieder; sie kann auch keine radikal neuen Lösungen finden, sondern ist ausgesprochen opportunistisch.

Wenn diese kognitiven Strukturen tatsächlich subjektiv sind, wie kann dann die Evolutionäre Erkenntnistheorie den Solipsismus vermeiden?

Der Solipsismus ist natürlich weder logisch noch erkenntnistheoretisch widerlegbar. Aber niemand würde ihn vertreten. Und wer kein Solipsist ist, der muß eigentlich Realist sein, genauer, hypothetischer Realist. Dazu gehört auch die Anerkennung anderer bewußter Wesen. Mit diesen Wesen können wir uns verständigen. Diese Möglichkeit der Intersubjektivität beruht darauf, daß die subjektiven Strukturen bei allen Leuten im wesentlichen gleich sind.

Warum sind sie gleich?

Soweit sie genetisch determiniert sind, werden sie *vererbt*. Deshalb sind sie für alle Leute mehr oder weniger identisch, zeigen freilich auch statistische Streuung wie jedes andere genetisch bedingte Merkmal.

Gibt es dabei Ausnahmen?

Ja, die gibt es, zum Beispiel die Farbenblindheit. Doch sind Ausnahmen auf diesem elementaren Wahrnehmungsniveau selten. Wieweit die Kategorien der Erfahrung genetisch determiniert sind, ist schwer herauszufinden. Es ist jedoch eine vernünftige empirische Frage.

Garantiert Intersubjektivität schon Objektivität?

Natürlich nicht. Gegenbeispiele sind gemeinsame Irrtümer, kollektive Halluzinationen, Massenpsychosen, regelmäßige Sinnestäuschungen und übereinstimmende Fehler aufgrund falscher Theorien. Auch als alle Leute sich darüber einig waren, daß die Erde eine flache Scheibe sei, war diese Überzeugung doch nicht richtig, geschweige denn objektiv.

Wie können wir dann sicher sein, daß unsere kognitiven Strukturen, die subjektiv und vielleicht sogar intersubjektiv sind, eine wahre, eine angemessene Rekonstruktion realer Objekte liefern?

Wir können nicht absolut sicher sein. Evolutionärer Erfolg garantiert keine Wahrheit. Da diese Strukturen jedoch über Jahrmilliarden getestet wurden, können sie auch nicht völlig falsch sein. „Um es grob, aber bildhaft auszudrücken: Der Affe, der keine realistische Wahrnehmung von dem Ast hatte, nach dem er sprang, war bald ein toter Affe – und gehört daher nicht zu unseren Urahnen.“[4]

Vertritt oder benützt die Evolutionäre Erkenntnistheorie einen pragmatischen Wahrheitsbegriff?

Im Gegenteil! Obwohl die Evolutionäre Erkenntnistheorie stark pragmatische Elemente aufweist, wird doch die Wahrheit angeborener Erkenntnisstrukturen durch biologisches Überleben, Darwinsche Fitness oder evolutionären Erfolg weder definiert noch bewiesen. Die Evolutionäre Erkenntnistheorie *kritisiert* eine derartige Wahrheitstheorie sogar, indem sie auf Gegenbeispiele verweist, auf die vielen Fälle, in denen subjektive und objektive Strukturen nicht übereinstimmen, und auf die Tatsache, daß menschliche Erkenntnis keineswegs ideal ist.

Warum ist menschliche Erkenntnis nicht ideal?

Weil biologische Anpassung niemals ideal ist. Dieses ,,Unvollkommenheits-Gesetz" gilt für alle organischen Systeme. So werden gerade auch die Fehlleistungen unseres kognitiven Apparates durch die Evolutionäre Erkenntnistheorie *erklärt*.

Aber wissen wir denn nicht schon längst, daß unsere Erkenntnis nicht vollkommen ist? Brauchen wir die Evolutionäre Erkenntnistheorie, um herauszufinden, daß wir fehlbar sind.

Natürlich nicht. Die Evolutionäre Erkenntnistheorie erhebt hier auch nicht den Anspruch, etwas Neues zu behaupten, sondern etwas Wohlbekanntes zu *erklären*. Die Erklärung einer trivialen Tatsache braucht keineswegs trivial zu sein. Seit Jahrmillionen wissen Leute, daß losgelassene Äpfel zu Boden fallen. Newtons Leistung ist nicht, das herausgefunden, sondern es *erklärt* zu haben.

3 Die Möglichkeit objektiver Erkenntnis

Ist das Gehirn ein Erkenntnisorgan?

Das Gehirn entstand zunächst einmal als *Überlebens*organ. Für das Überleben war Erkenntnis freilich nützlich. So entwickelte sich das Gehirn zu einem Instrument, das mehr und mehr *Information* sammeln und verarbeiten konnte. Dieser Werkzeugcharakter ist in völliger Übereinstimmung mit den bereits erwähnten Begriffen der Passung, der Eignung und der Tauglichkeit.

Können auch Tiere Erkenntnis gewinnen?

Wenn wir Erkenntnis, wie wir es getan haben, definieren als adäquate interne Rekonstruktion und Identifikation äußerer Objekte, dann können Tiere Erkenntnis besitzen – in verschiedenem Maße natürlich.

Könnten andere Wesen (Marsmenschen zum Beispiel) andere erkenntniskonstitutive Strukturen haben?

Gewiß. Es ist nicht nur denkbar, sondern höchstwahrscheinlich, daß ihre kognitiven Strukturen von unseren erheblich verschieden wären.

Wäre eine interplanetarische Kommunikation und Verständigung dann überhaupt möglich?

Über reale (objektive) Strukturen: ja; über subjektive Phänomene (Empfindungen, Gefühle usw.): nur bedingt. Natürlich wäre die Situation symmetrisch: Sie würden unsere Gefühle wohl auch nicht verstehen.

Verstehen wir denn die Tiere?

Mit den Tieren auf der Erde haben wir die Umgebung gemeinsam und darüber hinaus eine evolutive Vergangenheit von vier Milliarden Jahren. Unsere Sinnesorgane, Zentralnervensysteme und Gehirne sind verwandt, also ähnlich. Je länger die *gemeinsame* Geschichte ist, je später die stammesgeschichtliche Aufspaltung erfolgte, je umfangreicher die gemeinsamen Strukturen sind, desto größer sind die Chancen für Mitgefühl, für Sym-pathie, für Verstehen.

Was bedeutet hier „Verstehen"?

Bedeutung und Verstehen beruhen – auch beim Menschen – auf *Isomorphie*. Übertragungen und Analogien im Denken (und Fühlen) sind genau so weit gerechtfertigt, wie solche Isomorphien bestehen.

Sollte die Erkenntnistheorie auf nichtmenschliche Wesen erweitert werden?

Die traditionelle Erkenntnistheorie hat als ihr Untersuchungsobjekt die Erkenntnis des *normalen, erwachsenen, gebildeten Europäers* angesehen. Die Evolutionäre Erkenntnistheorie bezieht die individuelle kognitive *Entwicklung* jedes Menschen ein, seinen phylogenetischen Ursprung, die Bandbreite genetisch bedingter Merkmale, also die kognitiven *Unterschiede* zwischen verschiedenen Individuen, Rassen und

Arten. Diese Tatsache erklärt auch, warum gerade die *vergleichende* Verhaltensforschung die Evolutionäre Erkenntnistheorie hervorgebracht hat.

Stehen Tiere und Menschen in kognitiver Hinsicht auf einer Stufe?

Natürlich nicht. Es gibt verschiedene Erkenntnisstufen, und gerade im Hinblick auf Erkenntnis ist der Mensch allen anderen Lebewesen überlegen.

Was wären denn solche Erkenntnisstufen?

Wesentlich ist die Dreiteilung in Wahrnehmung, Erfahrung und theoretische (oder wissenschaftliche) Erkenntnis.

Wie unterscheiden sich diese Stufen?

Erkenntnis haben wir charakterisiert als eine adäquate Rekonstruktion und Identifikation äußerer Objekte. In der Wahrnehmung erfolgt diese Rekonstruktion unbewußt und unkritisch, in der Erfahrung dagegen *bewußt*, wenn auch noch unkritisch, in der theoretischen Erkenntnis schließlich bewußt und *kritisch*. Kein Tier hat theoretische Erkenntnis.

Aber Popper sagt doch: „Von der Amöbe bis Einstein ist der Erkenntnisfortschritt immer derselbe.“[5]

Popper betont dabei, daß allen Erkenntnisprozessen eine *gemeinsame Strategie* zugrundeliegt: die Methode von Versuch und Irrtumsbeseitigung. Aber es gibt auch wichtige Unterschiede.

Nach der Evolutionären Erkenntnistheorie sind subjektive Strukturen für die Erkenntnis konstitutiv. Gilt das für alle Erkenntnisstufen?

Nein! Das ist ein wichtiger Punkt, der sogar von vielen Anhängern der Evolutionären Erkenntnistheorie übersehen oder ignoriert wird. Jene kognitiven Strukturen sind konstitutiv nur für Wahrnehmungs- und Erfahrungserkenntnis; wissenschaftliche Erkenntnis ist *nicht* biologisch oder genetisch determiniert.

Ist objektive Erkenntnis möglich?

Ja; wahrscheinlich existiert sie sogar. In diesem Sinne ist die Evolutionäre Erkenntnistheorie *anspruchsvoller* als Kant.

Existiert perfektes Wissen, also sichere, beweisbare Erkenntnis über die Welt?

Nein, nach der Evolutionären Erkenntnistheorie ist perfektes Wissen unmöglich. Alle Erkenntnis ist hypothetisch, unsicher, unvollkommen, vorläufig, fehlbar, korrigierbar. In diesem Sinne ist die Evolutionäre Erkenntnistheorie *bescheidener* als Kant.

Gibt es Grenzen für die menschliche Erkenntnis?

Ja; selbst wenn wir objektives Wissen erlangt hätten, könnten wir seiner Wahrheit oder Objektivität nie absolut sicher sein. Diese Beschränkung besteht jedoch nicht aus evolutionären Gründen; sie hat vielmehr logische und erkenntnistheoretische Gründe. Sie ist deshalb kein spezifisches Resultat der Evolutionären Erkenntnistheorie.

Gibt es apriorisches Wissen über die Welt?

In welchem Sinne „a priori"?

Sagen wir, „unabhängig von aller *individuellen* Erfahrung"?

Ja; es gibt „angeborene Ideen", Information über die reale Welt, die genetisch codiert und übertragen wird. Es gibt konstruktive Vorurteile, Hypothesen, Erwartungen, Vermutungen. Solche Strukturen, die für Erkenntnis konstitutiv und prägend sind, sind *ontogenetisch a priori.*

Wenn aber „a priori" bedeutet, „unabhängig von *aller* Erfahrung (auch der Vorfahren)"?

Nein; sie wurden in der Evolution getestet. Insofern sind diese Prinzipien (Anschauungsformen, Kategorien, Grundhypothesen, Schlußgewohnheiten) *phylogenetisch a posteriori.*

Und wenn „a priori" bedeutet, „notwendig wahr oder allgemeingültig"?

Nein; keine Aussage über die reale Welt ist gegen jeden Zweifel gefeit oder „notwendig" wahr.

4 Chancen für die Zukunft

Wie weit reicht menschliche Erkenntnis?

Sie ist *zunächst einmal* überlebensadäquat: Soweit sie genetisch bedingt ist (Wahrnehmung und Erfahrung), paßt sie auf die Welt der mittleren Dimensionen, auf den „Mesokosmos". Sie kann aber als *wissenschaftliche* Erkenntnis aus diesem Mesokosmos auch hinausführen.

Gibt es auch für die Mathematik, für die Relativitätstheorie, für die Kybernetik oder für die Molekularbiologie biologische Wurzeln?

Nur in einem sehr elementaren Sinne. Aber *evolutionsbiologisch* gesehen ist die Fähigkeit, solche Theorien zu entwerfen, ein *Nebenprodukt* der allgemeinen Fähigkeiten zu Abstraktion, Generalisation, Neugier, logischem Schließen, Sprache usw. Natürlich ist keine dieser Theorien biologisch vorgeformt. Kulturell sind sie dagegen überaus bedeutsam.

Welche Rolle spielt die kulturelle Evolution gegenüber der biologischen?

Wegen der Langsamkeit der biologischen Evolution dürfen wir die Menschen der letzten fünf- bis zehntausend Jahre in erster Näherung als genetisch (also biologisch) invariant ansehen. Nahezu alles, worauf wir stolz sind, verdanken wir der *kulturellen* Evolution.

Ist die biologische Evolution mit dem Einsetzen der kulturellen Evolution beendet?

Nein; biologische und kulturelle Evolution wirken zusammen. Durch die kulturelle Evolution haben sich jedoch die Selektionskriterien erheblich geändert.

Wird der Mensch auch künftig der biologischen Evolution unterliegen?

Ja; es gibt aber keine Garantie, daß sie weiter aufwärts führt, zum Beispiel zu mehr Komplexität oder zu mehr Erkenntnis.

Ist zu erwarten, daß sich die menschliche Erkenntnisfähigkeit noch steigert?

Eine Erweiterung im biologisch-genetischen Sinne würde Jahrmillionen dauern und ist deshalb für unsere Betrachtungen völlig unerheblich. Es ist aber sicher, daß wir unser Gehirn erheblich besser *nützen* könnten. In gewissem Sinne treiben wir fast laufend Gehirnverschwendung.

Aber könnte nicht ein weiterer Schritt, z.B. eine Vergrößerung des Gehirns, uns neue Erkenntnisdimensionen, neuen Welten eröffnen?

Nein. Der entscheidende Schritt in der Evolution der menschlichen Erkenntnisfähigkeit war der „Durchbruch“ zu einer *argumentativen Sprache*. Dieses Erkenntnisinstrument unterliegt auch Begrenzungen (z.B. dem Satz von Löwenheim und Skolem aus der formalen Logik). Es ist aber keine derartige Grenze bekannt, die durch weitere Evolution durchbrochen werden könnte.

In welcher Weise sollten wir die Vorteile unseres Gehirns besser nützen?	Indem wir unsere Probleme klar (als Fragen) formulieren; indem wir bessere Strategien zur Problemlösung finden; indem wir unseren Kindern eine anregende Umgebung bieten; indem wir ihnen erlauben, Spielzeugcomputer zu programmieren (und nicht durch sie programmiert zu werden); und durch den Gebrauch künstlicher Intelligenz.
Arbeitet das Gehirn algorithmisch?	Ja; allerdings vermutlich unter Einschluß zahlreicher Zufallsgeneratoren, zum Beispiel spontan feuernder Neuronen.
Wenn Erkenntnis eine Gehirnfunktion ist, könnten dann auch Computer diese Funktion besitzen?	Ein hinreichend komplizierter und raffiniert programmierter Computer (mit Sensoren und Effektoren!) könnte tatsächlich Bewußtsein und Erkenntnisfähigkeit besitzen.
Werden wir solche Maschinen bauen?	Nein; sie sind auf absehbare Zeit viel zu kompliziert. Wir durchschauen noch nicht einmal unser Gehirn.
Wenn wir solche Maschinen bauen könnten, *sollten* wir es tun?	Wir sollten Maschinen bauen, die uns als „Denkzeuge" stumpfsinnige oder gefährliche Arbeit abnehmen und Einsichten in unser eigenes Denken vermitteln. Um vollwertige menschliche Gehirne zu schaffen, hat uns die Evolution einen einfacheren (und schöneren) Weg eröffnet.

Anmerkungen

1 Vollmer, Gerhard: Evolutionäre Erkenntnistheorie. Hirzel, Stuttgart 1975, ^{3}1981, S. 102

2 Lorenz, Konrad: Kants Lehre vom Apriorischen im Lichte gegenwärtiger Biologie. Blätter für deutsche Philosophie *15* (1941) 94–125. Nachdrucke in: Ders.: Das Wirkungsgefüge der Natur und das Schicksal des Menschen. Piper, München 1978, 82–109. – R. J. Evans (Hrsg.): Konrad Lorenz. Ullstein, Wien 1977, 162–191. – Und in Lorenz/Wuketits (s.Anm. 1), 95–124.

3 Campbell, Donald T.: Evolutionary Epistemology. In: Schilpp, Paul A. (ed.): The Philosophy of Karl R. Popper. Open Court, La Salle 1974, 413–463

4 Simpson, Georg G.: Biology and the Nature of Science. Science *139* (1963) 81–88, p. 84

5 Popper, Karl R.: Objektive Erkenntnis. Ein evolutionärer Entwurf. Hoffmann und Campe, Hamburg 1973, S. 289, ^{4}1984, S. 274

MESOKOSMOS UND OBJEKTIVE ERKENNTNIS – Über Probleme, die von der Evolutionären Erkenntnistheorie gelöst werden

Das Ziel dieses Beitrages ist vierfach. Er dient einer kurzen Darstellung der wichtigsten Behauptungen der Evolutionären Erkenntnistheorie (1,2), einer Gegenüberstellung dieser Thesen mit dem, was sie *nicht* behauptet (3), ferner der Diskussion philosophischer Probleme, die von der Evolutionären Erkenntnistheorie gelöst oder erhellt werden (4–10), und schließlich dem impliziten Nachweis, daß dieser Ansatz nicht nur fruchtbar ist, sondern vielfache interdisziplinäre Vernetzungen aufweist.

Einige der Probleme, welche die Evolutionäre Erkenntnistheorie zu lösen versucht, sind durch empirische Fakten nahegelegt. Diesen Fakten wenden wir uns zunächst zu.

1 Fakten und Passungen – was die Evolutionäre Erkenntnistheorie erklären will

Menschliches Wissen ist nicht vollkommen, aber es existiert, ist also möglich. Daß überhaupt Wissen über die Welt existiert, ist eine *empirische Tatsache*. Es könnte anders sein. Es könnte Welten geben, die nicht erkannt, erklärt oder verstanden werden können, Welten ohne Regelmäßigkeiten, Ähnlichkeiten, Konstanten, Invarianten, Welten, in denen jedes Teilchen von jedem anderen verschieden wäre, Welten ohne Gesetze, ohne Symmetrien, ohne Ordnung. In solch einer chaotischen Welt wäre Wissen, wären sogar Organismen unmöglich, würden also auch nicht existieren.

Auf der anderen Seite könnte die Welt sein, wie sie ist (oder fast genauso), aber doch ohne Bewohner, ohne Organismen, ohne erkennende Wesen, ohne Erkenntnis. Sie könnte für Äonen und sogar ewig unerkannt bleiben. Daß es Wissen über die Welt geben muß, folgt aus keiner Logik, aus keiner Erkenntnistheorie, aus keiner Ontologie; es ist kontingent, nicht notwendig; empirisch, nicht a priori wahr.

Aber unsere Welt ist nicht chaotisch, und Erkenntnis existiert, wenn auch fehlbar und unvollständig. Was aber ist Erkenntnis? Als Arbeitsdefinition wählen wir: *Erkenntnis ist eine adäquate Rekonstruktion und Identifikation äußerer Strukturen im Subjekt*. Wie üblich, führt die Beantwortung einer Frage auf mehrere neue Probleme: Wie ist Erkenntnis möglich? Was ist mit „Rekonstruktion" gemeint? Wo findet sie statt? Wann ist sie adäquat? Was sind die subjektiven Beiträge zu dieser Rekonstruktion? Wie können wir subjektive und objektive Elemente trennen? Und wann ist Erkenntnis *objektiv*? Da diese Fragen durch jede Erkenntnistheorie beantwortet werden müssen, sind sie nicht auf die Evolutionäre Erkenntnistheorie beschränkt. Da sie jedoch in der Evolutionären Erkenntnistheorie *als beantwortet vorausgesetzt* werden, sollten wir wenigstens die Richtung einiger Antworten andeuten.

Wie ist Erkenntnis möglich? Das ist eine erkenntnistheoretische Frage. Sie nimmt die Existenz menschlicher Erkenntnis als empirische Tatsache hin und versucht, sie zu erklären. Sie gibt sich nicht mit den oben erwähnten notwendigen Bedingungen zufrieden. („Die Welt muß gesetzmäßig sein." „Ohne Symmetrien keine Erkenntnis." „Es muß informationsverarbeitende Systeme geben.") Sie sucht nach *hinreichenden* Bedingungen, um Erkenntnis zu erklären.

Eine erste Antwort, der sich die meisten Philosophen anschließen würden, kann folgendermaßen zusammengefaßt werden: *Menschliche Erkenntnis entsteht durch ein Zusammenwirken objektiver Strukturen (der realen Welt) und subjektiver Strukturen (des Erkenntnisapparates)*. Ohne den Beitrag von Objekten gäbe es keine Erkenntnis über die Welt, nur Fiktionen, Träume, Halluzinationen, Idiosynkrasien. Ohne den Beitrag des Subjekts gäbe es kein Gedächtnis, keine Begriffe, keine Aussagen, keine Klassifikation, keine Schlüsse, keine Theorien, keine Wahrheit, also ebenfalls keine Erkenntnis. Erkenntnis ist also das Ergebnis eines komplizierten und nie endenden Prozesses, in den Objekt und Subjekt einbezogen sind. Der Beitrag des Subjekts kann perspektiv, selektiv oder konstruktiv sein.

Er ist *perspektiv*, wenn Standort, Bewegungs- oder Bewußtseinszustand des Subjekts in die Erkenntnis eingehen. (Beispiele: Lage des Horizontes, Fuß des Regenbogens, scheinbare Konvergenz von Eisenbahnschienen, sichtbarer Ausschnitt des Nachthimmels; Einflüsse einer Beobachterbewegung auf Gleichzeitigkeit, auf räumliche und zeitliche Abstände [spezielle Relativitätstheorie]; Einflüsse von Aufmerksamkeit, Sympathie, vorgängiger Erfahrung oder kultureller Prägung.)

Er ist *selektiv*, wenn nur eine Teilmenge objektiv existierender Dinge oder Strukturen der unmittelbaren Erfahrung zugänglich ist. (Beispiele: sichtbarer Ausschnitt des elektromagnetischen Spektrums, hörbarer Bereich akustischer Wellen; „Umwelten" von Organismen nach Jacob von Uexküll [vgl. den Begriff des „Mesokosmos“ in 4], Farbenblindheit, Empfindlichkeit und Auflösungsvermögen von Sinnesorganen.)

Er ist *konstruktiv*, wenn er die Erkenntnis positiv mitbestimmt oder erst ermöglicht. (Beispiele: Farben, Geruch, Geschmack, alle „sekundären Qualitäten“ John Lockes, der Farbenkreis; die dreidimensionale Interpretation zweidimensionaler Netzhautinformation; Richtungsinterpretation von Schallsignalen aus Laufzeitdifferenzen; Farbkonstanz und andere Konstanzleistungen.)

Es dürfte deutlich sein, daß Erkenntnis – entgegen empiristischen Behauptungen – nicht eine Art Spiegelung der äußeren Welt ist noch eine lediglich algorithmische Verarbeitung äußerer Information. In jeder Erkenntnis steckt ein beachtlicher Anteil, der dem erkennenden Subjekt zu verdanken ist. Daß das Subjekt eine so wichtige, eine konstitutive Rolle beim Entstehen von Erkenntnis spielt, das hat Kant entdeckt und mit Recht betont.

Besonders bedeutsam ist nun die *Passung* subjektiver und objektiver Strukturen. Was meinen wir mit „Passung“? Hier müssen wir drei Aspekte (a,b,c) unterscheiden.

a) Subjektive und objektive Strukturen *passen aufeinander* derart, daß sie gemeinsam Erkenntnis ermöglichen. Die subjektiven Erkenntnisstrukturen *passen* auf die Realität, wie Werkzeuge ihren Aufgaben entsprechen. Eine Schraube kann man nicht mit einem Haar, einer Taschenlampe, nicht einmal mit einem Schraubenschlüssel handhaben. Werkzeuge sind für einige Aufgaben geeignet, für andere nicht.

In diesem Sinne *paßt* das Auge auf das Tageslicht, auf die maximale Intensität des Sonnenlichts und auf das optische Fenster der Atmosphäre. Es ist nicht nötig (und nicht wahr), daß das Auge *sonnenhaft* sei, wie Plotin oder Goethe behaupten. Es ist ja auch nicht mondhaft oder kerzenhaft. Sonne und Augen haben nichts gemeinsam; das Auge absorbiert und verarbeitet lediglich Signale, die von der Sonne ausgesandt, durch die Atmosphäre durchgelassen und von den meisten Objekten reflektiert werden.

Einige Verhaltensforscher und sogar Vertreter der Evolutionären Erkenntnistheorie wie Konrad Lorenz beschreiben diese deutliche Passung, indem sie sagen, der Pferdehuf sei ein „Abbild“ des Steppenbodens, die Flosse ein „Abbild“ des umgebenden Wassers, sie „spiegele“ die Gesetze der Hydrodynamik. Diese Wortwahl ist irreführend, weil es keinen Spiegel, kein Bild, kein Abbild, keine Kopie von Boden oder Wasser gibt. Auch Rad oder Autoreifen sind schließlich keine „Abbilder“ der asphaltierten Straßendecke.

Richtig ist natürlich, daß Huf und Flosse (und Reifen) *Hinweise* geben auf die Umgebung, für die sie geeignet sind und auf die sie passen. Denn nicht nur läßt sich eine bestimmte Aufgabe (z.B. Bewegung durch Wasser) nicht mit jedem beliebigen Werkzeug ausführen, sondern ganz analog paßt auch ein bestimmtes Werkzeug (z.B. eine Flosse) nicht für jede Aufgabe. Deshalb können wir den Zweck eines Werkzeugs aus seiner Struktur vermuten. Genau wie ein Schlüssel *einige* Information über das Schloß gibt, auf das er paßt, ohne es abzubilden, so vermitteln Huf und Flosse *einige* Information über die Medien, auf die sie passen, ohne sie abzubilden.

So könnte auch ein außerirdisches intelligentes Wesen, indem es ein Exemplar einer irdischen Art, zum Beispiel ein Zebra oder einen Hai, untersucht, einiges über ihre Umwelten herausfinden und so Vermutungen über die Bedingungen auf dem Planeten Erde anstellen: Vorhandensein großer Ebenen mit festem Boden, Einfluß der Gravitation; Vorhandensein von Flüssigkeit, sogar von Wasser, dessen Temperatur und Druck.

In diesem und *nur in diesem eingeschränkten Sinne* können wir sagen, daß eine organismische Struktur die zugehörige Umgebung „abbilde" und daß Sinnesorgane, Gehirn und Erkenntnisstrukturen Gegebenheiten der Außenwelt „spiegeln".

b) Es sollte deutlich sein, daß die Passung kognitiver Strukturen in diesem elementaren Sinne für das Entstehen von Erkenntnis notwendig ist. Wenn Erkenntnis tatsächlich auf einer Wechselwirkung subjektiver und objektiver Strukturen beruht, dann muß es mindestens diese Art von Passung geben. Ohne Passung keine Erkenntnis.

Nun ist Erkenntnis aber auch *nützlich*.

Diese Behauptung könnte von einigen Pessimisten in Frage gestellt werden, die den Menschen als Mißgeschick ansehen, als eine Fehlentwicklung der Evolution oder als eine Bedrohung für das Leben auf der Erde. Dann aber könnte ein Ultrapessimist sogar den Wert des Lebens, der Evolution, des Universums bezweifeln. Wir können jedenfalls zeigen (vgl. S. 68), daß Erkenntnis nützlich ist im biologischen Sinne: *Sie erhöht die Chancen für die Reproduktion*. Wenn Erkenntnis nützlich ist in diesem Sinne, so ist es auch die Tatsache, daß subjektive Strukturen auf objektive passen und dadurch Erkenntnis möglich machen. Diese *Passung* erhöht – in Darwinscher Sprechweise – die Tauglichkeit, die *Fitness* eines Organismus; sie ist nützlich, funktional, brauchbar. Wenn wir solch eine Passung finden, buchen wir sie deshalb nicht als eine neutrale Tatsache, sondern als einen *Vorteil*. Tabelle 1 stellt einige solcher nützlicher Passungen zusammen.

Diese wenigen Beispiele von vielen zeigen, daß es nicht nur eine ausgezeichnete Passung zwischen Sinnesorganen und äußeren Bedingungen gibt, sondern daß diese Passung für uns auch *vorteilhaft* ist. Warum ist das so? Eine Antwort geben wir in 2.

c) Passung (a) und Fitness (b) garantieren nicht, daß die interne Rekonstruktion der Außenwelt immer korrekt ist. Wir wissen, daß es optische und andere Sinnestäuschungen gibt. Wir wissen, daß Farben, Laute, Geschmäcke und Gerüche subjektiv sind (Locke: sekundär) und kein getreues Abbild der Realität liefern. Wir wissen, daß der (psychologische) Farbenkreis geschlossen ist (durch die „erfundene" Farbe *Purpur*), während „in Wirklichkeit" der sichtbare Ausschnitt des (physikalischen) elektromagnetischen Spektrums nach beiden

Tabelle 1

Fakten und Passungen	Vorteile
AUGE	
Die Empfindlichkeit der Netzhaut liegt im „optischen Fenster“ der Erdatmosphäre und um das Intensitätsmaximum der Sonnenstrahlung.	Normale Objekte reflektieren das Sonnenlicht und können so gesehen, gefangen oder vermieden werden. (Wir „sehen“ gerade dort, wo es etwas zu sehen *gibt*.)
Verschiedene Wellenlängen werden als verschiedene Farben wahrgenommen. Aber eine Überlagerung aller Wellenlängen wird nicht als buntes Gemisch, sondern als farbloses („weißes“) Licht interpretiert.	Objekte werden leichter und zuverlässiger erkannt und unterschieden. Normalbeleuchtung ist informationslos. Nur Abweichungen von der Normalverteilung bieten Information; nur sie brauchen wahrgenommen zu werden.
Die untere Empfindlichkeitsschwelle eines Photorezeptors in der Netzhaut liegt bei einem einzigen Lichtquant. Aber nur die gleichzeitige Reizung mehrerer benachbarter Sehzellen führt zu einer Lichtempfindung im Bewußtsein. Die Verschaltung der Sehnerven übt also eine Zensur der Reize aus.	Spontanes Feuern der Sehzellen, gelegentliche Störungen und die statistischen Schwankungen des Photonenstroms („Rauschen“) sind informationslos und werden durch diese Zensur ausgeschieden.
OHR	
Schallwellen sind mechanische Schwingungen (i.a. der Luft), die das Trommelfell zum Schwingen bringen. Die Empfindlichkeit des Ohrs ist für verschiedene Schallfrequenzen verschieden. Bei mittleren Frequenzen (1000 bis 5000 Hertz) vermögen wir Töne zu hören, bei denen die Auslenkung des Trommelfells dem Radius eines einzigen Wasserstoffatoms entspricht.	Das Ohr ist gerade unempfindlich genug, um informationslose Geräusche zu unterschlagen. So bleibt uns die Wahrnehmung des regellosen Auftreffens der Luftmoleküle (bekannt als Brownsche Bewegung) auf das Trommelfell erspart.
Bei tieferen Frequenzen ist das Ohr weniger empfindlich (z.B. um einen Faktor 1000 bei Frequenzen um 100 Hertz).	Andernfalls würden wir die verwirrenden Geräusche hören, die durch Muskeln , Knochenbewegungen und Blutstrom erzeugt werden.
ANDERE SINNE	
Giftige Gase oder Substanzen riechen bzw. schmecken abstoßend, ekelhaft.	Sie werden instinktiv verabscheut und vermieden.
Ausnahme: Das hochgiftige Kohlenmonoxid (CO) wird vom Menschen weder gerochen noch gesehen.	Allerdings *kein Nachteil* in der Evolution: CO trat nicht auf.

Seiten offen ist (und keine einzige Wellenlänge den Eindruck *Purpur* geben kann). Gleichwohl *paßt* der Farbenkreis sehr gut auf gewisse äußere Gegebenheiten (indem er nämlich Farbkonstanz ermöglicht) und erleichtert auch das Überleben von Organismen (indem er das Erkennen von Objekten unter verschiedener Beleuchtung ermöglicht oder erleichtert).

Das Beispiel des Farbenkreises zeigt, daß die interne Rekonstruktion von Objekten *nicht* immer korrekt ist und daß gleichwohl eine *gute Passung* zwischen objektiven und subjektiven Strukturen vorliegen kann (wenn sie Erkenntnis möglich macht). Aber in einigen (wenn auch nicht allen) Fällen ist diese Passung noch besser. Einige kognitive Strukturen passen auf die Realität in dem Sinne, daß sie mit ihr übereinstimmen. In *diesen* Fällen gibt es tatsächlich gemeinsame Züge, eine partielle Isomorphie zwischen objektiven und subjektiven Strukturen der Erkenntnis.

Nehmen wir ein Beispiel. In der visuellen Wahrnehmung (re)konstruieren wir dreidimensionale Objekte. Das geschieht ganz unbewußt in unserem Wahrnehmungsapparat. Tiefenwahrnehmung wird durch eine unbewußte Anwendung von Tiefenkriterien erreicht (u.a. Konvergenz der Augenachsen, seitliche Verschiebung der Netzhautbilder). Die interessante und etwas verblüffende Tatsache ist nun, daß unsere Welt und die Objekte darin *tatsächlich* dreidimensional sind. Diese Behauptung stützt sich nicht einfach auf den naiven Realismus. („Die Welt ist, wie sie mir erscheint.") Ein solches Argument wäre natürlich zirkelhaft. Daß die Welt „wirklich" drei räumliche Dimensionen hat, wird durch alle relevanten Theorien der modernen Physik bestätigt! Es gibt nicht den leisesten Hinweis auf eine abweichende Dimensionalität, keinen Widerspruch, auch keinen besseren Erfolg eines vier- oder n-dimensionalen Rivalen (obwohl solche mehrmals vorgeschlagen und ausprobiert wurden). Im Gegensatz zu einer populären Meinung behauptet auch die Relativitätstheorie nicht, der physikalische Raum sei vierdimensional. Vierdimensional ist das Raum-Zeit-Kontinuum, aber dreidimensionaler Raum und eindimensionale Zeit bleiben wohlunterschieden (wenn auch nicht unabhängig voneinander oder absolut wie in der klassischen Physik). Es gibt sogar Beweise, daß unter einigen sehr allgemeinen und empirisch wohlbestätigten Bedingungen (nachhallfreie Ausbreitung von Wellen, geschlossene Planetenbahnen, Möglichkeit lebender Systeme) der physikalische makroskopische Raum dreidimensional sein *muß*. Wäre er es nicht, so wären einige Dinge, die es in unserer Welt gibt, nicht möglich oder anders, als sie sind.

Es gibt also eine wohlbestätigte Übereinstimmung oder Kongruenz zwischen der Welt, wie sie ist, und der Welt, wie wir sie „sehen", d.h. wie wir sie intern aus Sinnesdaten und Gedächtnisspuren rekonstruieren. Natürlich ist die Dimensionalität nicht die einzige Übereinstimmung oder strukturelle Korrespondenz oder Isomorphie zwischen Subjekt und Objekt, zwischen Erkenntnis und Realität. Wir können eine weit anspruchsvollere Behauptung aufstellen: Wann immer wir in der Wahrnehmung einen Unterschied *machen*, dann *gibt* es auch in der

Realität einen Unterschied. Für eine Präzisierung dieser allgemeinen Behauptung sind drei Bemerkungen angebracht.

Erstens liegt der Unterschied in einigen Fällen nicht in den Objekten, sondern im Subjekt. Wohlbekannt ist die Tatsache, daß dasselbe (lauwarme) Wasser einer kalten Hand warm, einer warmen Hand aber kalt erscheint. Andere Beispiele sind Nachbilder, Phänomene lateraler Inhibition wie Kontrastverschärfung oder Mach-Bänder und andere physiologische oder psychologische Effekte. Diese Ausnahmefälle widerlegen jedoch die obige Behauptung nicht. Sie zeigen nicht, daß ein wahrgenommener Unterschied nicht immer auf einem wirklichen Unterschied beruht. Vielmehr liegt der Unterschied im Subjekt statt im Objekt; er ist *real, aber nicht objektiv*.

Zweitens gilt unsere allgemeine Implikation nicht in umgekehrter Richtung. Verschiedene Objekte oder Strukturen können als gleich oder sogar identisch gesehen werden. Der Eindruck „rot“ kann *entweder* durch Licht der Wellenlänge 680 nm (≙ 6800 Å) geweckt werden *oder* durch Sonnenlicht, aus dem die grüne Komponente ausgefiltert wurde. Die visuelle Wahrnehmung interpretiert in diesem Fall verschiedene Reize als identisch; und Physiker und Psychologen bedurften prismatischer Brechung und anderer Raffinessen, um diese falsche Identifizierung zu entdecken (und sogar zu erklären). Es ist die Aufgabe wissenschaftlicher Instrumente und der Wissenschaft im allgemeinen, das Auflösungsvermögen menschlicher Subjekte zu verbessern.

Drittens variiert dieses Auflösungsvermögen von Subjekt zu Subjekt und – noch deutlicher – von Art zu Art. Die meisten Tiere haben *keine* Tiefenwahrnehmung, und der „Wahrnehmungsraum“ einiger einzelliger Organismen scheint eindimensional oder sogar nulldimensional zu sein. Mehr brauchen sie auch nicht. Und dies wiederum zeigt, daß nicht nur ihre und unsere *Leistungen*, sondern sogar ihre und unsere *Fehlleistungen* den Lebensbedürfnissen der Arten gerecht werden.

Und wieder sind wir versucht, nach einer Erklärung zu fragen für all diese Fakten, für Passungen, Tauglichkeiten, Kongruenzen, für Leistungen und Fehlleistungen. Diesen Fragen wenden wir uns jetzt zu.

2 Ansprüche – was die Evolutionäre Erkenntnistheorie behauptet

a) Evolutionäre Erkenntnistheorie versucht, ein philosophisches Problem zu lösen, eine erkenntnistheoretische Frage zu beantworten. Nahegelegt wird diese Frage durch eine empirische Tatsache: Es gibt eine weitreichende – wenn auch nicht vollständige – Übereinstimmung zwischen objektiven Strukturen (der realen Außenwelt) und subjektiven Strukturen (unseres Wissens über diese Welt). Warum ist das so? Die meisten Philosophen nehmen an, daß diese Übereinstimmung kein Zufall ist, sondern *erklärt* werden kann und sollte. Die Evolutionäre Erkenntnistheorie gibt eine evolutionäre Antwort:

Unser Erkenntnisapparat ist ein Ergebnis der (biologischen) Evolution. Unsere (subjektiven) Erkenntnisstrukturen passen auf die (objektiven) Strukturen der Welt, weil sie sich in Anpassung an diese Welt herausgebildet haben. Und sie stimmen mit den realen Strukturen (teilweise) überein, weil nur eine solche Übereinstimmung das Überleben ermöglichte.[1]

b) Wer eine Frage beantwortet, zeigt dadurch, daß er die Frage als sinnvoll anerkennt. Damit eine Warum-Frage wie die unsrige sinnvoll ist, muß die zu erklärende Tatsache wenigstens vorläufig als bestehend anerkannt werden. Wer die Tatsache bestreitet, hat keine Veranlassung, Warum-Fragen über sie zu stellen, und noch weniger, sie zu beantworten. Evolutionäre Erkenntnistheorie nimmt die (teilweise) Übereinstimmung zwischen objektiven und subjektiven Strukturen als gegeben hin und versucht, sie zu erklären. Und wer immer diese Übereinstimmung akzeptiert, aber die Evolutionäre Erklärung nicht annimmt, bleibt aufgefordert, eine andere (und für ihn bessere) Erklärung zu bieten.

Die Geschichte der Philosophie zeigt, daß die erwähnte Übereinstimmung tatsächlich ernst genommen wurde und immer wieder Untersuchungsgegenstand war. Zahlreiche Erklärungen wurden gegeben; sie reichen vom Rationalismus zum Empirismus, von der prästabilierten Harmonie (Leibniz) zum Occasionalismus (Geulincx), von der Transzendentalphilosophie (Kant) zum transzendentalen Lingualismus (Wittgenstein), vom Konventionalismus (Poincaré) zum Ökonomismus (Mach). Alle diese Auffassungen sind von der Evolutionären Erkenntnistheorie verschieden.

c) In der Evolutionären Erkenntnistheorie wird eine philosophische Frage (Wie kommt es, daß subjektive und objektive Strukturen aufeinander passen oder sogar übereinstimmen?) beantwortet mit Hilfe einer wissenschaftlichen Theorie, nämlich der Evolutionstheorie. Ist das legitim? Kann eine philosophische Frage eine wissenschaftliche Antwort haben?

Sie kann. Daß wir die Grenzen der eigentlichen Philosophie überschreiten, um Lösungen für philosophische Probleme zu suchen, ist gerechtfertigt, wenn die Lösungen jenseits dieser Grenzen zu finden sind. Eben dies ist im Laufe der Philosophiegeschichte mehrfach geschehen. Es sei nur daran erinnert, daß Physik, Biologie, Psychologie, ja alle empirischen Wissenschaften außer der Astronomie, aus philosophischen Bemühungen hervorgegangen sind; hingewiesen sei auf den Titel von Newtons Hauptwerk, „Philosophiae Naturalis Principia Mathematica"; und erwähnt sei die heutzutage kuriose Tatsache, daß in Großbritannien einige Lehrstühle für theoretische Physik – auf dem Papier – immer noch der „Naturphilosophie" gewidmet sind. Ob in hundert Jahren die Evolutionäre Erkenntnistheorie als eine philosophische oder als eine wissenschaftliche Disziplin gilt, ist *nicht* unser Problem.

d) Hier nun könnte ein noch schärferer Einwand erhoben werden: Ist nicht Erkennistheorie *vorrangig* gegenüber jeder empirischen Wissenschaft? Müßte nicht die erkenntnistheoretische Analyse jedem Anspruch auf empirisches Wissen *vorangehen*? Ist nicht Erkenntnistheorie unter anderem der Versuch, solches Wissen zu rechtfertigen, bevor es anderswo benutzt werden kann? Wie also könnte, wenn unsere erkenntnistheoretische Frage mit Hilfe einer empirisch-wissenschaftlichen Theorie beantwortet wird, die Evolutionäre Erkenntnistheorie jemals dazu dienen, solch empirisches Wissen zu stützen, zu begründen oder zu rechtfertigen? Geraten wir nicht in einen Zirkel? Und riskieren wir nicht, uns in einem *circulus vitiosus* zu verfangen?

Die kurze Antwort darauf ist: *Ein Zirkel vielleicht* (je nach Terminologie), *ein vitiöser Zirkel nicht*! Eine ausführliche Antwort könnte einen eigenen Beitrag bilden.[2] Wir müssen uns auf die folgenden Bemerkungen beschränken.

Wissenschaft und Erkenntnistheorie stehen in einem fruchtbaren Wechselspiel. Keine kann für sich allein bestehen. Beide *stützen und begrenzen* einander. Es kann keine Erkenntnistheorie geben ohne empirisches Wissen, vor allem der Biologie, der Psychologie, der Neurophysiologie, und keine Zuverlässigkeit in der Wissenschaft ohne Erkenntnistheorie. Wann immer ein Philosoph den Anspruch erhob, *die* Theorie menschlicher Erkenntnis gefunden (oder sogar bewiesen) zu haben, stellte sich doch heraus, daß er lediglich die erkenntnistheoretischen Voraussetzungen der Wissenschaft seiner Zeit formuliert hatte. Francis Bacon, Locke, Descartes, Kant, Wittgenstein, Ayer glaubten sogar, alle relevanten Probleme *endgültig* gelöst zu haben; für jeden aber gilt, was Reichenbach über Kant sagt: „Was er gewollt hat, war eine Analyse der Vernunft, was er gegeben hat, wurde eine Analyse der Naturwissenschaft seiner Zeit."[3]

Erkenntnistheorie und Wissenschaft stellen verschiedene Fragen und geben deshalb verschiedene (freilich verträgliche) Antworten. Aber sie haben keine verschiedenen Methoden. Auch für Philosophen gibt es keinen Königsweg zu erkenntnistheoretischen Einsichten, keinen Beweis für erkenntnistheoretische Theorien, keine Offenbarung erkenntnistheoretischer Wahrheiten. Selbst dem scharfsinnigsten Erkenntnistheoretiker bleibt kein anderer Weg, als hypothetisch-deduktiv vorzugehen. Er muß bereit und bemüht sein, seinen erkenntnistheoretischen Behauptungen Fakten gegenüberzustellen; er kann es sich gar nicht leisten, auf diese Kontrolle zu verzichten. Tatsächlich wurden viele erkenntnistheoretische Auffassungen durch empirische Fakten *widerlegt*, zum Beispiel der strenge Empirismus („alle Erkenntnis entstammt der individuellen Erfahrung") und der strenge Rationalismus („alle Erkenntnis entstammt dem reinen Denken").

Statt für die Wissenschaft oder für die Erkenntnistheorie Priorität zu beanspruchen, sollten wir ihr Wechselspiel als Regelkreis ansehen. Offenbar gibt es viele Schleifen und Zirkel in der Welt, die doch keine vitiösen Zirkel zu sein brauchen.

Wieso kauen sich die Zähne nicht selbst? (Sie kauen sich tatsächlich, aber alle auf einmal, also mit wenig Kraft *pro Zahn*, so daß sie sich ganz langsam abnützen.) Wieso verdaut der Magen sich nicht selbst, obwohl er Salzsäure absondert, die doch sogar Metalle auflöst und lebende Zellen abtötet? (Weil er eine doppelte Schutzschicht von Epithelzellen hat, die Wasserstoffionen abhält und alle drei Tage vollständig erneuert wird.) Wie kann es Hämmer geben, wenn Hämmer doch nur mit einem Hammer geschmiedet werden können? Brauchen wir nicht einen Münchhausen-Trick, um uns am eigenen Schopfe aus dem Sumpf zu ziehen, d.h. um den ersten Hammer in dieser Folge zu gewinnen? (Nein! Man denke an eine immer verbesserte Reihe von Hämmern, wobei man mit *Steinen* beginnt.)

Wieso kann es selbstreproduzierende Organismen geben? (Man beachte, daß kein System sich selbst *produziert*; es gibt nur Systeme, die *andere*, wenn auch ähnliche, Systeme erzeugen. Das ist möglich durch eine geeignete Kombination von Informations- und Funktionsträgern, wobei die Informationseinheiten für die Funktionseinheiten (DNA-Moleküle für Proteine) kodieren und die funktionellen Einheiten sowohl die Übersetzung als auch die Verdopplung der Informationseinheiten bewerkstelligen. Sogar Maschinen können sich in analoger Weise reproduzieren.) Aber was war dann zuerst da, die Henne oder das Ei? (Weder die Henne noch das Ei; das Leben begann mit Makromolekülen, die zugleich Information und Funktion sind.) Zeigen nicht die Gödelschen Resultate, daß wir uns vor Selbstanwendungen hüten müssen? (Im Gegenteil, Gödels Beweise sind eindrucksvolle Beispiele für widerspruchsfreie, d.h. nichtvitiöse, Selbstanwendungen.)

Nur wenn wir das komplizierte Zusammenspiel zwischen empirischem Wissen und erkenntnistheoretischer Analyse in Betracht ziehen, können wir hoffen, ihre Regelkreisstruktur in einen neuen stabilen (d.h. intern und extern widerspruchsfreien) Zustand zu bringen. So ist die Verträglichkeit mit alten und neuen empirischen Fakten, d.h. ihre externe Konsistenz, eine unverzichtbare Forderung an jede Erkenntnistheorie. Die Evolutionäre Erkenntnistheorie ist ein Versuch, diesen Anspruch einzulösen.

e) Sobald wir – vielleicht auch nur versuchsweise – die evolutionäre Antwort auf unsere Hauptfragen akzeptieren, werden wir dazu geführt, weitere Einsichten der Evolutionstheorie in die Erkenntnistheorie zu übertragen.

Wie in der Biologie interpretieren wir nun die *Passung* der kognitiven Strukturen als das Ergebnis eines *Anpassungs*prozesses. Dieser Prozeß wird beherrscht von den großen „Architekten" der Evolution, Mutation und Selektion. Wir betrachten jetzt nicht nur unsere Sinnesorgane, Zentralnervensystem und Gehirn als Ergebnisse der Evolution, sondern auch ihre Funktionen: Sehen, Wahrnehmen, Erkennen .... Durch diesen Schritt wird der Bereich erkenntnistheoretischer Forschung und Argumentation erheblich erweitert. Während die traditionelle Erkenntnistheorie als Forschungsobjekt die Erkenntnis des erwachsenen Kulturmenschen hatte, muß die Evolutionäre Erkenntnistheorie nicht nur die individuelle kognitive Entwicklung *jedes* menschlichen Wesens einschließen, sondern auch ihre phylogenetischen Ursprünge und die Bandbreite genetisch bestimmter Merkmale, also auch die kognitiven Differenzen zwischen Individuen, Rassen und Arten. Das erklärt, warum die *vergleichende* Verhaltensforschung („Tierpsychologie", wie sie damals noch genannt wurde) am Ursprung der modernen Evolutionären Erkenntnistheorie steht.

f) Nun ist die Anpassung eines Organismus an seine Umgebung *nie ideal*. Das ist eine wohlbekannte und wohlerklärte Tatsache der Biologie. Die Anpassung ist nicht ideal, weil erstens für das Überleben eine ideale Passung nicht notwendig ist, weil zweitens eine ideale Passung nur unter großem Aufwand möglich wäre, weil drittens der Mutationsdruck nicht nur den Anpassungsprozeß ermöglicht, sondern ihm auch entgegenwirkt, und weil viertens die Bewahrung einer vermeintlich idealen Anpassung äußerste Starrheit bedeuten würde, die gegenüber Umweltänderungen keine Chancen mehr böte. Umweltänderungen sind aber in einem evolutionären Universum wie dem unseren unvermeidlich; sie würden *jede* Anpassung auf lange Sicht alles andere als „ideal" werden lassen.

Es ist richtig und wichtig, daß die Mutabilität von Organismen, d.h. ihre Neigung, Mutationen zu erfahren, während der Evolution abgenommen hat. Dies geschah, weil es mehr und mehr biologische Information zu bewahren, also zu kopieren galt, Information, die bereits wohlgeprüft war und sich als brauchbar erwiesen hatte. Die Mutabilität ist jedoch nie ganz verschwunden, gerade weil die Anpassung nie ideal ist.

Indem wir nun dieses „Gesetz der Unvollkommenheit" von der Biologie in die Erkenntnistheorie übertragen, können wir sehen, daß auch die Passung oder gar Kongruenz unserer subjektiven Erkenntnisstrukturen mit objektiven Strukturen nicht ideal oder vollkommen sein kann.

g) Dies mag nun recht trivial klingen. Wußten wir denn nicht längst, daß Erkenntnis und Wissen nicht vollkommen sind? Brauchen wir die Evolutionstheorie oder die Evolutionäre Erkenntnistheorie, um herauszufinden oder uns erzählen zu lassen, daß wir fehlbar sind? Natürlich nicht.

In diesem Falle beansprucht die Evolutionäre Erkenntnistheorie nicht, uns etwas Neues zu erzählen, sondern etwas Wohlbekanntes zu *erklären*. Auch dies darf als Leistung gelten. Schon seit Tausenden von Jahren wissen Leute, daß ein Apfel zu Boden fällt, wenn man ihn fallen läßt. Aber erst Newton (oder genaugenommen Einstein) konnte es *erklären*. Und die Erklärung einer trivialen Tatsache braucht ihrerseits keineswegs trivial zu sein.

h) Obwohl die Anpassung unseres Erkenntnisapparates nicht ideal ist und nicht ideal sein kann, *kann sie auch nicht zu schlecht sein*. Daß es eine gewisse Passung (und sogar Isomorphie, vgl. 2 i) zwischen subjektiven und objektiven Strukturen gibt, wurde in 1 dargestellt und hatte überhaupt erst unsere Hauptfrage angeregt (Warum ist das so?). Wie weit diese Passung reicht und wie gut sie ist, das ist eine empirische Frage. Aber es gibt auch eine prinzipielle Antwort der Evolutionären Erkenntnistheorie: Die Passung muß wenigstens so gut sein, daß die existentiellen Bedürfnisse eines Organismus im allgemeinen und des Menschen im besonderen befriedigt werden. Sie muß *überlebensadäquat* sein.

Nehmen wir ein Beispiel. Baumbewohnende Tiere wie Affen, die von Ast zu Ast klettern oder sogar von Baum zu Baum springen, müssen irgendwie mit der dreidimensionalen Struktur ihrer Umwelt zurechtkommen. „Um es grob, aber bildhaft auszudrücken: Der Affe, der keine realistische Wahrnehmung von dem Ast hatte, nach dem er sprang, war bald ein toter Affe – und gehört daher nicht zu unseren Urahnen".[4] Es ist also kein Zufall, daß wir Menschen ein so gutes dreidimensionales Raumwahrnehmungsvermögen besitzen. Wir verdanken es unseren baumbewohnenden Vorfahren!

Wir können jede subjektive Erkenntnisstruktur als eine Hypothese über die Struktur der Welt auffassen. (Natürlich ist diese Hypothese unbewußt und recht unkritisch, in den meisten Fällen sogar unkorrigierbar.) Evolution ist also *biologisch* ein Prozeß von Mutation und Selektion, *erkenntnistheoretisch* von Vermutungen und Widerlegungen, eine *Analogie*, die Popper mit Recht betont hat. Falsche Vermutungen werden in der Evolution eliminiert, wenn ihre Falschheit für das Überleben relevant ist. „Gute" Hypothesen, die den evolutionären Erfolg erhöhen, werden bewahrt oder auf lange Sicht ihrerseits durch noch „bessere" ersetzt.

i) Dieser Prozeß von Mutation und Selektion, von Versuch und Irrtumsbeseitigung, von Vermutung und Widerlegung, von Hypothese und Test führt zu der früher erwähnten *partiellen* Isomorphie. Eine vollständige Isomorphie ist weder erforderlich noch möglich. Aber wieder können wir aus evolutionären Prinzipien allein nicht voraussagen, wie weit diese Isomorphie reicht. Sie mag sehr gut oder auch sehr dürftig sein. Im Prinzip könnte sie sogar vollkommen sein, d.h. objektive Erkenntnis ist möglich, aber nicht garantiert.

Aber selbst wenn wir ein Stück objektiver Erkenntnis, ein Stück faktischer Wahrheit vor uns hätten, könnten wir das nicht beweisen. In der Evolutionären Erkenntnistheorie ist dies eine endgültige Schranke für menschliche Erkenntnis, wie sie bereits von Xenophanes gesehen und von Popper und anderen betont wurde.

Aber diese prinzipielle Schranke macht Erkenntnis oder Wissenschaft nicht wertlos. Wenn es auch keinen Beweis für Wahrheit oder Objektivität gibt, so gibt es gleichwohl gute Hinweise und Kriterien, auf die wir in 6 zurückkommen werden.

j) Es ist wichtig zu sehen, wie die Evolutionäre Erkenntnistheorie mit dem ehrwürdigen Problem der *angeborenen Ideen* verbunden ist, dem Prüfstein empiristischer und rationalistischer Argumente. Dieses Problem erschien einigen gelöst, anderen unbedeutend. Es ist die moderne Biologie, die eine gute Explikation für „Angeborensein" anbietet: Ein Merkmal gilt als angeboren dann, wenn es *genetisch bestimmt* ist. Entscheidend ist also nicht, ob ein Merkmal von Geburt an vorhanden ist, sondern ob es erblich ist und Teil der genetischen Information. Auf der anderen Seite sind es moderne Logik und Sprachphilosophie, die uns Rechenschaft geben über das, was „Ideen" sind oder sein könnten. Dafür gibt es vier qualifizierte Kandidaten: Begriffe, Aussagen (Hypothesen), Wertungen und Normen. Die Evolutionäre Erkenntnistheorie befaßt sich mit *Begriffen* und *Hypothesen* (deskriptiven Aussagen) als kognitiven Strukturen, nicht mit Wertungen oder Normen. Sie umfaßt somit nicht *alle* Probleme, die mit angeborenen Ideen verbunden sind, obwohl sie für viele davon neue Aspekte bietet.

Unter diesem Aspekt könnten wir die Geschichte der Philosophie durchkämmen, um frühe Hinweise auf die Evolutionäre Erkenntnistheorie zu finden oder um Rationalisten und Empiristen aus der Perspektive der Evolutionären Erkenntnistheorie zu kritisieren. Das werden wir nicht tun. Wir werden jedoch einen Blick auf einen Philosophen werfen, der den Anspruch erhebt, Empirismus und Rationalismus zu überwinden: auf Kant.

k) Nach Kant gibt es ein synthetisches Apriori, wahre Erkenntnis über die Welt, unabhängig von jeder Erfahrung. Nach der Evolutionären Erkenntnistheorie ist dies teilweise wahr: Soweit menschliches Wissen angeboren, d.h. genetisch übertragen ist, ist es unabhängig von jeder individuellen Erfahrung und doch in einigen Fällen korrekt;

es ist *ontogenetisch a priori*. Und soweit angeborene kognitive Strukturen menschliche Erkenntnis formen, ermöglichen oder konstituieren, sind sie sogar transzendental im Kantischen Sinne. Aber auch diese genetische Information wurde im Laufe der Evolution erworben und getestet. Sie ist ein Ergebnis guter und schlechter Erfahrungen während Tausender und Millionen von Jahren. Sie ist also *phylogenetisch a posteriori*.

l) Obwohl sie die Existenz apriorischen Wissens anerkennt, zerstört doch die Evolutionäre Erkenntnistheorie Kants Begriff vom Apriori: Faktisches Wissen ist, obwohl angeboren, *nicht mehr notwendig wahr*. Die Evolutionäre Erkenntnistheorie ist also zugleich bescheidener und anspruchsvoller als Kants tranzendentale Erkenntnistheorie. Sie ist *bescheidener*, indem sie keine notwendigen Wahrheiten oder Objektivitätsgarantien vertritt. In der Transzendentalphilosophie ist Erfahrungswissen wahr und objektiv (im Kantischen Sinne), weil es grundsätzlich aus den Anschauungsformen und Kategorien des Verstandes synthetisiert wird. Was immer wir an Struktur in der menschlichen Erfahrung vorfinden, verdanken wir dem menschlichen Verstand selbst. Keine andere Erfahrung ist möglich als Erfahrung in diesen Formen und Kategorien. Daher können wir gewiß sein, diese und nur diese Strukturen in der Erfahrung zu finden. Aber für diese Gewißheit und Notwendigkeit bezahlen wir einen hohen Preis: Es ist unmöglich, irgend etwas über das Ding an sich zu wissen. In dieser Hinsicht, was also das Ding an sich betrifft, ist die Evolutionäre Erkenntnistheorie *anspruchsvoller* als Kant. Tatsächlich dürfen wir hoffen, dem Ding an sich mit unserer Erkenntnis näher zu kommen, durch wissenschaftliche Theorien, wenn auch nicht durch Wahrnehmung oder unmittelbare Erfahrung. Wir hoffen, schließlich doch Wahres herauszufinden über die Welt, *wie sie ist*, nicht nur, wie sie uns erscheint.

So sehen wir, daß die Evolutionäre Erkenntnistheorie – anders als Kant – eine klare Unterscheidung zwischen Erfahrungskenntnis (strukturiert durch unsere Anschauungsformen und Kategorien) und wissenschaftlicher Erkenntnis macht. Auf diese Unterscheidung werden wir in 3e, 3f und 4 zurückkommen.

m) Während für einen Empiristen die kognitiven Fähigkeiten des Menschen durch die reale Welt geformt werden, dreht Kant diese Beziehung um und macht den Menschen zum Gesetzgeber der Realität, wobei seine Kategorien und allgemeinen Verstandesprinzipien aller Erfahrung erst die Struktur geben. Mit diesem Schritt wollte Kant eine kopernikanische Wende in der Philosophie bewirkt haben. Sein Schritt war in der Tat epochemachend und sogar revolutionär. Aber wie Friedell, Reichenbach, Popper, Russell, Scholz, Smart, Shimony und andere bemerkt haben, war Kants Wende nicht kopernikanisch, sondern eine antikopernikanische Gegenrevolution, da er den Menschen erkenntnistheoretisch ins Zentrum der Welt zurückversetzte, von wo Kopernikus ihn kosmologisch vertrieben hatte.

Die Evolutionäre Erkenntnistheorie nimmt nun den Menschen wieder aus dem Zentrum heraus und macht ihn zu einem unbedeutenden Beobachter kosmischer Prozesse – die ihn einschließen. In diesem Sinne ist die Evolutionäre Erkenntnistheorie *eine wahrhaft kopernikanische Wende in der Erkenntnistheorie.*[5].

Es leuchtet ein, daß diese kopernikanische Wende der Evolutionären Erkenntnistheorie weitreichende anthropologische Folgerungen hat. Auch sie sollten untersucht werden; das ist jedoch nicht die Aufgabe dieses Beitrags.

3 Richtigstellungen – was die Evolutionäre Erkennistheorie nicht behauptet

a) *Die Evolutionäre Erkenntnistheorie behauptet nicht, alle erkenntnistheoretischen Probleme zu lösen oder auch nur zu behandeln.* So wie sie in diesem Beitrag vorgestellt wird, ist sie keine selbständige oder allumfassende Erkenntnistheorie. Bevor sie überhaupt formuliert werden kann, müssen andere Fragen – wenigstens vorläufig – von anderen Theorien beantwortet sein. Wir brauchen erstens Definitionen oder Explikationen der Begriffe „Kognition" und „Erkenntnis" (Erkenntnis ist eine adäquate Rekonstruktion und Identifikation objektiver Strukturen im Subjekt; Kognition ist der Prozeß, der zur Erkenntnis führt); zweitens eine Theorie darüber, wie Erkenntnis entsteht (durch eine Wechselwirkung subjektiver und objektiver Strukturen); drittens eine Theorie über das Verhältnis von realer Welt und erkennendem Subjekt (vgl. unsere projektive Erkenntnistheorie in 5); und viertens ausreichendes Faktenwissen über Existenz, Reichweite und Passung der subjektiven Erkenntnisstrukturen (welches durch Psychologie, Physiologie, Neurobiologie, Linguistik und andere Disziplinen zur Verfügung gestellt werden muß).

Erst dann kann die Evolutionäre Erkenntnistheorie die folgenden Fragen (und andere) beantworten:

Woher kommen die subjektiven Erkenntnisstrukturen? (Sie sind Ergebnisse der biologischen Evolution.)

Warum sind sie bei allen Menschen (nahezu) gleich? (Weil sie teilweise genetisch bedingt sind und vererbt werden, dabei aber eine statistische Streuung wie jedes andere genetische Merkmal aufweisen.)

Warum passen die subjektiven Strukturen (der Erkenntnis) auf die objektiven Strukturen (der realen Welt) und stimmen sogar teilweise damit überein? (Weil wir die Evolution sonst nicht überlebt hätten.)

Warum ist menschliche Erkenntnis nicht ideal? (Weil biologische Anpassung nie ideal ist.)

Wie weit reicht menschliche Erkenntnis? (Sie ist zunächst einmal überlebensadäquat; d.h., soweit sie genetisch bedingt ist (Wahrnehmung und unmittelbare Erfahrung), paßt sie auf die Welt der mittleren Dimensionen, auf den Mesokosmos (vgl. 4); sie kann aber aus diesem uns umgebenden Mesokosmos hinausführen und tut das vor allem als wissenschaftliche Erkenntnis (vgl. 5).

Ist objektive Erkenntnis möglich? (Ja, wahrscheinlich existiert sie sogar.)

Gibt es Grenzen für die menschliche Erkenntnis? (Ja; selbst wenn wir objektives Wissen erlangt hätten, könnten wir doch seiner Wahrheit oder Objektivität nie absolut sicher sein. Alle Erkenntnis ist hypothetisch.)

Gibt es apriorisches Wissen über die Welt? (Wenn „a priori“ bedeutet „unabhängig von aller individuellen Erfahrung“, ja; wenn es dagegen bedeutet „unabhängig von jeglicher Erfahrung“, nein; wenn es darüber hinaus bedeutet „absolut wahr“, nein.)

Natürlich ist es möglich und sogar vielleicht sogar legitim, diese Thesen der eigentlichen Evolutionären Erkenntnistheorie in den erwähnten vorbereitenden Kontext einzubauen und das erweiterte System „Evolutionäre Erkenntnistheorie“ zu nennen. Das aber könnte irreführen, da Evolution nicht für alle Teile dieser erweiterten Erkenntnistheorie relevant ist. Wir ziehen es deshalb vor, diese weitere Theorie „projektive Erkenntnistheorie“ zu nennen (vgl. 5).

b) Diese Unvollständigkeit bedeutet *nicht, daß die Evolutionäre Erkenntnistheorie ontologisch neutral wäre*. Sie setzt vielmehr eine bescheidene Variante des ontologischen Realismus voraus, die von Campbell, Lorenz und dem gegenwärtigen Autor „hypothetischer Realismus“ genannt wurde. Der hypothetische Realismus ist verwandt, aber nicht identisch, mit dem kritischen Realismus. Gemeinsam haben sie die kritische Haltung, die Ablehnung des naiven Realismus, die Unterscheidung zwischen Wirklichkeit und Erscheinung. Aber der hypothetische Realismus betont den hypothetischen Charakter *aller* Erkenntnis, und während der kritische Realismus wenigstens die Existenz der Welt als evident ansieht, als nicht hinterfragbar, als intuitiv garantiert, unterscheidet der hypothetische Realismus psychologische Gewißheit und erkenntnistheoretische Ungewißheit; er sieht selbst die Existenz der Welt als eine (wohlbegründete) Vermutung an und versucht, Argumente zur Stützung dieser Hypothese zu finden.

c) Bei der Analyse des Erkenntnisprozesses unterscheidet die Evolutionäre Erkenntnistheorie zwischen Subjekt und Objekt. Dies soll aber *nicht bedeuten, daß die Welt ontologisch zweigeteilt oder vervielfacht würde*. Auch die Abgrenzung zwischen der zu erkennenden Realität und dem erkennenden Subjekt ist nur ein heuristisches Mittel: Sinnesorgane, Zentralnervensystem und Gehirnfunktionen sind ebenso real wie die „Welt da draußen". Bei der Suche nach der Objektivität wird das Subjekt nicht „herausgeschnitten", wie Schrödinger oder Sherrington es darstellen. Die Evolutionäre Erkenntnistheorie steht vielmehr ganz auf der Seite der Identitätstheorie (und im Gegensatz zum Leib-Seele-Dualismus) und setzt diese mehr oder weniger voraus. Diese Frage wird in 10 diskutiert.

d) Die Evolutionäre Erkenntnistheorie *behauptet nicht, daß alles menschliche Wissen genetisch (d.h. biologisch) bestimmt wäre*. Sie sagt vielmehr, daß unsere Erkenntnis biologisch bedingt und *teilweise* auch bestimmt ist. Dies sollte niemanden überraschen, der anerkennt, daß Erkenntnis durch unsere Sinnesorgane und Gehirne hervorgebracht wird. Wie könnte sie dann wohl von diesem Apparat unabhängig sein? Aber selbst diese schwächere und offenbar recht bescheidene Behauptung hat wichtige Konsequenzen.

Zunächst einmal entstand dieser Apparat als ein Werkzeug für das Überleben. Er wurde nur für eine spezielle Umgebung getestet und ausgelesen, die wir „Mesokomos" nennen werden (siehe 4). Es gibt keinen apriorischen Grund, warum er für mehr taugen müßte.

Aber tatsächlich taugt er für mehr. Unser Gehirn befähigt uns, Hypothesen und Theorien zu bilden, die den Mesokosmos bei weitem überschreiten, mit dem es einig werden mußte. Das geschieht vor allem in der Wissenschaft. Dieser Gedanke bringt uns auf eine wichtige Unterscheidung.

e) Wie in 2 1 erwähnt, *identifiziert die Evolutionäre Erkenntnistheorie nicht Erfahrungserkenntnis mit wissenschaftlicher Erkenntnis*, sondern zeigt, daß und wie beide unterschieden werden müssen.

Was durch unsere biologische Verfassung bestimmt ist (genauer durch unser genetisches Make-up, unsere angeborene Erkenntnisfähigkeit), das sind die Strukturen der Wahrnehmung und der unmittelbaren Erfahrung. Die dritte und oberste Ebene der Erkenntnis, wissenschaftliche Erkenntnis, ist jedoch nicht genetisch bestimmt. Es wäre sinnlos, nach den biologischen Wurzeln der Relativitätstheorie, der Quantenchromodynamik oder irgendeiner anderen Theorie der modernen Wissenschaft zu fragen. Beim Bilden von Hypothesen und Theorien sind wir frei, lediglich der logischen Widerspruchsfreiheit verpflichtet.

Auf der anderen Seite hat die moderne Wissenschaftstheorie gezeigt, daß jede Theorie, wenn sie empirisch genannt werden soll, empirisch prüfbar sein muß, das heißt, sie muß *irgendwie* an die Erfahrung, also an die Wahrnehmung angekoppelt werden. Auch ein Neutronenstern muß irgendwie eine kausale Wirkung auf unsere Augen ausüben (z.B. über schwarze Punkte auf einer Fotoplatte;

vgl. 5). Die Evolutionäre Erkenntnistheorie vertritt somit eine *kausale Theorie der Wahrnehmung*.

Nachdem wir den Unterschied betont haben zwischen Erfahrungserkenntnis, die biologisch determiniert ist, und wissenschaftlicher Erkenntnis, die es nicht ist, sind wir in der Lage, ein weiteres Mißverständnis zu beseitigen.

f) *Die Evolutionäre Erkenntnistheorie erklärt oder beschreibt nicht die Evolution menschlicher Erkenntnis, sondern nur die Evolution unserer kognitiven Fähigkeiten*. Wie wissenschaftliche Theorien entworfen und getestet, bestätigt oder widerlegt, korrigiert oder abgelöst werden, ist nicht ein Problem der Evolutionären Erkenntnistheorie, sondern der Wissenschaftstheorie.

Die Entwicklung wissenschaftlicher Erkenntnis erfolgt viel schneller als irgendein evolutiver Prozeß in der Biologie. Zweihundert und mehr Generationen sind erforderlich, damit eine positive Mutation sich in einer Population ausbreiten kann. Für menschliche Populationen liegt diese Zeitspanne in der Größenordnung von Zehntausenden von Jahren. Wissenschaft dagegen ist ein Phänomen der letzten Jahrhunderte oder, wenn wir großzügig sein wollen, einiger Jahrtausende. So könnte und müßte dem Wachstum wissenschaftlicher Erkenntnis selbst dann Rechnung getragen werden, wenn der Mensch als biologisch invariant angesehen würde. Aristoteles, zweitausend Jahre später geboren, wäre ein Leibniz geworden, Archimedes ein Gauß, Euklid ein Hilbert usw. Selbst Gilgamesch hätte, heute geboren, keine Schwierigkeiten, Quantentheorie oder Molekularbiologie zu studieren oder Astronaut zu werden. Ihre Sinne und Gehirne waren bei der Geburt nicht sehr verschieden von den unsrigen. Die Unterschiede zwischen ihrer Erkenntnis und unserer sind nicht biologisch, sondern kulturell bedingt.

g) *Die Evolutionäre Erkenntnistheorie behauptet also nicht, kulturelle Evolution gebe es nicht oder sie sei unwichtig für menschliche Erkenntnis*; auch nicht, kulturelle Evolution gehorche denselben Gesetzen wie biologische Evolution; auch nicht, kulturelle Evolution sei *nichts als* eine Verlängerung der biologischen Evolution. Im Gegenteil, kulturelle Evolution existiert, sie ist entscheidend für das Wesen des Menschen, und die jeweiligen Gesetze sind völlig unterschiedlich.

Gleichwohl gibt es enge und interessante Verbindungen.

Zunächst einmal bedeutet die Tatsache, daß unsere kognitiven Fähigkeiten der Evolution unterlagen, daß auch – und dies ist fast trivial – menschliche Erkenntnis entsprechend evolviert hat. Zweitens hört biologische Evolution nicht auf, wo die kulturelle Evolution beginnt. Im Gegenteil, kulturelle Evolution wirkt auf die biologische Evolution zurück, wobei allerdings andere Selektionskriterien als das reine Überleben maßgebend sind. Es ist sogar wahrscheinlich, daß die kulturelle Evolution das Tempo der biologischen Evolution beschleunigt hat, indem sie einen starken Selektionsdruck auf kulturelle Fähigkeiten wie Gedächtnis, Abstraktion, Symbolisierung und Sprache ausübte. Drittens beruht auch die kulturelle Evolution auf biologischen Fakten und Möglichkeiten; sie kann die biologischen Vorbedingungen nicht einfach ablegen. Biologische Determinanten gehören unabdingbar zur Kultur und zur kulturellen Evolution. Viertens gibt es Parallelen und Analogien zwischen biologischer und kultureller Evolution. Diese Analogien wurden von Popper, Toulmin, Campbell und anderen betont. In gewisser Hinsicht können wir die Evolution wissenschaftlicher Erkenntnis als eine Fortsetzung der biologischen Evolution ansehen oder auch die Evolutionäre Erkenntnistheorie als eine Rückwärtsverlängerung oder sogar Begründung der Methode von Versuch und Irrtumsbeseitigung, die in der Biologie „Mutation und Selektion" genannt wird, in der wissenschaftlichen Methodologie dagegen „Vermutung und Widerlegung". (Was Popper jedoch nicht bemerkt, ist die Tatsache, daß seine Theorie der Welt 3 und sein Leib-Seele-Dualismus nicht mit der Evolutionären Erkenntnistheorie vereinbar sind. Hierzu vgl. auch 10.)

h) Aus den Bemerkungen in 2h, 2i und aus den biologischen Argumenten im allgemeinen geht hervor, daß es in der Evolutionären Erkenntnistheorie ein stark pragmatisches Element gibt. Das bedeutet jedoch *nicht, daß die Evolutionäre Erkenntnistheorie einer pragmatischen Wahrheitstheorie anhinge oder sie voraussetzte.* Biologisches Überleben, Darwinsche Tauglichkeit, evolutionärer Erfolg können die Wahrheit der uns oder anderen Lebewesen angeborenen Hypothesen weder definieren noch garantieren. Evolutionärer Erfolg liefert weder eine Definition noch ein Kriterium für Wahrheit.

Im Gegenteil, wir *wissen*, daß unser vernunftartiger (Egon Brunswik: ratiomorpher) Apparat, unsere Erkenntnisvorrichtung, fehlbar und manchmal im Irrtum ist. Ein gutes Beispiel (oder eigentlich ein Gegenbeispiel) ist der in 1c erwähnte Farbenkreis, der hochadaptiv, das heißt erfolgreich ist, aber nicht nur subjektiv, sondern objektiv völlig „falsch", frei „erfunden", um Farbkonstanz und dadurch Objektivierung zu ermöglichen. Die Evolutionäre Erkenntnistheorie kritisiert also und widerlegt sogar den pragmatistischen Wahrheitsbegriff. Sie ist somit weit davon entfernt, Genesis und Geltung zu verwechseln.

Nach der Evolutionären Erkenntnistheorie *beweist evolutionärer Erfolg nicht, daß all unsere angeborenen Hypothesen wahr sind, sondern nur, daß sie nicht gänzlich falsch sein können.*

i) Diese Einsicht zeigt schließlich, daß *menschliche Erkenntnis, obwohl als Faktum einmalig, nicht auch prinzipiell einmalig sein muß.* Selbst Kant erwog die Möglichkeit nichtmenschlicher Wesen, deren Erkenntnisformen von unseren verschieden wären. Und die vergleichende Verhaltensforschung zeigt, daß sogar auf der Erde viele verschiedene Erkenntnisapparate möglich und realisiert sind. Fische mit Sinnesorganen für elektrische Felder, Vögel mit magnetischen Sinnen, Bienen, die Ultraviolett sehen, Schlangen mit Infrarot-Augen, Fledermäuse mit Organen zur Erzeugung und zum Empfang von Ultraschall, Delphine mit vernünftiger Kommunikation, sind nur *Beispiele* für die überwältigende Vielfalt informationsverarbeitender Systeme in der Natur.

j) Obwohl die Evolutionäre Erkenntnistheorie versucht, die Möglichkeit, den Überlebensvorteil und den evolutionären Weg kognitiver Apparate zu erklären, *behauptet sie nicht, menschliche Erkenntnis, menschliche Intelligenz, menschliches Denken, menschliche Sprache, so wie sie sind, seien notwendig*. Die Erde könnte auch gut (oder sogar besser!) ohne intelligente Wesen auskommen. Es gibt kein Naturgesetz (und auch kein Gesetz der Evolutionären Erkenntnistheorie), das behauptet, Intelligenz und Erkenntnis müßten überall und immer entstehen.

Aber die Evolutionäre Erkenntnistheorie behauptet, daß *unter den gegebenen Anfangsbedingungen der Urerde und der Sonne menschliche Erkenntnis gemäß natürlichen Gesetzen entstanden ist*. Kein Wunder war erforderlich, kein göttlicher Eingriff, kein Verstoß gegen die Naturgesetze. Und *wenn* auf anderen Planeten ähnliche Bedingungen herrschen, dann wird nicht nur Leben, sondern sogar Intelligenz entstehen. Es könnte durchaus viele ökologische Nischen für intelligente Wesen geben. Aber wieder lernen wir aus der Evolutionstheorie, daß Leben und Intelligenz dort, wenn auch mit unseren vergleichbar, doch nicht damit identisch sein werden.

k) *Die Evolutionäre Erkenntnistheorie ist keine Etho-Logie,* welche die evolutionären Ursprünge, Merkmale und Folgen ethischer (oder sogar ästhetischer) Normen oder Wertungen untersucht (vgl. 2j). Wir wissen, daß Normen und Werte keine Fakten sind, weder wahr noch falsch, daß sie – entgegen Platon und der Naturrechtslehre – nicht in der Natur aufgefunden werden und daß Ethik keine kognitive Disziplin ist.

Deshalb hat die Evolutionäre Erkenntnistheorie keine *direkten* ethischen Konsequenzen. Was wir tun oder lassen sollten, was gut oder schlecht, richtig oder falsch ist, folgt aus *keiner* Erkenntnistheorie. Es gibt auch keine moralische Verpflichtung, den Evolutionsprozeß zu bewahren oder fortzusetzen, die aus einer Evolutionstheorie *abgeleitet* werden könnte. Nicht einmal eine pragmatische Auffassung von Ethik kann durch biologische oder erkenntnistheoretische Fakten *gerechtfertigt* werden.

Gleichwohl hängen in der Wissenschaft und vor allem in der Philosophie alle Probleme irgendwie miteinander zusammen. So werden wir bereitwillig die ethische *Relevanz* der Evolutionären Erkenntnistheorie einräumen. Sie könnte sogar so weit reichen, einige moralische Normen oder ethische Systeme zu *widerlegen*, und erst recht, mit anderen *vereinbar* zu sein. So wie es idiotisch wäre, von Leuten zu verlangen, ein Perpetuum Mobile zu konstruieren, den Mond aus dem Gesichtsfeld zu entfernen oder die Zeitrichtung umzudrehen, so wäre es unsinnig, Normen aufzustellen, die aufgrund erkenntnistheoretischer Fakten nicht erfüllt werden können.

Niemand sollte von uns verlangen, vierdimensionale Anschauung zu entwickeln, Radiowellen oder magnetische Felder wahrzunehmen, telepathisch zu kommunizieren, einen idealen Erkenntnisapparat zu konstruieren, die Objektivität der Erkenntnis nachzuweisen, irgendein Naturgesetz im strikten Sinne zu beweisen, Normen in der Evolution aufzufinden, Erkenntnis zu gewinnen, ohne dabei Sinne oder Gedächtnis zu benützen. Daß solche Forderungen unsinnig wären, können wir aus der Evolutionären Erkenntnistheorie lernen.

4 Mesokosmos und Anschaulichkeit

Die Welt, an die sich unser Erkenntnisapparat im Laufe der Evolution angepaßt hat, ist nur ein *Ausschnitt* der wirklichen Welt. Entsprechend dem biologischen Begriff der „ökologischen Nische" könnten wir diesen Ausschnitt als „kognitive Nische" bezeichnen. Jacob von Uexküll benützte für diesen Sachverhalt den Ausdruck „Umwelt" und zeichnete in seinem Buch „Streifzüge durch die Umwelten von Tieren und Menschen" von 1934 faszinierende Umwelten für Pantoffeltierchen, Zecke, Seegurke, Fliege und Hund. Jeder Organismus hat seine eigene kognitive Nische oder Umwelt, so auch der Mensch. *Die kognitive Nische des Menschen nennen wir „Mesokosmos"*. Unser Mesokosmos ist also jener Ausschnitt der realen Welt, den wir wahrnehmend und handelnd, sensorisch und motorisch, bewältigen. Tabelle 2 umreißt mesokosmische Größen und ihre Bereichsgrenzen.

Der Mesokosmos ist – grob gesprochen – eine *Welt der mittleren Dimensionen*. Diese Charakterisierung bedarf jedoch einiger Ergänzungen.

Erstens ist er nicht einfach eine Meterwelt. Er bezieht sich nicht nur auf räumliche Ausdehnungen, sondern, wie die Tabelle zeigt, auch auf andere physikalische Größen wie Zeit und Masse. Es wäre

Tabelle 2

Größe	Untergrenze	Beispiele	Obergrenze	Beispiele
Zeiten t	Sekunden s	Herzschlag	Jahrzehnte	Lebensdauer
Abstände s	Millimeter mm	Staub 0,05 mm Haar 0,1 mm	Kilometer km	Horizont 20 km Tagesmarsch 30 km Hörweite (Donner)
Geschwin-digkeiten $v = \frac{\Delta s}{\Delta t}$	Ruhe v = 0		v = 10 m/s = 36 km/h	Sprinter, Geschoß, Tiere
Beschleuni-gungen $a = \frac{\Delta v}{\Delta t}$	gleichför-mige Bewe-gung a = 0		$a = 10\ m/s^2$ ≈ Erd-beschleu-nigung	Sprinter, freier Fall
Massen Gewichte	Gramm g		Tonnen	Felsen, Bäume, Tiere
Tempera-turen	-10^oC	Gefrier-punkt	100^oC	Siedepunkt des Wassers

also nicht richtig, den Mesokosmos mit der Welt der mittleren *räumlichen* Dimensionen zu identifizieren.

Zweitens ist der „Mesokosmos" nach seiner Definition ein *anthropozentrischer* Begriff, da er sich explizit auf den Menschen und die Bereiche seiner Sinne bezieht. Der menschliche Mesokosmos ist also nicht einfach der übliche „Makrokosmos". Es gibt Strukturen, wie das irdische Magnetfeld, die durchaus makroskopisch, aber nicht Teil unseres Mesokosmos sind, weil wir sie nicht fühlen (obwohl einige Vögel und Insekten das können). Dasselbe gilt zum Beispiel für Radiowellen oder für größere Mengen Kohlenmonoxid. Auf der anderen Seite gibt es mikroskopische Strukturen wie Photonen oder Moleküle, die man „sehen" oder „fühlen" kann, die also mesokosmisch sind.

Drittens sind die Grenzen des Mesokosmos nicht scharf definiert, sondern nur innerhalb von Größenordnungen, das heißt bis auf Faktoren von etwa fünf. Sie können individuell variieren und durch Erfahrung, Training und Aufmerksamkeit verändert werden.

Viertens und letztens wird deutlich (es folgt fast schon aus der Definition), daß Sinnesorgane, Wahrnehmungsfähigkeit, Erfahrungsstrukturen, Alltagssprache und elementare Schlußweisen auf diesen Mesokosmos zugeschnitten sind; sie sind mesokosmischen Bedürfnissen *angemessen*. Dasselbe gilt für unsere Anschauungsformen. Unser Anschauungsvermögen hat sich den Alltagsbedürfnissen angepaßt.

Mesokosmische Strukturen sind also anschaulich. Das wird durch die Evolutionäre Erkenntnistheorie *erklärt*.

Aber wir dürfen nicht erwarten, daß die Welt überall und durchweg dieselben Strukturen aufweist. In anderen Dimensionen können sich die Strukturen von den mesokosmischen erheblich unterscheiden. Deshalb kann unser Anschauungsvermögen dort versagen; unsere Anschauungsformen können nur näherungsweise gelten oder gänzlich unangemessen sein. Eben dies ist es natürlich auch, was uns die moderne Wissenschaft mehrfach und mit zunehmender Klarheit gelehrt hat. Descartes nahm noch explizit an, daß die unsichtbare Mikrowelt dieselben Strukturen aufweise wie der Makrokosmos, und als eine vorläufige Hypothese war diese Annahme auch durchaus berechtigt. Gleichwohl ist sie widerlegt worden; sie kann nicht länger aufrechterhalten werden. Und auch dieses Versagen wird durch die Evolutionäre Erkenntnistheorie *erklärt*.

Auch wenn man leicht einsieht, daß alle mesokosmischen Strukturen anschaulich sind, folgt daraus nicht notwendig, daß *nur* solche Strukturen auschaulich gemacht werden können; auch andere Objekte könnten anschaulich sein. Tatsächlich gibt es eine lange und immer wieder erneuerte Diskussion über die Reichweite und die Grenzen unseres Anschauungsvermögens.[6]

Es gibt mehrere verschiedene Wege, durch die wir etwas zu veranschaulichen versuchen: Wir geben Beispiele und Gegenbeispiele, ersinnen Gedankenexperimente, liefern Analogien, konstruieren Modelle, rekonstruieren das Objekt (wenn es mesokosmisch ist), transformieren die jeweilige Struktur auf mesokosmische Dimensionen oder leiten empirische Folgerungen daraus ab („Projektion"). Alle diese Methoden sind für didaktische Zwecke wichtig, ja unentbehrlich, aber nur drei von ihnen (die letzten drei) sind ernsthafte Kandidaten für eine angemessene Explikation von Anschaulichkeit. So könnten wir versucht sein, alternativ zu definieren:

Eine Struktur ist anschaulich genau dann, wenn
sie mesokosmisch ist (1);
sie in eine mesokosmische Struktur transformiert werden kann (2);
wir uns die Erfahrungen vorstellen können, die wir mit (oder in) einer solchen Struktur hätten (3).

Aber die erste Definition ist zu *eng*. Sie würde die Drehung und die Bewegung der Erde ausschließen, weil niemand sie sehen oder fühlen kann. Sie würde sogar (außer für Astronauten) ihre Kugelgestalt als unanschaulich ausschließen. Weder das Planetensystem noch Bohrs Atommodell, weder ein zweihundert Jahre alter Mann noch eine drei Meter große Frau wären vorstellbar, nicht einmal ein Einhorn. Aber alle diese Objekte gelten gewöhnlich als durchaus anschaulich. Es scheint, daß „unanschaulich“ hier verwechselt wird mit „unglaublich, weil bisher nicht vorgekommen“.

Die dritte Definition wurde unter anderem von Helmholtz, Poincaré, Reichenbach gegeben und benützt. Sie versuchten zu zeigen, daß sogar nicht-euklidische Räume vorgestellt werden können. Aber welche Struktur der empirischen Wissenschaft wäre eigentlich nach ihrer Definition nicht mehr anschaulich? Wenn eine Theorie empirische Folgerungen hat (die sie haben *muß*, um als eine Theorie faktischer Wissenschaft zu gelten), dann können wir uns immer Sinneseindrücke ausmalen (vielleicht nur schwarze Punkte auf einem Schirm oder das Knacken in einem Lautsprecher), wie wir sie in einer Welt hätten, in der eine solche Theorie wahr ist. Danach wäre ja *jede* empirische Theorie anschaulich. Ein solcher Begriff von Anschaulichkeit wäre *zu weit*, nahezu leer, also nutzlos.

Natürlich war das von den Vertretern dieser „projektiven“ Definition nicht beabsichtigt. Auch bei ihnen gelten *einige* Strukturen als unanschaulich, obwohl – und das ist ein weiterer Einwand – sie hinsichtlich ihrer Ausnahmen nicht übereinstimmen: Während Helmholtz und Reichenbach zu dem Ergebnis kommen, vierdimensionale Räume seien unanschaulich, behauptet Poincaré, sie seien anschaulich (Hilbert-Räume freilich nicht). Und schließlich ein letzter Einwand: Wenn etwas erst projiziert werden muß, damit es erfahren werden kann, dann gibt es offenbar einen Unterschied zwischen dem Ding und seiner Projektion. Und dieser Unterschied könnte für die Anschaulichkeit entscheidend sein. Warum sollten wir eine Struktur anschaulich nennen, wenn erst ihre Projektion anschaulich gemacht werden kann?

Somit bleibt uns nur die zweite Explikation. *Eine Struktur ist anschaulich genau dann, wenn sie (durch eine reguläre Transformation) in eine mesokosmische Struktur transformiert werden kann.* Diese Bedingung wird zunächst einmal von mesokosmischen Strukturen erfüllt (mit einem Transformationsfaktor 1). Aber auch das Planetensystem kann danach vorgestellt werden, weil wir, wenn wir es um den Faktor 10^{-8} verkleinern, ein mögliches mesokosmisches Objekt erhalten, ein Planetarium mit einem Durchmesser von etwa einem Meter. Ähnlich können wir uns die räumliche Anordnung von Molekülen anschaulich machen, weil wir durch Vergrößerung um einen Faktor 10^8 auf Alltagsabstände kommen, so daß sogar hölzerne Molekülmodelle möglich und angemessen sind. Selbst die Atommodelle von Rutherford oder Bohr sind anschaulich, weil alle ihre Eigenschaften mesokosmisch dargestellt werden können. Die Atome der Quantenmechanik allerdings können nicht so dargestellt werden (auch nicht ein Neutronenstern oder ein Schwarzes Loch), weil sie Eigenschaften haben, die von jeder mesokosmischen Struktur gänzlich verschieden sind.

Eine *reguläre* Transformation eines Objekts entspricht also der Multiplikation eines (oder mehrerer) seiner charakteristischen Parameter (zum Beispiel seiner räumlichen Abmessungen) mit positiven, endlichen, reellen Zahlen. Der Faktor darf nicht Null oder unendlich sein, er darf auch nicht Eigenschaften betreffen, die durch ganze Zahlen dargestellt werden, wie Dimension oder Quantenzahl, weil die Anschaulichkeit oder Unanschaulichkeit einiger Strukturen gerade von der *Endlichkeit* ihrer Parameter abhängen kann. Daher also die Beschränkung auf nichtsinguläre („reguläre") Transformationen.

Das Problem der Regularität wird deutlich an der Planckschen Konstanten h, der *kleinsten* Wirkung, die es in der Natur gibt, oder auch an der Lichtgeschwindigkeit c, der *größten* Geschwindigkeit für die Übertragung von Signalen. Es ist nicht die Kleinheit oder Größe dieser Naturkonstanten, die ihre Rolle in der Physik so unanschaulich macht (sie könnten ja durch geeignete Faktoren leicht transformiert werden); es ist vielmehr ihr *Grenzcharakter*, der in der Welt der mittleren Dimensionen keine Entsprechungen hat, weil dort jede Geschwindigkeit verdoppelt und jede Wirkung halbiert werden kann.

Als ein Beispiel für die unanschaulichen Folgen dieses Grenzcharakters betrachten wir das relativistische Additionstheorem für Geschwindigkeiten: Bewegt sich ein Signalgeber (zum Beispiel eine Kanone oder ein Blitzgerät) gegenüber einem ruhenden Beobachter mit der Geschwindigkeit v_1 und hat das Signal (Kanonenkugel oder Blitz) für den Signalgeber in Bewegungsrichtung die Geschwindigkeit v_2, welche Signalgeschwindigkeit wird dann der ruhende Beobachter messen? Nach der klassischen Physik und nach der alltäglichen, also mesokosmischen Erfahrung gilt $v = v_1 + v_2$. Spezielle Relativitätstheorie und genauere Messungen lehren uns jedoch

$$v = \frac{v_1 + v_2}{1 + \frac{v_1 \cdot v_2}{c^2}} .$$

Kann man sich das vorstellen? Nein. Denn gerade durch die Transformation der einschlägigen Größen (Geschwindigkeiten v_1, v_2, c) auf mittlere Dimensionen (Lauf- oder Fahrtempo, Faktor etwa 10^{-8}) entstehen Folgerungen, die wir uns nicht anschaulich machen können: Ein Ball, von einem Spaziergänger (v_1 = 1 m/s) nach vorne geworfen (v_2 = 3 m/s), würde gegenüber einem ruhenden Beobachter *nicht*, wie man erwartet, die Geschwindigkeit v = 4 m/s zeigen, sondern auch nur die Geschwindigkeit v = 3 m/s, ein „unvorstellbares" Ergebnis. Aber die Relativitätstheorie hat recht, und die Alltagsvorstellung hat unrecht. So seltsam das aussehen mag, es ist gerade diese Seltsamkeit, die durch die Evolutionäre Erkenntnistheorie *erklärt* wird.

Die Einsicht, daß unser Vorstellungsvermögen beschränkt ist, hat wichtige Konsequenzen für unsere Beurteilung von Wissenschaft.

a) Die Tatsache, daß eine Theorie – aus der Mathematik, der Physik oder irgendeiner anderen Disziplin – nicht anschaulich ist, muß nicht bedeuten, daß die Theorie falsch ist; und wenn sie anschaulich ist, ist sie nicht notwendig wahr. Der Vorwurf gegen Relativitäts- oder Quantentheorie, sie müßten falsch sein, weil es unmöglich ist, sich vierdimensionale Räume, pseudo-euklidische oder gar nicht-euklidische Metriken, Wahrscheinlichkeitsamplituden, wellige Materie oder körnige Strahlung vorzustellen – ein Vorwurf, der in den frühen Tagen dieser Theorien häufig zu hören war –, ist also nicht berechtigt. Anschaulichkeit ist kein Wahrheitskriterium. Im Gegenteil, wir mußten lernen, daß mikroskopische Strukturen – Moleküle, Atome, Elementarteilchen, Quarks – tatsächlich sehr verschieden von mesokosmischen Strukturen sind. Deshalb ist eine Theorie über Elementarteilchen, die anschaulich ist, fast mit Sicherheit falsch!

Als Niels Bohr von Heisenbergs und Paulis nichtlinearer Feldtheorie für Elementarteilchen erfuhr, bemerkte er: „Wir sind uns alle einig, daß eure Theorie verrückt ist. Die Frage, die uns trennt, ist die, ob sie verrückt genug ist, um richtig sein zu können." Und bei der Wiedergabe von Bohrs Bemerkung sagt Dyson: „Für eine Spekulation, die nicht auf den ersten Blick verrückt aussieht, gibt es keine Chance."[7]

b) Wir sind, wenn Anschaulichkeit als Wahrheitskriterium weder notwendig noch hinreichend ist, ja wenn sie nicht einmal als heuristischer Führer zur Wahrheit dienen kann, um so mehr auf unanschauliche, d.h. abstrakte, Hilfsmittel angewiesen. Das *erklärt* die bedeutsame Rolle der Mathematik in der modernen Wissenschaft. Als formale Wissenschaft liefert die Mathematik selbst kein Wissen über die Welt (vgl. 7). Sie stellt uns aber verschiedene Strukturen zur Verfügung, die auf ihre Anwendbarkeit für die Naturbeschreibung geprüft werden können. Zu diesem Zweck müssen die abstrakten Strukturen durch angemessene Zuordnungsregeln *interpretiert* werden.

Nehmen wir ein Beispiel. Es gibt nur einen physikalischen Raum. Die Mathematiker aber haben zahlreiche Geometrien entwickelt, die einander in verschiedenen Aussagen sogar widersprechen können (z.B. über die Existenz der Parallelen, über die Winkelsumme in Dreiecken oder über topologische Eigenschaften wie Kontinuität, Dimensionalität, Zusammenhang). So entsteht die Frage, welche dieser vielen geometrischen Strukturen, die mathematisch möglich, d.h. logisch widerspruchsfrei sind, in unserer Welt realisiert ist. Bei dieser Frage gibt es weder für die Existenz noch für die Eindeutigkeit einer Antwort eine Garantie. Es könnte sein, daß keines der vorgeschlagenen Raummodelle unsere räumlichen Erfahrungen angemessen beschreibt; andererseits könnten mehrere Geometrien oder mehrere Interpretationen derselben geometrischen Struktur das Gewünschte leisten. Unter diesen Umständen ist die Tatsache, daß wir überhaupt nützliche mathematische Modelle finden, ebenso erstaunlich (Anwendungsproblem, vgl. 7) wie die Tatsache, daß sich in der empirischen Wissenschaft auf lange Sicht eine und nur eine Theorie als allen Konkurrenten überlegen erweist (Konvergenzproblem).

Die Bedeutung der Mathematik für den Fortschritt in der Wissenschaft liegt also nicht nur in der Tatsache, daß unsere vagen und qualitativen Ideen exakt und sogar quantitativ formuliert werden, sondern auch in ihrer Fähigkeit, Strukturen der Realität nachzubilden, die uns anders gar nicht zugänglich wären. Weil unser Anschauungsvermögen auf mesokosmische Strukturen beschränkt ist, bleibt jede Wissenschaft, die erklären und nicht nur beschreiben will, auf mathematische (und somit unanschauliche) Strukturen angewiesen.

c) Die Tatsache, daß einige abstrakte Theorien nicht anschaulich gemacht werden können, bedeutet nicht, daß sie nicht *verstanden* werden könnten. Durch wiederholte Anwendung eines Algorithmus, eines Kalküls oder einer abstrakten Theorie können wir eine solche Geschicklichkeit bei ihrer Formulierung und Anwendung gewinnen, daß wir leicht alle Voraussetzungen und Folgerungen überblicken. Wir verstehen eine Theorie, wenn wir – wenigstens qualitativ – wissen, was die Theorie behauptet und was sie nicht behauptet. Eine noch schärfere Definition gibt Popper: „Eine Theorie verstehen wir, wenn wir das Problem verstehen, zu dessen Lösung sie entworfen wurde, und verstehen, inwiefern sie das Problem besser oder auch schlechter löst als ihre Konkurrenten.“[8]

Wer eine Theorie häufig benützt, mag sogar das Gefühl haben, er könne sich die abstrakten Strukturen, die durch seine Theorie beschrieben werden, anschaulich vorstellen. Einige Mathematiker behaupten, sich Hyperwürfel („Tesserakte“) und andere vierdimensionale Objekte vorstellen zu können. Das mag tatsächlich so sein (obwohl die Evolutionäre Erkenntnistheorie dagegen spricht); für das Verständnis der Theorie ist es jedenfalls nicht erforderlich. Die Beherrschung eines Algorithmus braucht Anschaulichkeit weder vorauszusetzen noch nach sich zu ziehen. Umgekehrt garantiert auch die lebhafteste Anschauung nicht das Verstehen, wenn das Problem oder die Argumente für und gegen die Theorie nicht verstanden sind. *Anschaulichkeit ist also weder notwendig noch hinreichend für Verstehbarkeit.*

Dies alles beleuchtet die Tatsache, daß der Verstand weiter reicht als die Anschauung, das Denken weiter als die Vorstellung, Begriffe weiter als die Sinne, Kalküle weiter als Bilder. Die moderne Physik ist unanschaulich und muß es sein, wenn sie den Mesokosmos überschreiten soll; unverständlich ist sie deshalb nicht.

d) Diese Einsicht muß beim Lehren berücksichtigt werden. Natürlich sollte jeder Lehrer oder Autor sich bemühen, seinen Stoff so klar und lebhaft, so konkret und anschaulich darzustellen, wie möglich. Dafür gibt es ausgezeichnete Beispiele (und – leider – auch Gegenbeispiele). Für solch ein Vorhaben gibt es aber auch *innere* Grenzen. Gegenüber Büchern, die in ihrem Vorwort versprechen, Relativitäts- oder Quantentheorie gänzlich anschaulich zu machen, ist Skepsis angebracht! Solche Versprechungen sind bestenfalls Zeichen guten Willens, aber sie können nicht eingelöst werden. Nicht alles kann auf jedem Niveau erklärt, komplizierte Dinge können nicht beliebig vereinfacht werden.

Um so notwendiger ist es, sich selbst oder andere mit ungewöhnlichen Strukturen dadurch vertraut zu machen, daß man die abstrakten Kalküle benützt und erläutert, die jene Strukturen erfassen. Dabei dürfen wir uns auf Bilder, Graphen, Diagramme, Beispiele, Kontraste, Gedankenexperimente, Analogien, Modelle, Projektionen stützen. Statt zuviel zu versprechen, sollten wir unsere inneren Grenzen kennen und didaktisch in Rechnung stellen.

e) Wir kommen zurück zu unserer Unterscheidung (aus 3e) von Erfahrungserkenntnis und wissenschaftlicher Erkenntnis. Wir können jetzt sehen, warum diese beiden Arten von Erkenntnis nicht umfangsgleich sind. Alltagserfahrung ist auf den Mesokosmos beschränkt; theoretische Erkenntnis dagegen schließt Erfahrungswissen ein *und überschreitet es*. Es gibt zwei wesentliche Unterschiede. Während Erfahrung mesokosmisch und (deshalb) anschaulich, aber unkritisch ist, ist theoretische Erkenntnis abstrakt, aber kritisch. Sowohl die größere Reichweite von Theorien (die den Mesokosmos überschreiten) als auch die kritische Haltung in der Wissenschaft geben der theoretischen Erkenntnis ihre Überlegenheit über die elementare Erfahrung: Sie ist objektiver.

Diese Überlegenheit mag einigen Lesern trivial erscheinen; für viele Philosophen ist sie es leider nicht:

nicht für Kant und seine Anhänger, aus Gründen, wie sie in 2 1 genannt wurden;

nicht für analytische Philosophen, die darauf bestehen, innerhalb der Grenzen der Alltagssprache, also auch der Alltagserkenntnis, zu verbleiben;

nicht für Instrumentalisten, die Theorien lediglich als Instrumente für die ökonomische Zusammenfassung vergangener und für die Voraussage zukünftiger Erfahrungen auffassen und auf jeden Anspruch auf Wahrheit oder Objektivität verzichten;

nicht für Positivisten oder Phänomenalisten wie Mach, denen die Sinnesempfindungen die einzige positive Erkenntnis über die Welt liefern;

nicht für Operationalisten, die erklären, jeder wissenschaftliche Begriff müsse in operationalen (also mesokosmischen) Termen definiert werden.

Aber auch wenn wir die Position des hypothetischen Realismus und die Möglichkeit akzeptieren, daß theoretische Erkenntnis die Erfahrung übersteigt, kommen wir doch nicht um die Notwendigkeit herum, jedes Objekt, jede Struktur der empirischen Wissenschaft mit menschlichen (also mesokosmischen) Erfahrungen zu verbinden. Diese Verbindung können wir angemessen als eine *Projektion* beschreiben. Ein projektives Modell menschlicher Erkenntnis entwerfen wir in 5.

5 Projektion und Rekonstruktion

Das Verhältnis zwischen Realität und Erkenntnis kann durch das Modell der graphischen Projektion veranschaulicht werden. Wenn ein Objekt optisch auf einen Schirm projiziert wird, dann hängt die Struktur des Bildes ab von der

Struktur des Gegenstandes,	z.B. Würfel, Kugel;
Art der Projektion,	z.B. Parallel-, Zentralprojektion;
Struktur des auffangenden Schirmes,	z.B. Farb- oder Schwarz-Weiß-Film.

Kennen wir diese Bestimmungsstücke, dann können wir das Bild konstruieren. Das Bild wird dabei nicht in jeder Einzelheit mit dem Original übereinstimmen. Im allgemeinen wird der Informationsgehalt durch die Projektion verringert. Aber es wird immer eine gewisse *partielle Isomorphie* zwischen Objekt und Bild geben.

So können wir hoffen, das eigentliche Objekt aus einer oder mehreren Projektionen zu rekonstruieren. Das geschieht zum Beispiel durch unser Gehirn, wenn immer wir Objekte *sehen.* Unser Gehirn muß dreidimensionale äußere Objekte aus ihren zweidimensionalen Projektionen auf unsere Netzhaut *rekonstruieren.* Es geschieht auch, wenn immer wir ein Bild, eine Fotografie oder ein Gemälde betrachten, die auch zweidimensional sind, aber als Darstellungen dreidimensionaler Objekte *interpretiert* werden. Die Interpretation erfolgt automatisch und durch die systematische Auswertung mehrerer Tiefenkriterien, die Psychologen und Physiologen wohlbekannt sind. Diese ratiomorphe Leistung kann auch rational nachvollzogen werden. Es ist eine nette Denksportaufgabe und eine beliebte Aufgabe bei Handwerkerprüfungen, einen materiellen Gegenstand aus Holz oder Stahl herstellen zu lassen, von dem lediglich Grundriß, Aufriß und Seitenriß gegeben sind. Sogar Computer können so programmiert werden, daß sie einfache dreidimensionale Objekte aus ihren zweidimensionalen Projektionen rekonstruieren.

Bei der Rekonstruktion (d.h. beim „Wahrnehmen", „Sehen") dreidimensionaler Objekte müssen wir – und natürlich auch Computer – die Information zurückgewinnen, die bei der Projektion verlorenging. Während also die Projektion eines Bildes deduktiv zwingend ist, wenn Objekt, Projektionsart und Schirm gegeben sind, ist der umgekehrte

Prozeß, die Rekonstruktion von Objekten, nur *hypothetisch* möglich, selbst dann, wenn Bild, Projektionsmechanismus und Schirm vollständig bekannt sind. Jeder Wahrnehmungsakt ist eine versuchte Rekonstruktion äußerer Objekte aus chaotischen Sinneseindrücken. Diese Rekonstruktion ist meistens erfolgreich, manchmal aber auch nicht (wie optische Täuschungen, unmögliche Figuren, mehrdeutige Zeichnungen, Halluzinationen usw. zeigen). Die Tatsache, daß unser Wahrnehmungsapparat recht zuverlässig, wenn auch nicht vollkommen ist, wird natürlich durch die Evolutionäre Erkenntnistheorie *erklärt*.

Die Möglichkeit, unmittelbare Erfahrungen als Projektionen einer „höheren" Realität zu interpretieren, hat viele Autoren inspiriert. Wohlbekannt sind Abbots und Gamows „Flachländer" und Beltramis „Ameisen", die auf einer zweidimensionalen Oberfläche (z.B. einer Kugel) leben und versuchen, Metrik und Topologie ihrer Welt aus lokalen Messungen zu ermitteln, zum Beispiel aus Dreiecksvermessungen. Die Idee, daß die zweidimensionalen Muster, die sie wahrnehmen, in Wirklichkeit nur *Projektionen* dreidimensionaler Objekte sind, wäre für sie ein wahrhaft kopernikanischer Schritt.

Ist nicht unsere allgemeine erkenntnistheoretische Situation ähnlich? Versuchen wir nicht laufend, aus Sinneseindrücken eine „wahre" Welt zu rekonstruieren? Die Beziehungen zwischen Realität, Sinneswahrnehmung und Erkenntnis können wir mit der graphischen Projektion von Objekten mit der visuellen Wahrnehmung vergleichen. Das geschieht in Tabelle 3 und in Abb. 1.

Tabelle 3

Graphische Projektion		visuelle Wahrnehmung		faktisches Wissen
projiziertes Objekt	≙	Würfel	≙	reale Welt (Realität, Ding an sich)
Projektionsart	≙	Lichtwellen/ Photonen	≙	Signale (elektromagnetische Wellen, Schallwellen, Moleküle, Energieübertragungen)
Schirm	≙	Netzhaut	≙	Erkenntnisapparat (Sinnesorgane und Zentralnervensystem)
Bild	≙	Netzhauteindruck	≙	Sinneseindrücke
rekonstruiertes Objekt	≙	wahrgenommener („gesehener") Würfel	≙	Inhalte der Wahrnehmung, der Erfahrung, der theoretischen Erkenntnis

Visuelle Wahrnehmung erweist sich hier als Sonderfall allgemeiner Erkenntnis. Unsere Sinneseindrücke sind nur *Projektionen* realer

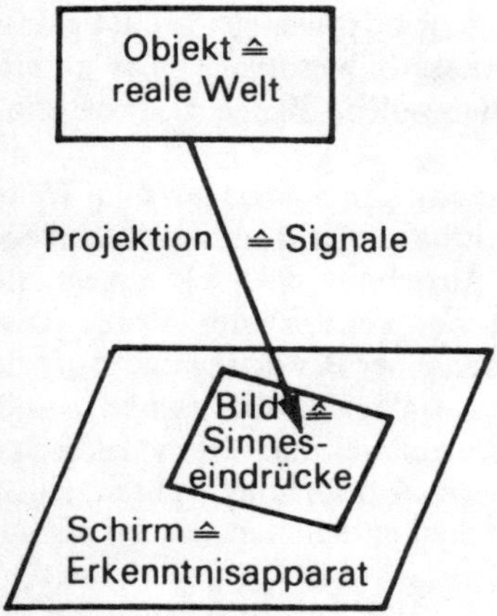

Abb. 1: Das projektive Modell für die Beziehung zwischen realer Welt und Sinneseindrücken

Strukturen auf unsere „Oberfläche“, auf die „Ebene“ unserer Sinnesorgane. Unser Streben nach Erkenntnis ist also der Versuch, diese realen Strukturen in unserem Gehirn zu rekonstruieren, d.h., isomorphe interne Modelle davon zu bilden.

Das Projektionsmodell ist nicht auf graphische Projektion beschränkt, auch nicht für die Wahrnehmung. Eine Rekonstruktion von Objekten, vor allem ihre Lokalisierung, erfolgt z.B. in der akustischen Wahrnehmung durch Verrechnung der *zeitlichen* Abfolge der Reize, der Zeitintervalle, der relativen Intensitäten verschiedener Reize und verschiedener Frequenzen.

So darf der Begriff „Projektion“ nicht im rein bildlichen Sinne verstanden werden. Erst recht gilt das für die höheren Erkenntnisformen. Schon die Erfahrung übersteigt die alltäglichen Rekonstruktionsmechanismen, indem sie zusätzlich Gedächtnis, elementare Schlüsse, Verallgemeinerungen, einfache Analogien, gewöhnliche Sprache benützt. Wissenschaftliche oder theoretische Erkenntnis übersteigt wiederum die gewöhnliche Erfahrung, indem sie sich auf systematische Beobachtung, Messungen, Gesetze, formale Logik, theoretische Modelle stützt. Wissenschaftliche Instrumente kann man deuten als die experimentelle „Falle“, durch die wir reale Objekte auf unsere Beobachtungsebene zu projizieren versuchen.

Die Objekte der Astronomie können hier als deutliche Beispiele dienen, sozusagen als „reine“ Fälle von Projektion. Unser gesamtes astronomisches Wissen mußte aus den dürftigen Signalen gewonnen werden, die uns aus dem Weltraum erreichen. Mit Himmelskörpern können wir keine Experimente machen, wir können sie nicht herstellen, beseitigen oder beeinflussen. Wir können sie nicht besuchen, nicht einmal beleuchten. Wir müssen mehr oder weniger geduldig darauf warten, daß kosmische Signale unsere Sinnesorgane oder unsere Teleskope erreichen, und dann versuchen, solche Signale als Projektionen astronomischer Objekte zu deuten.

Bis in die fünfziger Jahre waren die einzigen Signale aus dem Weltraum, die wir registrieren konnten, sichtbares Licht, d.h. elektromagnetische Wellen aus einem schmalen Ausschnitt des elektromagnetischen Spektrums, der durch das optische „Fenster" der Atmosphäre gegeben war. Alles, was wir über Planeten, über Bewegung und Aufbau von Sternen, über Zahl und Arten von Galaxien, über Existenz und Häufigkeit von Elementen, über interstellare und intergalaktische Materie, über Struktur und Geschichte des Universums wußten, mußten wir den unscheinbaren Lichtpünktchen entnehmen, die das nächtliche Firmament schmücken.

Inzwischen hat sich die Bandbreite unserer astronomischen Erfahrungen wesentlich erweitert. Außer sichtbarem Licht registrieren wir heute Radiowellen, infrarotes und ultraviolettes Licht, Röntgen- und Gammastrahlen. Wir finden und erforschen kosmische Teilchen, die uns aus dem Weltraum erreichen, und wir hoffen, in Zukunft auch Gravitationswellen oder Neutrinostrahlung entdecken zu können. Wir erforschen sogar *aktiv* das Planetensystem, indem wir Raumschiffe, Planetensonden, Mondexpeditionen, Laserimpulse und Radarsignale senden. Aber für die außerplanetarische Astronomie hat sich die prinzipielle Erkenntnissituation *nicht* geändert: Wir warten, registrieren und interpretieren.

Wir bilden Theorien über Sterne, Galaxien und das Universum derart, daß die Signale, die uns erreichen, als *Projektionen* dieser Objekte interpretiert werden. Und nur diese projektiv-realistische Interpretation gibt uns die Berechtigung, die kosmischen Signale zu *objektivieren,* über Neutronensterne, Schwarze Löcher, magnetische Felder und Fluchtgeschwindigkeiten von Galaxien, über Quasarkerne und Kernbrennstoff innerhalb der Sterne, über ein expandierendes Universum und seinen Ursprung in einem Urknall als *real* zu sprechen. Der Weg der Projektion in der Astronomie ist sehr lang, nicht nur im räumlichen, sondern auch im kausalen und im logischen Sinne. Die Systeme, die wir in Astrophysik und Kosmologie postulieren, haben mit dem schwachen Schimmern am Nachthimmel oder mit den schwarzen Punkten auf unseren Fotoplatten nur noch wenig gemeinsam; und doch gibt es eine lange *kausale Kette* von Projektionen, die einen Neutronenstern mit unseren Sinneseindrücken verbindet und die in unseren Theorien durch eine ebenso lange *logische Kette* von Ableitungen dargestellt wird:

Elementare Bausteine und Wechselwirkungen der Materie
⟶ kosmische Evolution
⟶ Zusammensetzung der kosmischen Materie
⟶ Struktur von Sternen
⟶ Evolution von Sternen
⟶ Ausbrennen von Sternen
⟶ Kollaps eines Sterns zum *Neutronenstern*
→ hohe Dichte
→ starke Magnetfelder
→ starke Beschleunigung von Elementarteilchen
→ Synchrotronstrahlung
→ schnelle Drehung
⟶ pulsierendes Signal (deshalb „Pulsar")
⟶ Radioantennen
⟶ Datenverarbeitung
⟶ *Sinneseindrücke*

Mit jedem Pfeil in dieser Kette von Projektionen ist eine ganze Theorie verknüpft! Die Kette der hypothetischen Rekonstruktionen muß dann umgekehrt arbeiten. So kommen wir zu einen Mehrschichtenmodell menschlicher Erkenntnis (Abb. 2).

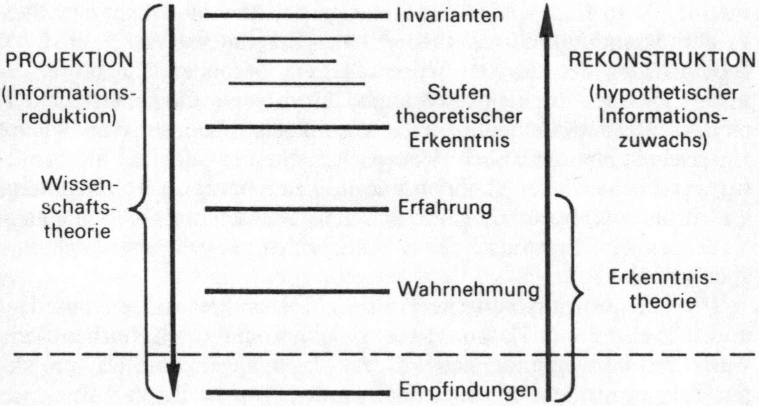

Abb.2: Die Mehrschichtenstruktur menschlicher Erkenntnis: Objekte werden auf unsere Peripherie projiziert (↓). Die dadurch ausgelösten Empfindungen werden interpretiert als Projektionen von Objekten, die dann zu rekonstruieren sind (↑). Wirklichkeitserkenntnis ist so eine adäquate interne Rekonstruktion hypothetisch postulierter äußerer Objekte.

Die unterste Ebene bilden die Empfindungen. Sie stellen noch keine Erkenntnis dar. Erkenntnis müssen wir nämlich charakterisieren als eine *dreistellige* Relation zwischen einem erkennenden Subjekt S, einem zu erkennenden Objekt O und dem A, *als das* ein Objekt identifiziert wird. So ist es zwar ausreichend zu sagen: „ S fühlt O", oder: „S empfindet O", aber nicht: „S erkennt O", sondern nur: „S erkennt O *als* A". Diese Bedingung wird erst durch die höheren Erkenntnisstufen erfüllt: Wahrnehmung, Erfahrung und theoretische Erkenntnis.

Der Erkenntnisprozeß besteht also in einer gestuften Rekonstruktion einer hypothetisch postulierten Realität, in einer schrittweisen Befreiung von den Beschränkungen unserer Sinnesorgane (des „Schirmes", d.h. unserer Peripherie). Dieser Rekonstruktionsprozeß arbeitet der Projektionskette entgegengesetzt. Während jede Projektion eine Informationsreduktion bewirkt, versuchen wir im Erkenntnisprozeß, diese Informationen wenigstens teilweise zurückzugewinnen. Natürlich muß diese Rekonstruktion hypothetisch bleiben. Das gilt für alle Arten von Rekonstruktion: Wahrnehmung, Erfahrungs- und theoretische Erkenntnis. So spiegelt das projektive Modell ein wichtiges Ergebnis moderner Wissenschaftstheorie: *Alles Tatsachenwissen ist hypothetisch.*

Dieses Modell erlaubt auch eine vernünftige Unterscheidung von Erkenntnistheorie und Wissenschaftstheorie. Die klassische Erkenntnistheorie bis zu Kant und seinen Anhängern unterschied nicht zwischen Erfahrungserkenntnis und theoretischer Erkenntnis (vgl. 3e und 4). Der Aufstieg der exakten Wissenschaften, besonders die physikalischen Theorien in Elektrodynamik, Atom- und Elementarteilchenphysik, Relativitätstheorie und Kosmologie, machen eine solche Unterscheidung unerläßlich. Wissenschaftstheorie erforscht die Struktur wissenschaftlicher Theorien und ihre Beziehung zu Wahrnehmung und Erfahrung. Natürlich stützt sich die Wissenschaftstheorie auch auf Methoden und Ergebnisse der Erkenntnistheorie, geht aber auch darüber hinaus.

Die erkenntnistheoretische Position, wie sie hier vertreten wird – und teilweise durch Platons Höhlengleichnis oder durch Reichenbachs Würfelwelt vorweggenommen wurde –, kann angemessen als „projektive Erkenntnistheorie" bezeichnet werden. Was ist ihr Verhältnis zur Evolutionären Erkenntnistheorie? Die Antwort ist einfach: Im projektiven Modell klärt die Evolutionäre Erkenntnistheorie die Rolle und Struktur des Projektions-„Schirmes", d.h. die Funktion und Evolution unseres Erkenntnisapparates. Die projektive Erkenntnistheorie ist also der weitere, allgemeinere Ansatz. Sie kann sogar zu einer projektiven Wissenschaftstheorie erweitert werden, da wissenschaftliche Erkenntnis nur eine höhere Schicht in der Stufenleiter der Erkenntnis darstellt.

Theoretische Erkenntnis hat ihrerseits verschiedene Ebenen (vgl. Abb. 2). Indem wir uns immer weiter von der natürlichen Wahrnehmung entfernen, erhalten wir verschiedene Niveaus der Theoretizität. Dabei steigen wir zu immer umfassenderen Hypothesen und Theorien auf. Der Fortschritt der Wissenschaft besteht also nicht nur in einer *Erweiterung* unserer Erkenntnis, in der Ansammlung verschiedenartiger und immer genauerer Information, sondern auch und insbesondere in der *Vertiefung* von Erklärungen, in der Formulierung allgemeinerer und einheitlicherer Theorien. Diese Methode hat uns zunächst zur Formulierung spezieller Naturgesetze geführt (z.B. Galileis Fallgesetz), dann zur Einführung von universellen Konstanten (z.B. Newtowns Gravitationskonstante), zur Formulierung allgemeiner Erhaltungssätze (für Masse, Energie, Impuls, Drehimpuls, Ladung . . .) und in unserem Jahrhundert zur Entdeckung fundamentaler Symmetrieprinzipien (Homogenität und Isotropie des Raumes, Homogenität der Zeit . . .). Der Erkenntnisfortschritt führt also zur Entdeckung von *invarianten* Zügen der Natur. Diesem Problem wenden wir uns in 6 zu.

6 Objektivität und Invarianz

Eines der grundlegenden Postulate der Wissenschaft ist das Objektivitätspostulat: *Wissenschaftliche Erkenntnis soll möglichst objektiv sein.* Das heißt, wissenschaftliche Aussagen sollen sich – außer vielleicht in Psychologie und Neurophysiologie – nicht auf den Bewußtseinszustand eines Beobachters (oder auch aller Beobachter) beziehen, sondern auf eine subjektunabhängige Wirklichkeit. „Objektiv" bedeutet also „ausschließlich bezogen auf die reale Welt und wahr". Obwohl wir wissen, daß wir Erkenntnis nur von Dingen erlangen können, die *irgendwie* mit unseren Sinnesorganen wechselwirken, die also auf unsere Peripherie *projiziert* werden können, fordert uns das Objektivitätspostulat auf, Hypothesen und Theorien über Systeme zu formulieren, wie sie sind, selbst dann, wenn wir sie nicht beobachten, *Dinge an sich* zu rekonstruieren.

Ausgangspunkt für das Objektivitätspostulat war die Widerlegung des naiven Realismus. Daß die Welt nicht so ist, wie sie uns erscheint, war schon von Demokrit bemerkt und von vielen Denkern gezeigt worden, zum Beispiel von John Locke, der die terminologische Unterscheidung „primärer" und „sekundärer" Qualitäten populär machte. Aber sogar Lockes primäre Qualitäten Masse, Undurchdringlichkeit, Ausdehnung, werden durch die moderne Physik in Frage gestellt. Darüber hinaus haben auch der euklidische Raum und Newtons absolute Zeit ihre Absolutheit eingebüßt. Wird sich die Welt in Subjektivität auflösen?

Offenbar wäre es wünschenswert, ein Objektivitätskriterium zu haben. Wie steht es dabei mit Intersubjektivität? Intersubjektivität ist natürlich notwendig, aber nicht hinreichend. Man denke nur an gemeinsame Irrtümer, kollektive Halluzinationen, Massenpsychosen, Sinnestäuschungen, einstimmige Fehlentscheidungen aufgrund falscher Theorien. Glücklicherweise gibt es weitere Kriterien, die in der folgenden Tabelle angegeben sind.

Intersubjektive Verständlichkeit: Wissenschaft ist keine Privatangelegenheit. Wissenschaftliche Aussagen müssen mitteilbar, also in einer gemeinsamen Sprache formuliert sein.

Unabhängigkeit vom Beobachtersystem: Nicht nur der Beobachter als Person soll unerheblich sein, sondern auch sein Standort, sein Bewußtseinszustand, seine „Perspektive" (vgl. S. 58).

Intersubjektive Prüfbarkeit: Jedermann sollte in der Lage sein, die Aussage zu prüfen, d.h. sich von ihrer Wahrheit zu überzeugen, ohne sie auf Autorität annehmen zu müssen.

Unabhängigkeit von der Methode: Die Wahrheit einer Aussage darf nicht von der Methode abhängen, die zu ihrer Überprüfung verwendet wird.

Unabhängigkeit von Konventionen: Die Wahrheit einer Aussage darf auch nicht von einem Willkürakt (Beschluß oder Konvention) abhängen.

Weisen die Kriterien ein gemeinsames Merkmal auf? Wie wir gesehen haben, reicht Intersubjektivität nicht aus. Aber es gibt tatsächlich ein gemeinsames Merkmal: Es ist die Unabhängigkeit der fraglichen Struktur von gewissen Veränderungen, ihre *Invarianz* unter bestimmten Transformationen. So können wir sagen: Eine Aussage ist objektiv nur dann, wenn sie, d.h. ihre Wahrheit, invariant ist gegenüber einem Wechsel in den Bedingungen, unter denen sie formuliert wurde, wenn sie also unabhängig ist von dem Beobachter, vom Bezugssystem, von der Methode, mit der sie geprüft wird, und von Konventionen. Dieses Invarianzkriterium ist eine *notwendige* Bedingung für Objektivität, die es erlaubt, gewisse Eigenschaften als nicht-objektiv auszuschließen, zum Beispiel:

Tabelle 4

Die Wahrheit der Aussage	ist abhängig von
Picasso malte schöne Bilder.	Geschmack
Er wurde sehr alt.	Mittelwert
Gras ist grün.	Organisation der Wahrnehmung
Die Erde bewegt sich mit 30 km/s.	Bezugssystem
Ein Elektron ist ein Teilchen.	experimenteller Methode
Der Mond erscheint unter demselben Winkel wie die Sonne.	Lage
Wasser kocht bei 100°C.	atmosphärischem Druck
Fisch ißt man nicht mit dem Messer.	Konvention

Nun wäre es sehr befriedigend, wenn unsere Invarianzkriterien nicht nur notwendig wären, sondern auch für Objektivität *hinreichend*. Aber sie sind es nicht, nicht einmal in ihrer Konjunktion. Das ist bedauerlich, spiegelt aber lediglich den hypothetischen Charakter aller Erkenntnis, also die grundsätzliche Unmöglichkeit, die Wahrheit unseres Wissens mit endgültiger Gewißheit zu garantieren. Objektivität kann nie – auch mit keinem anderen Kriterium – endgültig bewiesen werden. Sie ist eine regulative Idee; sie mag sogar erreicht werden, aber man kann nie wissen, daß man sie erreicht hat (vgl. 2i).

Aber auch in dieser Situation bietet unser Invarianzkriterium noch Wesentliches: Zwar garantiert Invarianz nicht Objektivität, aber sie rechtfertigt doch die hypothetische *Annahme*, daß eine Aussage objektiv ist. Wir erklären es also für legitim, invariante Aussagen *bis auf weiteres* als objektiv zu betrachten. Invarianz ist also ausreichend, um eine solche Annahme zu rechtfertigen, wenn auch nicht, sie zu beweisen.

Die Verbindung des Objektivitätspostulats mit einer Invarianzforderung kann in mehrfacher Weise begründet werden, wozu verschiedene wissenschaftliche Disziplinen wie Mathematik, Wahrnehmungspsychologie, Neurophysiologie, Physik beitragen. Diesen Argumenten wenden wir uns jetzt zu.[9]

a) Da ist die Tatsache, daß gewisse *mathematische Objekte* durch invariante Eigenschaften charakterisiert werden können, die von den verwendeten Koordinaten unabhängig sind.

Nehmen wir ein Beispiel aus der elementaren Geometrie. Die allgemeine Kegelschnittgleichung lautet in kartesischen Koordinaten

$$ax^2 + 2bxy + cy^2 + 2dx + 2ey + f = 0 \qquad (1)$$

mit beliebigen (reellen) Koeffizienten a, . . . f. Diese Gleichung verrät nicht unmittelbar, ob sie eine Ellipse, eine Hyperbel, eine Parabel oder ein Geradenpaar darstellt. Aber aus den Koeffizienten können wir neue Größen bilden, die eine solche Entscheidung erlauben. Sei

$$S := a + b, \qquad \delta := ac - b^2, \qquad \Delta := f\delta - ae^2 + 2bde - cd^2; \qquad (2)$$

dann haben wir („gdw" bedeutet „genau dann, wenn")

eine Ellipse	gdw $\Delta \neq 0$ und $\delta > 0$	(reell für $\Delta \cdot S < 0$),	
z.B. einen Kreis	gdw $\Delta \neq 0$ und $\delta > 0$	und $b = 0$, $a = c$,	(3)
eine Parabel	gdw $\Delta \neq 0$ und $\delta = 0$,		
eine Hyperbel	gdw $\Delta \neq 0$ und $\delta < 0$,		
ein Geradenpaar (möglicherweise entartet)	gdw $\Delta = 0$.		

Wenn wir nun den Kegelschnitt in der Ebene bewegen, indem wir ihn verschieben oder drehen (oder beides), dann verändert sich die Figur geometrisch

(„objektiv") nicht, aber in der analytischen Darstellung (1) führt diese Bewegung zu neuen Koordinaten

$$\begin{aligned} x &\to x \cdot \cos\psi - y \cdot \sin\psi + C \\ y &\to x \cdot \sin\psi + y \cdot \cos\psi + F. \end{aligned} \tag{4}$$

Unter diesen (speziellen linearen) Transformationen nimmt Gleichung (1) die Form an

$$a'x^2 + 2b'xy + c'y^2 + 2d'x + 2e'y + f' = 0$$

mit neuen Koeffizienten a', . . . f', die sich aus a, . . . f, ψ, C, F ermitteln lassen. Während die Koeffizienten sich bis zur Unkenntlichkeit verändert haben, bleiben doch die Größen S, δ, Δ [aus (2)], wie man zeigen kann, unter allen Transformationen (4) *invariant*, d.h. diese Größen sind völlig unabhängig von der speziellen Koordinatenwahl. So überrascht es auch nicht, daß gerade die charakteristischen Merkmale eines Kegelschnittes (Achsen, Fläche usw.) durch diese Invarianten ausgedrückt werden können. Tatsächlich finden wir für die Halbachsen α, β einer Ellipse (wo $\delta > 0$)

$$\begin{matrix}\alpha \\ \beta\end{matrix} = \left| \frac{2\,\Delta}{\delta\,(S \mp \sqrt{S^2 - 4\,\delta})} \right|^{1/2},$$

also für ihre Fläche

$$F_{\text{Ellipse}} = \pi \cdot \alpha \cdot \beta = \pi \frac{|\Delta|}{\delta^{3/2}}.$$

Es sind also gerade die wesentlichen, die *objektiven* Eigenschaften, die sich durch ihre Invarianz auszeichnen. Die analytische Darstellung eines Kegelschnittes mag sich von Ort zu Ort oder von Koordinatensystem zu Koordinatensystem verändern – die wirklich geometrischen oder objektiven Beziehungen können leicht aus den Invarianten ermittelt werden.

In einer weit anspruchsvolleren Weise hat der Mathematiker Felix Klein in seinem „Erlanger Programm" von 1872 versucht, alle bekannten Geometrien durch ihre Invarianten zu charakterisieren. Hier werden die Begriffe der Invarianz, der Gruppe und der Symmetrie in fruchtbarer Weise verknüpft. Hermann Weyl hat diese Ideen noch ausgearbeitet und sogar auf den Zusammenhang mit der Objektivität hingewiesen. Und schließlich dürfte bekannt sein, daß sich die moderne Physik wesentlich auf gruppentheoretische Methoden, Symmetrieeigenschaften und Invarianzprinzipien stützt.

b) Schon unsere *Wahrnehmung* analysiert den Datenfluß, der fortwährend gegen unsere Sinne brandet, auf *invariante* Strukturen, die als Bausteine für eine interne Abbildung der Welt dienen. Diese Rekonstruktion erfolgt über raffinierte Konstanzmechanismen, zum Beispiel

Farbkonstanz	(trotz verschiedenartiger Beleuchtung sehen wir die Dinge in den gleichen Farben),

Richtungskonstanz	(Verschiebungen des Netzhautbildes infolge von Augenbewegungen werden *nicht* als Bewegungen unserer Umgebung interpretiert, sondern die Umgebung wird als ruhend gesehen),
Größenkonstanz	(trotz dauernd wechselnder Abstände),
Formkonstanz	(trotz wechselnder Aspekte [Projektionen!]).

Unsere Umgebung, wie wir sie wahrnehmen, ist also viel weniger chaotisch als die Sinneseindrücke, die wir erlangen. Wie diese Konstanzmechanismen physiologisch realisiert sind, wissen wir im allgemeinen noch nicht. In einigen Fällen kennen wir wenigstens das formale oder funktionelle Prinzip, nach dem die beobachtete Konstanz erreicht werden könnte. So lassen sich die Phänomene der Richtungskonstanz erklären durch das Reafferenzprinzip (Erich von Holst und Horst Mittelstaedt, 1950), die der Farbkonstanz durch das Prinzip der Komplementärfarben und durch die Struktur des Farbenkreises. Ein weiteres Beispiel (Gestaltwahrnehmung) werden wir in c diskutieren.

Die Konstanzmechanismen machen das Erkennen von Objekten möglich. Ihre Aufgabe und ihre tatsächliche Leistung liegen in der Rekonstruktion einer objektiven Welt, also in einer *Objektivierung*, die ihrerseits Abstraktion und Begriffsbildung ermöglicht. Jene Eigenschaften der Umgebung, die für das Überleben des Subjekts wesentlich sind, werden im Subjekt nachgebildet und zu einem geschlossenen Weltbild zusammengesetzt.

Eben dies – die Rekonstruktion der realen Welt – ist auch das Ziel der Wissenschaft. (Wissenschaft ist allerdings insofern viel anspruchsvoller als Wahrnehmung, als sie nicht nur Überleben, sondern ein wahres, objektives und universelles Weltbild anstrebt.) Deshalb können wir gerade aus der Wahrnehmungstheorie besonders viel für Erkenntnis- und Wissenschaftstheorie lernen. Denn was uns bei der theoretischen Erkenntnis fehlt – der Vergleich mit einer noch höheren, „objektiveren" Erkenntnisstufe –, das steht uns bei der Wahrnehmungserkenntnis zur Verfügung: Die theoretische Erkenntnis kann die Wahrnehmungserkenntnis kontrollieren und korrigieren und tut dies in vielen Fällen. Einsichten in die Mechanismen, Leistungen und Beschränkungen des Wahrnehmungsvermögens können wir dann wenigstens in einer heuristischen Weise auf den Erkenntnisapparat im allgemeinen übertragen. Deshalb ist es für einen Erkenntnistheoretiker (und sogar für einen Wissenschaftstheoretiker) nötig, die Wahrnehmung zu studieren und zu verstehen.

c) Hier sind einige faszinierende Ergebnisse der neurophysiologischen Forschung relevant. Hubel und Wiesel gelang es, die Analysetätigkeit des Zentralnervensystems wenigstens für einige interessante Fälle *physiologisch* zu erklären. Sie zeichneten die Aktivität von Hirnrindenzellen bei höheren Tieren (vor allem Katzen) auf, denen einfache optische Muster angeboten wurden, zum Beispiel Lichtbalken auf einem dunklen Schirm. Einige Zellen antworten mit einer langen Serie von Impulsen nur dann, wenn der Balken an einer bestimmten Stelle im Gesichtsfeld und darüber hinaus in einem speziellen Winkel projiziert wird. So wurde entdeckt, daß verschiedene Zellen der Hirnrinde auf verschiedene optische Reize ansprechen und daß der erforderliche Reiz von Zelle zu Zelle wechselt. Einige Zellen werden durch dunkle Balken angeregt, andere durch helle Punkte, durch gerade Kanten zwischen Licht und Dunkel oder durch Balken mit einer speziellen Neigung oder Geschwindigkeit.

Aber es gibt nicht nur solche („einfachen") Zellen, die speziellen Orten der Netzhaut zugeordnet sind, sondern auch Zellen, die auf eine gewisse *Art* von Reizen ganz unabhängig von ihrer Position ansprechen. Solche („komplexe") Zellen verarbeiten Information, die nicht von Netzhautzellen kommt, sondern von einem größeren Bereich einfacher Zellen, die alle für dieselbe Art von Reiz zuständig sind, aber jeweils für verschiedene Stellen der Netzhaut. Solche Zellen werden beim Betrachten z.B. einer Hell-Dunkel-Kante auch dann aktiviert, wenn diese Grenze während der Betrachtung wächst oder sich bewegt. Darüber hinaus gibt es „hyperkomplexe" Zellen; sie reagieren auf bewegte Reize, die in Länge oder Breite beschränkt sind, oder auf spezielle Winkel oder auf die gleichzeitige Reizung beider Augen, wodurch Tiefenwahrnehmung möglich wird.

Diese Entdeckungen zeigen, daß das Gehirn schon auf der Zell-Ebene Analysatoren enthält, die nur auf ganz bestimmte Objekteigenschaften ansprechen, wodurch sie das Erkennen von Objekten ermöglichen. Sie lassen uns hoffen, daß die Probleme der Mustererkennung und der Gestaltwahrnehmung eines Tages gelöst werden können. Und sie geben uns Hinweise auf die komplizierten physiologischen Prozesse, die der Invariantenbildung in der Wahrnehmung zugrunde liegen.

d) Es ist mehrfach betont worden, daß die Relativitätstheorien der Physik mit gleichem Recht auch Absoluttheorien heißen könnten. Sie zeigen zwar, daß *einige* physikalische Größen, die in der klassischen Physik als absolut galten, in Wahrheit relativ sind (d.h. abhängig vom jeweiligen Bezugssystem), zum Beispiel räumliche (Δx) und zeitliche (Δt) Abstände, Gleichzeitigkeit, Masse. Aber sie zeigen auch, welche Größen *tatsächlich* Invarianten sind: In der *Speziellen* Relativitätstheorie z.B. Raumzeit, Lichtgeschwindigkeit c, Lichtkegel, vierdimensionale Intervalle $(\Delta s)^2 = c^2 (\Delta t)^2 - (\Delta x)^2$, Ruhelänge, Eigenzeit, Ruhmasse und die Form der fundamentalen Naturgesetze. Die meßbaren Größen (Abstände in Raum und Zeit, einschließlich Lorentz-Kontraktion und Zeitdilatation, Energien, Impulse . . .) lassen sich daraus durch *Projektion* auf die Raum- und Zeitachsen eindeutig gewinnen.

Wir können somit die Relativitätstheorie interpretieren als eine erfolgreiche Rekonstruktion von Invarianten, also von objektiven Größen aus koordinatenabhängigen Messungen, aus *Projektionen* in Raum und Zeit. Analog konnte in den sechziger Jahren für die *Allgemeine* Relativitätstheorie gezeigt werden, daß die erfahrbaren Größen (z.B. Energie, Impuls, Kräfte . . .) durch *Projektion* invarianter Vierergrößen (Energie-Impuls-Tensor, Vierer-Impuls . . .) gewonnen werden können. Dazu werden die Tensoren und Vektoren in räumliche und zeitliche Anteile aufgespalten, die dann mittels Normalmaßstäben und Normaluhren meßbar sind.

Auch der Welle-Teilchen-Dualismus der Quantentheorie kann in diesem projektiven Modell verstanden werden. Ein Elektron (oder ein Photon oder irgendein materielles Objekt) ist *weder* ein Teilchen *noch* eine Welle. Es ist ein Objekt mit einer spezifischen Struktur, die durch die Gleichungen der Quantentheorie beschrieben wird. Diese Struktur kann man sich nicht anschaulich vorstellen (vgl. 4). Sie kann aber auf die makroskopische Ebene *projiziert* werden (z.B. in einer Nebelkammer oder einem Elektronenmikroskop) und zeigt *dann* je nach dem apparativen Aufbau Teilchen- oder Welleneigenschaften. Bestehen wir gleichwohl darauf, einem Elektron mesokosmische Eigenschaften (wie Ort oder Impuls) zuzuschreiben, dann ist das nur innerhalb der Grenzen von Heisenbergs Unschärferelation möglich.

Die Tatsache, daß sich gerade die fundamentalen Theorien der modernen Physik projektiv interpretieren lassen, hat auch philosophisch aufmerksamen Physikern wie Weyl, Born, Gamow, Margenau, Bunge oder Kanitscheider zu denken gegeben. Es war wohl Max Born, der die Idee, Invarianz als ein Objektivitätskriterium zu benützen, am deutlichsten formuliert hat:

> Ich bin der Ansicht, daß die Idee der Invariante der Schlüssel zu einem vernunftgemäßen Realitätsbegriff ist – und zwar nicht nur in der Physik, sondern bei jedem Aspekt der Welt . . .
>
> Die Hauptinvarianten nennt man Ladung, Masse (oder besser: Ruhmasse), Spin usw.; und in jedem Falle, wo wir in der Lage sind, diese Größen zu bestimmen, entscheiden wir uns dafür, daß wir es mit einer bestimmten Partikel zu tun haben. Ich behaupte, daß wir berechtigt sind, diese Partikel als wirklich anzusehen in einem Sinne, der nicht wesentlich von der gewöhnlichen Bedeutung des Wortes verschieden ist.[10]

So sehen wir, daß sich die objektivierende Rolle der Mathematik in den „abstrakten“ Theorien der modernen Physik nicht sehr von der Rekonstruktion von Invarianten in der alltäglichen Wahrnehmung unterscheidet. Diese Entdeckung könnte ein Hinweis dafür sein, warum die Mathematik auf die Welt paßt. Diesem Problem wenden wir uns jetzt zu.

7 Mathematik und Wirklichkeit

Wieso ist die Mathematik auf die Welt anwendbar? Auf diese Frage wurden mehrere Antworten gegeben. Die meisten von ihnen können von der modernen Wissenschaftstheorie nicht akzeptiert werden. Weder können wir uns der Auffassung einer *prästabilierten Harmonie* anschließen (weil diese die Frage nicht beantwortet, sondern nur verschiebt) noch der Interpretation mathematischer Gesetze als der allgemeinsten *Naturgesetze* (weil sie den entscheidenden Unterschied zwischen mathematischer Wahrheit ⟨z.B. des Satzes „3 + 2 = 5“⟩ und faktischer Wahrheit ⟨etwa des Satzes „Alle Felsen sind schwer“⟩ übersieht), noch sind mathematische Gesetze spezifische *Gesetze menschlichen Denkens*, weder deskriptiv (denn Mathematik ist nicht Teil der Psychologie oder der Linguistik) noch normativ (denn dann sollten einander widersprechende Theorien – wie euklidische und nicht-euklidische Geometrien – unmöglich sein). Kants *transzendentalistische* Antwort ist immerhin anregend, da sie die aktive und konstruktive Rolle des Subjekts betont; aber sie ist unvollständig (da die Anwendbarkeit von Arithmetik, Mengenlehre, Analysis, Topologie und anderen mathematischen Disziplinen *nicht* erklärt wird) und falsch (weil nach der Allgemeinen Relativitätstheorie die unanschauliche nichteuklidische Geometrie tatsächlich für die Beschreibung der Realität anwendbar ist und sogar angemessener zu sein scheint). Die *konventionalistische* Antwort („Die Wahl der Theorie steht mir völlig frei“) weist uns zwar darauf hin, daß die korrekte Beschreibung der Welt nicht notwendig eindeutig ist, aber sie ist teilweise falsch (da nicht jeder Kalkül auf jeden Ausschnitt der Realität anwendbar ist – gibt es etwa „π Krokodile“ in einem Zoo?) und teilweise ineffektiv (da sofort die neue Frage entsteht: Warum sind *einige* Kalküle anwendbar, andere nicht?). Auch die *logizistische* Position (Mathematik ist ein deduktiver Teil der Logik) ist anziehend, aber falsch (wie axiomatische Mengenlehre, einander widersprechende Geometrien und vor allem auch Gödels Unvollständigkeitssatz zeigen); aber selbst wenn sie wahr wäre, könnte sie uns nicht weiterhelfen (weil wir dann wissen müßten, warum eigentlich die *Logik* auf die Realität anwendbar ist, eine weitere interessante Frage, die hier aber nicht diskutiert werden soll).

Für die moderne Wissenschaftstheorie ist die Mathematik eine *Strukturwissenschaft* wie Logik, Informationstheorie, Systemtheorie, formale Linguistik und viele andere. Und als Strukturwissenschaft ist sie ontologisch neutral, sie sagt nichts über die Welt aus, und für die Lösung eines mathematischen Problems sind Beobachtungen und Experimente weder notwendig noch möglich. Hier tritt nun das Anwendungsproblem in einer noch schärferen Form auf: Wir sehen jetzt, daß es keine *triviale* Lösung haben kann.

Auf der Suche nach einer nicht-trivialen Lösung sollten wir zuerst klären, was unter „Anwendung" zu verstehen ist. Dazu können wir Semantik und Modelltheorie zur Hilfe nehmen. Wenn wir eine mathematische Theorie oder einen mathematischen Kalkül anwenden, so heißt das, daß wir den Begriffen der Theorie (durch Zuordnungsregeln) eine Interpretation geben und verlangen, daß die so entstehenden Aussagen über die Welt *wahr* sind. Wir fordern also, daß mathematische und reale Strukturen übereinstimmen, daß mathematischer Objektbereich und realer Objektbereich strukturgleich, *„isomorph"* sind. Die „Welt" wird in dieser Darstellung als ein *Modell* der mathematischen Theorie aufgefaßt. Dieser metamathematische Modellbegriff ist dem üblichen Modellbegriff in gewissem Sinne entgegengerichtet. Normalerweise spricht man davon, daß physikalische Theorien Modelle der Realität bilden (sollen); unsere Charakterisierung faßt Realität aber als ein Modell mathematischer Theorien auf. Dieser Unterschied führt jedoch nicht zum Widerspruch, da die Isomorphieforderung Symmetrie garantiert: Wenn A isomorph ist zu B, so ist auch B isomorph zu A.

Erkenntnisfortschritt ist dann folgendermaßen zu verstehen: Wir verändern nicht so lange die Realität (die uns ja nur einmal gegeben ist), bis sie Modell einer fest vorgegebenen Theorie ist, sondern wir wechseln so lange die Theorien und Zuordnungsregeln, bis die fest vorgegebene Realität als Modell einer Theorie erscheint, die wir dann als die richtige ansehen.

Sobald ein Kalkül in diesem Sinne „angewendet" wird, verliert er den Charakter eines rein logischen, rein mathematischen, rein strukturwissenschaftlichen Systems. *Ein realistisch interpretierter mathematischer Kalkül wird also zu einer deskriptiven Theorie*, die richtig oder falsch, empirisch prüfbar und widerlegbar sein kann. Ein Kalkül ist also *entweder* nicht angewandt (abstrakt) und sicher *oder* angewandt (interpretiert, also deskriptiv) und hypothetisch.

Unsere Versuche, die Welt als Modell mathematischer Kalküle zu sehen, können also scheitern. Aber sie scheitern nicht immer. So können wir das Anwendungsproblem jetzt neu und genauer formulieren: *Warum ist es uns überhaupt jemals und so oft gelungen, die Mathematik für die Beschreibung der Welt anzuwenden?* Und warum gelingt es immer wieder? In dieser Form erst ist die Frage präzise genug für eine erfolgversprechende Behandlung.

Damit A B auf C anwenden kann, müssen A, B, C bestimmte Verträglichkeitseigenschaften haben. Damit der Mensch die Mathematik auf die Welt anwenden kann, müssen Mensch, Mathematik und Welt gewisse Bedingungen erfüllen.

Die *Mathematik* haben wir als Strukturwissenschaft charakterisiert. Auf die ontologischen Bedingungen einer mathematisch beschreibbaren *Realität* haben wir in 6 hingewiesen. Sie sind in den folgenden Postulaten zusammengefaßt.

a) Es muß möglich sein, *Ähnlichkeiten* (und Identitäten) zu finden: gleiche Individuen und Eigenschaften (damit Objekte *erkannt* und verglichen, Klassen und Begriffe gebildet werden können), gleiche Beziehungen (damit Regelmäßigkeiten erkannt werden können), gleiche Beziehungen zwischen Beziehungen (damit allgemeine Gesetze aufgefunden werden können) usw.

b) Die Teile der Welt müssen (wenigstens teilweise) voneinander getrennt und unterschieden werden können. Es muß also näherungsweise abgeschlossene oder *trennbare Systeme* geben. (In unserer Welt ist das durch die verschiedenen Größenordnungen der Naturkonstanten und die verschiedenen Reichweiten der elementaren Wechselwirkungen sichergestellt.)

c) Die Beziehungen zwischen den Teilen der Welt dürfen nicht beliebig *komplex* sein.

d) Unsere „Um"-Welt muß eine gewisse *Stabilität* besitzen. Andernfalls wäre nicht genügend Zeit für die Evolution von Sternen, Planeten, Organismen und von fühlenden und intelligenten Wesen.

e) Einige Teile der Welt müssen *mit unserer Peripherie wechselwirken*; die Welt muß auf unsere Erfahrungsebene „projizierbar" sein (vgl. 5). Andernfalls gäbe es keine empirische Wissenschaft, sondern nur apriorische Disziplinen und Metaphysik – falls es uns überhaupt gäbe.

Damit kommen wir zu den Bedingungen, die der *Mensch* für den Gebrauch von Mathematik erfüllen muß. Das ist das Gebiet der Evolutionären Erkenntnistheorie. In 2 haben wir gesehen, daß das Neugeborene Erwartungen, konstruktive Vorurteile, genetisch bedingte Information über die Welt mitbringt, zum Beispiel über Dreidimensionalität, Zeitrichtung, Regelmäßigkeiten, Kausalität und so weiter. Diese Erwartungen haben sich in der Phylogenese bewährt und wurden deshalb beibehalten und weiter verbessert. In 6 haben wir ferner gesehen, daß sogar unser Wahrnehmungsapparat bei der Rekonstruktion äußerer Objekte elementare mathematische Operationen durchführt. Zum Beispiel beruht die Entfernungsbestimmung eines Objekts aus der Konvergenz der Augenachsen auf der trigonometrischen Formel (vgl. Abb. 3)

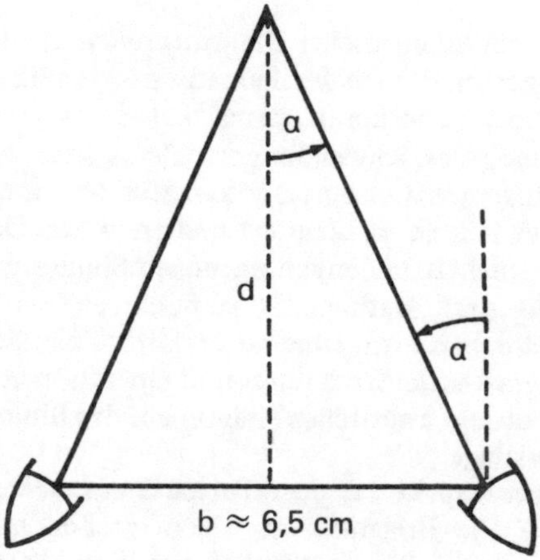

Abb. 3

$$d = \frac{b}{2} \cdot \cot \alpha$$

Wie in 6 gezeigt wurde, ist die Rekonstruktion eines ruhenden Objekts aus wechselnden Projektionen äquivalent zur Konstruktion einer Gruppeninvarianten. In diesem Sinne können wir sagen, daß Menschen (und einige Tiere) mit Gruppenstrukturen *praktisch* umgehen und – noch allgemeiner – *rudimentäre Mathematikkenntnisse besitzen.* Das erklärt, wieso der Mensch überhaupt Mathematik auf die Welt anwenden kann und diese Fähigkeit auch *braucht*. Wir sind fähig, Mathematik zu treiben, weil schon unser angeborener Erkenntnisapparat mathematische Strukturen erfolgreich benützt, um reale Strukturen zu rekonstruieren.

Obwohl das den *Anfang* der Mathematik erklären kann, ist es noch keine *vollständige* Antwort. Denn die mathematischen Kalküle, die zum Beispiel in der Relativitätstheorie (pseudo-euklidische und Riemannsche Geometrien) oder in der Quantentheorie (Hilbert-Raum) benützt werden, können unmöglich als biologisch relevant oder genetisch determiniert angesehen werden. Sie sind Ergebnisse einer kulturellen Evolution, die biologische Bedürfnisse bei weitem übersteigt (vgl. 3f). Aber darin liegt auch kein Widerspruch. Was der Mensch im Laufe der Evolution entwickelte, war nicht ein spezifisches mathematisches Denken, sondern eine allgemeine Fähigkeit zu abstrahieren, zu verallgemeinern und zu schließen, die zweifellos ungeheure selektive Vorteile bot. Daß diese Fähigkeit auch für die Schaffung mathematischer Theorien ausreichte, ist mehr oder weniger zufällig. *Biologisch* ist höhere Mathematik also ein glückliches Nebenprodukt der Evolution, *kulturell* natürlich nicht. Die *kulturellen* Bedingungen, die für den Aufstieg der modernen Mathematik notwendig oder hinreichend waren, sind jedoch nicht unser Thema.

Unsere Lösung des Anwendungsproblems kann also folgendermaßen zusammengefaßt werden: Mathematik ist eine Strukturwissenschaft. Die Realität ist strukturiert und trennbar. Deshalb ist Mathematik auf die Realität in dem angegebenen Sinne anwendbar. Daß *wir Menschen* fähig sind, Mathematik zu benützen, wird zum Teil durch die Evolutionäre Erkenntnistheorie erklärt – nämlich soweit fundamentale mathematische Strukturen und Operationen betroffen sind – und zum Teil als ein kulturelles Phänomen, das Biologie *und* Erkenntnistheorie übersteigt.

Ein wichtiger Aspekt der postulierten Struktur der Realität ist die Kausalität, die alle Ereignisse zu einem großen und komplizierten Netzwerk verknüpft. Einige Aspekte der Kausalität beleuchten wir im nächsten Abschnitt.

8 Kausalität und Energieübertrag

Die Scholastik hat den Unterschied zwischen *propter hoc* (weil) und *post hoc* (danach) betont. Wenn wir sagen „Die Sonne scheint, und *deshalb* werden Steine warm“, sagen wir mehr, als wenn wir sagen „Die Sonne scheint, und *dann* werden Steine warm“. Eine *kausale* Beziehung sollte eine spezifische Kategorie, eine gewisse Notwendigkeit, einen ontologischen Unterschied einschließen.

Dann kam David Hume. Er zeigte, daß der angebliche ontologische Unterschied zwischen propter hoc und regelmäßigem post hoc empirisch nicht aufgewiesen werden konnte. Und als guter Empirist erklärte er, es habe keinen Sinn, über kausale Notwendigkeit zu reden; was wir mit „A verursacht B“ meinen, ist „wenn A, dann immer B“ und mehr nicht. Humes Kritik stellt in der Diskussion über Kausalität einen Wendepunkt dar. Kant fühlte sich durch sie aus „dogmatischem Schlummer“ geweckt (und versuchte, Humes Einwänden durch sein synthetisches Apriori zu entgehen). Physiker räumten ein, daß Begriffe wie „Ursache, Kausalität, kausale Notwendigkeit, Kausal-Prinzip“ in physikalischen Theorien überhaupt nicht vorkommen. Positivisten wie Comte oder Mach schlugen vor, diese Begriffe ganz der Metaphysik zu überlassen. Russell empfahl, „Kausalität“ durch „Funktion“ zu ersetzen. Einige Philosophen behaupteten sogar, Warum-Fragen seien in der Wissenschaft entbehrlich. Andere Empiristen wie Reichenbach oder Carnap versuchten, den Begriff „Ursache“ nicht auf der ontologischen, sondern auf der methodologischen Ebene anzusiedeln, also

„Ursache“ als die Gesamtheit der Prämissen einer adäquaten kausalen Erklärung zu definieren (wobei eine Erklärung dann „kausal“ ist, wenn sie wenigstens ein Kausalgesetz enthält, d.h. wenigstens ein deterministisches, quantitatives Ablaufgesetz). So schreibt Reichenbach:

> Da Wiederholung alles ist, was das Kausalgesetz von einem Zufall unterscheidet, so besteht die Bedeutung der Kausalbeziehung in der Aussage einer ausnahmslosen Wiederholung – und es ist unnötig, anzunehmen, daß sie etwas darüber hinaus bedeutet. Die Idee, daß eine Ursache durch eine unsichtbare Kette mit ihrer Wirkung verbunden, oder daß die Wirkung sozusagen gezwungen ist, der Ursache zu folgen, ist überflüssig und ist psychologisch als ein Anthropomorphismus anzusehen; die Worte *wenn-dann-immer* erschöpfen die Bedeutung der Kausalbeziehung.[11]

Andererseits können sich weder Laie noch Wissenschaftler bei dieser „nichts als“-Behauptung wohl fühlen. Sollten wir wirklich, wenn wir „weil“ sagen, nicht mehr *meinen* als „wenn dann-immer“? Folgt nicht die Nacht regelmäßig dem Tag, ohne eine „Wirkung“ des Tages zu sein? Von babylonischen Astronomen hatte Thales vom Saros-Zyklus der Sonnenfinsternisse erfahren und deshalb für seine Heimatstadt Milet eine Finsternis korrekt vorhersagen können, ohne irgend etwas über die Bewegungen von Mond und Erde zu wissen. Gibt es wirklich keinen Unterschied zwischen der Vorhersage einer Sonnenfinsternis und dem Wissen, *warum* sie stattfindet? Und ist es nicht eindrucksvoll, mit welcher Selbstverständlichkeit wir den post hoc-Folgen normalerweise eine propter hoc-Interpretation geben?

Hume selbst führt diese Überzeugung auf einen *Instinkt* zurück, den wir mit den Tieren gemeinsam hätten. Kant jedoch wollte sich mit dieser Erklärung nicht zufriedengeben. Instinkte können versagen; aber das Kausalgesetz schien nie zu versagen, schien gar nicht versagen zu können. Er versuchte, diese Allgemeinheit und Notwendigkeit des Kausalprinzips zu erklären, indem er es zu einem synthetischen Urteil a priori erhob, ihm also transzendentalen Charakter zuschrieb, so daß es von aller Erfahrung unabhängig, gleichzeitig aber für alle Erfahrung konstitutiv ist.

Daß es Prinzipien gibt, die faktisches Wissen ermöglichen, war eine epochemachende Entdeckung, die wir Kant verdanken. Allerdings gibt die Evolutionäre Erkenntnistheorie Kants synthetischem Apriori eine biologische Interpretation. Was Kant beschreibt, ist (bestenfalls) der kognitive Apparat des normalen erwachsenen Kulturmenschen, das genetisch bedingte ratiomorphe Inventar an Voraussetzungen, Hypothesen, Erwartungen,Vorurteilen, die – wie Kant entdeckt hat – Erfahrung ermöglichen, die aber – entgegen Kant – nicht notwendig statisch, vollständig, unveränderlich oder widerspruchsfrei sind. In dieser biologischen Neuinterpretation verlieren Kants Kategorien und

Verstandesprinzipien ihren unfehlbaren Charakter: Sie sind lediglich mesokosmisch, angemessen für das Überleben in einer Welt der mittleren Dimensionen (vgl. 2 1).

Das gilt auch für das kausale Denken: Es paßt offenbar auf diesen Mesokosmos; es wurde in den Jahrmillionen der Evolution erprobt und hat sich für die Erfassung dieses Mesokosmos bewährt. Vom Standpunkt der Evolutionären Erkenntnistheorie muß es einen evolutiven Vorteil bedeutet haben, solch ein kausales Denken zu entwickeln.

Aber wenn Hume mit seiner Kritik recht hätte – und darin sind sich ja Kant und seine Kritiker durchaus einig –, würde es dann nicht genügen, gewisse Ereignis*folgen* zu erfahren? Würde unser ratiomorpher Apparat nicht allen Anforderungen unseres Mesokosmos gerecht, wenn er regelmäßige post hoc-Ereignisse verarbeitete, ohne propter hoc-Beziehungen hineinzulesen? Das könnte zum Beispiel durch konditionierte Reflexe erreicht werden: Sie tragen häufigen Ereignisfolgen Rechnung, ohne irgendeine Einsicht in kausale Zusammenhänge vorauszusetzen oder zu liefern. Warum hat sich „die Natur" nicht mit dem Lernen durch konditionierte Reflexe zufriedengegeben? Warum leistete sie sich den „Luxus" des kausalen Denkens? Warum hat sie solch eine redundante Interpretation rein zeitlicher Abfolgen erlaubt, ja belohnt? Worin liegt der selektive Vorteil, kausale Beziehungen zu erwarten und zu sehen, wo nur invariante zeitliche Abfolgen existieren? Wenn es eine angeborene Neigung zur kausalen Interpretation gibt, sollte es dann nicht auch eine reale Struktur geben, die der Neigung entspricht? Gibt es vielleicht doch – entgegen Hume und entgegen Kant, gegen Hume-Kritiker und gegen Kant-Kritiker – einen ontologischen Unterschied zwischen (regelmäßigem) post hoc und (kausalem) propter hoc, der nicht nur erkenntnistheoretisch, sondern sogar empirisch, nämlich in der Evolution, relevant wäre?

Die Evolutionäre Erkenntnistheorie legt eine bejahende Antwort nahe, ohne diesen Unterschied nennen zu können. Wenn es diesen Unterschied gibt, worin besteht er? Wie könnten wir ihn finden? Warum wurde, warum wird er übersehen? Wenn Kausalität eine ontologische Kategorie ist, die gesetzmäßiges Verhalten übersteigt und sogar empirisch relevant ist, warum wird dann in wissenschaftlichen Theorien, vor allem in der Physik, auf diesen objektiven Zug der Natur nicht Bezug genommen?

Alle diese Fragen können beantwortet werden.[12] Indem wir uns auf Hinweise aus der Speziellen Relativitätstheorie stützen, formulieren wir die folgende These: *Der ontologische Unterschied zwischen (regelmäßigem) post hoc und (kausalem) propter hoc ist der Energieübertrag.* Das heißt, von der Ursache zur Wirkung wird Energie übertragen, in einigen Fällen auch von der Wirkung zur Ursache. Diese Idee findet sich – wie viele andere gute Ideen – bei Konrad Lorenz. Er hat sie jedoch nicht ausgearbeitet; und von Philosophen wurde er nicht gelesen oder nicht verstanden. Er sagt ganz klar: „Wir können den Begriff von Ursache und Wirkung nicht anders definieren als durch die Feststellung, daß die Wirkung von der Ursache in irgendeiner Form Energie bezieht."[13]

Die Bedeutung unserer These können wir an einigen typischen Beispielen der Kausalitätsdiskussion erläutern: Tag und Nacht, Blitz und Donner, Stein und Fenster.

Obwohl *Tag und Nacht* regelmäßig aufeinander folgen, nennen wir natürlich den Tag nicht die Ursache der Nacht. Warum nicht? Der Hume-Anhänger hat kein überzeugendes Argument gegen den Vorschlag eines wilden (oder allzu zahmen) Denkens, eben dies zu tun. Charakterisiert man jedoch kausale Beziehungen durch einen Energieübertrag, dann ist die Lösung trivial: Kein Energieübertrag vom Tag zur Nacht, also keine (direkte) kausale Beziehung.

Man beachte, daß der Energieübertrag nur eine notwendige Bedingung für Kausalität ist, keine hinreichende. Es gibt energetische Prozesse, die wir nicht „kausal" nennen. So kann die Bedingung des Energieübertrages nicht als *Definition* der Kausalität dienen; sie deutet lediglich auf einen wichtigen, sogar unverzichtbaren Aspekt der Kausalität, nämlich, wie mehrfach betont, auf den *Unterschied* zwischen propter hoc und post hoc.

Lange glaubte man, daß der *Blitz* die Ursache des *Donners* sei. Regelmäßig ist der Blitz zu sehen, bevor der Donner zu hören ist. Aber Benjamin Franklin konnte die (lange vor ihm geäußerte) Vermutung bestätigen, daß Blitz und Donner beide Effekte einer elektrischen Entladung sind, die ihnen vorausgeht. Deshalb ist die optische Erscheinung (der Blitz) *nicht* die Ursache der akustischen (Donner). (Da die Lichtgeschwindigkeit größer ist als die Schallgeschwindigkeit, wird der Blitz als Ursache, der Donner als Wirkung interpretiert. Wäre es umgekehrt, so könnte man den Donner vor dem Blitz wahrnehmen und hätte ihn als Ursache, den Blitz als Wirkung gedeutet.)

Wieder liefert die ontologische Charakterisierung der Kausalität das gewünschte Argument. Tatsächlich erfolgt kein Energieübertrag vom Blitz zum Donner, sondern von der Entladung zum Blitz und von der Entladung zum Donner. Die regelmäßige Abfolge von Blitz und Donner läßt sich also als eine *indirekte* kausale Beziehung erklären (eine gemeinsame Ursache als gemeinsamer Energielieferant).

Wann immer wir sinnvoll von Kausalität, von Ursache und Wirkung, von kausaler Beziehung sprechen, dann müssen wir auch den zugehörigen Energieübertrag nachweisen können. Diese These mag sehr anspruchsvoll klingen. Sie wird aber durch so viele Beispiele belegt, daß man, sobald einmal der Zusammenhang von Kausalität und Energie klargeworden ist, eher umgekehrt argumentieren wird: Man wird nicht mehr und mehr Beispiele für unsere These verlangen, sondern denjenigen, der eine kausale Verknüpfung behauptet, auffordern, den entsprechenden Energieübertrag nachzuweisen.

Ein *Stein* hat eine Fensterscheibe zerstört. Nach Hume und den modernen Empiristen dürfte diese Feststellung nicht mehr *meinen,* als daß der Stein der Fensterscheibe sehr nahe gekommen sei und daß in allen derartigen Fällen Fensterscheiben eben zersprungen seien.

Aber tatsächlich wollen wir doch mehr sagen als dieses regelmäßige *post hoc.* Nach unserer energetischen Interpretation der Kausalität behaupten wir, daß der Stein (kinetische) Energie an die Fensterscheibe abgegeben hat, und dies rechtfertigt unser *propter hoc.* Natürlich können wir uns irren; die „wahre" Ursache könnte ein Schuß gewesen sein, der Knall einer Explosion oder eine Überspannung der Scheibe; aber in jedem Fall gilt als „Ursache" jenes Ereignis oder Objekt, von dem die Energie zur Zerstörung der Scheibe tatsächlich ausging.

Die *Häufigkeit* einer solchen Ereignisfolge ist dabei offenbar nicht entscheidend. Sogar ein einmaliges Ereignis kann eine *kausale* Erklärung finden. Wie sonst könnten wir die Expansion des Universums (das ja *per definitionem* einmalig ist) durch einen Urknall erklären, die Bildung unseres (bisher einmaligen) Planetensystems durch gravitative Prozesse, den Ursprung des Lebens auf der Erde durch die Sonnenstrahlung, einmalige evolutionäre Schritte durch Mutationen?

Gemäß der empiristischen Lehre sollten solche Disziplinen wie Kosmologie, Sonnenphysik, Biogenetik oder Evolutionstheorie, die ja auf einmalige Ereignisse oder Systeme Bezug nehmen, unfähig sein, kausale Behauptungen zu machen oder zu prüfen, wenn jede Kausalbehauptung implizit auf ein allgemeines Gesetz gestützt wäre. Glücklicherweise brauchen sich die Disziplinen um jene empiristische Beschränkung nicht zu kümmern. Das Vorliegen einer Kausalbeziehung wird nicht durch endlose Wiederholungen geprüft, sondern durch die Entdeckung eines einzigen Energieübertrages.

Unsere ontologische Charakterisierung der Kausalität hat viele wichtige Konsequenzen. Wir müssen uns damit begnügen, nur einige zu zitieren, die man unter dem Titel „Energieprobleme" zusammenfassen könnte. Wir wissen aus der Physik, daß die Gesamtenergie eines abgeschlossenen Systems konstant bleibt. Nun haben wir erkannt, daß Energie eine wesentliche Rolle im kausalen Netzwerk unserer Welt spielt. Die Energieerhaltung ist somit für unsere ontologische Interpretation der Kausalität relevant; sie ist wesentlich für die Möglichkeit eines *wirksamen* Energieübertrages. Allerdings könnte es im Prinzip auch kausale Prozesse geben, bei denen nur die Hälfte der abgegebenen Energie übertragen wird, während die andere Hälfte unter Verletzung des Energieerhaltungssatzes verschwindet. Energieerhaltung ist also für Kausalität zwar konstitutiv, aber nicht unbedingt erforderlich. Tatsächlich geht bei jedem makroskopischen Prozeß ein gewisser Anteil an Energie an Sekundäreffekte „verloren" (Reibung, Streuung, Wärmeleitung usw.). Entscheidend ist, daß überhaupt Energie übertragen wird – eine abgeschwächte Form der Energieerhaltung.

Umgekehrt braucht eine „Ursache" nicht notwendig die Gesamtenergie für die Wirkung zu liefern. Sie kann auch einen Energievorrat freisetzen, der um Größenordnungen größer ist als die auslösende Energie. Eine Fliege konnte das Damokles-Schwert zu Fall bringen; ein Schuß kann einen schadhaften Staudamm zum Einsturz bringen; ein Schritt oder Ruf kann eine Lawine auslösen; ein Blick kann einen zur Raserei bringen; ein Photon kann eine Wasserstoffbombe zünden. Kleine Ursachen – große Wirkungen? Ja; aber *ohne* Energie keine Ursache und auch keine Wirkung!

Die energetische Interpretation der Kausalität ist auch für Parapsychologie und für die interaktionistische „Lösung" des Leib-Seele-Problems relevant. Dort werden Behauptungen der folgenden Art aufgestellt: „Peter veranlaßt Maria durch Telepathie, seine Telefonnummer niederzuschreiben." „Der Geist regt das Gehirn an, ein Bereitschaftspotential zu erzeugen." Anhänger dieser Lehren dürfen sich nun aufgefordert fühlen, entweder den einschlägigen Energieübertrag nachzuweisen oder eine Verletzung des Energieerhaltungssatzes zuzugeben, also einen Informationstransfer ohne Energietransfer zu postulieren, und sich damit ausdrücklich in Opposition zur gesamten empirischen Wissenschaft zu stellen.

Die Probleme der Kausalität und der Leib-Seele-Beziehungen sind vielfältig und verzwickt. Die Charakterisierung der Kausalität durch einen Energieübertrag wird auf viele davon neues Licht werfen. Wir können diese Probleme nicht im Detail diskutieren, da sie uns zu weit von der Evolutionären Erkenntnistheorie wegführen würden. Aber die Evolutionäre Erkenntnistheorie ist auch noch in anderer Weise für das Leib-Seele-Problem relevant. Das ist unser nächstes Thema.

9 Geist und Evolution

Hinsichtlich der Beziehung zwischen Geist und Körper (oder besser zwischen Geist und Gehirn) gibt es zwei verschiedene Klassen von Meinungen, dualistische und monistische. Die einzige heute ernstgenommene dualistische Position ist der *Interaktionismus* (vertreten früher durch Descartes, heute u.a. durch Eccles, Popper, v. Ditfurth). Für den Interaktionismus sind Geist und Gehirn verschiedene Substanzen in aktiver Wechselwirkung, die einander in beiden Richtungen beeinflussen.

Die prominenteste monistische Position ist die *Identitätstheorie* (vertreten u.a. durch Feigl; Armstrong, Smart, Place; Bunge). Nach der Identitätstheorie ist der Geist eine *Funktion* des Zentralnervensystems, die erst auf einem gewissen Evolutionsniveau entsteht. Psychische, mentale, bewußte Zustände und Prozesse *sind* Zustände und Prozesse von Neuronen, Neuronenkomplexen, Gehirnen. Nun kann ein *System* auch Eigenschaften aufweisen, die keiner seiner Bestandteile zeigt. Der Geist ist also eine *emergente* Funktion, zu der keine Vorstadien erforderlich sind. Zu panpsychistischen oder protopsychistischen Fiktionen ist deshalb kein Anlaß.

Die Evolutionäre Erkenntnistheorie vertritt in unzweideutiger Weise eine systemtheoretisch orientierte evolutionäre Identitätstheorie. Wie anders könnten wir die Evolution unserer kognitiven Fähigkeiten erklären, von denen wir doch wissen, wie stark sie von unseren Sinnesorganen, unseren zentralnervösen Funktionen und vor allem unserem Gehirn abhängen? Erkenntnis ist ein geistiger Prozeß, also *eine* Gehirnfunktion unter vielen. Diese Funktion verschwindet (wie alle anderen Funktionen) mit ihrem Träger. Es mag ein Gehirn ohne diese spezielle Funktion geben, aber nicht diese Funktion ohne ein funktionierendes Gehirn.

Das Gehirn und seine Funktionen entwickelten sich während Millionen, ja Milliarden von Jahren. Nun kann die Evolutionstheorie die Existenz einer organismischen Struktur oder Funktion nur *erklären*, wenn diese Struktur oder Funktion einen selektiven Vorteil bedeutet. Deshalb muß die Identitätstheorie – wie sie hier vertreten wird – die adaptive Rolle des Bewußtseins, des *Innenaspekts*, des Geistes, der psychischen Phänomene plausibel machen. Das ist nicht schwierig, obwohl nicht alle Autoren übereinstimmen, welches die wichtigste dieser Funktionen ist. Hier wird es genügen, einige davon zu nennen.

a) Eine wesentliche Vorbedingung für menschliche Erkenntnis ist das *Gedächtnis*. Es ist wesentlich, da ohne Gedächtnis nichts wiedererkannt werden könnte. Es sei daran erinnert, daß wir (in 5) Erkenntnis als ein dreistelliges Prädikat expliziert hatten, „S erkennt O *als* A", was nur möglich ist, wenn O mit Engrammen (A) im Gedächtnis verglichen werden kann.

b) Wir haben die *darstellende* (oder figurative) *Funktion* unseres Zentralnervensystems. Das ist die Fähigkeit, ein inneres Modell der augenblicklichen Umgebung zu bilden. Wir haben schon die Tatsache betont, daß in der Wahrnehmung die äußere Welt *rekonstruiert* wird. Diese Rekonstruktion ist eine Interpretation von Sinnesdaten. Sie ist eine aktive Leistung unseres Gehirns.

c) Wir haben die *Simulationsfunktion*, wie sie mit Recht von Lorenz, Monod und vielen anderen betont wird: An dem inneren Modell der äußeren Welt können wir (Menschen und höhere Säugetiere) Änderungen vornehmen, hypothetische Manipulationen, Gedankenexperimente usw. Diese fiktive Welt können wir simulieren und manipulieren, ungewollt in Träumen und Halluzinationen, aber auch willentlich bei geschlossenen Augen. Nach Lorenz ist Denken auf elementarem Niveau nichts weiter als Hantieren im Vorstellungsraum. Diese Fähigkeit erspart Zeit, Energie und Risiko. Ihr biologischer Vorteil liegt auf der Hand.

Freilich zeigt ein selektiver Vorteil noch nicht, daß das einschlägige Merkmal für das Überleben unabdingbar wäre. Millionen von Arten haben Milliarden von Jahren ohne diese Fähigkeit überlebt. Wenn also ein Biologe die Funktionen einer organismischen Struktur analysiert, behauptet er dabei nicht, daß andere Lösungen unmöglich wären. Der Nachweis eines evolutiven Vorteils bedeutet noch keinen Existenzzwang; er zeigt nur, warum eine solche Struktur oder Funktion – einmal entstanden – beibehalten und in der Evolution weiterentwickelt wurde. Es gibt keine Zwangskraft, kein Naturgesetz, wonach Bewußtsein entstehen müßte, nur weil es vorteilhaft ist.

Soweit sind Monisten und Dualisten durchaus einig; der selektive Vorteil des Innenaspekts mag an verschiedenen Stellen gesehen werden, wird aber nicht gänzlich verneint. Entscheidend ist jedoch ein anderer Einwand, der erst an dieser Stelle erhoben wird: Die Identitätstheorie sei mit der Evolutionstheorie *trotz* des genannten und anerkannten Vorteils unverträglich.[14] Das Argument hat folgenden Kern.

Für die Identitätstheorie sind mentale Prozesse *identisch* mit speziellen physikalisch-chemisch-neuronalen Prozessen. Der selektive Vorteil mentaler Prozesse, auf den man sich geeinigt hat, muß also gleichzeitig ein Vorteil der zugrunde liegenden physikalischen Prozesse sein. Nur dann kann er biologisch in einer – kausal geschlossenen – materiellen Welt wirksam sein.

Aber wenn schon die physikalischen Strukturen diesen Vorteil aufweisen, dann bestünde dieser Vorteil ja auch dann, wenn die physikalischen Strukturen jenen Innenaspekt nicht hätten, wenn sie also lediglich physikalische Strukturen wären, *ohne* gleichzeitig mentale Zustände und Prozesse zu sein. Ihre biologische Bedeutung für das Überleben wäre auch ohne psychische Nebenprodukte sichergestellt. Insofern ist der Innenaspekt unnötig, überflüssig, also unerklärt. Warum also hat er sich dann überhaupt entwickelt?

Dieses Argument trifft den *Epiphänomenalismus* in voller Schärfe. Wenn mentale Phänomene nur Epiphänomene wären, nur Begleiterscheinungen physikalischer Prozesse, dann wären sie für die Evolution gänzlich entbehrlich. Die Naturgeschichte wäre ohne diese Epiphänomene nicht im geringsten anders verlaufen. Menschen und Tiere würden sich auf der Grundlage physiko-chemischer Reaktionen genauso verhalten, wie sie sich verhalten, ohne Schmerz zu fühlen, ohne psychische Prozesse, ohne Bewußtsein.

Dieses Argument trifft jedoch nicht die Identitätstheorie.[15] Hier sind Bewußtseinsprozesse nicht Epiphänomene physikalischer Prozesse. Physikalische Prozesse *mit* Innenaspekt unterscheiden sich vielmehr auch *physikalisch* von Prozessen *ohne* Innenaspekt. Das obige Argument zeigt nur, daß die Evolution auch anders hätte verlaufen *können*, daß Organismen ohne Bewußtsein in der Natur durchaus *möglich* sind, daß mentale Prozesse für das Überleben nicht unbedingt notwendig sind (zu diesem Ergebnis waren wir übrigens schon vorher gekommen). Aber das Argument zeigt nicht, daß das Bewußtsein, *wie wir es kennen*, überflüssig wäre.

Im Gegenteil, es war vorteilhaft, solche neuronalen Strukturen auszubilden, die zugleich mentale Prozesse möglich machten. Der mentale Charakter dieser Strukturen ist nicht ein zufälliges Nebenprodukt oder Epiphänomen, sondern eine typische, eine wesentliche Eigenheit dieser Strukturen. Hätten die physikalisch-neuronalen Strukturen diese Eigenschaft *nicht*, dann wären sie eben *andere* neuronale, also andere physikalische Strukturen, mögliche zwar, aber weniger vorteilhafte.

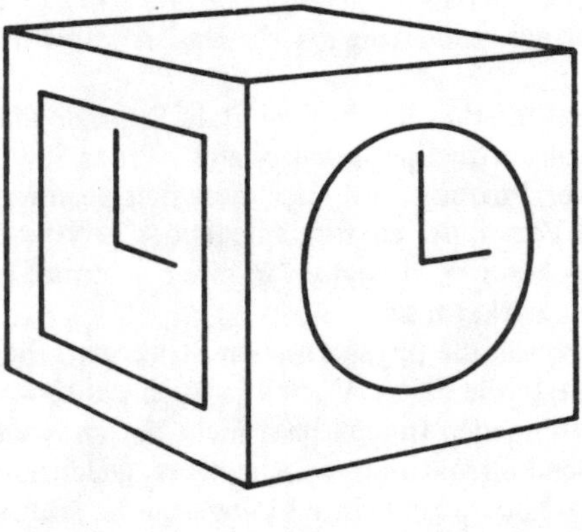

Abb. 4: Das Uhrengleichnis in der Identitätstheorie: ein Uhrwerk – zwei Zifferblätter.

Wir können die Verhältnisse sogar am *Uhrengleichnis* klarmachen (Abb. 4), das von Geulincx eingeführt und von Leibniz benützt wurde, obwohl es eigentlich zur Illustration ihrer *dualistischen* Antworten auf das cartesische Leib-Seele-Problem entwickelt worden war. Für die Identitätstheorie gibt es – entgegen dem äußeren Anschein – nicht zwei Uhren, deren Gleichlauf erklärungsbedürftig wäre, sondern nur *eine* Uhr mit zwei Zifferblättern. Daß beide Zifferblätter dieselbe Zeit anzeigen, ist nicht verwunderlich, da sie ja durch dasselbe Uhrwerk kontrolliert werden. Eine solche Uhr mit zwei Zifferblättern (Innen- und Außenaspekt) hat tatsächlich nur ein Uhrwerk (Identitätstheorie); im Aufbau unterscheidet sie sich jedoch von einer Uhr mit nur einem Zifferblatt. Daß Uhren mit nur einem Zifferblatt nützlich sind (auch Organismen ohne Bewußtsein überleben), ändert nichts daran, daß Uhren mit zwei Zifferblättern für spezielle Zwecke vorteilhaft sind, also anderen überlegen (Organismen mit Bewußtsein haben zusätzliche Vorteile).

Das genannte Argument, das dem Epiphänomenalismus so zu schaffen macht, bereitet der Identitätstheorie also keine Schwierigkeiten.

All dies ist natürlich noch keine Lösung des Leib-Seele-Problems. Aber dieses Problem ist auch nicht als unlösbar erkannt. Das Gehirn ist das komplizierteste System, das die Evolution bislang hervorgebracht hat. Es sollte uns deshalb nicht überraschen, daß wir Schwierigkeiten haben, es zu durchschauen.

Auf der anderen Seite sollten wir unsere Position in dieser Frage auch nicht unterschätzen. Das Gehirn ist trotz seiner Komplexität das einzige System, zu dem wir – außer dem üblichen objektiven Zugang (von außen) – einen zweiten Zugang besitzen, den subjektiven (von innen). Bei der Komplexität des Gehirns sollten wir uns über diese zusätzliche Möglichkeit freuen. Zwar wäre ohne diesen zweiten Zugang das Leib-Seele-Problem nie entstanden, aber hätten wir dann überhaupt eine Chance, dieses wunderbare System zu verstehen?

10 Ungelöste Probleme

Die vorgetragenen Argumente sollten deutlich machen, daß die Evolutionäre Erkenntnistheorie ein fruchtbarer Ansatz für erkenntnistheoretische Probleme ist. Aber sie mögen auch zeigen, daß immer noch viele Probleme offen sind. Einige davon wollen wir hier zusammenstellen, um die interdisziplinäre Vernetzung der Evolutionären Erkenntnistheorie aufzuzeigen und um weitere Untersuchungen anzuregen.

a) Die Evolutionstheorie, wie sie heute vor uns steht, ist keine voll ausgearbeitete Theorie, sondern eher ein Forschungsprogramm. Tatsächlich können wir bei *jedem* organismischen Merkmal fragen, wie es entstanden ist, und Darwins Theorie hält auch immer eine Antwort bereit: durch die großen Architekten der Evolution, Mutation und

Selektion. Aber Bekenntnisse genügen nicht.[16] Um eine befriedigende Antwort zu geben, muß der Evolutionist

eine vollständige evolutionäre Kette für die fragliche Struktur angeben (denn eben danach war gefragt worden);

zeigen, daß diese Kette durch *Mikromutationen* entstanden sein kann (weil Makromutationen so selten sind, daß sie ausgeschlossen werden müssen);

beweisen, daß nahezu jeder *Schritt* in dieser Kette vorteilhaft war (weil anders die verschiedenen Stufen nicht bewahrt worden wären; und schließlich

muß er diese hypothetische Kette (und ihre Konkurrenten) testen durch empirische Befunde aus der Paläontologie, vergleichenden Biologie, Protein- und DNA-Taxonomie, Embryologie usw.

Diese evolutionären Ketten müssen für möglichst viele organismische Merkmale angegeben werden, vor allem für jene, die von Anti-Evolutionisten als Gegenbeispiele vorgebracht werden, zum Beispiel der erste primitive Organismus („Ist er nicht viel zu kompliziert für eine spontane Entstehung?"), für die Flügel des Archaeopteryx („Wofür wären denn halbe Flügel gut gewesen?"), für das menschliche Auge („Ist es nicht einfach zu wunderbar?") und schließlich für das menschliche Gehirn („Welche Art von Konkurrenz hätte denn das Gehirn – oder auch mich – zu solch unvergleichlicher Höhe treiben sollen?").

b) In ähnlicher Weise ist auch die Evolutionäre Erkenntnistheorie noch unvollständig und hat den Charakter eines Forschungsprogramms. Sie beruft sich auf eine Aussage, die hypothetisch ist nicht nur im Charakter (wie das für jede Aussage der empirischen Wissenschaft gilt), sondern auch in ihrer Form: *Wann immer ein kognitives Merkmal genetisch bedingt ist, so ist es ein Produkt der biologischen Evolution*. Diese einfache – und für einen Biologen sogar triviale – Behauptung hat wichtige Konsequenzen für die Erkenntnistheorie, die von der Evolutionären Erkenntnistheorie untersucht werden. Aber *welche* kognitiven Strukturen nun tatsächlich angeboren sind, das ist im wesentlichen eine *empirische* Frage, die u.a. durch Biologie, Physiologie, Psychologie, Linguistik beantwortet werden muß.

Damit die Evolutionäre Erkenntnistheorie sinnvoll ist, genügt es, daß *einige* kognitive Strukturen als genetisch bedingt erkannt sind. Das ist der Fall für viele *Wahrnehmungs*strukturen, zum Beispiel für die Farbwahrnehmung und die dreidimensionale Raumwahrnehmung. Solche Fähigkeiten können auch bei Neugeborenen leicht geprüft werden. Weniger klar ist, wie weit die kausale Interpretation der Welt, elementare logische Schlüsse, induktives Schließen, die Bildung von Ähnlichkeitsklassen und von Begriffen, mathematische Strukturen (z.B. Gruppeneigenschaften) oder gar noch kompliziertere „Ideen" angeboren sind. Sobald jedoch die erkenntnistheoretische *Relevanz* solcher biologischer Fakten erkannt ist, kann die Evolutionäre Erkenntnistheorie auch zu diesen Fragen beitragen.

Was also fehlt, ist ein vollständiges System von Kategorien menschlicher Erfahrung, das durch Biologie und Psychologie gestützt wäre. Es gibt Versuche, Kants Kategorien zu übernehmen und sie biologisch umzupretieren.[17] Obwohl sie von beachtlichem heuristischem Wert sein mögen, können sie das Gewünschte nicht leisten: Wir *wissen*, daß sie mangelhaft sind. Ein anderer Vorschlag wurde von Riedl gemacht, in dem er vier „ratiomorphe Hypothesen" oder „phylogenetische Erwartungen" aufzählt.[18] Da sie noch unvollständig und zu allgemein sind, ist auch dieses System noch keine Lösung. Warum sollte nicht ein Leser versuchen, ein solches System zu formulieren?

c) Die Erwartungen aufzufinden, die in unser internes Weltmodell eingehen, ist nicht nur eine Aufgabe für die Philosophie, sondern auch für die Psychologie, vor allem für Entwicklungs-, Lern- und Wahrnehmungspsychologie. Hier hat es in den letzten zwei Jahrzehnten beachtliche Fortschritte gegeben, die von den Philosophen noch nicht verarbeitet worden sind. Wenn sich Philosophen um solche Entdeckungen nicht kümmern, dann kann es passieren, daß ihre Aufgabe von Wissenschaftlern übernommen wird, die zu Philosophen werden. Und ist die Philosophie durch die Emanzipation so vieler wissenschaftlicher Disziplinen nicht schon genügend verarmt? Und hat nicht dieser Prozeß auch neue Probleme mit sich gebracht, die aufgrund ihres *metawissenschaftlichen* Charakters eigentlich philosophische Probleme sind? Erkenntnistheorie ist eine Metadisziplin, die menschliche Erkenntnis erforscht, sei es Wahrnehmungs-, Erfahrungs- oder wissenschaftliche Erkenntnis. Aber gerade im Hinblick auf diesen metadisziplinären Charakter muß auch ein Erkenntnistheoretiker mit den einschlägigen Befunden der Wissenschaft Schritt halten und darf sie nicht als „bloß-empirisch" oder als gegenüber der Erkenntnistheorie sekundär ignorieren. Nur dann wird er in der Lage sein, neue Probleme zu finden, neue Entdeckungen richtig zu interpretieren, neue Experimente vorzuschlagen.

d) Diese Mahnung ist nur ein Beispiel für unsere Behauptung, daß Erkenntnis und Erkenntnistheorie eng verknüpft sind. Diese Verknüpfung hat nun auch eine historische Dimension. Die Erweiterung unseres Wissens hat unsere Erkenntnistheorien verändert und umgekehrt. Platon, Bacon, Descartes, Hume, Kant, Russell, Wittgenstein, Reichenbach, Popper sind dafür nur Beispiele. Wie in 2d erwähnt, kann die Beziehung zwischen Wissenschaft und Erkenntnistheorie als eine Art Regelkreis beschrieben werden. Aber eine systematische Untersuchung dieses Wechselspiels – so erhellend sie wäre – fehlt noch.

e) In der projektiven Erkenntnistheorie (vgl. 5) werden Sinneseindrücke als Projektionen objektiver Strukturen („Objekte") auf unsere Peripherie interpretiert, Erkenntnis dann als eine erfolgreiche Rekonstruktion der Außenwelt aus diesen Projektionen. Die entscheidende Forderung für alle Erkenntnis ist also die Bedingung der Projizierbarkeit: Was immer Objekt empirischer Wissenschaft sein soll, seien es Radiowellen, Elektronen, Atome, Bakterien, Neutronensterne, Schwarze Löcher oder der Urknall, muß in irgendeiner Weise auf unsere Sinnesorgane projiziert werden; was nicht projiziert werden kann, kann nicht Gegenstand empirischer Wissenschaft sein.

Nun sind nach der Evolutionären Erkenntnistheorie unsere Peripherie und unsere Sinnesorgane Ergebnisse der Evolution. Wahrnehmung und unmittelbare (natürliche) Erfahrung sind dadurch geprägt. In der Wissenschaft sind wir dagegen recht frei, Hypothesen zu formulieren, Strukturen zu postulieren, Objekte zu erfinden. Entgegen Kants Auffassung müssen unsere Theorien nach der projektiven Erkenntnistheorie *nicht* irgendwelchen angeborenen Kategorien der Erfahrung entsprechen. Aber auch sie müssen der Forderung der Projizierbarkeit genügen. Diese Bedingung *könnte* den Bereich unseres theoretischen Wissens in unbekannter Weise einschränken. Wie stark wird also die Wissenschaft durch das Projizierbarkeitspostulat und durch unsere angeborenen kognitiven Strukturen beschränkt? Dies ist ein offenes Problem. Wenn solche Beschränkungen existieren, wie kann man sie überwinden? Durch Erziehung, durch Teamwork, durch die Benutzung von Computern, durch künstliche Intelligenz, durch zukünftige Evolution?

f) Wie schon in 2m erwähnt, hat die kopernikanische Tendenz der Evolutionären Erkenntnistheorie beachtliche *anthropologische Konsequenzen*. Die Situation und die Rolle, die sich der Mensch in diesem Universum zuschreibt, ist natürlich von seinen erkenntnistheoretischen Einsichten nicht unabhängig. Die Tatsache, daß unsere kognitiven Fähigkeiten nicht vollkommen sind, daß sie sogar verbessert werden könnten, daß es andere kognitive Systeme auf der Erde und vielleicht auch auf anderen Planeten gibt, daß unser erkennendes Gehirn ein Ergebnis einer jahrmilliardenlangen Evolution ist, daß wir mit phylogenetischen Vorurteilen über die Welt und andere Leute beladen sind, daß solche Überzeugungen ratiomorph, aber nicht rational sind – all dies ist geeignet, uns Bescheidenheit zu lehren. Es wäre sicherlich lohnend, diese wichtige Beziehung auszuloten. Und es ist ein bleibendes Verdienst der Evolutionären Erkenntnistheorie, uns solche „Lektionen der Bescheidenheit" vermittelt zu haben.

Anmerkungen

1 G. Vollmer: Evolutionäre Erkenntnistheorie. Hirzel, Stuttgart 1975, [3]1983, S. 102
2 Vgl. G. Vollmer: Über vermeintliche Zirkel in einer empirisch orientierten Erkenntnistheorie [im vorliegenden Band S. 166].
3 H. Reichenbach: Kant und die Naturwissenschaft. Die Naturwissenschaften *21* (1933) 601–6, 624–6, S. 626
4 G. G. Simpson: Biology and the nature of science. Science *139* (1963) 81–88, p. 84
5 Diese Behauptung findet sich zuerst in meinem Buch[1], S. 170–2.
6 Für die folgende Diskussion vgl. G. Vollmer: Probleme der Anschaulichkeit. Philosophia Naturalis *19* (1982) 277–314 [abgedruckt in Band 2].
7 F. J. Dyson: Innovation in physics. Scientific American *199* (Sept. 1958) 74–82, p. 80
8 K. R. Popper in M. Bunge (ed.): Quantum Theory and Reality. Springer, New York 1967, p. 14
9 Vgl. G. Vollmer: Objektivität und Invarianz – Grundlagen einer projektiven Erkenntnis- und Wissenschaftstheorie. Springer, Wien 1987 [in Vorbereitung]
10 M. Born: Physik im Wandel meiner Zeit. Vieweg, Braunschweig 1957, S. 153, 155
11 H. Reichenbach: Der Aufstieg der wissenschaftlichen Philosophie. Vieweg, Braunschweig 1953, S. 180 (Neuauflage 1977)
12 Hierzu vgl. G. Vollmer: Ein neuer dogmatischer Schlummer? Kausalität trotz Hume und Kant. Akten des 5. Int. Kant-Kongresses, Mainz 1981, 1125–1138 [abgedruckt in Band 2].
13 K. Lorenz: Kants Lehre vom Apriorischen im Lichte gegenwärtiger Biologie. Blätter für Deutsche Philosophie *15* (1941) 94–125, S. 120.
14 Popper in K. R. Popper / J. C. Eccles: Das Ich und sein Gehirn. Piper, München 1982, S. 119f.
15 Poppers Argument wird widerlegt in G. Vollmer: Evolutionäre Erkenntnistheorie und Leib-Seele-Problem. In W. Böhme (Hrsg.): Wie entsteht der Geist? Herrenalber Texte *23* (1980) 11–40 [abgedruckt in Band 2].
16 Vgl. G. Vollmer: Die Unvollständigkeit der Evolutionstheorie. In: B. Kanitscheider (Hrsg.): Moderne Naturphilosophie. Königshausen und Neumann, Würzburg 1984, 285–314 [abgdruckt in Band 2].
17 Z.B. bei K. Lorenz: Kants Lehre . . .[13]
18 R. Riedl: Biologie der Erkenntnis. Parey, Berlin/Hamburg 1980

DAS ALTE GEHIRN UND DIE NEUEN PROBLEME

1 Fallstudien: Denkfallen und Zufälle

a) Zinseszins

Ein Bankguthaben von DM 1.000.– werde jährlich mit 6 % verzinst. Wie groß ist es nach 20 Jahren? Natürlich kann man das ausrechnen. Man versuche jedoch zunächst einmal, das Guthaben zu *schätzen,* also eine spontane Antwort zu geben und in dem Kästchen rechts zu notieren. Wie groß ist das Guthaben nach 40 Jahren? Oder nach 100 Jahren, nach 200 Jahren, nach 1000 Jahren?

Bitte notieren Sie Ihre Schätzung hier:	
Jahre	DM 1000.–
20	
40	
100	
200	
1000	
	DM 0,01
1000	

Jeder weiß wohl, daß er ein reicher Mann wäre, wenn der deutsche Kaiser Otto II. in seinem Todesjahr 983 für ihn auch nur einen einzigen Pfennig verzinslich angelegt hätte (und es keine Währungsreformen o.ä. gegeben hätte). Aber wie reich wäre er dann heute, also 1000 Jahre später, wirklich? Schätzen Sie und notieren Sie Ihre Vermutung! Dann können wir auch die richtigen Antworten verraten. Das Guthaben beträgt

nach	20	Jahren	etwa DM	3.207,–
nach	40	Jahren	DM	10.300,–
nach	100	Jahren	DM	338.000,–
nach	200	Jahren	DM	114.000.000,–
nach	1000	Jahren		$2 \cdot 10^{25}$ Mark,

das sind 20 Quadrillionen!

Dem Kaiser Otto – der ja nicht 1000 Mark, sondern nur 1 Pfennig angelegt hat – hätte man also immerhin ein Vermögen von 200 Trillionen Mark zu verdanken. Die Zinseszinsformel lautet (bei jährlich ausgezahltem Zins)

$$G(n) = \text{DM } 1000,\!- \cdot (1 + 0{,}06)^n$$

Guthaben nach n Jahren | Anfangsguthaben | Zinsfuß pro Jahr | Laufzeit in Jahren

allgemein $$G(n) = G_0 \cdot (1 + z)^n$$

Trägt man diese Funktion oder die obigen Werte in ein Diagramm ein (Abb. 1), so sieht man, wie schnell diese Funktion ansteigt. Sie wächst nicht linear (z.B. proportional zu n) oder mit irgendeiner Potenz der Zeit (z.B. proportional zu n^2), sondern eben noch viel rasanter, da die Zeit als Exponent auftritt. Man sagt, das Kapital wächst „exponentiell“.[1]

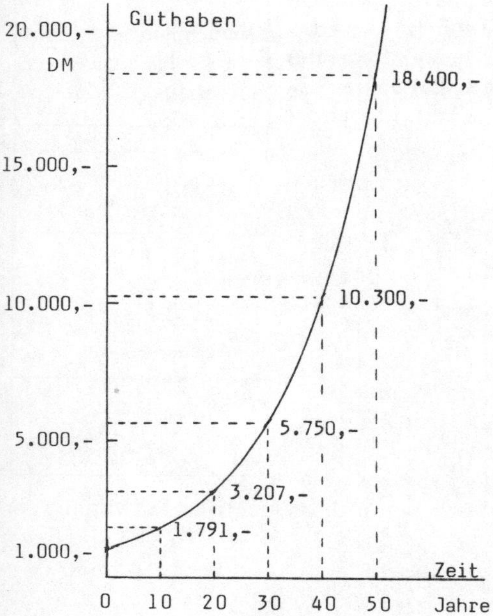

Abb.1: Bei einem Jahreszins von 6% wächst ein Kapital von DM 1.000,- in 50 Jahren auf mehr als das Achtzehnfache.

Vergleicht man die errechneten Werte mit den vorher geschätzten, so stellt sich meistens heraus, daß man das angesammelte Kapital *unterschätzt* hat. Bei der ersten Zahl (Guthaben nach 20 Jahren) kann man wenigstens größenordnungsmäßig nicht viel falsch machen; bei den späteren Schätzungen liegt man meist weit unter der richtigen

Zahl. Insbesondere wird man auch bei der letzten Antwort (Guthaben nach 1000 Jahren) über einige Millionen oder allenfalls Milliarden nicht hinauskommen. Wie kommt es, daß wir für derartige Wachstumsverhältnisse so wenig *Gefühl* haben? Bevor wir versuchen, eine Antwort zu geben, wollen wir weitere Beispiele studieren.

b) Bevölkerungsexplosion

Jeder weiß, daß die Weltbevölkerung zur Zeit mehr als 4 Milliarden beträgt und daß sich diese Zahl noch ständig erhöht. Aber nach welchem Gesetz wächst sie eigentlich? Linear, nach einer Potenz, exponentiell oder hyperbolisch? Die verschiedenen Wachstumsgesetze sind in Abb. 2 bildlich dargestellt. Der Leser überlege sich, welches Gesetz das derzeitige Anwachsen der Weltbevölkerung am besten beschreibt. In welcher Zeit verdoppelt sich die Zahl der Menschen, wenn sie so wächst wie bisher? Wieviele Menschen gibt es unter dieser Voraussetzung in hundert Jahren? In dem nebenstehenden Kästchen ist wieder Platz für ihre Schätzungen!

Bitte notieren Sie hier:
Wachstumsgesetz
Verdopplungszeit
Bevölkerung nach 100 Jahren

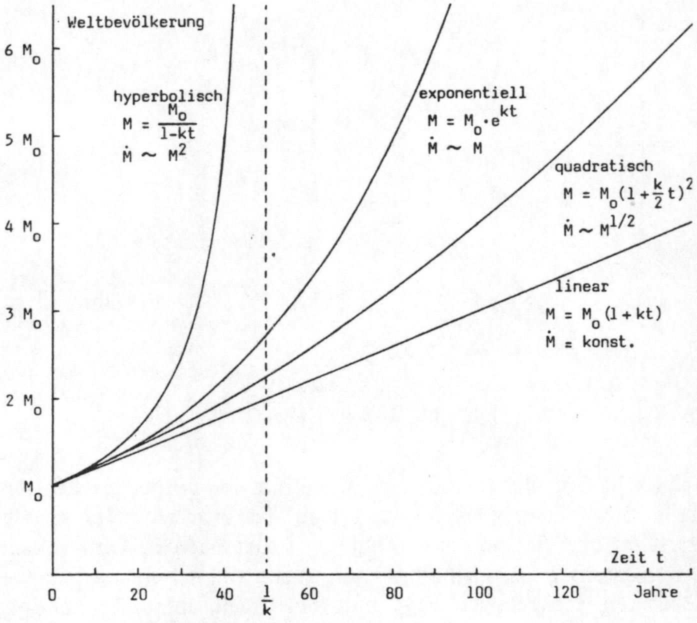

Abb.2: Verschiedene Wachstumsfunktionen

Die Antwort wird viele überraschen. Im allgemeinen nimmt man an, daß sich biologische Populationen unter günstigen Umweltbedingungen *exponentiell* vermehren. Dabei ist die jeweilige Vermehrungsrate $\dot{M} := \frac{dM}{dt}$ nicht konstant wie bei linearem Wachstum ($\dot{M}$ = konst.), sondern veränderlich, nämlich, da mehr Menschen auch mehr Kinder bekommen, proportional zur bereits bestehenden Populationsgröße:

$$\dot{M} = \frac{dM(t)}{dt} = k \cdot M_0 e^{kt} = kM(t).$$

Je größer also die Population, desto schneller auch das Wachstum. In gleichen Zeiten wächst die Bevölkerung nicht um gleiche Beträge, sondern um gleiche Faktoren (geometrisches Wachstum); sie verdoppelt sich also jeweils nach einer bestimmten Zeit. Das ist das berühmte exponentielle Wachstumsgesetz des Pfarrers Thomas Robert Malthus, dessen Werk „Über das Bevölkerungsgesetz" 1798 erschien und später Charles Darwin zu seinen Betrachtungen über Überproduktion und Selektionszwänge anregte.
In welcher Zeit aber verdoppelt sich eigentlich die Weltbevölkerung? Hierüber gibt Abb. 3 Auskunft.[2] Sie verrät uns, daß um 1630 etwa 500 Millionen Menschen auf der Erde lebten, um 1830 etwa eine Milliarde. Es dauerte also rund 200 Jahre, bis sich die Zahl der Menschen verdoppelt hatte. Bis es zwei Milliarden Menschen waren, dauerte es danach nur noch 100 Jahre, nämlich bis 1930, und bis zur nächsten Verdopplung auf 4 Milliarden sogar nur noch 50 Jahre, also bis 1980.

Die Verdopplungszeit ist also nicht – wie bei exponentiellem Wachstum – konstant geblieben, sondern hat sich regelmäßig verkürzt, in unserem Falle sogar halbiert. Dieses Verhalten ist nun typisch für *hyperbolisches* Wachstum. Wenn wir den bisher herrschenden Trend (Halbierung der Verdopplungszeit) in die Zukunft extrapolieren, dann sollten wir schon nach 25 Jahren, also im Jahre 2005, die Achtmilliarden-Grenze, nach weiteren 12,5 Jahren eine Zahl von 16 Milliarden erreicht haben und so weiter.

Was heißt hier „und so weiter"? *Exponentielles* Wachstum könnte im Prinzip beliebig lange anhalten; tatsächlich werden unendliche Werte auch erst nach unendlicher Zeit erreicht. Bei *hyperbolischem* Wachstum ist das anders. Offenbar würde die Weltbevölkerung, wenn sich das hyperbolische Wachstum fortsetzte, schon nach *endlicher* Zeit „explodieren", nämlich unendlich werden. Nach unseren Zahlen (Zuwachsrate k = 2% pro Jahr) wäre das sogar schon im Jahre 2030 der Fall.

Unsere zweite Frage, wieviele Menschen es in hundert Jahren gäbe, wenn der gegenwärtige Trend anhielte, ist also gar nicht zu beantwor-

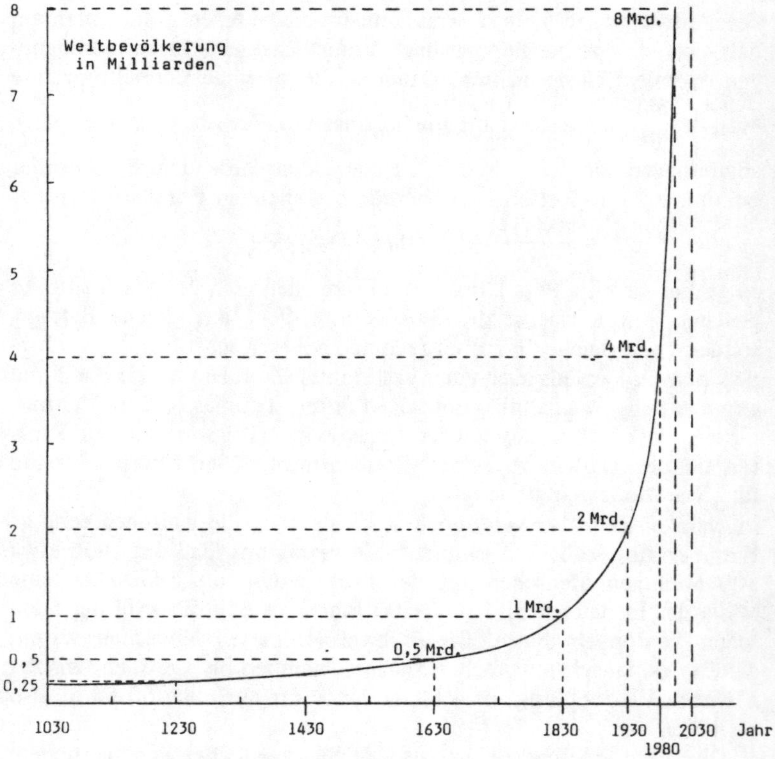

Abb. 3: Das hyperbolische Wachstum der Weltbevölkerung

ten; schon vorher wäre die Bevölkerung explodiert, d.h. in eine instabile Phase geraten. Wer hätte das gedacht? Wer kann sich so etwas überhaupt vorstellen?

Natürlich kann die Weltbevölkerung nicht wirklich unendlich werden. Auch wenn wir unser Raumschiff Erde zum „Stehplatz für Milliarden“[3] machen wollten, muß doch wegen der endlichen Erdoberfläche die Bevölkerungszahl auf jeden Fall endlich bleiben. Es ist also *unmöglich*, daß wir „so weitermachen wie bisher“. Die Zahl der Menschen muß sich einem Grenzwert nähern; die Wachstumskurve muß also flacher werden, so daß sich die übliche „sigmoide“ (S-förmige) oder „logistische“ Kurve ergibt. Aber durch welche Opfer wird diese Abflachung erkauft werden müssen?

Es ist nicht die Absicht und nicht die Aufgabe dieses Beitrags, Visionen auszumalen und Vorschläge zu ihrer Erreichung oder Vermeidung zu machen. Das Beispiel des Bevölkerungswachstums sollte lediglich zeigen, daß die folgenden erkenntnistheoretischen Betrachtungen keineswegs akademisch sind, sondern unser aller Gegenwart und Zukunft in einer Weise betreffen, wie man sie in Kenntnis sonstiger philosophischer Erörterungen wohl kaum erwartet hätte.

c) Was ist ein Status quo?

Bei hyperbolischem Wachstum ist nicht nur die Geburtenrate höher als die Sterberate (das allein führt natürlich schon zu Wachstum); dieser Überschuß wächst auch noch. Und er wächst nicht gleichmäßig, sondern beschleunigt. Die Zuwachsrate ist nicht nur – wie bei exponentionellem Wachstum – der Bevölkerungszahl proportional, $\dot{M} = kM$, wobei wenigstens die Geburtenrate pro Einwohner konstant bleibt, sondern z.B. ihrem Quadrat proportional, $\dot{M} = \frac{k}{M_O} \cdot M^2$.

Diese erhöhte Wachstumsrate rührt daher, daß sowohl die Zahl der Geburten je Einwohner als auch die Lebenserwartung der Menschen ständig zunehmen. Das ist natürlich das Verdienst (oder die Schuld) der modernen Medizin und der – vorübergehend – besseren Ernährung vieler Menschen. Aber auch auf die Problematik, ob der medizinische Fortschritt für die Menschheit Segen oder Fluch bedeutet, wollen wir hier nicht eingehen.

Entscheidend ist die Einsicht, daß der Begriff des „Status quo“, des Ist-Zustandes, ganz neu und viel kritischer bedacht werden muß, als das bisher üblich war und erforderlich schien. Man sagt so leicht, die Beweiskraft trage jeweils der Veränderer (Kriele). Aber was ist eigentlich der gegenwärtige *Zustand*? Ist es die augenblickliche Bevölkerungszahl (M_O = 4 Milliarden), die gegenwärtige Wachstumsrate ($\dot{M}(0) = kM_O$, k = 2% pro Jahr, also $\dot{M}(0)$ = 80 Millionen pro Jahr) oder das bisher *übliche* Fortpflanzungsverhalten (exponentielles Wachstum)? Je nachdem, was man als den Status quo ansieht, muß man also in ganz verschiedener Weise aktiv werden, wenn man etwas ändern (oder auch nur bewahren) will.

Das bisher Übliche ist exponentionelles und sogar hyperbolisches Wachstum. Wem also der Hinweis „das haben wir schon immer so gemacht“ als Argument einleuchtet, der muß sich darüber im klaren sein, daß er eine Bevölkerungsexplosion in Kauf nimmt. Wer dagegen die Bevölkerung konstant halten oder auch nur langsamer wachsen lassen möchte, der muß etwas tun. Die Erhaltung des Status quo war früher mit Passivität vereinbar; heute erfordert sie Aktivität. Wir müssen schon sehr viel tun, damit alles so bleibt, wie es ist. Oder: Wenn nichts geschieht, kann viel passieren!

Auch das widerspricht eigentlich unserer Erwartung, unserem Gefühl, unserer Intuition. Wir sind geneigt, die Welt für konstant und für ewig, die Umweltbedingungen für langfristig unveränderlich, die Sonnenenergie für unerschöpflich zu halten. Daß der Kosmos, die chemischen Elemente, unsere Milchstraße, das Planetensystem, die Erdatmosphäre, die Kontinente, das Leben, *entstanden* sind, eine Evolution mitgemacht haben und ihr weiterhin unterliegen, das sehen wir ihnen nicht unmittelbar an, darüber hat uns erst die Wissenschaft unseres Jahrhunderts aufgeklärt. Warum haben wir solche Mühe, den durchgehend evolutiven Charakter unserer Welt einzusehen?

d) Tanaland

Eindrucksvoll sind auch die Experimente, über die der Psychologe Dietrich Dörner berichtet.[4] Auf einem Computer wird ein fiktives afrikanisches Land („Tanaland") als vernetztes System simuliert. Seine Zustandsgrößen – Bevölkerungszahl, Geburtenrate, Sterblichkeit, medizinische Versorgung, Ernährungsweisen, Düngemethoden, Wasservorräte usw. – sind bekannt, aber in einer nicht ohne weiteres durchschaubaren Weise miteinander verkoppelt (wie das ja auch bei jedem realen Öko-System der Fall ist). Man kann diese Größen von außen verändern und die Auswirkungen solcher Eingriffe studieren.

Nun werden Studenten aufgefordert, nach bestem Wissen dafür zu sorgen, daß es den Leuten dieses Landes „besser" gehe. Sie dürfen dafür an den Zustandsparametern drehen, z.B. die medizinische Versorgung verbessern, Düngemittel oder Wasserpumpen einführen, die Geburtenrate senken usw. Wie meistern die Versuchspersonen – durchaus gutwillig und intelligent – diese Aufgabe? In den meisten Fällen richten sie Tanaland durch ihre Eingriffe schneller zugrunde, als wenn sie gar nichts unternähmen! Nur ganz wenigen gelingt es, dem Land wirklich zu helfen und *allmählich* ein besseres Pro-Kopf-Einkommen zu erreichen.

In weiteren Versuchsreihen hat Dörner beobachtet, wie sich Personen verhalten, die sich nicht als Entwicklungshelfer, sondern als Bürgermeister einer Kleinstadt „Lohhausen" bewähren sollen. Er hat dabei auch untersucht, welche Persönlichkeitsmerkmale für ein erfolgreiches Problemlösungsverhalten charakteristisch sind, welche Aufgaben besonders schwierig zu lösen sind und wie sich die Versuchspersonen verhalten, wenn sich der gewünschte Erfolg nicht einstellt. Angesichts ihres eigenen Mißerfolgs zeigen viele Probanden Unsicherheit, Angst, Fluchttendenzen, Notfallreaktionen (z.B. überhastete Entscheidungen) oder Selbsttäuschungen.

Der Grund für das Versagen so vieler Versuchspersonen liegt in der undurchsichtigen Rückkopplungsstruktur des Systems. Viele Eingriffe haben Spät- und Nebenfolgen, an die man zunächst nicht gedacht hatte. Warum fällt es uns eigentlich schwer, mit solchen Systemen umzugehen?

e) Rückkopplung

Trotz ihrer scheinbaren Verschiedenheit haben die bisher besprochenen Probleme – Zinseszins, Bevölkerungszunahme, exponentielles Wachstum, Systemvernetzung – etwas gemeinsam. Das ist die Tatsache, daß in dem jeweiligen System eine positive *Rückkopplung* (feedback) existiert. Während bei gewöhnlichen Kausalketten Ursache und Wirkung dadurch leicht zu unterscheiden sind, daß die Ursache zeitlich immer *vor* der Wirkung liegt, ist es bei rückgekoppelten Systemen nicht mehr so einfach und oft auch gar nicht mehr *sinnvoll*, Ursache und Wirkung zu identifizieren.

Durch die Rückkopplung ist eine zyklische Struktur entstanden, in der Effekte auf ihre Ursachen zurückwirken und sie abschwächen oder verstärken. Hat diese Rückmeldung abschwächende Wirkung, so handelt es sich um negative, andernfalls um positive Rückkopplung.

Negative Rückkopplung kann den auslösenden Vorgang dämpfen und ganz zum Erliegen bringen; alle Regelkreise (Fliehkraftregler, Schwingkreis, Thermostat) arbeiten mit negativer Rückkopplung: Sinkt beim Thermostat die Temperatur unter den Sollwert, so wird sie wieder erhöht; steigt sie darüber hinaus, so wird sie erniedrigt.

Positive Rückkopplung hat dagegen ein wechselseitiges „Aufschaukeln“ der gekoppelten Zustandsgrößen zur Folge. Ein positiv rückkoppelndes Thermometer würde also die Wärmezufuhr völlig sinnlos um so mehr erhöhen, je höher die Temperatur schon ist. Ähnlich können Alkohol oder Drogen in positiver Rückkopplung den Bedarf *erhöhen* und Menschen süchtig machen.

Irgendwann wird das System allerdings zusammenbrechen. Kein reales System kann das Anwachsen seiner Zustandsgrößen beliebig lange aushalten. Eine Bank geht bankrott, Menschen verhungern oder sterben an Seuchen, Thermometer zerplatzen oder verglühen, Süchtige sterben an einer Überdosis.

Für unsere Betrachtungen ist nun entscheidend, daß wir rückgekoppelte Systeme kaum durchschauen und deshalb auch die Auswirkungen positiver Rückkopplung nicht intuitiv erfassen. Wir sind zwar auf lineare, nicht jedoch auf zyklische Kausalität eingestellt. Wie kommt das?

f) Gleichzeitige Geburtstage

Daß zwei zufällig ausgewählte Personen am gleichen Tag des Jahres Geburtstag haben ist sehr unwahrscheinlich; die Wahrscheinlichkeit[5] ist

$$p_2 = 1 - \frac{364}{365} = \frac{1}{365} \simeq 0{,}003.$$

Die Wahrscheinlichkeit, daß von *drei* Personen zwei am gleichen Tag Geburtstag haben, ist

$$p_3 = 1 - \frac{364}{365} \cdot \frac{363}{365} \simeq 0{,}008,$$

also ebenfalls sehr klein. Wenn nun 30 Personen beisammen sind, wie groß ist die Wahrscheinlichkeit, daß davon zwei (oder mehr) am gleichen Tag Geburtstag haben? Wieder möchten wir den Leser bitten, diese Wahrscheinlichkeit zu schätzen und zu notieren. Im allgemeinen wird man die Chancen für einen solchen Doppelgeburtstag auch bei 30 Personen noch als sehr gering einschätzen.

> Bitte, schätzen Sie die Wahrscheinlichkeit für einen Doppelgeburtstag bei 30 Personen:
> $p_{30} \simeq$

Man macht sich beispielsweise klar, daß unter 366 Personen auf jeden Fall ein Doppelgeburtstag sein muß; die gesuchte Wahrscheinlichkeit ist dann Eins ($p_{366} = 1$). Vielleicht schätzt man daraufhin p_{30} auf rund 10%? Eine solche Vermutung wäre jedoch ganz falsch. Tatsächlich ist

$$p_{30} = 1 - \frac{364}{365} \cdot \frac{363}{365} \cdot \ldots \frac{336}{365} \simeq 0{,}706.$$

Die Wahrscheinlichkeit, unter 30 Leuten zwei mit gleichem Geburtstag anzutreffen, ist also immerhin 70%. Entgegen unserer intuitiven Erwartung ist die Chance, dort ein Geburtstagspaar vorzufinden, *größer* als das Risiko, keines zu finden. Man kann also bei 30 Personen beruhigt wetten, daß es darunter ein solches Paar gibt; in sieben von zehn Fällen wird man die Wette gewinnen. Abb. 4 zeigt, wie die Wahrscheinlichkeit mit der Personenzahl wächst. Schon bei 23 Personen ist die Chance größer als 50% ($p_{23} = 0{,}507$). Und bei 50 Personen beträgt sie 97,3%.

Warum verschätzen wir uns bei dieser Aufgabe so ungeheuer? Es liegt wohl daran, daß wir eine *lineare* Extrapolation vornehmen. Wir lassen also die zu schätzende Wahrscheinlichkeit nur proportional zur Gruppengröße anwachsen. Unserer Schätzung legen wir etwa $\tilde{p}_n = \frac{n-1}{365}$ zugrunde. Diese Schätzung ist korrekt für $n = 1$ $(\tilde{p}_1 = 0)$

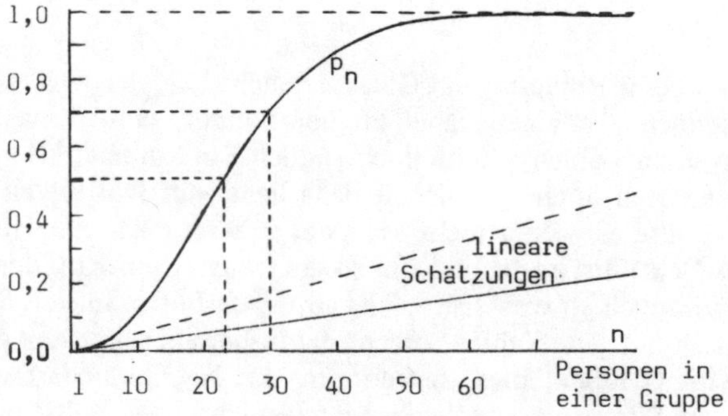

Abb. 4: Wahrscheinlichkeit für gleichzeitige Geburtstage bei n Personen

und für n = 2 $(p_2 = \frac{1}{365})$ und auch noch brauchbar für n = 3 $(p_3 \simeq \frac{3}{365}, \tilde{p}_3 = \frac{2}{365})$. Sie gilt auch wieder für n = 366 $(p_{366} = 1)$; dazwischen aber ist sie ganz falsch, nämlich – wie Abb. 4 zeigt – viel zu niedrig. Sie wäre *richtig*, wenn es darum ginge, die Wahrscheinlichkeit dafür zu finden, daß in einer Gruppe von n Personen irgendeine einen *bestimmten* Geburtstag hat, zum Beispiel meinen. Dies ist auch die Situation, der wir mesokosmisch gewöhnlich ausgesetzt sind: Wir interessieren uns allenfalls dafür und registrieren, ob jemand mit uns gleichzeitig Geburtstag hat. Das kommt auch tatsächlich nur ganz selten vor – nämlich durchschnittlich erst bei jeder 365. Begegnung!

In unserer Aufgabenstellung müssen jedoch nur *irgendwelche* Paarungen vorliegen, und die Wahrscheinlichkeit dafür ist eben ungleich höher, wofür wir anscheinend kein Gefühl haben. Vielleicht berücksichtigen wir die zusätzlichen Möglichkeiten dadurch, daß wir unsere lineare Schätzung, $\tilde{p}_n = \frac{n-1}{365}$, verdoppeln oder bescheiden vervielfachen, wobei sie jedoch immer noch linear bleibt. Tatsächlich ist aber für kleine n (n bis etwa 20) nicht die *Wahrscheinlichkeit* proportional zu n, sondern der jeweilige *Zuwachs* dieser Wahrscheinlichkeit, wenn wir die Personenzahl um 1 erhöhen[6]:

$$p_{n+1} - p_n \simeq \frac{n}{365}.$$

Allgemein ist für kleine n $p_n \simeq \frac{n\,(n-1)}{2 \cdot 365}$, also nicht linear, sondern quadratisch in n. Hier liegt also der Fehler unserer Schätzung. Warum sind wir nur zu linearen Extrapolationen fähig?

g) Roulette

Wer jemals beim Roulette sein Glück versucht hat, der wird auch das Gefühl kennen, das einen dabei oft überkommt: Nun – nach einer Serie schwarzer Zahlen – muß doch endlich Rot kommen! So werden auch die meisten in einem solchen Falle lieber auf Rot setzen als auf Schwarz. Sollte es wieder nicht klappen, so setzt man seine Hoffnung (und sein Geld) erst recht und um so überzeugter auf Rot; denn jetzt *muß* es ja endlich so weit sein. – Es gibt auch Lotto-Spieler, die ganz systematisch auf jene Zahlen setzen, die bisher am seltensten gezogen wurden, im Glauben, diese hätten eine Art Nachholbedarf und die Nemesis, die Göttin der ausgleichenden Gerechtigkeit, müsse nun bald und mit um so größerer Wahrscheinlichkeit jene Nachzügler liefern und ihnen – den Spielern – das große Glück bescheren.

Diese intuitiven Überzeugungen sind aber falsch. Das kann man sich durch Wahrscheinlichkeits-Überlegungen klarmachen. Die Ereignisse beim Roulette, beim Lotto, beim Würfeln sind voneinander unabhängig; was bisher passiert ist, hat keinerlei Einfluß auf das zukünftige Geschehen. Was bisher selten vorkam, braucht nicht *deshalb* in Zukunft ebenfalls selten oder umgekehrt besonders häufig vorzukommen.

Die längste bekannte einfarbige Serie beim Roulette bestand aus 42 roten Zahlen. Aber diese Folge hat genau die gleiche Wahrscheinlichkeit (oder Unwahrscheinlichkeit) wie *jede* andere bestimmte Schwarz-Rot-Folge mit 42 Elementen, z.B. abwechselnd Rot und Schwarz oder 41 mal Rot und dann Schwarz. Und wie wird die nächste Zahl aussehen? Wird sie nach dem „Gesetz der Serie" ebenfalls rot sein? Oder sind jetzt etwa so viele rote Kugeln aus der Schicksalsurne herausgenommen, daß die Chance, eine schwarze Kugel zu erwischen, angestiegen ist? Beide Annahmen führen in die Irre. Die Wahrscheinlichkeit für Rot ist auch nach 42 roten Zahlen noch die gleiche wie für Schwarz und zwar 1/2 (bzw., wenn man die grüne Null berücksichtigt, 18/37).

Obwohl wir diese Fakten abstrakt einsehen und uns beim Spiel vielleicht sogar danach richten, bleibt doch unsere Intuition unbelehrbar. An die Unabhängigkeit und Zufälligkeit der Ereignisse beim Glücksspiel kann sie sich einfach nicht gewöhnen. Anscheinend ist unser ratiomorpher Verrechnungsapparat, der vernunft*ähnlich*, aber keineswegs immer *vernünftig* arbeitet, nicht in der Lage, sich auf unabhängige Zufallsereignisse einzustellen. Warum nicht?

h) Entscheidungen unter Risiko

Sie haben zwei Theaterkarten für DM 80,– erworben, verlieren sie aber auf dem Weg zur Vorstellung. Werden Sie an der Abendkasse noch einmal zwei Karten für achtzig Mark kaufen? (Bitte, überlegen Sie und geben Sie eine Antwort.) – Sie haben *keine* Karten, verlieren aber auf dem Weg zum Theater achtzig Mark in bar. Werden Sie unter diesen Umständen noch Theaterkarten kaufen? – Obwohl der Verlust in beiden Fällen objektiv der gleiche ist, wird die erste Frage eher mit nein, die zweite häufiger mit ja beantwortet.

Offenbar bestehen zwischen der objektiven und der subjektiven Seite menschlicher Entscheidungen große Unterschiede. Neuere psychologische Untersuchungen haben viele solcher Diskrepanzen ans Licht gebracht und dabei erstaunliche *Regelmäßigkeiten* endeckt.[7]
Es zeigt sich,
- daß wir verlorene Theaterkarten subjektiv auf den Preis für das Theatervergnügen aufschlagen, verlorenes Bargeld dagegen nicht;
- daß wir Verlusten mehr nachtrauern, als wir uns an Gewinnen freuen;
- daß (wohl deshalb) die Gefahr, etwas zu verlieren, unsere Entscheidung stärker beeinflußt als die Aussicht, etwas Gleichwertiges zu gewinnen;
- daß wir risikoreiche Entscheidungen bei Gewinnen meiden, bei Verlusten bevorzugen (z.B. einen *sicheren* Gewinn von 80 Mark einem Gewinn von 100 Mark vorziehen, der nur zu 85% *wahrscheinlich* ist, also auf lange Sicht mehr Gewinn brächte);
- daß wir einen Verlust, den wir durch eigenes Handeln verschuldet haben, schmerzlicher empfinden als einen gleichwertigen, der unserer Untätigkeit oder einer verpaßten Gelegenheit zuzuschreiben ist;
- daß wir (wohl deshalb) falsches aktives Verhalten mehr bedauern als eine Unterlassungssünde;
- daß wir auf den Unterschied zwischen Gewißheit und hoher Wahrscheinlichkeit sehr empfindlich, auf die (viel größeren) Unterschiede zwischen verschiedenen Wahrscheinlichkeiten dagegen nur wenig reagieren.

Warum ist das alles so?

2 Evolutionäre Erkenntnistheorie

a) Was wollen wir wissen?

Wir haben viele interessante, zum Teil überraschende Tatsachen kennengelernt. Wir haben dabei vor allem einiges über uns selbst erfahren. Wir haben aber auch zahlreiche Fragen gestellt und unbeantwortet gelassen.

Warum können wir das langfristige Kapitalwachstum bei Zinseszins so schlecht schätzen? (1a) Warum haben wir kein Gefühl für das hyperbolische Wachstumsverhalten der Erdbevölkerung? (1b) Warum fehlt uns das intuitive Verständnis für die Problematik, die mit der Definition bzw. der Erhaltung des Status quo verbunden ist? (1c) Warum scheitern wir beim Umgang mit vernetzten Systemen? (1d) Warum haben wir so wenig Einsicht in das Verhalten von Systemen mit positiver Rückkopplung? (1e) Warum unterschätzen wir die Zahl gleichzeitiger Geburtstage? Warum sind wir allenfalls zu linearer Extrapolation fähig? (1f) Warum erwarten wir beim Glücksspiel eine Art ausgleichender Gerechtigkeit? Warum werden wir mit Zufallsereignissen so schwer einig? (1g) Warum bestehen zwischen objektiven und subjektiven Entscheidungskriterien oft so große Unterschiede? (1h)

Wir wollen nun versuchen, diese Fragen zu beantworten oder wenigstens den Grund für eine Beantwortung zu legen. Die Disziplin, welche diesen Grund legt, ist die Evolutionäre Erkenntnistheorie. Sie ist eine philosophische Disziplin. Was haben Zinsen, Bevölkerung, Status quo, positive Rückkopplung, lineare Extrapolation, Roulette, Gewinn und Verlust mit Philosophie zu tun?

Die Probleme, die wir aufgeworfen haben, sind kognitive Probleme: Sie haben mit unserer Erkenntnis und unserer Erkenntnisfähigkeit zu tun. Solchen Problemen widmen sich empirische Disziplinen wie die Psychologie (Wahrnehmungs-, Lern-, Entwicklungs- und kognitive Psychologie), die Physiologie (Sinnes- und Neurophysiologie), die Linguistik, aber auch philosophische oder metawissenschaftliche Disziplinen wie die Erkenntnis- und Wissenschaftstheorie. Das gesamte Gebiet, das logische, erkenntnistheoretische, empirische und normative Aspekte umfaßt, läßt sich wohl angemessen als „Kognitologie" kennzeichnen. Auch die Evolutionäre Erkenntnistheorie ist weder eine „rein" empirische noch eine „rein" philosophische Disziplin. Sie versucht, deskriptives, empirisch gewonnenes Wissen zu integrieren, um erkenntnistheoretische Fragen zu beantworten. Es wird nützlich sein, zunächst einige grundsätzliche erkenntnistheoretische Erwägungen anzustellen und dabei zugleich den Boden zu bereiten für die Hauptthese der Evolutionären Erkenntnistheorie.

b) Was ist Erkenntnis?

Zunächst wollen wir den im folgenden verwendeten Erkenntnisbegriff explizieren. Dabei beschränken wir uns auf *faktische* Erkenntnis, also auf Wirklichkeitserkenntnis, auf Erkenntnis der realen Welt, und kümmern uns zum Beispiel nicht um *formale* Erkenntnis, wie sie in Logik, Mathematik und anderen Strukturwissenschaften angestrebt wird und auch ausreicht. (Auch ethische, ästhetische, religiöse, mystische „Erkenntnis" bleiben dabei unberücksichtigt.) Wir definieren also: Wirklichkeitserkenntnis ist eine adäquate interne Rekonstruktion und Identifikation äußerer Objekte im erkennenden Subjekt. Da wir das Problem, „Erkenntnis" angemessen zu definieren, hier nicht seinerseits diskutieren wollen, ist diese Explikation nicht als dogmatisch verkündete „Einsicht", sondern als *Arbeitsdefinition* aufzufassen, die der Verständigung dienen kann und soll.

Akzeptiert man – wenigstens vorläufig – diese Explikation, so kann man mindestens drei Erkenntnisstufen unterscheiden: Wahrnehmungserkenntnis, Erfahrungserkenntnis und theoretische (oder wissenschaftliche) Erkenntnis. Daß dabei schon Wahrnehmung eine Stufe der Erkenntnis darstellt, wird man einsehen, wenn man sich klarmacht, daß bereits in der Wahrnehmung Gegenstände intern rekonstruiert und identifiziert werden. Wer einen großen, roten Würfel „erkennt", *interpretiert* die Signale, die seine Sinnesorgane erreichen, zum Beispiel die elektromagnetischen Wellen, die sein Auge treffen und auf der Netzhaut ein zweidimensionales Abbild des Würfels hervorrufen, als Projektionen eines äußeren Objekts, das sein Wahrnehmungsapparat aus dieser Projektion *rekonstruiert* und anhand früherer und im Gedächtnis gespeicherter Eindrücke *identifiziert*.

Daß schon alle Wahrnehmung *Interpretation* ist, das zeigen besonders deutlich optische und andere Sinnestäuschungen (bei denen die Interpretation offenbar falsch ist), doppeldeutige Figuren (bei denen zwei Interpretationen möglich sind) oder auch nulldeutige Zeichnungen wie das „unmögliche" Dreieck oder Eschers Wasserfall (bei denen es keine widerspruchsfreie dreidimensionale Interpretation gibt).

Werden äußere Objekte auf unsere Peripherie bzw. auf unsere Sinnesorgane projiziert, so geht dabei im allgemeinen Information verloren. Die interne Rekonstruktion ist also zugleich ein Versuch, diese verlorene Information *hypothetisch* zurückzugewinnen. Der hypothetische Charakter aller Wirklichkeitserkenntnis, der damit offenbar auch schon für die Wahrnehmung gilt, ergibt sich somit als einfache Konsequenz unseres projektiven Modells.

Nachdem somit deutlich sein dürfte, daß Wahrnehmung, Erfahrung und Wissenschaft den Erkenntnischarakter *gemeinsam* haben, soll auch kurz angegeben werden, was sie *unterscheidet*. Die interne Rekonstruktion und Identifikation von Objekten erfolgt in der Wahrnehmung in der Regel *unbewußt* und *unkritisch*, meist sogar unkorrigierbar, ist dafür aber *anschaulich*. In der Erfahrung dagegen, die sprachliche Formulierungen, einfache logische Schlüsse, Beobachtung und Verallgemeinerung, Abstraktion und Begriffsbildung einbezieht, ist die Rekonstruktion *bewußt*, allerdings noch unkritisch. In der Wissenschaft schließlich, die auch noch Logik, Modellbildung, mathematische Strukturen, Kunstsprachen, externe Datenspeicher, künstliche Intelligenz und eine durch Meßgeräte erweiterte Erfahrung zu Hilfe nimmt, erfolgt die Rekonstruktion bewußt und *kritisch*; häufig muß dafür jedoch *Unanschaulichkeit* der postulierten Strukturen in Kauf genommen werden. Ein weiterer Gegensatz ist für uns entscheidend: Wissenschaftliche Erkenntnis ist ein Phänomen der letzten Jahrhunderte, allenfalls Jahrtausende; Wahrnehmung und Erfahrung gibt es dagegen schon seit Jahrmillionen. Diese Tatsache hat bedeutsame Konsequenzen für unsere Fragestellung.

c) Wie kommt Erkenntnis zustande?

Diese uralte Frage hat im Laufe der Zeit viele verschiedene Antworten erhalten. Da die Antworten einander widersprechen, müssen die meisten falsch sein.[8] Aber welche ist richtig? Es ist nicht Aufgabe oder Absicht dieses Beitrags, einen historischen Abriß erkenntnistheoretischer Diskussionen zu geben. Auch liegt es uns fern, hier alle erkenntnistheoretischen Probleme lösen zu wollen. Wir können nur einige *Grundeinsichten* zusammenstellen, die für das Verständnis der Evolutionären Erkenntnistheorie wesentlich sind.

Erkenntnis kommt zustande durch ein konstruktives Zusammenwirken von erkennendem Subjekt und zu erkennendem Objekt. Damit ein solches Zusammenspiel erfolgreich ist, müssen die beiden konstitutiven Elemente aufeinander *passen*. Dieser Passungscharakter darf durchaus im werkzeugtechnischen Sinne aufgefaßt werden. So wie ein Schlüssel in ein bestimmtes Schloß paßt (in andere aber nicht), ein Schraubenzieher sich für den Umgang mit Schrauben eignet (für den Umgang mit Muttern dagegen nicht), ein Werkzeug für bestimmte Zwecke taugt (und für andere nicht), so passen die subjektiven Strukturen unseres Erkenntnisapparates auf einige Objekte der realen Welt (und auf andere nicht). Subjektive und objektive Erkenntnisstrukturen passen also mindestens in dem Sinne aufeinander, daß sie zusammen Erkenntnis ermöglichen.

In einigen Fällen geht diese Passung noch weiter; dann stimmen die genannten Strukturen sogar überein. So rekonstruiert unsere Wahrnehmung die Objekte dreidimensional; und wir wissen, daß diese Rekonstruktion korrekt ist, daß die Welt tatsächlich dreidimensional ist. Unser Zeiterleben vermittelt uns einen tiefgehenden Unterschied zwischen Vergangenheit und Zukunft; und die Physik lehrt uns, daß dieser „Zeitpfeil" objektiven Charakter hat. Subjektiv geben wir vielen regelmäßigen Ereignisfolgen eine kausale Deutung, anderen nicht; und die physikalische Analyse zeigt, daß es tatsächlich einen objektiven Unterschied zwischen regelmäßiger Abfolge und Kausalverhältnissen gibt: den Energieübertrag.

Es sei jedoch betont, daß die erwähnte Passung *keineswegs immer* auch Übereinstimmung bedeutet. So paßt ein Schraubenzieher unter günstigen Umständen zwar hervorragend zu einer Schraube; es gibt aber – abgesehen von der vergleichbaren Härte – keine strukturelle Übereinstimmung zwischen ihnen. Der (psychologische, subjektive) Farbenkreis ist geschlossen und besteht aus quasi-diskreten Farben; der sichtbare Ausschnitt des (physikalischen, objektiven) elektromagnetischen Spektrums ist dagegen an zwei Seiten offen, völlig kontinuierlich und enthält auch nicht die „erfundene" Farbe Purpur (die nicht durch eine einzelne Wellenlänge, sondern nur durch ein Wellenlängen*gemisch* hervorgerufen werden kann). Von einer Übereinstimmung kann hier also nicht die Rede sein. Trotzdem liegt eine ganz hervorragende Passung vor; denn der Farbenkreis ermöglicht über das Prinzip der Komplementärfarben erst die Farbkonstanz, die Tatsache also, daß uns makroskopische Objekte trotz wechselnder Lichtverhältnisse in gleicher Farbe erscheinen, so daß wir sie leichter wiedererkennen können. Dieses Beispiel zeigt, daß keine noch so gute Passung die gewünschte Übereinstimmung *garantiert*.

d) Woher kommen die subjektiven Erkenntnisstrukturen?

Diese subjektiven Strukturen können angeboren oder individuell erworben sein. In der Regel liegt ein kompliziertes Wechselspiel von biologisch vorgegebenen Dispositionen und Umweltreizen vor, bei dem es schwierig ist, genetische und Umweltkomponenten zu trennen. Erinnert sei hier nur an das Beispiel der *Prägung* von Jungtieren: Das Gänseküken ist genetisch darauf *programmiert*, in einer bestimmten „sensiblen" Phase nach dem Ausschlüpfen seine Mutter individuell kennenzulernen. Die Prägung erfolgt dabei auf den erstbesten Gegenstand, der einige Minimalbedingungen erfüllt, zum Beispiel sich bewegt oder den Stimmfühlungslaut des Jungvogels beantwortet. Die Kenntnis des Muttertieres ist dann also weder angeboren noch erworben, sondern aus einer *Verschränkung* eines genetischen Programms mit Umweltdaten erwachsen.

Auch der Mensch besitzt zahlreiche kognitive Strukturen, Verrechnungsmechanismen, Algorithmen, Abstraktionsverfahren, Schlußweisen, Lernprogramme, Spracherwerbsmechanismen, Erwartungen, Voraus-Urteile über die Welt, die entweder als ganze genetisch vorprogrammiert sind oder – und das ist wohl der Regelfall – nach einem genetisch festgelegten Programm *reifen* und dabei auf bestimmte Umweltdaten angewiesen sind (so daß sie bei Ausbleiben solcher Reize auch verkümmern können).

Zur Illustration seien wenigstens einige empirische Ergebnisse angeführt. Angeboren sind beim Menschen nicht nur Saug-, Greif- und Schreitvermögen, Lächeln und Wutmimik, sondern auch Bewegungssehen, Farbwahrnehmung und Zeitempfinden. Angeboren ist das räumliche Sehen, also die Fähigkeit, zweidimensionale Netzhautbilder dreidimensional zu interpretieren, und die Scheu vor der Tiefe. Angeboren sind vor allem die Konstanzleistungen, die es erlauben, Objekte wiederzuerkennen, die Welt zu „objektivieren", zu abstrahieren, Klassen und Begriffe zu bilden. Angeboren ist die Kenntnis menschlicher Gesichter (nicht eines einzelnen Gesichtes), das optische Fixieren einer Schallquelle (auch bei blindgeborenen Kindern!). Angeboren sind Sprachfähigkeit und das Bedürfnis zu sprechen, möglicherweise auch einige grundlegende grammatische Strukturen („universelle Grammatik"). Teilweise angeboren sind Intelligenz, Musikalität, logische Strukturen, z.B. der modus ponens („wenn A, so B; nun A; also B"), biologisch realisiert durch die Fähigkeit, bedingte Reflexe auszubilden; elementare mathematische Strukturen, z.B. Gruppenstrukturen und Invariantenbildung, möglicherweise auch kausale Wahrnehmung und kausales Denken.

Es wäre jedenfalls gänzlich abwegig, das Gehirn bei Geburt als eine tabula rasa oder auch als einen bloßen Computer anzusehen, der erst allmählich programmiert würde. Die meisten Programme sind vielmehr bei Geburt längst eingebaut; die spätere individuelle Erfahrung liefert nur noch Unterprogramme und unterschiedliche Daten. Wie bereits betont, bedeutet das natürlich nicht, daß unser gesamtes Wissen angeboren wäre.

Es bedeutet darüber hinaus auch nicht, daß alle Umweltinformation, die wir bei Geburt bereits mitbringen, auch korrekt sein müßte. Tatsächlich sind aber unsere Erwartungen an die Umwelt unter normalen Bedingungen durchweg brauchbar (sie „passen") und oft auch korrekt (sie „stimmen").

e) Wie kommt es zu dieser Passung?

Wie kommt es, daß die subjektiven Erkenntnisstrukturen, die wir mitbringen, so gut auf die Realität passen, mit ihr sogar teilweise übereinstimmen? Das ist die Hauptfrage der Evolutionären Erkenntnistheorie.

Diese Frage hat im Laufe der Philosophiegeschichte zahlreiche Antworten erhalten, auf die wir hier nicht weiter eingehen können. Die Evolutionäre Erkenntnistheorie gibt eine *neue* Antwort: Unser Erkenntnisapparat ist ein Ergebnis der biologischen Evolution. Die subjektiven Erkenntnisstrukturen *passen* auf die Welt, weil sie sich im Laufe der Evolution in *Anpassung* an diese reale Welt herausgebildet haben. Und sie stimmen mit den realen Strukturen (teilweise) überein, weil nur eine solche Übereinstimmung das Überleben ermöglichte. Sie sind individuell angeboren und deshalb *ontogenetisch a priori*, aber stammesgeschichtlich erworben, also *phylogenetisch a posteriori*.[9]

Unter diesem evolutiven Aspekt deutet die Evolutionäre Erkenntnistheorie das menschliche Gehirn in erster Linie nicht als *Erkenntnis*organ, sondern als Organ zum *Überleben*. Diese biologische Deutung unserer Erkenntnisfähigkeit hat zahlreiche Konsequenzen: erkenntnistheoretische, anthropologische, wissenschaftsphilosophische. Nur einige davon können wir im folgenden diskutieren. Beleuchtet Kapitel 3 die Folgerungen für unser Alltagswissen und für unseren Umgang mit komplizierten Systemen, so geht Kapitel 4 Problemen wissenschaftlicher Methodologie und wissenschaftlichen Fortschritts nach. Kapitel 5 schließlich ist Fragen und Argumenten zur Erklärbarkeit unseres eigenen Gehirns gewidmet.

3 Mensch und Mesokosmos

a) Die Welt der mittleren Dimensionen

Daß wir mit gewissen kognitiven Strukturen zur Welt kommen, läßt sich empirisch belegen. Die Evolutionäre Erkenntnistheorie erklärt, warum diese subjektiven Erkenntnisstrukturen auf die reale Welt passen. Sie bezieht sich jedoch nur auf solche Strukturen, die biologisch-genetisch bedingt sind. Nur für sie wird eine evolutive Entstehung behauptet; nur für sie werden Passungen oder Fehlpassungen evolutiv erklärt. Genetisch fixiert werden jedoch im allgemeinen gerade solche Informationen, Merkmale, Fähigkeiten, Strukturen, die für das Überleben des Organismus relevant sind. Da es in unserer irdischen Umgebung keine Röntgenstrahlen gibt, haben wir dafür auch kein Sinnesorgan gebraucht und auch keines entwickelt. Und obwohl wir im Magnetfeld der Erde leben, haben wir auch kein Sinnesorgan für magnetische Felder. (Es gibt aber Tiere, die einen magnetischen Sinn besitzen und sich damit orientieren.) Um magnetische Felder registrieren zu können, benötigen wir ein wissenschaftlich-technisches Instrument, einen Kompaß.

Jeder Organismus ist nur an einen bestimmten Ausschnitt der realen Welt angepaßt, den er wahrnehmend und handelnd bewältigt. Diesen Ausschnitt nennt man seine „ökologische Nische". Ganz analog fassen wir den Begriff einer „kognitiven Nische" für den Teilbereich der Welt, den ein Organismus erkennend, also rekonstruierend und identifizierend meistert. Die kognitive Nische des Menschen nennen wir dann „Mesokosmos". Der Mesokosmos ist eine Welt der mittleren Dimensionen: eine Welt mittlerer Entfernungen, Zeiten, Gewichte, Temperaturen, eine Welt kleiner Geschwindigkeiten, Beschleunigungen, Kräfte, aber auch eine Welt bescheidener Komplexität. Unsere subjektiven Erkenntnisstrukturen sind auf diesen Mesokosmos geprägt, ihm angepaßt, für ihn und durch ihn selegiert, an ihm erprobt und bewährt.

Nun hatten wir schon in 2b verschiedene Erkenntnisstufen unterschieden: Wahrnehmung, Erfahrung, Wissenschaft. Wissenschaftliche Erkenntnis gibt es aber erst seit einigen Jahrhunderten oder allenfalls Jahrtausenden. Unter dem Aspekt biologischer Evolution ist das ein sehr kurzer Zeitraum, in dem praktisch keine genetischen Veränderungen stattgefunden haben. *Genetisch* unterscheiden sich unsere kognitiven Strukturen nicht wesentlich von denen der alten Griechen oder Germanen. Die Evolution des Wissens, die inzwischen stattgefunden hat, mag zwar auf biologischen Vorbedingungen aufbauen, ist aber ihrerseits kein biologisches oder biologisch erklärbares Phänomen.

Vielmehr ist der Aufstieg der neuzeitlichen Wissenschaft ein Teil der *kulturellen* Evolution. Hierzu kann die Evolutionäre Erkenntnistheorie nur wenig beitragen. Sie beschränkt sich in ihren Aussagen auf *mesokosmische* Erkenntnis, auf Wahrnehmung und Erfahrung. Theoretische oder wissenschaftliche Erkenntnis greift über diese mesokosmische Erkenntnis weit hinaus. Sie stellt eine höhere, objektivere Erkenntnisstufe dar. In Wahrnehmung und Erfahrung sind wir an unsere evolutiv getesteten und mesokosmisch bewährten Erkenntnisstrukturen gebunden – in der Theorienbildung sind wir frei. Wahrnehmung und Erfahrung sind immer anschaulich – theoretische Erkenntnis braucht nicht anschaulich zu sein. Die Strukturen von Wahrnehmung und Erfahrung sind weitgehend biologisch bedingt – die der Wissenschaft nicht. Deshalb haben wir in 1 so sorgfältig unterschieden zwischen dem, was uns „intuitiv" zugänglich ist, was uns unmittelbar „einleuchtet", wofür wir ein „Gefühl" haben – und dem, was wir theoretisch erfassen, mathematisch errechnen, algorithmisch ermitteln, objektiv messen.

b) Jenseits des Mesokomos

Die Fragen aus 1 (und 2a) können wir nun beantworten. Die Strukturen, mit denen wir in Wahrnehmung und Erfahrung die Welt intern rekonstruieren, sind nur auf Systeme mittlerer Dimensionen und geringer Komplexität eingestellt, geprägt, ausgerichtet, zugeschnitten. Am Mesokosmos sind sie erprobt und bewährt; außerhalb können sie versagen. Wir dürfen nicht erwarten, daß sie zur Erfassung der gesamten Welt taugen. Vielmehr müssen wir damit rechnen, daß sie jenseits des Mesokosmos zu Fehlleistungen führen.

Das ist aber auch genau das, was wir schon mehrfach erlebt haben. In Relativitätstheorie, Quantenmechanik, Elementarteilchenphysik, Kosmologie werden Strukturen beschrieben, die wir uns nicht mehr anschaulich machen können: Längenkontraktion, Zeitdilatation, Relativierung der Gleichzeitigkeit, Massenveränderlichkeit, Äquivalenz von Masse und Energie, Addition von Geschwindigkeiten, Lichtgeschwindigkeit als höchstmögliche Signalgeschwindigkeit; Welleneigenschaften der Materie, Teilcheneigenschaften des Lichtes, Wahrscheinlichkeitswellen, Nichtobjektivierbarkeit von Zuständen, Unschärferelationen, Störung durch Beobachtung, Nullpunktsenergie, Tunneleffekt, Pauli-Prinzip; masselose Teilchen (Photonen), Teilchen, die man nicht isolieren kann (Quarks), Wechselwirkungen, deren Stärke mit der Entfernung zunimmt, Teilchen, die sich gegenseitig vernichten (Elektron und Positron), Prozesse, zu denen es kein Spiegelbild gibt (Nichterhaltung der Parität bei schwacher Wechselwirkung, vgl. 4e); nicht-euklidische Räume, Gravitation als Raumkrümmung, Kosmos endlich, aber unbegrenzt, Schwarze Löcher usw.

In den ersten Jahrzehnten unseres Jahrhunderts – und damit zugleich der modernen Physik – galt denn auch der Hinweis auf die Unanschaulichkeit einer Theorie noch als Einwand gegen ihre Richtigkeit. Man sah nicht, daß auch unser Anschauungs- und Vorstellungsvermögen mesokosmisch geprägt ist, so daß es unter „Normalbedingungen" noch recht zuverlässig arbeitet, aber vor den Strukturen des Mikrokosmos und des Megakosmos eben doch versagt. Tatsächlich ist es heute schon fast umgekehrt so, daß im Bereich der Elementarteilchen eine *anschauliche* Theorie kaum noch Chancen auf Richtigkeit hat, weil die realen Strukturen in jenem Bereich fast mit Sicherheit andere sind als die, welche uns mesokosmisch begegnen und vertraut sind.

Und ein weiterer Bereich, in dem wir mit unseren mesokosmischen Mitteln oft oder sogar regelmäßig scheitern, sind eben die *komplizierten Systeme*. Hier kommt es nicht auf räumliche oder zeitliche Abmessungen, auf Geschwindigkeiten, Beschleunigungen oder andere physikalische Größen an, sondern auf den Vernetzungsgrad. Zwar gibt es noch kein allgemein anerkanntes *Maß* für Komplexität (kaum eine anerkannte *Explikation* für den Begriff). Das spielt jedoch für unsere Betrachtungen keine Rolle, da schon vergleichsweise geringe Vernetzungen – also solche, die wir immerhin noch theoretisch beherrschen – unsere mesokosmisch geschulte Vorstellungskraft weit überfordern. Wir sind wohl auf lineare Kausalität und auf kurze Kausalketten geprägt, nicht jedoch auf vernetzte Systeme, auf die Berücksichtigung von Neben- und Fernwirkungen, auf zyklische Kausalität, auf Rückkopplungseffekte, auf nichtlineares Wachstum oder auf unabhängige Zufallsereignisse. Eben darauf bezogen sich unsere Beispiele in 1, die wir nun als Fehlleistungen eines mesokosmisch geprägten Erkenntnisapparates erkennen.

c) Mesokosmische Passungen

Offenbar kann die These von der mesokosmischen Passung unserer kognitiven Fähigkeiten deren *Fehlleistungen* erklären. Erst recht kann sie natürlich deren *Erfolge* innerhalb des Mesokosmos verständlich machen. Eben darauf beruht ja der Begriff der Passung (vgl. 2d).

Dieser Passungscharakter fällt normalerweise gar nicht ins Auge. Man mag zunächst Mühe haben, solche Passungen zu benennen. Das liegt jedoch nicht daran, daß sie noch nicht entdeckt wären oder etwa nicht existierten. Es ist nur so, daß wir unsere Aufmerksamkeit zu wenig darauf richten. Eigentlich braucht man aber nur ein Lehrbuch der Sinnesphysiologie aufzuschlagen, um solche Passungen in Hülle und Fülle zu entdecken. Allerdings erscheinen sie dort nicht unter dem Leitgedanken der Passung, sondern der *Funktion*. Wie aber ein Werkzeug nur *funktioniert*, wenn und insoweit es auf das Werkstück *paßt*, so funktionieren auch das Auge, das Ohr, der Gleichgewichtssinn, das Gehirn nur, weil sie auf die Gegebenheiten des Mesokosmos so hervorragend passen.

Es ist fast unmöglich, ein Merkmal zu nennen, das zur *Funktion* eines Sinnesorgans beiträgt, ohne zugleich hervorragend an die Bedingungen der Außenwelt *angepaßt* zu sein. Als Beleg hierfür werden in der Regel Eigenschaften des menschlichen *Auges* herangezogen – Empfindlichkeitsbereich im optischen Fenster der Erdatmosphäre und um das Intensitätsmaximum der Sonnenstrahlung, untere Empfindlichkeitsschwelle an der Rauschgrenze des statistisch fluktuierenden Photonenstroms, höhere Dichte der schwarz-weiß-empfindlichen Stäbchen (für Dunkelsehen) usw. Deshalb sollen hier einmal der Funktionsweise des menschlichen *Ohres* einige Beispiele solcher Passung „abgelauscht" werden (Tabelle 1).

Tabelle 1: Der Passungscharakter des menschlichen Hörens

Fakten	**Passungen**
Schallübertragung im Ohr	
Schallwellen sind mechanische Schwingungen (im allgemeinen der Luft), die das Trommelfell zum Schwingen bringen. Über die Gehörknöchelchen im Mittelohr, (Hammer, Amboß und Steigbügel) werden diese Schwingungen auf das ovale Fenster übertragen, an das sich das Innenohr anschließt. Die Schnecke im Innenohr enthält eine Flüssigkeit, welche die Schallwellen zur Basilarmembran leitet. Etwa 14.000 Haarzellen auf dieser Membran übersetzen die mechanischen Schwingungen in Nervensignale, die dann über den Hörnerv ins Gehirn gelangen und dort interpretiert werden.	Das Ohr der Landtiere ist deshalb so kompliziert, weil Luft- in Flüssigkeitsschwingungen umgesetzt werden müssen. Ohne besondere Vorkehrungen würden die Luftschwingungen an der Membran zum lymphgefüllten Innenohr einfach reflektiert; nur ein Bruchteil der Energie könnte ins Innenohr eintreten. Diese „Widerstands-Fehlanpassung" wird durch Außen- und Mittelohr ausgeglichen. Aufgrund seiner Resonanzeigenschaften kann schon der äußere Gehörgang die Schallstärke verdoppeln; das Hebelsystem der Mittelohrknochen kann sie noch einmal verdreifachen. Da zudem das Trommelfell 15–30 mal so groß ist wie das ovale Fenster, ergibt sich eine entsprechende weitere Druckvergrößerung (Druck ist Kraft pro Fläche!). Das Ohr verstärkt also den Schalldruck auf das 100- bis 200fache.
Zur Evolution des Ohres	
Schallerzeugungs- und Schallempfangsorgane in der Tierwelt dienen vor allem dem Austausch von Information zwischen Artgenossen. Das Gehör der Wirbeltiere hat sich aus dem Gleichgewichtsorgan urzeitlicher Fische (Ostrakodermen) entwickelt. Als Resonanzkörper dient dabei ursprünglich die Schwimmblase. Zum Hören brauchen diese Tiere nicht mehr als ein Innenohr, dessen Sinneszellen auf Flüssigkeitsschwingungen ansprechen.	
Ein gutes Gehör entwickeln allerdings erst die Landtiere. Die Metamorphose von der Kaulquappe zum Frosch ist für diesen Übergang besonders aufschlußreich, da beide – Kaulquappe und Frosch – hören können, dies aber aufgrund ganz verschiedener Mechanismen. Der Frosch zeigt auch schon Ansätze zu einem Mittelohr, das aus einem der Kiemenschlitze hervorgeht. Die Mittelohrknöchelchen dagegen sind alle aus Teilen des Kiefergelenks entstanden. Reptilien haben immerhin *einen* Mittelohrknochen (Steigbügel), Säugetiere *drei*.	An das Hören in Luft ist unser Ohr also bestens *angepaßt*. Im Wasser dagegen hören wir mit unserem Ohr, das auf die großen Amplituden der Luftschwingungen eingerichtet ist, nur ganz schlecht. Deshalb dachten die Leute zunächst, Fische seien stumm. In Wahrheit erzeugen fast alle Fische Geräusche. Nur der Knurrhahn „brüllt" buchstäblich so laut, daß auch Menschen ihn hören können und sogar danach benannt haben.

Druckausgleich

Das Mittelohr ist über die Eustachische Röhre mit dem Rachenraum und so mit der Außenluft verbunden. Eine sehnige Membran verschließt die Röhre, die sich beim Gähnen und Schlukken öffnet.

Durch äußere Luftdruckschwankungen und durch Absorption von Luft im Mittelohr entstehen am Trommelfell Luftdruckunterschiede, die das Trommelfell spannen und so die Geräuschempfindlichkeit herabsetzen. Solche Druckunterschiede werden also durch die Eustachische Röhre ausgeglichen – wenn sie nicht gerade durch Schnupfen verstopft ist.

Empfindlichkeit

Die Empfindlichkeit des Ohres ist für verschiedene Tonhöhen verschieden, am höchsten bei mittleren Frequenzen (1000 bis 5000 Hertz).

Das ist der Bereich, in dem sich auch unsere sprachliche Kommunikation abspielt.

Dort vermögen wir Laute zu hören, bei denen die Auslenkung des Trommelfells weniger als den Radius eines einzigen Wasserstoff-Atoms ausmacht.

Das Ohr ist gerade *un*empfindlich genug, um informationslose Geräusche zu unterschlagen. So bleibt es uns erspart, das regellose Auftreffen der Luftmoleküle (bekannt als Brownsche Molekularbewegung) auf das Trommelfell hören zu müssen.

Bei tieferen (und höheren) Frequenzen ist das Ohr weniger empfindlich, bei Schwingungen um 100 Hertz z.B. um einen Faktor 1000.

Andernfalls würden wir überflüssigerweise die verwirrenden niederfrequenten Geräusche hören, die durch Muskeln, Knochenbewegungen und den Blutstrom erzeugt werden.

Empfundene Lautstärke

Schallsignale können verschieden energiereich, verschieden „laut" sein. Die subjektiv empfundene Lautstärke wächst nicht proportional zur objektiven Schallstärke, sondern wesentlich langsamer, nämlich nach einem Potenzgesetz:

$$\text{Lautstärke} \sim \text{Schallstärke}^{0,3}.$$

Auf diese Weise kann das Ohr einen weiten Intensitätsbereich überspannen. Er reicht von leisesten Geräuschen mit 10^{-16} Watt pro Quadratzentimeter bis zur Schmerzgrenze bei 10^{-2} W/cm^2, umgreift also 14 Zehnerpotenzen.

Ist also ein akustisches Signal objektiv 1000mal so stark wie ein anderes, so wird es doch nur etwa 10mal so laut *empfunden*.

(Der Exponent ist frequenzabhängig; die Zahl 0,3 bezieht sich auf mittlere Frequenzen. Solche Potenzgesetze gelten für alle psychophysischen Beziehungen.)

Das ist natürlich sinnvoll. Besonders leise Geräusche zu hören, ist nützlich, wenn sie eine Gefahr signalisieren oder andere wichtige Information vermitteln. Besonders laute Geräusche (z.B. Donner, naher Schrei) sind zwar nicht nützlich, aber unvermeidlich und sollten deshalb keine Schmerzen und keine Schädigungen im Ohr hervorrufen.

Warum kann man das Ohr nicht schließen wie das Auge? Vielleicht liegt es daran, daß es nachts zwar nichts zu sehen, wohl aber erwas zu hören gibt. Es lohnt sich also immer, die Ohren „offen zu halten".

Richtungshören

Liegt eine Schallquelle nicht genau in der Symmetrieebene des Kopfes, so treffen ihre Signale nicht ganz gleichzeitig an den Ohren ein. Bei einer genau seitlich gelegenen Quelle beträgt der Laufzeitunterschied eine halbe Millisekunde. Im Gehirn werden die Ankunftszeiten der Signale von linkem und rechtem Ohr verglichen. Unterschiede von 10^{-5} Sekunden können noch registriert und verarbeitet werden, ohne daß uns das bewußt wäre.

Diese Fähigkeit erlaubt Richtungshören. Aus der Laufzeitdifferenz wird auf den Standort der Schallquelle geschlossen. Die Winkelauflösung liegt bei 3 bis 5° (und kann durch künstliche Vergrößerung des Ohrabstandes verbessert werden).

Entfernungshören

Sinustöne (die nur aus Schallwellen einer einzigen Frequenz bestehen) sind sehr selten. Normale Geräusche (Stimmen, Instrumente, Knalle) entstehen durch eine Überlagerung mehrerer oder vieler Frequenzen (z.B. Grundton und Obertöne). Verschiedene Frequenzen werden nun bei der Schallübertragung über größere Entfernungen verschieden stark gedämpft, und zwar hohe Töne stärker als niedrige. Dasselbe Geräusch klingt also aus verschiedenen Entfernungen verschieden. (Fern über einen See klingt deshalb auch die blechernste Trompete nicht nur leiser, sondern auch sauber und romantisch.)

Bei bekannten Schallereignissen kann man so aus der Veränderung ihres Klangcharakters auf ihre Entfernung schließen. Das ist übrigens auch schon mit *einem* Ohr möglich (während die wichtigsten Kriterien zum Entfernungs*sehen* auf der Zweiäugigkeit beruhen).

Es ist nun ganz bezeichnend, daß wir auf viele dieser Passungen erst dann aufmerksam werden, wenn sie versagen, wenn wir also im Wasser schlecht hören, bei Schnupfen keinen Druckausgleich vornehmen können, Ohrensausen haben usw. Fehlleistungen haben aber nicht nur diese heuristische Funktion, in der sie uns auf Grenzen und dadurch auf mesokosmische Passungen und Sachverhalte aufmerksam machen. Fehlleistungen können vielmehr eine ausgesprochen erkenntniserweiternde Rolle spielen, indem sie uns helfen, Struktur und Funktion kognitiver Mechanismen zu analysieren. So studieren wir das Farbensehen gerne an den verschiedenen Arten von Farben*blindheit*, lernen über die funktionelle Aufteilung des Gehirns am meisten an *Ausfalls*erscheinungen, und in 2 konnten wir den interpretativen Charakter der Wahrnehmung gerade an ihren Fehlleistungen – in diesem Falle an optischen *Täuschungen* – deutlich machen.

Alle diese Ausfallserscheinungen, Fehlleistungen, Täuschungen sollten freilich nicht die Tatsache verdecken, daß unser Weltbildapparat im allgemeinen und in dem Bereich, auf den er geeicht ist, ganz zuverlässig arbeitet. Es bedarf besonderer Aufmerksamkeit, sorgfältiger Überlegung und gezielter Experimente, wenn man diese Mechanismen überlisten will. Den Aufgaben, für die und an denen unser Erkenntnisapparat gebildet und ausgelesen wurde, wird er auch in hervorragender Weise gerecht.

d) Die neuen Probleme

Allerdings hat uns die *kulturelle* Evolution inzwischen vor eine neue Situation gestellt. Die Systeme, mit denen wir es neuerdings zu tun haben, sind nicht mehr durchweg mesokosmischer Natur. Sie sind größer, kleiner, schneller, schwerer, dichter, heißer, gefährlicher, giftiger als alle Objekte, auf die wir geprägt sind.

Solange wir uns ihnen nur aus Erkenntnisinteresse widmen, wie das – jedenfalls zunächst – bei Molekülen, Atomen, Elementarteilchen, Quarks, bei Monden, Planeten, Galaxien und beim Universum der Fall ist, mag es genügen, diese Systeme theoretisch-wissenschaftlich zu erfassen. Daß sie außerhalb des Mesokosmos liegen, wird dabei eine Erschwernis bedeuten, ist aber nicht grundsätzlich bedenklich. Allerdings treten bei der *Vermittlung* wissenschaftlicher Erkenntnis schon schwerwiegende Probleme auf, da es offenbar nicht mehr *möglich* ist, genau zu sagen, was ein Atom oder ein Neutronenstern ist, ohne die Begriffe und Gesetze der Quantentheorie, der Sternentwicklung, der Allgemeinen Relativitätstheorie zu Hilfe zu nehmen.

Nun wird wissenschaftliche Erkenntnis aber auch *angewandt*. Ihre Anwendung hat dann nicht nur kognitive, sondern auch praktische, technische, medizinische, ethische, finanzielle Aspekte. Aus welchen Motiven dabei zunächst geforscht wurde – ob aus theoretisch-kognitivem oder aus praktisch-technischem Interesse –, spielt dabei keine Rolle. Es gibt tatsächlich kein größeres Gebiet wissenschaftlicher Erkenntnis, das nicht nach einiger Zeit auch praktische Anwendung gefunden hätte. Aus der so „weltfremden" Relativitätstheorie folgt die Äquivalenz von Masse und Energie, die – über die Kernphysik – zur Kernspaltungs- und zur Wasserstoffbombe geführt hat. – Ob Schwarze Löcher existieren und zum Beispiel als Energielieferanten oder als ideale Standorte zur Endlagerung radioaktiver Abfälle dienen werden, ist noch ungewiß. Aber schon heute muß die Allgemeine Relativitätstheorie für die Synchronisation von Weltzeituhren berücksichtigt werden, die wiederum für Navigation, Raumfahrt und Satellitentechnik unentbehrlich sind.

Auch mathematische Theorien konnten ihre Reinheit nicht bewahren, sondern „dienen" zur Formulierung empirisch-wissenschaftlicher Theorien: die Gruppentheorie von Galois in der gesamten modernen Physik, die nicht-euklidische Geometrie von Riemann in der Allgemeinen Relativitätstheorie, die Quaternionen von Hamilton in der Relativistischen Quantenmechanik, die Funktionalanalysis von Hilbert in der Quantentheorie. Zahlentheorie und vor allem Primzahl-Forschung galten lange als Paradebeispiele „reiner" Wissenschaft, die nur um ihrer selbst willen betrieben werden konnten; für sie schien eine praktische Anwendung nicht einmal denkbar: Und doch: Neuerdings dienen Primzahl-„Techniken" zum Verschlüsseln und Entziffern geheimer Nachrichten. Wer hätte gedacht, daß Primzahl-Forschung einmal praktischen, sogar militärischen Nutzen haben würde?[10]

Die Anwendung der Wissenschaft in unserer Zeit bringt es nun mit sich, daß wir auch im Alltag mit neuen Systemen zu tun haben, die nicht mehr mesokosmischer Natur sind. Wir stehen ihnen auch nicht einfach passiv oder lediglich erkennend gegenüber, sondern wir schaffen sie, benützen sie, verändern sie. Wir fahren Autos, mit deren Arbeitsweise wir nicht vertraut sind; wir bauen Flugzeuge und Raketen, deren Funktionieren auch dem Piloten oder dem Astronauten nicht unmittelbar einleuchtet; wir rechnen mit Computern, deren Aufbau uns fremd ist; wir arbeiten mit Strahlen, für die wir kein Sinnesorgan besitzen; wir verlassen uns auf Geräte, deren Funktionsprinzipien wir nicht durchschauen; wir entwickeln Waffen, deren Auswirkungen wir uns gar nicht vorstellen können; wir greifen in Ökosysteme ein, deren Vernetzung uns unbekannt ist. Die moderne Welt konfrontiert uns also schon im Alltag mit Problemen, auf die unser Steinzeit-Gehirn nicht geprägt ist. Diese Welt *ist* nicht mehr mesokosmisch, und wir können nicht erwarten, daß sie sich mit mesokosmischen Mitteln bewältigen ließe.

Müssen wir also zur Steinzeit oder wenigstens zur Goethezeit zurückkehren, um die Probleme zu *beseitigen*? Oder können wir den neuen Problemen auch neue kognitive Werkzeuge entgegensetzen, um sie zu *lösen*? Wiederum ist es nicht das Ziel dieses Beitrages, diese Fragen zu beantworten. Aber wir sehen hier, wie eng die Evolutionäre Erkenntnistheorie mit aktuellen Problemen unserer von Wissenschaft und Technik geprägten Lebensweise verknüpft ist.

4 Wissenschaft mit Steinzeit-Gehirnen

a) Start im Mesokosmos

Nachdem wir die Schwierigkeiten betont und erklärt haben, die uns der Umgang mit wissenschaftlich-technischen Geräten, aber auch mit anderen komplizierten Systemen bereitet, könnte man den Eindruck haben, diese Schwierigkeiten entstünden nur dann, wenn solche Systeme in den Alltag eindringen, für den Wissenschaftler stellten sie dagegen kein Problem dar. Dieser Eindruck wäre jedoch verfehlt. Dem Mathematiker werden vierdimensionale Räume nicht dadurch *anschaulich*, daß er täglich mit ihnen rechnet. Der Röntgenfachmann entwickelt auch in jahrzehntelangem Umgang mit Röntgenstrahlen kein *Sinnesorgan* für solche Strahlen. Und der Regeltechniker erwirbt durch die Berechnung und Handhabung von Regelkreisen kein *Gefühl* für Rückkopplungen, auch wenn er viel besser weiß und durchschaut, welche Eigenschaften rückgekoppelte Systeme haben können. Diese Strukturen bleiben auch für die Fachleute außerhalb ihres Mesokosmos.

Was sie jedoch gewinnen, ist Erfahrung im *Umgang* mit solchen Systemen, die sie zwar nicht *anschaulich,* aber doch theoretisch, algorithmisch, kalkülmäßig beherrschen. Eine vierdimensionale Geometrie, ein Röntgenapparat, ein Regelkreis bleibt *für die Anschauung* eine „black box", ein schwarzer Kasten, dessen Verhalten, also dessen Input-Output-Relationen, man allerdings genau kennt. Das Funktionieren eines solchen Systems wird man zwar nicht intuitiv-anschaulich durchschauen, aber doch wenigstens theoretisch verstehen. Diese kalkülmäßige Beherrschung kann also die Anschaulichkeit nicht liefern, sondern allenfalls *ersetzen*.

All das – Kenntnis der Input-Output-Relationen, algorithmische Handhabung, theoretisch-abstraktes Verständnis, kalkülmäßige Beherrschung – setzt jedoch voraus, daß das fragliche Objekt, System, Gerät, Instrument bereits bekannt ist. Ganz anders stellt sich die Situation dar, wenn es darum geht, neue Strukturen zu entdecken, neue Theorien zu entwerfen, neue Erklärungen zu finden. Dann stehen ja weder die Anschaulichkeit mesokosmischer Systeme noch die Vertrautheit durch Umgang zur Verfügung. Und dann wirkt unsere mesokosmische Bindung eben doch hemmend. Zwar *wissen* wir, daß der Verstand weiter reicht als die Anschauung, unser Denkvermögen weiter als unser Vorstellungsvermögen, das Reich der Begriffe weiter als das der Sinne, Kalküle weiter als Bilder, Algorithmen weiter als Intuition, Wissenschaft weiter als Wahrnehmung und Erfahrung.[11] Aber wir bevorzugen natürlich trotzdem noch anschauliche, vorstellbare, sinnliche faßbare, bildhafte, intuitive, erlebbare Strukturen.

Deshalb halten wir in der Wissenscahft an mesokosmischen Strukturen fest, solange es geht. So schreibt auch Descartes 1644:

Kein vernünftiger Mensch wird bestreiten, daß es besser ist, nach dem Muster der in den großen Körpern durch unsere Sinne wahrgenommenen Vorgänge über die zu urteilen, die an den kleinen Körpern geschehen, aber wegen ihrer Kleinheit nicht wahrgenommen werden können, als zu ihrer Erkenntnis neue Dinge, ich weiß nicht welche, auszudenken, welche mit den wahrgenommenen keine Ähnlichkeit haben.[12]

b) Methodologische Rechtfertigung

Daß auch das nicht mesokosmisch Erlebte die gleichen Eigenschaften habe wie das sinnlich wahrgenommene, ist zwar falsch, aber eine sinnvolle *methodische* Maxime. Ihr heuristischer Wert kann überhaupt nicht bestritten werden. Wollte man ihr nicht folgen, so wäre man völlig ratlos. Es gibt ja immer unzählig viele Alternativen; welche davon sollte man wählen? Da ist es schon fruchtbarer, mit mesokosmischen Extrapolationen anzufangen und kritisch zu prüfen, wie weit man mit ihnen kommt. Im allgemeinen wird man mit diesen Hypothesen irgendwo scheitern. Aber erst und gerade die Entdeckung, wo und inwiefern sie versagen, gibt dem Forscher Hinweise, in welcher Richtung der bessere Ansatz, das bessere Modell, die bessere Theorie zu finden sein könnten. Auch hier zeigt sich der Erkenntniswert von Fehlleistungen (vgl. 3c), diesmal nicht am Versagen realer Systeme, sondern am Scheitern von Hypothesen.

So sehen wir, daß es jedenfalls heuristisch sinnvoll ist, mit mesokosmischen Hypothesen zu beginnen, *obwohl* wir gar nicht erwarten dürfen, daß sie unbeschränkt gelten oder anwendbar sind. Aber eben ihre Falschheit, Beschränktheit oder Unanwendbarkeit werden wir am ehesten *erkennen*, wenn wir sie hartnäckig verfolgen. Erst *erkannte* Fehler nämlich können zu Erkenntnisfortschritt führen. Wheeler hat diese heuristisch wertvolle Strategie – die natürlich aus der Popperschen Falsifikations-Theorie und aus seiner Methodologie von Versuch und Irrtumsbeseitigung hervorgeht – kurz und treffend charakterisiert: „Ein Experte ist ein Mensch, der alle Fehler in seinem Gebiet kennt. Unsere Aufgabe ist nur, diese Fehler möglichst schnell zu machen und zu erkennen."[13]

Mesokosmische Hypothesen sind demnach als Ausgangspunkt durchaus brauchbar und methodologisch gerechtfertigt. Das Verblüffende daran ist nun die Tatsache, daß diese Strategie auch dann funktioniert, wenn man sich ihres methodischen Charakters, der *Fragwürdigkeit* mesokosmischer Extrapolationen und der Korrektur*bedürftigkeit* erster Ansätze nicht bewußt ist.

Tatsächlich waren sich die meisten Denker früherer Jahrhunderte über den vorläufigen Charakter ihrer Hypothesen im allgemeinen nicht im klaren. Das hat jedoch die Wirksamkeit und die Fruchtbarkeit ihrer Gedanken und Modelle nicht beeinträchtigt. Ihre Ideen hatten jenen Grad von Einfachheit, der sie *verständlich* und *zitierfähig* machte. Zwar waren sie meist hochspekulativ; sie blieben aber doch insofern *mesokosmisch*, als sie *linear, monokausal* und bis zur Radikalität *einseitig* waren.

c) Vom Einfachen zum Komplexen

Es ist kein Wunder, daß die frühen Denker, insbesondere die Vorsokratiker, die Vielfalt der empirisch vorgefundenen Welt immer auf einen *einzigen* Urgrund (ἀρχή, Prinzip, Element) zurückführen wollen – auf das Wasser (Thales), das Unendliche (Anaximander), die Luft (Anaximenes), das Feuer (Heraklit), die Zahl (Pythagoras), den Nous (Anaxagoras) – und daß sie die Welt *entweder* in gußeiserner Starre (Parmenides) *oder* in fortwährendem Wandel sehen (Heraklit), *entweder* als durchgehend vernünftig und erkennbar *oder* als wesentlich unerkennbar. Die wahre Komplexität der Welt wird dabei regelmäßig unterschätzt. So meint Flügge:

> Die *griechische Wissenschaft* hat stets einen starken Hang dazu gehabt, aufs Ganze zu gehen und sofort nach den tiefsten Ursachen zu fragen. Sie ist ungeduldig; sie verweilt nicht lange bei den Erfahrungen, die sie nur oberflächlich betrachtet und nicht in mühsamen Experimenten präpariert . . . Der Fehler der Griechen liegt offenbar darin, daß sie überall vorschnell zu den Axiomen vorzustoßen versuchen.[14]

Falls derartige monistische Weltentwürfe sich als wertlos, als unfruchtbar oder gar als falsch erweisen, so sind *dualistische* Hypothesen der naheliegende, geradezu zwingende, nächste Schritt. So sind die Antagonisten im Weltgeschehen Liebe und Streit (Empedokles), Geist und Materie (Anaxagoras), Atome und leerer Raum (Demokrit), Wesen und Erscheinung (Platon), Stoff und Form (Aristoteles), Zufall und Notwendigkeit (Lukrez), Ahura Mazda und Angra Mainyu (die Mächte des Lichtes und der Finsternis in der altpersischen Religion Zarathustras). Erklärungstechnisch haben viele dieser Faktorenpaare den Vorteil, daß sie universell anwendbar sind: Was nicht materiell (zu erklären) ist, das ist geistig (zu erklären); was nicht notwendig ist, das ist eben zufällig; was uns gefällt, verdanken wir dem Gott des Lichtes, das übrige dem Gott der Finsternis, usw. Solche Gegensatzpaare haben also maximalen Erklärungswert, sind aber nicht widerlegbar, also nicht prüfbar und somit *empirisch-wissenschaftlich wertlos*. Das heißt natürlich keineswegs, daß Begriffspaare grundsätzlich anfechtbar wären; sie sind es nur dann, wenn sie zur Formulierung antagonistischer Prinzipien mit universellem Erklärungspotential mißbraucht werden.

Sollte sich ein dualistisches Erklärungsschema als inadäquat erweisen, so ist logischerweise der einfachste Ausweg eine *Drei*komponenten-These. Da lehrt die christliche Religion die *Dreieinigkeit* von Gott, Sohn und Heiligem Geist. Hegel propagiert den *Dreischritt* These, Antithese, Synthese. Comte verkündet im Anschluß an Saint-Simon sein *Dreistadiengesetz* (wonach alle Funktionen des menschlichen Geistes – es sind natürlich drei – nacheinander je ein theologisches, ein metaphysisches und ein positives Stadium durchlaufen); er hat auch sonst eine auffällige Vorliebe für die Dreizahl. Piaget glaubt, auf allen Organisationsebenen (biologischen, psychologischen, soziologischen) eine „dialektische *Triade*" von Totalität, Atomismus und Relationalität wiederzufinden.[15]

Der nächste Schritt ist natürlich ein *Vier*-Faktoren-Modell. So behauptet schon Empedokles, es gebe vier Elemente (Erde, Wasser, Luft und Feuer), eine Auffassung, die von Aristoteles übernommen und im Mittelalter weiter ausgebaut wird. Allerdings glaubt schon Platon, diesen vier Elementen aus Gründen mathematischer Symmetrie ein *fünftes*, die quinta essentia, hinzufügen zu müssen.

Und so geht es weiter. Mit Leichtigkeit läßt sich zu jeder Zahl unter 20 eine Theorie angeben, die mit der entsprechenden Zahl von Komponenten arbeitet. Heute kennen wir bereits 109 chemische Elemente (zu denen die antiken „Elemente" nicht einmal gehören). An einer bestimmten Zahl läßt sich die Richtigkeit einer Theorie oder die Brauchbarkeit einer Methode jedenfalls nicht festmachen. Es ist klar, wohin dieses Verfahren führt: zu immer komplizierteren, reicheren Begriffssystemen, Hypothesen, Theorien. Die Welt hat sich regelmäßig als vielgestaltiger erwiesen, als zunächst vermutet worden war. Aber das konnten die frühen Denker, Philosophen, Wissenschaftler noch nicht wissen. Sie versuchten noch, mit einfachsten Denkmodellen auszukommen.

Selbstverständlich werden dabei immer gleich *endgültige* Lösungen vorgeschlagen. Wenn Platon behauptet, die Bewegungen der Himmelskörper seien ewig und vollkommen und daher kreisförmig, so hat diese Behauptung für ihn und seine Nachfolger *axiomatischen* Charakter. Sie schließt zugleich die Forderung ein, daß alle Planetenbewegungen über Kreiskonstruktionen beschrieben werden müßten. Tatsächlich haben sich die Astronomen 2000 Jahre lang – bis zu Kopernikus und Galilei – an diese Forderung gehalten; erst Kepler hat sich mühsam davon gelöst.

Wenn Aristoteles versichert, daß allen Körpern ein bestimmter Platz zukomme, den sie zu erreichen trachteten, und daß jede Bewegung einer Kraft bedürfe, so gewinnen auch diese Behauptungen den Charakter von *Axiomen*, den sie bis zu Galilei behalten. Und sogar Newtons Mechanik wird nach einem hundertjährigen Siegeszug ihrerseits zum bewunderten Vorbild für jede Erfahrungswissenschaft, wobei ihre Grundgesetze nicht nur als bestens bewährt, sondern als *unumstößlich* gelten, bis wiederum Einstein ihnen in seinen Relativitätstheorien widerspricht und sie als vorläufig und fehlbar erweist.

Einstein hat allerdings seine Theorien nie als endgültig hingestellt, sondern ihren vorläufigen Charakter immer betont und darauf hingewiesen, daß eine endgültige Theorie auch Quantenphänomene einschließen müsse. Diese Einsicht ist nicht so sehr der persönlichen Bescheidenheit Einsteins zu verdanken. Vielmehr hat gerade die Relativitätstheorie deutlich gemacht, daß wir in unseren Theorien über unsere mesokosmischen Überzeugungen hinausgehen *können* und das auch tun *müssen*, wenn wir die gesamte Welt erfassen wollen.

d) Ein Fall für Aristoteles

Auch die Physik beginnt mesokosmisch, ist also zunächst anthropozentrisch und anthropomorph. Erst unter dem Druck empirischer Fakten ringt sie sich zu einem objektiveren Weltbild durch. Zum Beleg brauchen wir gar nicht auf das treffende, aber gar zu oft zitierte Beispiel geo- und heliozentrischer Weltbilder zurückzugreifen. Auch an die Tatsache, daß der klassischen Einteilung der Physik in Mechanik, Akustik, Optik und Wärmelehre unsere physikalischen Sinne (Tastsinn, Gehör, Gesichtssinn, Wärmesinn) zugrundeliegen, sei hier nur erinnert. Etwas ausführlicher wollen wir die bereits erwähnte Aristotelische Physik diskutieren.

Nach Aristoteles bedarf jede Bewegung einer Ursache. Diese (falsche) Annahme hat weitreichende Konsequenzen. In Tabelle 2 vergleichen wir diese Konsequenzen für den freien und den gebremsten Fall mit den Gesetzen der Newtonschen Mechanik und Gravitationstheorie.

Wir können nun – unter Einschluß unseres heutigen Wissens – prüfen, wer die *mesokosmischen* Verhältnisse besser beschreibt. Wie fallen Körper „wirklich"? Das Galileische Fallgesetz $v = g \cdot t$ (Geschwindigkeit = Erdbeschleunigung mal Zeit) besagt, daß alle Körper – unabhängig von Masse, Gewicht, Größe oder Form – in gleicher Weise beschleunigt werden. Im Vakuum hat Galilei damit auch recht. Im widerstehenden Medium gilt sein Fallgesetz dagegen nicht mehr (worüber sich Galilei durchaus im klaren war): Ein Blatt (große Oberfläche) fällt *langsamer* als eine Kugel; ein Diskus fliegt in der Luft *weiter* als im Vakuum (Tragflächenwirkung); in Flüssigkeiten kann die Bewegung sogar umgekehrt sein (Auftrieb).

	nach Aristoteles	nach Galilei/Newton
Bewegungsgleichung (Grundgesetz der Mechanik)	Kraft = Widerstand mal Geschwindigkeit	Kraft = Masse mal Beschleunigung
Also gilt das „Trägheitsgesetz“: Ein Körper, auf den keine Kraft wirkt (K = 0),	bleibt in Ruhe.	bleibt in Ruhe oder im Zustand gleichförmig geradliniger Bewegung.
Zur Aufrechterhaltung einer gleichförmigen Bewegung ist also	Kraft erforderlich (z.B. Pferd, Motor).	keine Kraft erforderlich.
Zur Verlangsamung einer Bewegung ist dagegen	keine Kraft nötig.	Kraft nötig (z.B. Reibung).
Der freie Fall ist	gleichförmig.	beschleunigt.
Also wirkt dabei (nach beiden Theorien!) eine Kraft. Diese Kraft ist	der Drang jedes Körpers, seinen „natürlichen“ Ort einzunehmen (Erde und Wasser „unten“, Luft und Feuer „oben“).	die Anziehungskraft der Erde (Gravitation).
Verschieden schwere Körper fallen	verschieden schnell (und zwar schwerere Körper schneller).	gleich schnell.
Das „Fallgesetz“ lautet dann	qualitativ (!): $v \sim \frac{\text{Masse}}{\text{Zähigkeit} \cdot \text{Fläche}}$ (unabhängig von der Zeit!).	quantitativ (!): v = Erdbeschleunigung mal Zeit $= g \cdot t$ (unabhängig von der Masse!).
Diese Behauptungen *gelten* für fallende Körper	in einem Medium (Gas, Flüssigkeit), wenn sie ihre Endgeschwindigkeit erreicht haben.	im Vakuum und wenn die Luftreibung vernachlässigt werden darf.
Das ist der Fall	bei großer Reibung, also in zähen Flüssigkeiten, bei langen Fallwegen und bei vergleichsweise großer Oberfläche (Blatt, Feder).	bei kleiner Reibung, also in Luft, bei kurzen Fallwegen oder bei vergleichsweise kleiner Oberfläche (Kugeln).

Der Reibungswiderstand, den das Medium dem fallenden Körper entgegensetzt, wächst mit der Geschwindigkeit an. Bei langsamer Bewegung ist er proportional zur Geschwindigkeit, bei schneller Bewegung sogar zu deren Quadrat. Die Fallbewegung im Medium ist also zwar zunächst beschleunigt, erreicht aber eine *Grenzgeschwindigkeit*, bei welcher der Widerstand des Mediums die herrschende Gravitation (oder den Auftrieb) gerade ausgleicht.[16] Das gilt für fallende Blätter, für kleine Nebeltröpfchen, für Gasbläschen in Sprudel oder Sekt, für einen frei fallenden Menschen (Endgeschwindigkeit 55 m/s ≅ 200 km/h) und erst recht natürlich für einen Fallschirmspringer (Endgeschwindigkeit 5,5 m/s ≅ 20 km/h). Es gilt für Vögel, für Meteorite, die infolge der Luftreibung verglühen (Sternschnuppen), und für Raumschiffe, die in die Erdatmosphäre „eintauchen".

Für viele Fälle, die im Alltag auftreten (hoher Reibungswiderstand), kann also das Fallgesetz des Aristoteles als brauchbare Näherung gelten. Da uns Unterschiede im allgemeinen mehr auffallen als Ähnlichkeiten, wird man sogar sagen dürfen, daß sein Fallgesetz, wonach verschieden schwere Körper *verschieden* schnell fallen, der mesokosmischen Erfahrung näher kommt als das Gesetz von Galilei. Dafür gibt es zwei Gründe. Erstens ist der freie Fall vergleichsweise *selten*. Zweitens und vor allem aber dauert gerade der freie Fall immer nur kurze Zeit. Er kann deshalb nur schwer und nur mit aufwendigen Hilfsmitteln zum Gegenstand der Beobachtung gemacht werden (schiefe Ebene bei Galilei, elektronische Zeitmessung heute). Wenn Körper dagegen *nicht* frei fallen, so sind sie im allgemeinen *gebremst*; ihr Fall dauert wesentlich länger und läßt sich viel leichter beobachten.

Der mesokosmische „Fall" ist also der gebremste Fall. Um ihn zu beschreiben, braucht man bei Aristoteles nur *eine* Kraft oder Ursache (das Streben zum natürlichen Ort), nach Galilei aber bereits zwei (Gravitation und Reibung), auch dann, wenn man den mesokosmisch beobachteten Tatsachen nur *qualitativ* gerecht werden will.

Bei der Trägheitsbewegung ist es eher umgekehrt: Sie bedarf nach Aristoteles einer Ursache, also auch einer Erklärung, nach Newton dagegen nicht. Aber der Fall der kräftefreien Bewegung ist eben nicht der mesokosmische Fall, da bei Bewegungen im Alltag grundsätzlich Reibungskräfte auftreten, die jede Bewegung zum Stillstand bringen. Auch hier sind die mesokosmisch vorherrschenden Abläufe nach Aristoteles *einfacher* zu beschreiben als nach Newton: Eine gebremste Bewegung ist nach Aristoteles bei Abwesenheit von Kräften natürlich, bei Newton beruht sie auf einer Überlagerung der „natürlichen" Trägheitsbewegung mit einer bremsenden Kraft.

Zwischen dieser Deutung der Aristotelischen Mechanik als einer mesokosmisch durchaus naheliegenden Beschreibung der Welt und der in 1c angedeuteten „Status quo"-Problematik besteht eine lehrreiche Analogie. Nach der Aristotelischen Physik ist ein „Status quo" ein *statischer* Zustand, in dem alles ruht und an seinem Platz bleibt, Bewegungen dagegen einer Ursache, einer Erklärung, einer Kraft bedürfen. Nach dem Galilei-Newtonschen Trägheitsprinzip sind dagegen gleichförmige Bewegungen durchaus natürlich und keiner Erklärung bedürftig; erst Beschleunigungen bedürfen einer Kraft. Man kann also den Unterschied zwischen Aristotelischer und Newtonscher Physik auch darin sehen, daß sie den Begriff eines „Status quo" ganz verschieden definieren.

So verstehen wir, warum eine Physik, die – wie wir in 4b festgestellt haben – mesokosmisch beginnen darf und muß, eine Aristotelische Physik sein konnte (und mußte). Daß es dann 2000 Jahre dauern würde, bis diese mesokosmische Physik abgelöst werden konnte, hat allerdings noch viele andere Gründe, auf die wir hier nicht einzugehen brauchen.

Wir bemerken jedenfalls, daß auch die frühe Physik die Komplexität der Welt unterschätzt hat. Auch hier ist die Realität verwickelter, als man dachte. Ruhe oder gleichförmige Bewegung können nicht nur bei Abwesenheit von Kräften herrschen, sondern auch beim Wirken mehrerer Kräfte, die sich gegenseitig aufheben. Andererseits bedarf eine *beschleunigte* Bewegung nur einer einzigen Kraft. So erweist sich das scheinbar Einfache als komplex, das scheinbar Komplexe aber gelegentlich auch als einfach. Erkenntnisfortschritt kann also darin bestehen, daß wir entdecken, wo die wahren Einfachheiten und die wirklichen Komplexitäten liegen. Unsere mesokosmischen Erfahrungen geben uns darüber nicht ohne weiteres Auskunft. Und auch das wissenschaftliche Denken kann Mühe haben, es herauszufinden.

e) Der Sturz der Parität

Daß auch und gerade die *moderne Physik* uns aus dem Mesokosmos herausgeführt hat, wurde schon in 3b betont. Welche Anforderungen an Phantasie, an Kühnheit, an Verzicht, an Abstraktionsfähigkeit dieser Weg gestellt hat, dürfte bekannt sein. Weniger bekannt sind vielleicht die Probleme, die mit der Nichterhaltung der Parität verbunden waren.

Aufgrund mesokosmischer Erfahrungen sind wir durchaus überzeugt, daß die Welt einen hohen Grad von räumlicher Symmetrie aufweist. Zwar lachen wir, wenn ein Film *rückwärts*, nicht aber, wenn er *seitenverkehrt* abläuft. In der Regel merken wir es nicht einmal. Zu den meisten orientierten, also nicht schon in sich spiegelsymmetrischen Gebilden gibt es auch die gespiegelten Partner mit umgekehrter Orientierung:

Autos mit Rechtssteuerung, Schrauben mit Linksgewinde, Menschen mit „situs inversus“ (innere Organe alle spiegelverkehrt angeordnet); Angelspulen, Kegelkugeln und Zahnarzteinrichtungen für Linkshänder; Spiegelschrift. Und bei den wenigen Strukturen, die tatsächlich nur in *einer* Orientierung vorzukommen scheinen (Doppelhelix, Nabelschnur), sind wir doch sicher, daß diese Asymmetrie auf Zufall oder auf Verabredung beruht und nicht durch Naturgesetze erzwungen ist. Diese Vermutung wurde auch durch alle empirisch-wissenschaftlichen Befunde gestützt. Bis zur Jahrhundertmitte gab es keinen einzigen Hinweis darauf, daß die elementaren Naturprozesse eine bestimmte räumliche Orientierung bevorzugen könnten.

1956 wurde entdeckt, daß die schwache Wechselwirkung (neben Gravitation, Elektromagnetismus und starker Wechselwirkung eine der vier Grundkräfte in der Natur) in eben dieser Weise asymmetrisch ist: Zu gewissen Zerfallsprozessen kommt die räumlich gespiegelte Version einfach nicht vor. Die Wissenschaftler hatten große Schwierigkeiten, sich an diesen Gedanken zu gewöhnen. Zu tief verwurzelt war die mesokosmisch geprägte und erfahrungswissenschaftlich bestätigte Erwartung, die Welt oder wenigstens die Naturgesetze seien räumlich symmetrisch. Aber auch diese Gewißheit hat sich als verfehlt, als Vorurteil erwiesen. Wieder ist die Welt komplizierter, als man gedacht hatte.

Die Nichterhaltung der Parität, diese „Symmetriestörung“, ist von chinesischen Physikern (Lee, Yang und Wu) vermutet und auch experimentell bestätigt worden. Es ist eine interessante Frage, warum gerade chinesische Wissenschaftler in der Lage waren, diese Entdeckungen zu machen. Es könnte daran liegen, daß die chinesische Kultur Spiegelsymmetrien nicht so stark betont wie die abendländische. (Man denke etwa an Tai-Ki, das Yin-Yang-Symbol, das bei aller Ebenmäßigkeit doch eine charakteristische Asymmetrie aufweist.) Auch hier wäre es also eine Art von mesokosmischer Vertrautheit mit bestimmten Strukturen, die den Erkenntnisfortschritt fördern oder eben auch hemmen könnte. Solche Überlegungen sind faszinierend; ihre Stichhaltigkeit ist jedoch sehr schwer nachzuprüfen.

5 Kann das Gehirn sich selbst verstehen?

a) Warum wir das Gehirn falsch einschätzen

Wir können sogar noch einen Schritt weitergehen. Wie wir in 2e betont haben, ist unser Gehirn nicht als Erkenntnisorgan, sondern als Überlebensorgan entstanden. Deshalb haben wir Schwierigkeiten, Systeme zu durchschauen, die nicht mesokosmischer Natur sind, insbesondere komplizierte Systeme. Das komplizierteste System, das die Evolution bisher hervorgebracht hat, ist nun das Gehirn selbst. Wir brauchen uns deshalb auch nicht zu wundern, wenn uns die Erforschung gerade dieses Systems besonders schwerfällt. Ist es schon nicht für die Aufgabe selegiert, komplizierte Systeme zu erfassen, so erst recht nicht dafür, sich selbst zu erkennen, zu verstehen, zu durchschauen, zu erklären.

Daher wird es kommen, daß wir auch für die Leistungen und Fehlleistungen unseres Gehirns so wenig „Fingerspitzengefühl" besitzen. Was wir als Psychologen, als Neurologen, als Sprachwissenschaftler, als Erkenntnistheoretiker über unsere kognitiven Fähigkeiten aussagen, das ist alles bereits Bestandteil theoretischer Erkenntnis und Ergebnis wissenschaftlichen Forschens; Wahrnehmung und Erfahrung helfen uns dabei nur wenig. Auch die in 1 zusammengestellten Fehlurteile und Trugschlüsse, auf die wir regelmäßig hereinfallen, sind ja keine Alltagserfahrungen, sondern müssen erst mühsam herauspräpariert und sorgfältig vorgestellt werden, damit wir uns ihrer bewußt werden.

So sind wir nicht nur *im* Umgang mit komplizierten Systemen auf wissenschaftliche Erkenntnis angewiesen, sondern auch und erst recht dann, wenn wir *über* diesen Umgang mit komplizierten Systemen nachdenken. Ohne diese theoretische Stütze neigen wir auch hier – also beim Nachdenken über uns selbst – zu vorschnellen und vermeintlich abschließenden Urteilen. Es dürfte uns nun aber nicht mehr wundern, daß wir dabei im allgemeinen die Komplexität und deshalb auch die Leistungsfähigkeit unseres Gehirns unterschätzen.

So kommt es zu Aussagen, die zwar recht plausibel klingen, aber nicht durch handfeste Argumente gestützt und meistens falsch sind. Insbesondere die Erkenntnistheorie ist voll von solchen vorschnellen Urteilen.

Immer wieder wird behauptet, das Gehirn könne sich nicht selbst verstehen. Woher wollen wir das eigentlich wissen? Ein *zwingendes* Argument für diese These ist bisher jedenfalls nicht vorgetragen worden. Meist bezieht man sich dabei in recht unscharfer Weise auf die Komplexität des Gehirns oder auf Probleme des Selbstbezugs. Im folgenden wollen wir einige solche mesokosmischen Argumente nennen und kurz besprechen.

b) „Das Gehirn ist zu kompliziert."

So meint sogar Karl Steinbuch, jemand, der hinsichtlich der kybernetischen Erklärbarkeit geistiger Prozesse sonst eher optimistisch ist:

Selbst wenn man annimmt, daß der Zeitaufwand nur proportional zur Zahl der Schaltelemente geht, bräuchte der Biologe zur Analyse der Schaltung des Nervennetzes immerhin etwa 40 000 Jahre.

Wenn wir nun annehmen, wir hätten trotz aller Schwierigkeiten auf einigen Quadratkilometern engbezeichneten Papiers das vollständige Schaltbild eines funktionsfähigen Nervensystems aufgezeichnet, so hülfe uns das nur wenig, denn wir wären nicht imstande, die zwangsläufig sich ergebenden Verhaltensformen zu erkennen. Das menschliche Vorstellungsvermögen versagt bei Aggregaten dieser Größenordnung. Ein Netzwerk von etwa 15 Milliarden Schaltelementen ist nicht mehr vorstellbar. Offensichtlich machen also rein quantitative Ursachen ein Verständnis der menschlichen Denkvorgänge unmöglich.[17]

Aber auch Steinbuch hat hier etwas Wichtiges übersehen. Wäre das Gehirn tatsächlich nichts weiter als ein vernetztes Konglomerat von vielen Milliarden Nervenzellen, so wäre es mit Sicherheit nicht durchschaubar. Damit wir einen Sachverhalt oder ein System verstehen können, müssen sie ausreichend strukturiert sein. Wir müssen verschiedene Teile, Funktionsebenen, Hierarchien, Speichermethoden, übergeordnete Prinzipien usw. unterscheiden können. Solche Strukturen erlauben eine Aufteilung und Schichtung des Wissens, die Integration von Teilinformationen, das Aufsteigen zu höheren Beschreibungsebenen, das Absehen von Details, die Bildung von Superzeichen, von Mittelwerten, die denkökonomische Zusammenfassung vieler Einzelheiten. Das gilt natürlich auch für das Gehirn.

Tatsächlich dürfen wir sicher sein, daß das Gehirn eine solche weitgehende Strukturierung auch wirklich besitzt. Davon haben wir freilich bisher nur die räumlich *kleinsten* Bausteine (Neuronen) und die *gröbsten* Unterteilungen (funktionelle Gliederung des Gehirns) einigermaßen erforscht. Dazwischen muß es noch zahlreiche weitere hierarchisch geordnete Stufen geben, welche Form und Funktion des Gehirns bestimmen und deshalb erkannt werden müssen, wenn wir dieses System verstehen wollen.

Was uns dabei Grund zu Optimismus gibt, ist die Tatsache, daß wir – eben dank unserem Gehirn – eine argumentative Sprache besitzen, die es uns erlaubt, neue Begriffe zu bilden, logische Schlüsse zu ziehen, mathematische Modelle zu benützen, kühne Hypothesen aufzustellen und kritisch zu überprüfen. Der Komplexität der theoretischen Systeme, die wir so entwerfen und einer kritischen Prüfung aussetzen können, sind keine sichtbaren Grenzen gesetzt. Warum sollte ein solches sprachlich formuliertes System nicht auch die für eine Beschreibung und Erklärung des Gehirns erforderliche Komplexität erreichen können?

Zwar können wir die „Hardware" unserer neuralen Netzwerke nicht beliebig erweitern (das würde ja auch die Erkenntnisschwierigkeiten nur noch weiter erhöhen); aber wir können bei Bedarf jederzeit äußere

Hilfsmittel in Anspruch nehmen: Papier, Bücher, Bibliotheken, Datenbanken, Computer, künstliche Intelligenz. Ganz ähnlich wie *Werkzeuge* uns helfen, etwas zu bewirken, so helfen uns jene kognitiven Prothesen beim Denken; sie sind *Denkzeuge*.

Dieser Vergleich ist durchaus tragfähig. Kann man Maschinen als Energiewandler ansehen, die weitaus mehr Energie umsetzen als die nackte Faust, so kann man Sprache, Schrift, Algorithmen, Computer, Denkmaschinen ganz analog als *Informationswandler* ansehen, die weitaus mehr Information verarbeiten als das Gehirn allein. Vergleichen wir, wieviel mehr Materie und Energie wir mit Werkzeugen umsetzen können, so bekommen wir vielleicht auch eine Vorstellung, wieviel mehr wir mit Denkzeugen leisten könnten.

c) „Selbstbezug führt zu Widersprüchen."

Tatsächlich gibt es zahlreiche Antinomien, die durch Selbstbezug (Selbstreferenz) entstehen. Antinomisch sind zum Beispiel die folgenden Texte: „Ich lüge jetzt." „Dieser Satz ist falsch." „Der folgende Satz ist wahr. Der vorhergehende Satz ist falsch." Andere *semantische* Antinomien sind die von Grelling („heterologisch"), Tarski („selbstanwendbar"), Berry („kleinste langdefinierbare Zahl"), König und Richard.

Unter den *logisch-syntaktischen* (mengentheoretischen) Antinomien ist die bekannteste die Russellsche Antinomie von der „Menge aller Mengen, die sich nicht selbst als Element enthalten". (Sie führt allerdings nur dann zu einer echten Antinomie, wenn man das unbeschränkte Komprehensionsprinzip verwendet, also jede beliebige Eigenschaft als mengenbildend zuläßt, wie es Cantor und den frühen Mengentheoretikern tatsächlich vorgeschwebt hatte.) Andere mengentheoretische Antinomien stammen von Cantor, Shen Yuting, Burali-Forti und Quine.

Nun enthalten zwar alle diese antinomischen Sätze und Begriffsbildungen Selbstbezüge, und man kann die Antinomien auch tatsächlich vermeiden, wenn man diese Selbstbezüge verhindert (z.B. durch Sprachstufenunterscheidung). Das heißt jedoch keineswegs, daß *alle* Selbstbezüge zu Widersprüchen führen müßten. Trotz ihrer Selbstbezüglichkeit sind die folgenden Sätze und Begriffsbildungen nicht antinomisch: „Ich sage die Wahrheit." „Dieser Satz ist wahr." „Der folgende Satz ist falsch. Der vorhergehende Satz ist falsch." „Alle Sätze sind selbstanwendbar." „Autologisch"; „die Menge aller Mengen, die sich selbst enthalten" usw.

Auch sind viele beliebte Beispiele für Antinomien in Wahrheit *nicht* antinomisch. Typisch für solche Fehlurteile. die auf mangelnder logischer Strenge beruhen, ist die Geschichte von Epimenides, dem Kreter, der versichert: „Alle Kreter lügen immer.“ Diese Aussage ist gar nicht antinomisch.

Was Epimenides sagt, ist entweder wahr oder falsch. Nehmen wir zunächst einmal an, es sei *wahr.* Dann lügen alle Kreter immer, somit auch Epimenides jetzt. Dann ist es also nicht wahr, daß alle Kreter immer lügen; die Behauptung ist falsch. Also gilt: Wenn der Satz wahr ist, so ist er falsch. Er kann also gar nicht wahr sein; somit ist er falsch.

Angenommen nun, das was Epimenides sagt, sei *falsch.* Dann stimmt es nicht, daß alle Kreter immer lügen. Also gibt es Kreter, die gelegentlich die Wahrheit sagen. Hieraus wird nun häufig geschlossen, daß auch Epimenides die Wahrheit gesagt habe. (Dann erhält man tatsächlich eine Antinomie; denn dann ist der Satz falsch, wenn er wahr ist, *und* wahr, wenn er falsch ist, also wahr genau dann, wenn er falsch ist; und das *ist* eine Antinomie.) Das ist jedoch ein Trugschluß. Daraus, daß *manche* Kreter *manchmal* die Wahrheit sagen, folgt natürlich nicht, daß *dieser* Kreter *jetzt* die Wahrheit sagt. Die Annahme, er lüge, führt also nicht zum Widerspruch. Wir wissen somit, daß Epimenides lügt.

Ähnlich führen „der Barbier, der alle Männer seines Dorfes rasiert, die sich nicht selbst rasieren,“ und „der Katalog aller Kataloge, die sich nicht selbst verzeichnen,“ nicht – wie oft behauptet wird – in eine Antinomie, sondern zu dem Ergebnis, daß es einen solchen Barbier oder einen derartigen Katalog einfach nicht gibt. Auch die Regel „keine Regel ohne Ausnahme“ ist nicht antinomisch, sondern nur falsch.

Wir sehen, daß Selbstbezüge zu Antinomien führen *können*, aber nicht *müssen.* Daß die Rückbezüglichkeit der Gehirnforschung oder der Erkenntnistheorie tatsächlich zu Widersprüchen führt oder führen müsse, ist bisher *nicht* gezeigt worden.

d) „Selbstbezug ist zirkulär.“

Der Zirkelvorwurf wird etwa in der folgenden Form erhoben: Wenn Selbstreferenz auch nicht zu Widersprüchen führen muß, so erzeugt sie in der Argumentation doch eine Zirkularität, die wirklichen Erkenntnisgewinn verhindert. So wie man einen Begriff nicht durch sich selbst *definieren* kann, wie man einen Satz nicht aus sich selbst *beweisen* kann. („Wenn A, so A“ ist zwar ein gültiger Schluß, aber natürlich kein Beweis für A) und wie man eine Norm nicht aus sich selbst *begründen* kann („Warum darf ich nicht töten?“ „Weil es verboten ist.“), so kann ein System sich auch nicht selbst *erkennen.* Versucht man es trotzdem, so gerät man in einen *vitiösen Zirkel.*

An diesem Argument sind natürlich alle Vergleichsbeispiele richtig. Alles definieren, beweisen, begründen zu wollen, führt in die drei Sackgassen des Münchhausen-Trilemmas: Zirkel (tautologisch), unendlicher Regreß, Dogmatismus, Aber diese Einsicht läßt sich nicht ohne weiteres auf das Erkennen übertragen. Es handelt sich zunächst nur um eine Analogie, deren Berechtigung erst einmal nachgewiesen werden muß. Daß diese Analogie nicht *immer* greift, ist leicht zu sehen. Schließlich kann ich mich auch selbst waschen, mich kitzeln, mich beobachten, mich töten; mein Auge kann sich – z.B. im Spiegel – sehen. Warum sollte sich mein Gehirn nicht selbst erklären können?

Zwar gibt es tatsächlich prinzipielle Grenzen unserer Erkenntnisfähigkeit. Wie wir in 2b gesehen haben, besitzen wir kein perfektes, absolutes, sicheres Wissen; wir können die Wahrheit unserer Theorien über die Welt und über uns selbst niemals beweisen. Diese Grenze gilt jedoch nicht nur für die Selbsterkenntnis, sondern für alle faktische Erkenntnis; sie kommt also nicht erst bei reflexiven, rückbezüglichen, selbstreferentiellen Strukturen ins Spiel.

Sie ist auch nicht durch die selbstbezügliche Struktur unseres Problems *verursacht*, sondern hat ganz andere Gründe.

In 2b haben wir Erkenntnis als adäquate Rekonstruktion und Identifikation realer Objekte definiert. Diese Rekonstruktion ist erforderlich, weil wir von der Außenwelt immer nur *Projektionen* besitzen. Unsere Sinnesorgane verarbeiten Signale, die uns erreichen, und unser Gehirn *interpretiert* diese Signale als Projektionen äußerer Objekte. Da bei der Projektion eines Gegenstandes auf unsere Peripherie im allgemeinen Information verloren geht, müssen wir im Erkenntnisvorgang versuchen, diese Information zurückzugewinnen. Diese Rückgewinnung kann jedoch immer nur *hypothetisch* sein; einen Königsweg, der uns zu *sicherer* Erkenntnis führen könnte, gibt es nicht. Der hypothetische Charakter unseres Wissens ist also in unserem Verhältnis zur realen Welt verankert; mit der Rückbezüglichkeit unseres Nachdenkens über Erkenntnis hat er nichts zu tun.

Wer für menschliche Erkenntnis Sicherheit beansprucht, wer glaubt, alle Wirklichkeitserkenntnis könne begründet werden, wer also ein solches Begründungspostulat für erfüllbar hält, wer gar Erkenntnis als „*sicheres* Wissen“ definieren möchte, für den erscheint der Selbstbezug mit Recht bedenklich. Allerdings sieht er nicht, daß diese Bedenken nicht erst im reflexiven Stadium des Erkennens greifen, sondern bereits vorher und überall berechtigt und unvermeidlich sind. Sichere Selbsterkenntnis gibt es nicht; das ist nur zu wahr. Dies aber nicht deshalb, weil *Selbst*erkenntnis so problematisch wäre, sondern weil es überhaupt keine sichere Erkenntnis gibt, weil alle Wirklichkeitserkenntnis unsicher, vorläufig, hypothetisch, fehlbar ist.

e) „Aber die Gödelschen Sätze sagen doch . . .“

Ja, was sagen die Gödelschen Sätze? Wir können hier nicht auf die Formulierung, die Beweise und die Bedeutung dieser wichtigen Sätze der Metamathematik eingehen. Wir wollen aber doch wenigstens zeigen, inwiefern sie kein Argument gegen die Erklärbarkeit des menschlichen Gehirns oder des menschlichen Geistes liefern.

Zunächst einmal sagen sie nur etwas über *formale Systeme*, nicht über Gehirne. Allerdings gibt es gute Gründe, die *Arbeitsweise* des Gehirns als *algorithmisch* anzusehen (das Gehirn also als universelle Turingmaschine aufzufassen, vgl. 5h). Dann sagen die Gödelschen Sätze nur, daß ein bestimmtes Gehirn einige wahre Sätze über sich selbst, z.B. seine eigene Widerspruchsfreiheit, nicht *beweisen* kann. Diese Beschränkung ist zwar von prinzipiellem Interesse; sie bedeutet jedoch keine wesentliche Einschränkung für unsere Aufgabe, das Gehirn zu erklären.

Erstens haben wir gerade gesehen, daß wir uns in allen faktischen Fragen – und deshalb auch hier – mit hypothetischem Wissen begnügen müssen. Sicheres, *beweisbares* faktisches Wissen ist uns versagt; das haben wir bereits eingesehen. Die Gödelschen Sätze tragen nur ein Element, das in den faktischen Wissenschaften schon längst existiert, in die formalen Wissenschaften hinein. Für die Erfahrungswissenschaften und auch für die Erkenntnistheorie entsteht dadurch keine grundlegend neue Situation. Wir lernen dazu, daß wir neben all dem sicheren Wissen über *Fakten*, das uns verschlossen bleibt, auch über einige *formale* Eigenschaften des Gehirns kein sicheres Wissen erlangen können. Das ist wichtig zu wissen, stürzt uns aber nicht vom Licht der Erkenntnis in die Finsternis des Unwissens, sondern bedeutet nur eine weitere Abschattung, die uns nicht einmal so sehr überraschen dürfte.

Zweitens lassen die Gödelschen Sätze ja durchaus noch hoffen, daß ein System über ein *anderes* (formales) System alles Wissenswerte herausfindet und beweist. Selbst wenn also mein Gehirn sich selbst nicht völlig durchschauen könnte, so kann es doch *andere* durchschauen, verstehen, erklären. Umgekehrt könnten auch andere mich verstehen. Die Gödelschen Sätze schließen das nicht aus, und für eine vernünftige (realistische) Erkenntnistheorie würde natürlich auch das genügen.

f) „Kein System kann sich selbst reproduzieren.“

Selbst wenn diese Behauptung wahr wäre, so könnte sie doch kein Argument gegen die Erklärbarkeit des Gehirns liefern. Auch sie stellt nur eine vage Analogie dar, die zwar wieder eine gewisse mesokosmische Plausibilität besitzt, aber eben auch verfehlt sein kann. Tatsächlich ist aber nicht nur die Analogiebildung ein Mißgriff. Auch die Behauptung selbst ist falsch. Denn natürlich kennen wir genügend Systeme, die sich reproduzieren. Alle Lebewesen können es und tun es.

Vielleicht kann man die obige Unmöglichkeitsbehauptung auf Artefakte einschränken und behaupten, kein *künstliches* System, keine Maschine, kein Computer, kein Roboter könne sich selbst reproduzieren, also eine Kopie von sich herstellen? Aber auch diese Behauptung ist falsch. John von Neumann konnte zeigen, daß sogar Turingmaschinen – das sind besonders einfache, algorithmisch arbeitende Systeme (vgl. 5h) – sich reproduzieren.

Interessant an von Neumanns Argumentation ist die Tatsache, daß ein System, das sich selbst reproduzieren soll, eine gewisse *Mindestkomplexität* aufweisen muß. Unterhalb dieser Schwelle können die Replikate nur struktur*ärmer* sein als das Original. Die Kette der Replikationen führt dann also notwendig zu einem Informationsverlust, zu einer Degeneration. Dieser Sachverhalt entspricht wohl am ehesten der mesokosmischen Überzeugung, die wir oben formuliert haben: Was wir im Alltag beobachten, sind immer nur Systeme, die *einfachere* Systeme zu erzeugen scheinen. Daß die Information, die in einem befruchteten Ei steckt, schon ausreicht, um allmählich ein fertiges, den Eltern gleichartiges Individuum aufzubauen, das konnte man sich einfach nicht vorstellen, und es ist auch heute – nach der Entdeckung der Doppelhelix, der Entschlüsselung des genetischen Code und der Entzifferung von Teilen der genetischen Botschaft – noch kaum zu fassen.

Oberhalb einer gewissen Komplexitätsschwelle ist jedoch zuverlässige Replikation möglich (und darüber hinaus sogar, wenn Kopierfehler zugelassen sind, eine Evolution, eine Höherentwicklung). Allerdings ist nicht bekannt, wo diese Grenze liegt. Zweifellos hängt sie stark von den Umweltgegebenheiten ab. In einer Umgebung, die das Entstehen, die Existenz und die Verdopplung des Systems begünstigt, kann die Grenze vergleichsweise niedrig sein; in einer feindlichen Umgebung wird sie dagegen ungleich höher liegen müssen.

Für Systeme, die sich selbst erklären, mag es eine ähnliche Komplexitätsschwelle geben. Unterhalb dieser Schwelle wird ein System nur *einfachere* Systeme erklären können. In einer Erklärungskette kann es dann also wieder nur einen Abstieg, eine „Degeneration" geben. Eine solche Vorstellung dürfte auch unserer mesokosmischen Überzeugung am ehesten entsprechen. Das mag der tiefere Grund sein, daß uns das Argument, kein System könne sich selbst erklären, auf Anhieb plausibel erscheint. Aber oberhalb der Schwelle wäre dann Selbsterklärung durchaus denkbar.

g) „Das Gehirn ist doch keine Maschine."

Auch dies ist ein typisch *mesokosmisches* Argument. Es geht von der Vorstellung aus, die man sich von einer Maschine jeweils macht. Das ist verständlich, aber nicht unbedingt zulässig.

Schon René Descartes (1596–1650) betrachtet alle Tiere als Automaten. Für ihn ist eine Maschine ein Gerät, das nach *mechanischen*, insbesondere nach hydraulischen Prinzipien arbeitet. – Lamettrie (1709–1751) überträgt diese Vorstellung auch auf den menschlichen Geist, der nichts weiter als eine Funktion des materiellen Gehirns sei. „Ich täusche mich sicher nicht: der menschliche Körper ist eine Uhr, aber eine erstaunliche."[18] Der Prototyp seiner Maschinenvorstellung ist also das *Uhrwerk*. – Nach Laplace (1749–1827) ist die ganze Welt nur noch eine einzige riesige Maschine, in der alles nach deterministischen Gesetzen abläuft, ein Zusammenspiel von Teilchen, die miteinander in Wechselwirkung stehen und sich nach Newtonschen Grundsätzen bewegen.

Im 19. Jahrhundert verändert sich die Idee der Maschine. Das Urbild eines selbsttätigen und sich selbst regelnden Automaten ist jetzt die *Dampfmaschine*. Neben den mechanischen spielen dabei auch die thermodynamischen Gesetze, insbesondere der Satz von der Erhaltung der Energie, eine wichtige Rolle. Auch das Gehirn und jede einzelne Nervenzelle werden jetzt als Systeme erkannt, die nicht nur Materie, sondern auch *Energie* umsetzen und dabei dem Energiesatz unterworfen sind.

Aber auch dabei bleibt es natürlich nicht. Elektrische, magnetische und elektromagnetische Erscheinungen rücken ins Blickfeld. Die elektrische Natur der Nervenreizleitung wird entdeckt. Nun sind Elektromotor, Dynamo, elektrische Schaltkreise und Netzwerke die Leitbilder für die „Maschine" Gehirn.

In unserem Jahrhundert wird schließlich deutlich, daß neben Materie und Energie die *Information* als dritte Größe eine wichtige Rolle spielt. Das Gehirn wird nun vornehmlich als informationsverarbeitendes System angesehen. Der Prototyp einer solchen Maschine ist heute natürlich der *Computer*. Wer heute behauptet oder hört, das Gehirn sei eine Maschine, stellt sich dabei in der Regel eine elektronische Maschine vor.

Aber natürlich ist das Gehirn weder eine mechanische noch eine thermodynamische noch auch eine elektronische Maschine, sondern eine *biochemische*. Freilich wird es noch einige Zeit dauern, bis wir uns unter biochemischen Maschinen wirklich genug vorstellen können. Die bisher bekannten Mechanismen der Zellteilung, der Vererbung oder der Immunbiologie geben uns aber bereits eine *Vorahnung* von der Verwickeltheit der Prozesse auf der molekularen Ebene. Hält man sich vor Augen, wie oft und wie sehr unsere Auffassung darüber, was eine Maschine ist oder kann, sich in der Vergangenheit gewandelt hat, und vor allem, wieviel weiter und reicher unser Maschinenbegriff heute ist, so wird man vielleicht eine Vorstellung davon bekommen, wieviel Umdenken auf diesem Gebiet auch in Zukunft noch erforderlich sein könnte. Vielleicht verhält sich ja die biochemische Maschine zur elektronischen etwa so wie der Computer zur Pendeluhr. Wer weiß schon, wie kompliziert eine Maschine sein kann? Wären wir überhaupt bereit, ein solches System noch eine Maschine zu nennen?

Wie diese Überlegungen zeigen, wäre es wünschenswert, eine allgemeine Charakterisierung für Maschinen zu besitzen. Was sind die Merkmale, die allen Maschinen gemeinsam sind? Natürlich könnte man versuchen, sich auf eine Explikation festzulegen, die für die Vergangenheit und die Gegenwart zutrifft. Zum Beispiel könnte man Maschinen als *Energiewandler* definieren. Aber wir haben gesehen, daß längst auch *Informationswandler* als Maschinen bezeichnet werden, Geräte also, bei denen die Umwandlung verschiedener Energieformen ineinander nicht im Vordergrund steht. Was ist denn dann das „Maschinenhafte", das Typische an einer Maschine? Es sind nicht die jeweiligen materiellen Bausteine, nicht die beteiligten Energieformen, auch nicht die spezifischen Naturgesetze, die darin zur Anwendung kommen. Das, was allen Maschinen gemeinsam ist, ist ihre algorithmische *Arbeitsweise*, die Tatsache also, daß sie nach einem festen Schema arbeiten. Maschinen sind Realisierungen von *Algorithmen*. Wenn wir das Gehirn als eine biochemische Maschine bezeichnen, so behaupten wir damit insbesondere, daß es algorithmisch arbeite. Das führt jedoch zu einem neuen Einwand:

h) „Das Gehirn arbeitet nicht algorithmisch."

Ein Algorithmus ist ein allgemeines Problemlösungsverfahren. Beispiele für Algorithmen sind in der Mathematik Verfahren, wie wir sie bei Addition, Subtraktion, Multiplikation und Division in der Stellenschreibweise verwenden, Verfahren zur Auflösung von Gleichungen, Teilbarkeitskriterien, der Euklidische Algorithmus zur Bestimmung des größten gemeinsamen Teilers zweier ganzer Zahlen, Konstruktionsmethoden in der Geometrie; Beweisverfahren; in der Aussagenlogik die Wahrheitstafel-Methode zur Überprüfung der Wahrheit einer Aussage oder der Gültigkeit eines aussagenlogischen Schlusses; Gewinnstrategien bei manchen Spielen, Kochrezepte, Computerprogramme, Codes zum Ver- und Entschlüsseln geheimer Nachrichten, usw.

Die wesentlichen Merkmale eines Algorithmus sind *Allgemeinheit* (er ist nicht nur für ein spezielles Problem zuständig, sondern für alle Probleme einer bestimmten Klasse), *Endlichkeit* (das Verfahren ist in endlich vielen Anweisungen formulierbar und endet nach endlich vielen Arbeitsschritten) und *Determiniertheit* (in jedem Stadium des Verfahrens liegt eindeutig fest, was als nächstes zu tun ist).

Ein Algorithmus liefert für dasselbe Problem immer dieselbe Lösung. Man kann aber den Begriff des Algorithmus noch verallgemeinern, indem man Zufallsentscheidungen zuläßt, z.B. eine Münze, einen Würfel, ein radioaktives Präparat einbaut und den jeweils auszuführenden nächsten Schritt vom Ausgang eines solchen *Zufallsgenerators* abhängig macht. Dann liegt zwar auch in jedem Augenblick fest, was zu tun ist; das Ergebnis ist aber nicht immer dasselbe und nicht voraussagbar. In einem weiteren Sinne kann man den Begriff des „Algorithmus" auch so verwenden, daß er Zufallsgeneratoren einschließt. Insbesondere enthält das Gehirn vermutlich zahlreiche solche Zufallsgeneratoren und ist insofern *kein streng deterministisches System.*

Für viele Zwecke ist der Begriff des „Verfahrens", den wir hier zur Charakterisierung von Algorithmen benützen, immer noch zu unpräzise. Diesen Nachteil vermeidet der Begriff der „Turingmaschine". Der Name geht dabei zurück auf den Mathematiker Alan Turing (1912–1954). Turingmaschinen sind idealisierte Rechenmaschinen, die einerseits so einfach sind, daß sie sich mathematisch darstellen und behandeln lassen, andererseits aber doch so leistungsfähig, daß sie alles können, was durch einen Algorithmus überhaupt erreicht werden kann. Zu jedem vorgelegten Algorithmus läßt sich eine Turingmaschine angeben (und wenn man will, auch bauen), die den Algorithmus durchführt, verwirklicht, imitiert, ersetzt, ihm gleichwertig ist. Und natürlich arbeitet jede Turingmaschine selbst algorithmisch. Der Begriff der Turingmaschine ist deshalb eine gute Explikation für den Begriff „Algorithmus".

Dies mag zunächst überraschen. Turingmaschinen sind höchst einfach gebaut; Algorithmen können dagegen äußerst kompliziert sein. Wie kann eine einfache Maschine einem komplizierten Verfahren gleichwertig sein? Die Antwort auf diese Frage liegt in der *Programmierbarkeit* der Turingmaschine. Ist auch die Turingmaschine besonders einfach – das Programm, nach dem sie arbeitet, kann beliebig raffiniert sein. So kommt es, daß jeder, auch der komplizierteste Algorithmus auf einer Turingmaschine ausgeführt, „simuliert" werden kann.

Geschickt programmierte Turingmaschinen können zählen, rechnen, logische Schlüsse ziehen; sie spielen Dame, Backgammon, Schach und Go; sie können mathematische Probleme lösen, Entscheidungen fällen, Texte übersetzen, Dialoge führen; sie können komponieren, neue Programme entwerfen, andere Turingmaschinen und sich selbst kontrollieren, sich reparieren, sich reproduzieren; kurzum, sie können alles, was heutige Computer können, eben alles, was *algorithmisch* behandelt werden kann.

Allerdings braucht man dabei für jeden Algorithmus bzw. für jede Problemklasse eine eigene Turingmaschine. Turing hat nun auch zeigen können, daß eine *universelle* Turingmaschine möglich ist. Eine solche Maschine kann alles, was nur irgendeine Turingmaschine kann. Sie löst jedes Problem, das überhaupt von irgendeinem Algorithmus gelöst werden kann. Zu diesem Ergebnis ist Turing durch theoretische Überlegungen gekommen. Tatsächlich dürfen wir aber heute jeden normalen (d.h. programmierbaren) Computer als universelle Turingmaschine ansehen.

Wenn wir das menschliche Gehirn als biochemische Maschine bezeichnet und Maschinen durch ihre algorithmische Arbeitsweise charakterisiert haben, so behaupten wir damit, das Gehirn sei einer Turingmaschine gleichwertig. Das scheint eine gewagte Behauptung zu sein. Viele meinen, damit werde das Gehirn (oder der menschliche Geist) unterschätzt. Im allgemeinen ist es aber gerade umgekehrt: Nicht wir verkennen das Gehirn; vielmehr unterschätzen die Zweifler die mögliche Komplexität eines Algorithmus, einer Turingmaschine, eines Programms. Sie glauben, eine einfache Maschine könne auch nur einfache Dinge tun; das ist aber ein Irrtum. Es spricht im Augenblick nichts dagegen (wohl aber vieles dafür), das Gehirn als eine universelle Turingmaschine (evtl. mit Zufallsgeneratoren) anzusehen.

Nun sind auch alle normalen Computer universelle Turingmaschinen. Allerdings erreicht kein heutiger Computer auch nur annähernd die Leistungsfähigkeit des menschlichen Gehirns. Moderne Computer und Programme leisten zwar auf Einzelgebieten Ähnliches und sogar mehr als der Mensch; an die *Vielseitigkeit* des Gehirns kommen sie jedoch bei weitem nicht heran.

Das zeigt, wie wenig noch mit der Einsicht in die algorithmische Arbeitsweise des Gehirns gewonnen ist. Auch wenn wir die Prinzipien kennen, nach denen eine Turingmaschine arbeitet, so haben wir damit die *Grenzen* ihrer Leistungsfähigkeit noch keineswegs erkannt. Wie kompliziert ein Algorithmus, eine Turingmaschine, ein Programm sein kann, davon können wir uns – mesokosmisch gebunden, wie wir nun einmal sind – keinerlei *Vorstellung* machen. Das schließt wieder nicht aus, daß wir mit Hilfe unserer argumentativen Sprache, unserer Theorien, ja gerade mit Hilfe von Algorithmen, auf diesem Gebiet weiterkommen.

Daß es uns einst gelingen werde, die Funktionen unseres Gehirns zu verstehen, ist hierdurch zwar nicht bewiesen, andererseits – und das ist wichtiger – auch nicht widerlegt. Wenn unser Gehirn überhaupt algorithmisch erklärt werden kann, dann gibt es keinen Grund, warum eben dieses Gehirn das nicht auch leisten sollte.

6 Zusammenfassung

Spricht man von Evolution, so denkt man gewöhnlich an die Entstehung des Lebens, an die Veränderungen und Aufspaltungen der Arten, an die Stammesgeschichte der Pflanzen, der Tiere und des Menschen. Daß auch unsere geistigen, speziell unsere kognitiven Fähigkeiten der Evolution unterworfen waren (und sind), ist nur wenigen bewußt. Diese Tatsache läßt sich aber nicht nur empirisch sehr gut belegen, sondern hat auch weitreichende erkenntnistheoretische Konsequenzen.

Aus der Einsicht heraus, daß gerade das Versagen eines Systems viel über seinen Aufbau, seine Funktion und seine Geschichte verraten kann, werden in diesem Beitrag vor allem *kognitive* Fehlleistungen dargestellt und untersucht. (Kap. 1) Die Evolutionäre Erkenntnistheorie vermag diese Fehlleistungen zu erklären. Das menschliche Gehirn ist nicht als Erkenntnisorgan, sondern als Überlebensorgan entstanden. An dieser Aufgabe wurde es im Laufe der Evolution entwikkelt und getestet. Daraus erklären sich seine Beschränkungen und seine Leistungen. (Kap. 2)

Den Ausschnitt der realen Welt, an den unser Erkenntnisapparat angepaßt ist, nennen wir „Mesokosmos". Mit unseren kognitiven Fähigkeiten sind wir nicht nur auf mittlere physikalische Dimensionen geprägt, sondern auch auf Systeme geringer Komplexität, insbesondere auf kurze, unverzweigte Kausalketten, auf lineare Extrapolationen, auf die Suche nach Regelmäßigkeiten, auf Eindeutigkeit und Gewißheit. Deshalb haben wir beim Umgang mit komplizierten Systemen, bei langen, verzweigten oder gar vernetzten Kausalketten, bei nichtlinearem Wachstum, bei Rückkopplung, bei Zufallsereignissen, bei Unsicherheit und Risiko, große Schwierigkeiten. (Kap. 3)

Das zeigt sich nicht nur im Alltag, im Umgang mit komplizierten Ökosystemen oder wissenschaftlich-technischen Geräten, sondern auch in der wissenschaftlichen Forschung selbst. Wissenschaft beginnt immer mesokosmisch. Dieser Start läßt sich wissenschaftsgeschichtlich sehr gut belegen, aber auch methodologisch rechtfertigen. Insbesondere wird die Physik des Aristoteles – bei Kenntnis der klassischen Mechanik – häufig so dargestellt, als sei sie den Fakten gegenüber blind; in Wahrheit paßt sie jedoch hervorragend auf mesokosmische Verhältnisse. Allerdings bleibt wissenschaftliche Erkenntnis nicht auf den

Mesokosmos beschränkt; sie muß über diesen Bereich weit hinausgreifen. Das ist möglich, aber wegen unserer mesokosmischen Prägung immer mit Schwierigkeiten verbunden. (Kap. 4)

Solch mesokosmische Beschränkung wirkt sich natürlich auch und besonders dann aus, wenn wir über das komplizierteste aller realen Systeme nachdenken, nämlich über das Gehirn selbst. So sind Gehirnforschung, Psychologie und Erkenntnistheorie voller mesokosmischer Vorurteile. Sie betreffen unter anderem die Leistungsfähigkeit des Gehirns im allgemeinen, seine Komplexität, die Rückbezüglichkeit der Selbsterkenntnis und die algorithmische Arbeitsweise. Trotz aller mesokosmischen Plausibilität gibt es jedoch bisher kein triftiges Argument gegen die These, daß das menschliche Gehirn sich selbst verstehen und erklären kann. (Kap. 5)

Anmerkungen

1 Natürlich kann man die Zinseszinsformel auch als Exponentialfunktion schreiben. Sie lautet dann $G(n) = G_0 e^{n \cdot \log(1+z)}$. Diese Funktion wächst etwas langsamer als die Funktion $G(n) = G_0 e^{nz}$, die man erhielte, wenn das Kapital nicht nur einmal am Jahresende, sondern kontinuierlich verzinst würde. Im letzteren Falle bekäme man nach einem Jahr nicht DM 60,–, sondern schon DM 61,80 Zinsen.

2 Nach M. Eigen/R. Winkler: Das Spiel. Naturgesetze steuern den Zufall. Piper, München 1975, Kap. 11.

3 Vgl. den Buchtitel H. v. Loesch: Stehplatz für Milliarden? Das Problem Übervölkerung. Deutsche Verlags-Anstalt, Stuttgart 1974 (dtv 1977).

4 D. Dörner: Wie Menschen eine Welt verbessern wollten und sie dabei zerstörten. Bild der Wissenschaft, Februar 1975, S. 48–53.
–: Das alte Gehirn und die neuen Probleme. Spiegel vom 7.12.1982, S. 66–75.
–: Lohhausen. Huber, Bern 1983.

5 Die Existenz von Schalttagen wird in der ganzen folgenden Betrachtung außer acht gelassen.

6 Wegen $p_1 = 0$ ist dann also $p_2 = \frac{1}{365}$, $p_3 = \frac{1+2}{365}$, $p_4 = \frac{1+2+3}{365}$,

$$p_5 = \frac{1+2+3+4}{365} = \frac{10}{365}$$, usw. Das kann man sich leicht merken, so daß man

für Personenzahlen bis 20 eine gute Näherungsmethode zur Berechnung der Wahrscheinlichkeit für Doppelgeburtstage hat. Weiß man dazu noch, daß $p_{23} \simeq 0{,}5$, $p_{30} \simeq 0{,}7$ und $p_{40} \simeq 0{,}9$, so hat man schon einen guten (theoretischen!) Überblick über die fraglichen Wahrscheinlichkeiten.

7 Eine gute Einführung in dieses junge Gebiet der Psychologie bieten D. Kahnemann/A.Tversky: Risiko nach Maß – Psychologie der Entscheidungspräferenzen. Spektrum der Wissenschaft, März 1982, S. 89–98. Vgl. auch A. Tversky/D. Kahnemann: The framing of decisions and the psychology of choice. Science *211* (1981) 453–80.

8 Vgl. R. Descartes: Discours de la methode (1637). Kap. 1: „Wenn ich mir überlege, wie viele verschiedene Ansichten von einer und derselben Sache möglich sind, die alle von gelehrten Leuten verteidigt worden, und daß doch stets nur eine davon wahr sein kann, so halte ich alles bloß Wahrscheinliche beinahe für falsch."

9 G. Vollmer: Evolutionäre Erkenntnistheorie. Hirzel, Stuttgart 1975, [3]1981, S. 102. In diesem Buch sind zahlreiche Thesen, Argumente, Belege und Folgerungen der Evolutionären Erkenntnistheorie dargestellt, so daß wir uns in dem vorliegenden Beitrag auf Aspekte beschränken, die im Buch noch nicht zur Sprache kommen.

10 Das Beispiel der Primzahlforschung zeigt, daß es sinnlos wäre, alle Forschung verbieten zu wollen, von der man fürchten muß, daß sie mißbraucht werden *könnte*. Es läßt sich ganz klar sagen, was von der Wissenschaft übrigbleibt, wenn man dieser Maxime folgt: nichts.

11 Vgl. B. Bavink: Ergebnisse und Probleme der Naturwissenschaften. Hirzel, Zürich [9]1949, S. 122, 125, 238.

12 R. Descartes: Die Prinzipien der Philosophie (Hrsg.: A. Buchenau). Meiner, Hamburg 1965, § 201 (Zitat nach Original korrigiert)

13 J. A. Wheeler: A septet of sibyls: aids in the search for truth. American Scientist *54* (1956) 360

14 S. Flügge: Wege und Ziele der Physik. Springer, Berlin 1974, S. 3

15 Zu diesen interessanten, aber letztlich doch willkürlichen Triaden vgl. J. Piaget: Biologie und Erkenntnis. S. Fischer, Frankfurt 1974, S. 87–103, 133.

16 Fällt eine Kugel in einer zähen *Flüssigkeit* (z.B. Rizinusöl, Glyzerin), so ist die Kraft, die sie nach unten zieht, ihr um den Auftrieb vermindertes Gewicht:

$$K_{G\text{-}A} = \text{Kugelmasse} \cdot \text{Erdbeschleunigung} \cdot \left(1 - \frac{\text{Dichte der Flüssigkeit}}{\text{Dichte der Kugel}}\right)$$

$$= m \cdot g \cdot \left(1 - \frac{\rho_{Fl}}{\rho_{Ku}}\right) \quad \text{mit } g = 9{,}81\ \frac{m}{s^2}\,.$$

Andererseits erfährt die Kugel nach dem Stokesschen Gesetz einen Reibungswiderstand

$$K_R = 6\pi \cdot \text{Zähigkeit} \cdot \text{Kugelradius} \cdot \text{Geschwindigkeit}$$
$$= 6\pi \cdot \eta \cdot r \cdot v\,.$$

Hat die Kugel ihre Endgeschwindigkeit erreicht, wird sie also nicht mehr beschleunigt, so gleichen sich beschleunigende und abbremsende Kräfte offenbar aus. Dann ist also dem Betrage nach $K_R = K_{G\text{-}A}$. Für konstante Dichten gilt dann offenbar

$$v \sim \frac{m^{2/3}}{\eta}\,.$$

Also nimmt die Geschwindigkeit tatsächlich mit wachsender Masse (bzw. wachsendem Gewicht) zu und mit wachsender Zähigkeit ab, wie es Aristoteles qualitativ behauptet hatte.
In *Gasen* (z.B. Luft) ist der Widerstand des Mediums bei den in Frage kommenden Geschwindigkeiten (unterhalb der Schallgeschwindigkeit)

proportional zum Quadrat der Fallgeschwindigkeit v und zur Querschnittsfläche F des Körpers:

$$K_R \sim v^2 \cdot F.$$

Dieser Ansatz geht bereits auf Newton zurück. Für die Grenzgeschwindigkeit, bei der wieder $K_R = K_G = m \cdot g$, gilt dann offenbar

$$v \sim \frac{m^{1/2}}{F},$$

so daß sich hier neben seiner Masse die *Form* des Körpers am stärksten auswirkt. Papier, Federn, Blätter haben große Flächen und fliegen deshalb langsam; bei kugelförmigen Objekten ist es umgekehrt.

17 K. Steinbuch: Automat und Mensch. Springer, Berlin 1971, S. 10–12

18 J. O. de Lamettrie: Der Mensch eine Maschine (1748). Dürr, Leipzig 1909, S. 58 (frz.-dt. Leipzig 1965, S. 135)

KANT UND DIE EVOLUTIONÄRE ERKENNTNISTHEORIE[1]

1 Kann man Erkenntnistheorien vergleichen?

a) Kant selbst bemerkt einmal spöttisch, viele Gelehrte nähmen die Geschichte der Philosophie als ihre eigene Philosophie.[2] Auch heute noch wird Philosophie viel zu oft lediglich als eine bloße Abfolge von Vorstellungen, von Gedankengebäuden, von Systemen gelehrt. Jede Doktrin wird gesondert behandelt, in ihren eigenen Begriffen und Ansprüchen dargestellt, behandelt als ein abgetrenntes selbständiges Gebäude menschlicher Inspiration. Die vorherrschende Methode ist hermeneutisch oder interpretativ, und als wichtigste Aufgabe gilt es zu erfassen, was dieser oder jener Philosoph gesagt hat, was er gemeint haben könnte, warum er das dachte, was er sagte, oder warum er *nicht* sagte, was er dachte, was andere Philosophen über ihn gesagt haben und ob das, was *sie* über ihn gesagt haben, gerechtfertigt ist durch das, was *er* gesagt hat, und inwiefern nicht. Manchmal wird immerhin gefragt, wie ein System von seinen Vorgängern abhängt oder von welcher früheren Theorie es sich am meisten unterscheidet und wie und warum. Wenn die Wahrheitsfrage überhaupt gestellt wird, wird ausschließlich *immanente* Kritik für legitim erklärt. Gefragt werden darf, ob die Lehre kohärent ist (oder unzusammenhängend), in sich stimmig (oder widersprüchlich), vollständig (oder unvollständig), ob sie die Fragen beantwortet, die sie stellt, und ob sie die Probleme löst, die sie zu lösen versprach. Ob eine bestimmte Lehre richtig ist, bleibt im dunkeln.

Diese Beschreibung gilt für die Philosophie im allgemeinen und für die Erkenntnistheorie im besonderen. Wenn jemand in der Lage ist, verschiedene erkenntnistheoretische Systeme ordentlich darzustellen, ihre jeweiligen Ähnlichkeiten und Unterschiede herauszuarbeiten und ihre Verdienste hervorzuheben, dann wird er als braver Philosoph gelten. Aber wehe ihm, sollte er zu fragen wagen, welche Erkenntnistheorie nun eigentlich richtig ist oder in Übereinstimmung mit der modernen Wissenschaft steht, sollte er behaupten, Platons Essentialismus sei verfehlt, der strenge Empirismus sei durch empirische Befunde widerlegt, oder Kants Kategorien und Prinzipien stünden im Widerspruch zur modernen Physik, seien also falsch. Auch wer völligen Unsinn vertritt, wird nicht gerügt, solange er sich dabei auf klassische Autoritäten berufen kann; wenn er sie jedoch *kritisiert,* so wird er beschimpft oder wenigstens belächelt. Tatsächlich scheinen viele Philosophen mehr Achtung vor Texten als vor Fakten zu haben. Das Ergebnis ist eine merkwürdige Asymmetrie zwischen Erkenntnistheorie und Wissenschaft. So bemerkt Piaget bissig:

> Das Publikum findet es ganz natürlich, daß die Philosophen ein experimentell gewonnenes Resultat kritisieren, als ob die höhere Ebene ihrer Reflexion ihnen ein allgemeines Interventionsrecht verliehe; wagt hingegen der Wissenschaftler oder Psychologe, . . . zu reagieren und die Methode zu kritisieren, von der der Philosoph sich bei seiner Untersuchung oder Diskussion bestimmen läßt, so gilt das in der Regel als beunruhigende Umwertung der Positionen und Werte, wenn nicht gar als eine Art intellektuelles Kapitalverbrechen.[3]

b) Trotz alledem ist es ganz klar, daß die traditionellen Erkenntnistheorien einer Kritik bedürfen. Jede Erkenntnistheorie versucht, erkenntnistheoretische Probleme zu entdecken, zu formulieren, zu diskutieren und zu lösen. Aber die Lösungen unterscheiden sich stark, und sehr oft widersprechen sie einander sogar. Zur Illustration sind in Tabelle 1 einige erkenntnistheoretische Standardprobleme aufgeführt mit Antworten, die sich gegenseitig ausschließen.

Wenn nun verschiedene Theorien einander widersprechen, dann muß (mindestens) eine von ihnen falsch sein. Das führt zu dem einfachen Schluß, daß *die meisten Theorien der Erkenntnis falsch* sind. Diese erschütternde Entdeckung sollte jedem Philosophiestudenten eröffnet werden. Zweifellos würde sie für viele eine heilsame Lehre bedeuten. Sie sollte jedoch nicht Enttäuschung oder Verzweiflung hervorrufen. Im Gegenteil, sie sollte uns lehren, daß Interpretation einfach nicht genügt, und uns zur Suche nach *Wahrheit* anregen.

Wenn aber so viele Theorien der Erkenntnis falsch sind, welche ist dann richtig? Gibt es überhaupt eine richtige? Wie können wir das herausfinden? Wie können wir Erkenntnistheorien beurteilen? Wie vergleichen? Wie beurteilen *andere* wissenschaftliche Disziplinen ihre Theorien?

c) Hier könnte sich ein unmittelbarer Einwand erheben: Mathematiker formulieren mathematische Theorien, die einander auch widersprechen, aber sie fragen nie nach der richtigen Theorie. In der Geometrie z.B. ist es möglich, Euklids Parallelen-Postulat durch ein Axiom zu ersetzen, das mehr als eine Parallele (statt genau einer) verlangt. Diese Ersetzung führt zu hyperbolischen Geometrien, die der euklidischen Geometrie widersprechen. Welche ist dann die richtige Geometrie? Ganz allgemein können wir in jedem beliebigen System von

Woher stammt unser Wissen?	Strenger Rationalismus: aus dem reinen Denken.	Strenger Empirismus: ausschließlich aus der Erfahrung.
Gibt es angeborene Ideen?	Platon, Leibniz: ja!	Locke: nein!
Gibt es synthetische Urteile a priori?	Kant: ja, z.B. in Mathematik, Naturwissenschaft, Metaphysik, Ethik.	Empirismus: nein, synthetische Aussagen sind immer a posteriori; apriorische Aussagen sind analytisch.
Gibt es perfektes (sicheres, absolutes, notwendiges) Wissen?	Kant: ja, z.B. Newtons Dynamik und Gravitationstheorie.	Hypothetischer Realismus: nein, alle Erkenntnis ist hypothetisch. (Newtons Theorie ist sogar falsch.)
Gibt es induktive Schlüsse?	F. Bacon, Mill, Carnap: ja!	Hume, Popper: nein!
Was ist die Natur der logische Gesetze? Sie sind	. . . die allgemeinsten Naturgesetze („Onto-Logik“, z.B. Leibniz).	. . . Denkgesetze („Psycho-Logik“, z.B. Arnauld). . . . Strukturen gewisser argumentativer Sprachen („Glosso-Logik“, z.B. Popper).
Welches ist die Natur der Mathematik? Mathematik ist	. . . eine formale Wissenschaft. . . . eine Naturwissenschaft.	. . . eine Wissenschaft vom menschlichen Geist.

Tab. 1: Erkenntnistheoretische Positionen können einander widersprechen.

unabhängigen Axiomen ein Axiom gegen ein anderes austauschen, insbesondere gegen seine logische Verneinung. Was ist denn dann die richtige Arithmetik, die wahre Mengenlehre, die eigentliche Topologie, die wirkliche Analysis? Sogar Logiker formulieren verschiedene logische Systeme, von denen einige zu anderen im Widerspruch stehen. Welche Logik ist dann die richtige?

In Strukturwissenschaften wie Logik und Mathematik sind solche Fragen sinnlos. Ein formales System sagt überhaupt nichts über die Welt; es kann nicht wahr oder falsch sein. Jedes widerspruchsfreie System von Aussagen ist legitim. Wir können fragen, ob das System vollständig, unabhängig, fruchtbar, durchsichtig, einfach ist. Wir können sogar fragen, ob es auf die Wirklichkeit *anwendbar* ist, d.h., ob wir seinen Grundbegriffen eine *Interpretation* geben können derart, daß die Realität (oder vielmehr ein gewisser Ausschnitt der realen Welt) ein *Modell* des formalen Systems wird.

So bezieht sich die Geometrie als eine Disziplin der reinen Mathematik nicht auf die reale Welt. Aber *wenn* wir „Punkt“ als „Elementarteilchen", „Gerade" als „Lichtstrahl" usw. interpretieren, *dann* (und nur dann) können wir fragen, ob das physikalische Universum euklidische oder nicht-euklidische Struktur hat, d.h., welche *interpretierte* Geometrie geeigneter ist, die reale Welt zu beschreiben. Nur die Kombination eines formalen Systems mit einer Interpretation kann wahr oder falsch sein; das formale System selbst ist gegenüber faktischer Wahrheit neutral.

d) Aber *Erkenntnistheorie* ist – obwohl sie formale Elemente enthält – keine *formale Wissenschaft*. Jede Erkenntnistheorie bezieht sich auf reale Objekte – *kognitive Systeme* – und auf ihre Leistung – menschliches Wissen. Die Disziplinen, die typischerweise reale Systeme erforschen, sind die *Wirklichkeitswissenschaften*. Sie haben eine ausgeklügelte Strategie entwickelt, um zwischen konkurrierenden Theorien zu entscheiden. Deskriptive und explanatorische Theorien werden erfunden, auf Widerspruchsfreiheit geprüft und empirisch getestet, indem man ihre deduktiven Folgerungen mit Beobachtungen vergleicht. Obwohl dieses Verfahren der Theorieprüfung voller methodologischer Probleme steckt, zeigt doch die Geschichte der empirischen Wissenschaft, daß faktische Theorien in der Regel unter Bezugnahme auf Fakten, d.h. auf die Erfahrung, akzeptiert oder verworfen werden. Wäre Erkenntnistheorie eine rein faktische Disziplin, so wäre es eine Routineangelegenheit, zwischen konkurrierenden Theorien über menschliches Wissen die beste zu wählen.

Da kognitive Systeme reale Systeme sind, sollte es jedem klar sein, daß Erkenntnistheorie faktische Elemente enthält und deshalb auch den üblichen Kriterien für faktische Wahrheit genügen muß. Die empirischen Disziplinen, die zur Erkenntnistheorie beitragen, sind unter anderen Physik, Neurophysiologie, Psychologie, Linguistik.

Wie sehen wir? Diese Frage wurde schon im Altertum diskutiert. Für Empedokles war Sehen ein aktiver Prozeß, wobei die Augen scheinwerferartig ein leuchtendes Feuer aussenden, so wie Fledermäuse Ultraschall-Signale erzeugen. Demokrit dagegen behauptete, kleine Bildchen (eidola) würden aus den äußeren Objekten austreten, unsere Augen treffen und in sie eindringen. Wer war im Recht? Dieses Problem, das offenbar für die Erkenntnistheorie hochbedeutsam ist, wurde durch die *Physik* gelöst. Weder Empedokles noch Demokrit hatten recht; jedoch war Demokrit hinsichtlich der kausalen *Richtung* des Sehvorganges der Wahrheit näher.

Wo hat unser Bewußtsein seinen Sitz? Im Blut (Empedokles), im Herzen (Aristoteles), im Gehirn (Alkmaion)? Ausgehend von medizinischen Erfahrungen mit Schlaf und Gehirnschäden, mit amputierten Gliedern und Phantomschmerzen, schloß Descartes 1644, daß das Bewußtsein (die „Seele") im Gehirn seinen Sitz habe und daß die Natur der nervösen Signale in allen Nerven dieselbe sei.[4]

Wie aber kann dann unser Bewußtsein (oder unser Gehirn) wissen, was ein Nervensignal „bedeutet"? Wie unterscheidet es Impulse, die Schmerzen in einem Zeh mitteilen, von Signalen, die die Klänge eines Violinkonzerts codieren? Diese Frage wurde 1826 von Johannes Müller beantwortet. Die qualitativen Unterschiede zwischen verschiedenen Empfindungen (Farben, Laute, Geschmäcker, Schmerzen usw.), d.h. die verschiedenen Interpretationen von Nervenimpulsen, beruhen einzig und allein auf den verschiedenen *Wegen* der einlaufenden Signale. Eine Aktivierung des *Seh*nervs führt zu einem *optischen* Eindruck (oder vielmehr zu einer optischen Interpretation), ganz gleich, ob der auslösende Reiz Licht war (wie „vorgesehen") oder aber ein elektrischer Impuls, ein Druck auf den Augapfel oder ein mechanischer Zug am Sehnerv. Dieses „Gesetz der undifferenzierten nervösen Codierung" sensorischer Reize bedeutet, daß *jedes* Gefühl, *jede* Empfindung, Wahrnehmung oder Vorstellung nur eine *Interpretation* von Nervensignalen ist, daß Wahrnehmung schon eine hypothetische *Rekonstruktion* äußerer Objekte ist. Wie dürfte irgendeine Erkenntnistheorie diese Erkenntnis der *Neurophysiologie* außer acht lassen?

Von Anfang an bezogen sich Empiristen wie Locke oder Hume auf *psychologische Fakten*. Sie können sogar als Vorläufer einer wissenschaftlichen Psychologie angesehen werden (die allerdings erst 1879 beginnt). Aber sie unternahmen keine wirklichen psychologischen Forschungen. Ihre Methode war reine Introspektion. Diese Haltung wird von Piaget scharf kritisiert:

> Tatsächlich beziehen sich alle Erkenntnistheoretiker in ihren Analysen auf psychologische Faktoren, aber ihre Bezugnahmen auf die Psychologie sind in den meisten Fällen spekulativ und nicht auf psychologische Forschung gegründet. Ich bin überzeugt, daß es jede Erkenntnistheorie ebenso mit Tatsachenproblemen zu tun hat wie mit formalen Problemen; sowie man aber auf Tatsachenprobleme stößt, werden psychologische Befunde wichtig und sollten berücksichtigt werden. Es ist eine leidige Sache für die Psychologie, daß jedermann sich selbst für einen Psychologen hält. Dies gilt nicht für Gebiete wie die der Physik oder der Philosophie, doch für die Psychologie trifft es leider zu. Jedermann glaubt, er sei ein Psychologe. Das hat die Folge, daß ein Erkenntnistheoretiker sich nicht in der psychologischen Forschung kundig macht oder einen Psychologen zu Rate zieht, wenn er einen psychologischen Aspekt zu klären hat; er vertraut auf seine eigenen Überlegungen.[5]

All dies sollte zeigen, daß es nicht nur nützlich, sondern unerläßlich ist, empirische Fakten in Betracht zu ziehen, wenn die Natur, der Ursprung und das Wachstum des Wissens erforscht werden sollen.

e) Freilich muß betont werden, daß *Erkenntnistheorie auch keine ausschließlich faktische Disziplin* ist. Zusätzlich zu ihren beschreibenden und erklärenden Elementen hat sie auch *explikative* und *normative* Funktion. Sie beschreibt nicht nur kognitive Systeme, Erkenntnisprozesse und ihre Ergebnisse, sondern gibt Explikationen und rationale Rekonstruktionen, setzt Normen und Maßstäbe, übt Kritik und gibt Anweisungen. Typische Beispiele ihrer *explikativen* Aufgabe sind Fragen wie: Was ist Wissen? Was ist Wahrheit? Was ist Evidenz? Charakteristische *normative* Probleme sind: Wann *sollten* wir eine Aussage als wahr, einen Grund als triftig, einen Schluß als gültig, ein Argument als zwingend, ein Verfahren als rational, eine Eigenschaft als objektiv akzeptieren? Was *sollten* wir tun, um Erkenntnis zu erreichen und zu verbessern?

Und natürlich sind Normen keine Fakten. Sie können auch nicht aus Fakten abgeleitet werden. Deshalb kann die richtige Erkenntnistheorie – wenn es so etwas gibt – nicht schon durch Rückgriff auf

Fakten allein gewonnen werden. Normative Systeme müssen nach anderen Kriterien beurteilt werden. Eine unverzichtbare *formale* Forderung ist auch hier die Widerspruchsfreiheit. Kein normatives System darf sich selbst oder anderen *akzeptierten* Normen widersprechen. Dies wird keiner weiteren Begründung bedürfen. Darüber hinaus gibt es verschiedene *pragmatische* Kriterien: Ein normatives System sollte effektiv, einfach, durchsichtig, praktikabel und vollständig sein. Das relative Gewicht und die Strenge solcher pragmatischer Forderungen sind umstritten. Es sollte jedoch klar sein, daß normative Systeme, obwohl sie nicht *empirisch* getestet werden können, gleichwohl diskutiert und *rational* kritisiert werden können.

Andererseits kann, wie wir schon gesehen haben, *Erkenntnistheorie auch keine rein normative Disziplin* sein. Sie verbindet vielmehr formale, faktische und normative Elemente. Das bedeutet, daß sie *mehreren* Arten von Kritik standhalten muß. Soweit sie formale Methoden benützt, kann sie auf Folgerichtigkeit und Widerspruchsfreiheit geprüft werden; soweit sie sich auf Fakten bezieht, kann sie empirisch getestet werden; und soweit sie normative Elemente enthält, kann sie immerhin noch auf ihre pragmatischen Vorteile hin untersucht werden.

f) All das zeigt, daß konkurrierende Erkenntnistheorien mit Hilfe formaler, faktischer und pragmatischer Argumente tatsächlich rational geprüft, kritisiert, verglichen und bewertet werden können. In den folgenden Kapiteln wird dies für die transzendentale und die Evolutionäre Erkenntnistheorie versucht. Natürlich könnten wir mit solchen Betrachtungen ganze Bücher füllen. Hätten wir nämlich die Absicht, diese Erkenntnistheorien *darzustellen* oder auch zu *vergleichen*, dann müßten wir auch ihre *gemeinsamen* Merkmale herausarbeiten.

Tatsächlich haben beide Theorien vieles gemeinsam. Das gilt erstens für ihre Anerkennung einiger *empirischer Fakten*: der Existenz von kognitiven Systemen, von Empfindungen, von menschlichem Wissen (insbesondere von Wissenschaft), von Sprache, von Kommunikation, von Intersubjektivität, von Schlußgewohnheiten.

Es gilt zweitens für die Existenz subjektiver Erkenntnisstrukturen, die Erkenntnis erst möglich machen. Beispiele sind die dreidimensionale Rekonstruktion äußerer Objekte, die Unterscheidung von Vergangenheit und Zukunft (der „Zeitpfeil"), die kausale Interpretation von Ereignisfolgen usw. Tatsächlich war es diese *konstruktive* („transzendentale") Rolle der subjektiven Erkenntnisstrukturen, die von Kant entdeckt wurde und welche die Evolutionäre Erkenntnistheorie der Transzendentalphilosophie verdankt.

Drittens ist beiden die Frage gemeinsam: Warum passen die (subjektiven) Strukturen menschlicher Erkenntnis auf die (objektiven) Strukturen der realen Welt?

Und viertens verbindet sie die Tatsache, daß beide, indem sie diese Frage beantworten, rationalistische und empiristische Elemente verbinden und dadurch sowohl Rationalismus als auch Empirismus zu überwinden suchen.

Wo allerdings transzendentale und Evolutionäre Erkenntnistheorie übereinstimmen, dort würden sie einander nicht kritisieren. Unser Ziel ist jedoch gar nicht Darstellung oder Vergleich, sondern *Gegenüberstellung und Bewertung*. Wir werden nach den *Unterschieden* sehen müssen. Die von uns eingesetzte Methode ist also die der *kritischen Prüfung durch Kontrastbildung*. Kriterien für Theorienbewertung sind nun durch die Wissenschaftstheorie entwickelt worden. Notwendige Eigenschaften sind dabei:

- *Interne Konsistenz:* Eine Theorie muß frei von Widersprüchen sein (ein formales Kriterium, das einzige übrigens, das auch für formale Disziplinen gilt).
- *Externe Konsistenz:* Eine Theorie muß mit anderen *anerkannten* (faktischen oder normativen) Theorien verträglich sein. (Natürlich können wir auch unsere bisherige Anerkennung älterer Theorien widerrufen; aber auch dies ist nur eine andere Strategie, um die notwendige externe Konsistenz zu erreichen.)
- *Prüfbarkeit*: Eine faktische Theorie muß durch empirische Befunde testbar sein. (Und natürlich muß sie – wenn sie wahr sein soll – auch alle Tests erfolgreich bestehen.)
- *Erklärungswert*: Eine faktische Theorie muß relevante Fakten erklären (voraussagen oder retrodizieren). Für normative Theorien reduzieren sich die beiden letzten Kriterien auf die Forderung nach einem angemessenen
- *Problemlösungs-Potential*: Jede Theorie muß einschlägige Probleme lösen.

Niemand kann gezwungen werden, solche Kritierien anzuerkennen. Aber *wenn* wir die Idee der kritischen Prüfung beibehalten wollen – und wie könnten wir sonst eine *rationale Diskussion* haben? –, dann müssen wir diese Standards benützen und befolgen. Bei dem Versuch, die relativen Verdienste der transzendentalen und der Evolutionären Erkenntnistheorie zu gewichten, werden wir ausgiebig von dem Kriterium des Problemlösungs-Potentials Gebrauch machen. Im Hinblick auf dieses Kriterium gibt es vier Arten von Argumenten, über die eine Theorie der Erkenntnis kritisiert werden kann:

- sie könnte ein relevantes Problen *übersehen*;
- sie könnte ein einschlägiges Problem *ungelöst* lassen;
- sie könnte angeblich ein Problem lösen, das sich – bei näherer Prüfung – als nicht existent erweist, als imaginär, als fiktiv, als ein *Scheinproblem*;
- sie könnte ein echtes Problem behandeln, jedoch eine *falsche Lösung* liefern.

In unserer Diskussion werden wir von allen vier Arten kritischen Argumentierens Gebrauch machen.

Kant *sieht nicht*, daß das Gebiet erkenntnistheoretischer Forschung, wie es von der tradionellen Erkenntnistheorie umrissen wird, viel zu eng ist. (2,3) Auch bemerkt er nicht den entscheidenden Unterschied zwischen mesokosmischer und theoretischer Erkenntnis. (8)

Kant kann die folgenden Fragen *nicht beantworten*: Wie entstehen unsere Kategorien? (4) Warum haben wir gerade diese Anschauungsformen und Kategorien? Und warum sind wir gerade an diese apriorischen Urteile gebunden und nicht an andere? (7a)

Die Fragen, wie es perfektes Wissen, notwendige Wahrheiten, letzte Rechtfertigungen geben kann, sind *Scheinprobleme*, da perfektes Wissen, notwendige faktische Wahrheit, letzte Rechtfertigungen einfach nicht zu existieren scheinen. (5)

Kant gibt *falsche Lösungen* für die folgenden Probleme: Sollten wir die Idee einer organismischen Evolution akzeptieren? (4e) Warum können wir einander verstehen? Wie ist intersubjektives Wissen möglich? (7b) Können die Kategorien als vollständig erwiesen werden? (6a) Können sie durch eine Analyse wissenschaftlicher Theorien gerechtfertigt werden? (6c, d) Haben wir Zugang zur Realität? (8c)

2 Die fatale Selbstbeschränkung der traditionellen Erkenntnistheorie

a) Jedes wissenschaftliche Unternehmen muß seinen Gegenstand benennen können. Was ist der Gegenstand der Erkenntnistheorie? Eine erste Antwort scheint trivial: Der Gegenstand erkenntnistheoretischer Forschung ist natürlich *Erkenntnis*. Ist aber der Begriff „Erkenntnis" eindeutig? Wessen Erkenntnis soll erforscht werden? Eine vorsichtigere Antwort könnte den Bereich erkenntnistheoretischer Forschung auf *menschliche* Erkenntnis beschränken.

Aber auch dann gibt es noch so viele verschiedene menschliche Wesen – Kinder und Erwachsene, Männer und Frauen, Nobelpreisträger und Analphabeten, alte und junge, schwarze, braune, rote, gelbe und weiße, blinde, stumme und taube, homo erectus und homo sapiens. Es gibt Leute verschiedenen Alters und Geschlechts, verschiedener Rasse und Intelligenz, verschiedener Sprache und Erziehung. Welche von ihnen sind denn nun die angemessenen Träger menschlicher Erkenntnis?

Hier trifft nun der traditionelle Erkenntnistheoretiker – beiläufig oder ganz explizit – eine weitere entscheidende Auswahl. In der Regel untersucht er nur *ein* spezielles kognitives System, nämlich *sich selbst*. Er studiert seine privaten Empfindungen, seine individuellen Wahrnehmungsprozesse, seine subjektiven Erfahrungen, sein eigenes beschränktes Wissen, seine einmaligen kognitiven Leistungen und Fehlleistungen, die Fakten und Theorien, die ihm eben bekannt sind.

Natürlich wird er behaupten, er sei ein qualifizierter Repräsentant aller erkennenden Subjekte. Er wird seine Analysen auf andere Leute verallgemeinern und sogar universelle Geltung für seine Ergebnisse beanspruchen. Ist dieser Anspruch gerechtfertigt? Ist er als kognitives System nicht einmalig, also parteiisch, voller Vorurteile, zur Subjektivität verdammt? Wie kann er sicher sein, daß seine Ergebnisse nicht Idiosynkrasien, individuelle Merkmale seines speziellen kognitiven Apparates sind?

Er könnte sich darauf berufen, daß andere Denker mit ihm übereinstimmen. Aber das genügt natürlich nicht. Wir haben schon gesehen, daß Erkenntnistheoretiker *nicht* miteinander übereinstimmen, daß sie zu verschiedenen Ergebnissen kommen, daß sie unverträgliche Theorien über Erkenntnis entwerfen. Gibt es dann vielleicht verschiedene kognitive Typen, einige empiristisch, andere rationalistisch, wieder andere transzendentalistisch, so wie es verschiedene Lern- oder Gedächtnistypen gibt: visuelle, auditive, motorische, kinästhetische?

Es ist wohl so, daß die psychoanalytischen Theorien von Freud, Adler, Jung nicht auf alle Leute anwendbar sind. Aber möglicherweise gibt es ja tatsächlich Freudsche Persönlichkeiten (beherrscht von Ich, Über-Ich und Es), aber eben auch Adlersche (beherrscht von Minderwertigkeitsgefühlen) und Jungsche Typen (beherrscht von Archetypen). Freud wäre natürlich ein perfekter Freudscher Fall, Adler ein Adlerscher, und Jung ein Jungscher Fall.

Waren vielleicht Lockes Ideen erworben und Leibniz' Ideen angeboren? Hatte Hume vielleicht kein perfektes Wissen, Kant aber hatte es? Hat Bacon induktiv geschlossen, während Popper das nie tat? War Kant ein typischer Kantscher Fall?

Bei diesem Gedanken sträuben sich nicht nur dem Erkenntnistheoretiker die Haare. Tatsächlich haben wir schon gesehen, daß Erkenntnistheorie nicht eine rein deskriptive Disziplin ist. Obwohl sie zweifellos faktische Elemente enthält, hat sie auch *normative* Ansprüche. Sie zielt auf Explikationen, rationale Rekonstruktionen, kognitive Normen und selbstverständlich auf Intersubjektivität. Wir hoffen immer noch, eine *allgemeine Theorie der Erkenntnis* zu finden. Und das war natürlich auch das ersehnte Ziel jedes Erkenntnistheoretikers.

b) Studieren wir jedoch die Geschichte der Philosophie, so müssen wir feststellen, daß traditionelle Erkenntnistheorien trotz ihres Anspruches, sich auf *alle* menschlichen Wesen zu beziehen, in Wahrheit nur den *normalen, erwachsenen, gebildeten Europäer* zu ihrem Forschungsobjekt machen. Das gilt auch für Kants Philosophie.

Mehrere Erkenntnisaspekte werden hierbei vernachlässigt:

– die *Verschiedenheit* der Angehörigen einer menschlichen Population, die – wie jedes andere menschliche Merkmal auch – eine statistische Streuung aufweisen vom Debilen zum Hochbegabten, vom Idioten zum Genie (heute Forschungsgegenstand der Intelligenz- und Lernpsychologie und in Ansätzen der Neurobiologie);

- die kognitive *Vielfalt* menschlicher Populationen, Rassen, Kulturen (eine Aufgabe für Anthropologie und Ethnologie, die aus Mangel an kulturneutralen Methoden, Tests, Begriffen, Theorien, Sprachen bisher wenig angegangen worden ist);
- das historische *Wachstum* menschlichen Wissens
  (Gegenstand der Wissenschaftsgeschichtsschreibung und der Wissenschaftstheorie, vor allem der „Theoriendynamik");
- die kognitive *Entwicklung* von Kindern in Kindheit und Jugend, also das individuelle Anwachsen kognitiver Fähigkeiten, der *ontogenetische* Aspekt
  (empirisch erforscht durch Entwicklungspsychologie und mit einem erkenntnistheoretischen Hintergrund versehen in Jean Piagets „Genetischer Erkenntnistheorie" – wo allerdings „genetisch" sich auf „Genese", nicht auf „Genetik" bezieht);
- und endlich die *Evolution* kognitiver Fähigkeiten bei Tieren und Menschen, also der *phylogenetische* Aspekt
  (empirisch erforscht durch evolutionäre Psychologie, Protopsychologie, Paläoneurologie, vergleichende Verhaltensforschung, Neurobiologie, und mit einem erkenntnistheoretischen Hintergrund versehen durch die Evolutionäre Erkenntnistheorie[6]).

Diese Aspekte, die von der traditionellen Erkenntnistheorie vernachlässigt wurden, lassen sich in zwei Gruppen aufteilen, welche die *Unterschiedlichkeit* und die *Dynamik* kognitiver Systeme betreffen. Wir werden zeigen, daß beide für die Erkenntnistheorie höchst relevant sind.

c) Die Beschränkung der traditionellen Erkenntnistheorie auf die Erkenntnis eines normalen, erwachsenen, gebildeten Europäers wäre weise gewesen, wäre sie *vorläufig* in Kauf genommen worden, um den Gegenstand der Forschung zu begrenzen. Es ist eine heuristisch fruchtbare und wissenschaftlich zulässige Strategie, die Eigenschaften oder „Parameter" eines Forschungsobjekts festzuhalten, mit Standardobjekten zu beginnen, unter Normalbedingungen zu experimentieren, Temperatur, Druck, Feuchtigkeit konstant zu halten, isothermische, adiabatische, isentropische, isobare Prozesse zu studieren, Faraday-Käfige, Kontrollgruppen, Placebo-Experimente, Doppelblind-Anordnungen zu wählen. Der hierbei erreichte Wissensstand stellte eine wertvolle, ja unverzichtbare *Anfangs*information dar. Er kann dazu dienen, durch *anschließende Variation* der Parameter die funktionalen Abhängigkeiten und kausalen Beziehungen zwischen verschiedenen Zustandsgrößen ausfindig zu machen.

Die klassischen Autoren der Erkenntnistheorie waren sich jedoch entweder der Beschränkung gar nicht bewußt, der sie sich unterwarfen, oder sie versuchten, die enge Bandbreite ihrer Forschung zu rechtfertigen, indem sie behaupteten, das Anliegen der Erkenntnistheorie seien nicht empirische Details, sondern Erkenntnis *als* Erkenntnis, das *Wesen* der Erkenntnis, Erkenntnis in einem *philosophischen* Sinne, die eigentlichen *Voraussetzungen* der Erkenntnis usw. Durch diesen Schritt „befreiten" sich die Erkenntnistheoretiker von empirischen Fakten, vornehmlich von allen physiologischen und psychologischen Entdeckungen, wobei sie sich mit der Überzeugung beruhigten, auf faktisches Wissen könne man dabei gänzlich verzichten. So stehen wir der merkwürdigen Tatsache gegenüber, daß es Erkenntnistheorien gibt, die sich um wissenschaftliche Befunde gar nicht kümmern, also „Theorien des Wissens" ohne Wissen.

Zur Verteidigung einer solchen esoterischen oder „reinen" Erkenntnistheorie werden verschiedene Argumente vorgebracht. Sie sollen in den folgenden Abschnitten behandelt werden:

„Erkenntnistheorie ist jeder empirischen Wissenschaft vorgeordnet." (2d)

„Erkenntnistheorie kümmert sich nur um den höchsten Stand von Erkenntnis." (3)

„Werkzeuge können sich nicht selbst bearbeiten. Ebensowenig können kognitive Strukturen sich selbst auf ihren Ursprung untersuchen." (4a)

„Dynamische Erkenntnistheorien verwechseln oder vermischen Probleme der Genese mit solchen der Geltung." (4b)

„Die Rede von einer realen Welt, der unser faktisches Wissen konform sein soll, ist tautologisch." (8c)

d) Das Hauptargument war und ist immer noch die Behauptung, erkenntnistheoretische Analyse und Reflexion seien jeder faktischen Wissenschaft *vorgeordnet* oder sollten es wenigstens sein; faktisches Wissen müsse allererst durch erkenntnistheoretische Grundlegung gesichert werden; deshalb könne es nicht konstitutiv zur Erkenntnistheorie beitragen. Versuche man dies gleichwohl, so führe das in einen vitiösen Zirkel der Selbstbestätigung oder sogar der Selbstwiderlegung.

Dieser fatale Zirkel existiert überhaupt nicht.[7] Zwar führt jeder Versuch, eine *Letztbegründung* zu geben, unweigerlich in eine der drei Sackgassen des Münchhausen-Trilemmas (Zirkel, unendlicher Regreß, Dogmatismus). Deshalb haben wir die Illusion perfekten Wissens längst durch die Idee der kritischen Prüfung ersetzt. Erkenntnistheorie ist danach nur eine (wenn auch sehr spezielle) hypothetisch-deduktive Disziplin, die durchaus berechtigt ist, empirische Fakten zu berücksichtigen.

Solch eine empirisch orientierte Erkenntnistheorie geht vor wie folgt. Sie *beginnt* mit Alltagswissen, Haushaltssprache und naiven Fragen, z.B.: Was wissen wir? Wie erkennen wir? Warum erkennen wir? Wie sicher ist unser Wissen? Sie versucht dann, diese Fragen zu beantworten, und entwickelt allmählich erkenntnistheoretische Begriffe, Unterscheidungen, Hypothesen, Theorien. Mit diesen Werkzeugen wendet sie sich zurück zu existierendem Wissen, das sie expliziert, systematisiert, kritisiert, verbessert. Dieses verbesserte Wissen wiederum dient dazu, unsere ersten erkenntnistheoretischen Ansätze zu korrigieren. Und dieser Prozeß dauert an.

Erkenntnistheorie und faktisches Wissen befinden sich in einem fortwährenden Wechselspiel. Ihre Wechselwirkung besteht nicht in leerer Selbstbestätigung, sondern in kritischem Zusammenwirken. Zusammen bilden sie ein fruchtbares, selbstkorrigierendes *Rückkopplungssystem*, dessen Entwicklung in der Zeit mit einer *Spirale* verglichen werden kann. Solch eine rückgekoppelte Struktur ist keineswegs spezifisch für die Erkenntnistheorie. Im Gegenteil, Welt und Wissenschaft sind voller solcher Systeme, die wir *„virtuose Zirkel"* genannt haben. Es wäre voreilig, ja sogar verfehlt, jede zirkuläre Struktur als einen vitiösen Zirkel anzusehen.

3 Sind Vielfalt und Dynamik kognitiver Systeme für die Erkenntnistheorie relevant?

a) Während das vorangehende Argument (das sich als nicht schlüssig erwies) behauptete, es sei nicht *möglich*, empirische Fakten in die Erkenntnistheorie einzuschließen, ist das nach anderen Argumenten nicht *notwendig*. Ein typischer Gedankengang verläuft folgendermaßen.

Es mag vernünftig sein, faktisches Wissen in Betracht zu ziehen. Jedoch gibt es keine *Notwendigkeit*, die Vielfalt und den dynamischen Charakter kognitiver Systeme in die Erkenntnistheorie einzubeziehen. Wenn es tatsächlich eine solche Vielfalt kognitiver Systeme geben sollte, so wählen wir für unsere erkenntnistheoretischen Betrachtungen einfach das *höchste* Erkenntnisniveau. Es ist offenkundig, daß dieser Beschluß *menschliche* Erkenntnis auszeichnet (vielleicht sogar als die einzige, die eine solche Bezeichnung verdient). Sollte es darüber hinaus in kognitiven Systemen eine gewisse Dynamik geben, so nehmen wir einfach ihren *Endzustand*. Dann können wir all jene niedrigen Erkenntnisstufen bei Tieren, Kindern, Idioten, Computern vergessen. Sie mögen für die Psychologie von Interesse sein; für die Erkenntnistheorie sind sie völlig irrelevant.

Dieses Argument ist jedoch gänzlich verfehlt. Es gibt zwar keinen ernsthaften Zweifel daran, daß menschliche Erkenntnis die oberste Stufe von Erkenntnis ist, der wir bisher überhaupt begegnet sind. *Keine Erkenntnistheorie könnte menschliche Erkenntnis auslassen.* Das bedeutet jedoch nicht, daß alle anderen Arten von Erkenntnis als *mangelhaft*, somit als irrelevant für die Erkenntnistheorie außer acht gelassen werden dürften.

b) Die abschätzige Behauptung, im Hinblick auf menschliches Erkennen seien andere kognitive Systeme einfach minderwertig, könnte sich als voreilig erweisen. Es gab Zeiten, da Tiere, z.B. Schimpansen, als unvollkommene oder sogar mißratene menschliche Wesen angesehen wurden. Heute jedoch wissen Biologen, daß die meisten Arten, wenn nicht alle, ihrer jeweiligen Umgebung oder ökologischen Nische hervorragend angepaßt sind. In gewissem Sinne sind *alle* Arten vollkommene Ergebnisse einer selektiven und deshalb adaptiven Evolution.

Ganz ähnlich pflegten Humanisten Latein als eine Modellsprache anzusehen und Sprachen nach diesem willkürlichen Standard zu bewerten. Sie beurteilten andere Sprachen als weniger logisch, weniger vollständig, weniger vollkommen. Der Vorwurf jedoch, im Französischen fehle der Ablativ, ist gänzlich unangebracht. Er ist so sinnlos, wie wenn man die lateinische Sprache wegen all ihrer „überflüssigen" Flexionsformen kritisieren wollte. Jede Sprache steht für sich selbst, setzt ihre eigenen Maßstäbe und ist im Hinblick auf diese Maßstäbe vollkommen.

Ganz ähnlich könnte sich herausstellen, daß *jede* Erkenntnisart ihre eigenen Verdienste hat und auf ihre Weise vollkommen ist.

Darüber hinaus verarbeiten manche Organismen Signale, die wir nicht wahrnehmen. Hunde nehmen Ultraschall wahr, Bienen sehen Ultraviolett und benützen polarisiertes Licht für ihre Orientierung, einige Vögel spüren magnetische Felder, manche Fische erzeugen und fühlen elektrische Felder, Schlangen lokalisieren ein warmblütiges Tier durch seine Infrarotstrahlung, Delphine tauschen über akustische Signale beachtliche Informationsmengen aus, usw. Es ist immer sehr lehrreich, die *Begrenzungen* unserer Sinnesorgane durch *Vergleich* mit anderen Systemen zu studieren. Im Hinblick auf jene Systeme müßte man die menschliche Wahrnehmung offenbar als höchst *mangelhaft* beurteilen. Wir sollten uns jedoch sowohl vor anthropomorphen als auch vor „theromorphen" Interpretationen hüten.

Selbst die menschliche Erkenntnis hat verschiedene Stufen. Wir können Wahrnehmungs-, Erfahrungs- und theoretische (oder wissenschaftliche) Erkenntnis unterscheiden (vgl. 8c), die ihrerseits alle wieder hierarchisch strukturiert sind. Obwohl nun die theoretische Erkenntnis zweifellos die höchste Form menschlicher Erkenntnis ist, kümmert sich doch die Erkenntnistheorie auch um die „niedrigen" und „mangelhaften" Stufen der Wahrnehmung und Erfahrung. Einer der Gründe dafür ist natürlich, daß Wahrnehmungs- und Erfahrungserkenntnis auch für sich interessant und erkenntnistheoretisch bedeutsam sind. Ein anderer Grund ist der folgende: Obwohl wir bei dem *Entwerfen* von Theorien vergleichsweise frei sind, sind wir doch bei der Überprüfung dieser Theorien gänzlich angewiesen auf unsere mesokosmischen kognitiven Fähigkeiten – Wahrnehmung, Gedächtnis, Alltagserfahrung. Jedes beliebige reale Objekt muß *irgendwie* auf unsere Peripherie projiziert werden, wenn es ein Objekt faktischer Wissenschaft sein soll (vgl. 8d). Dieses Projizierbarkeitspostulat, das (wegen der Prüfbarkeitsforderung, vgl. 1b) für die empirische Wissenschaft unverzichtbar ist, erklärt die bedeutsame Rolle unserer „niedrigen" kognitiven Fähigkeiten für jede Erkenntnis- und Wissenschaftstheorie.

c) In jeder Wissenschaft lernen wir am meisten durch Vergleich und *Kontrastbildung*. Wir verstehen ein System, wenn wir wissen, was es tun kann (und wie) und was es *nicht* tun kann (und warum nicht) und was andere Systeme können. Da es *mehrere* kognitive Systeme gibt, können wir wertvolle Einsichten gewinnen, indem wir sie einander gegenüberstellen. Nun ist es klar, daß ein raffiniertes Instrument uns etwas über die Leistung eines primitiven lehren kann, vornehmlich über dessen Beschränkungen. Vielleicht ist es weniger einleuchtend, daß wir auch über das beste Instrument, das uns zur Verfügung steht, Informationen gewinnen können, indem wir die Eigenschaften *schwächerer* Instrumente extrapolieren.

Wir wollen dies durch ein Beispiel verdeutlichen, das von Konrad Lorenz stammt.[8] Mit einem Mikroskop können wir Strukturen sehen, die zu klein sind, als daß wir sie mit unbewaffnetem Auge entdecken könnten. So können wir durch Vergleich das (relativ niedrige) Auflösungsvermögen des menschlichen Auges bestimmen. Schauen wir nun durch das Mikroskop, so sehen wir viele Arten von Objekten, von denen einige als diffuse bräunliche Flecken erscheinen. Steht uns nur ein Instrument zur Verfügung, so bleibt uns nichts anderes übrig, als diese braunen Objekte für real zu halten. Kontrollieren wir jedoch mit einem noch besseren Mikroskop, so entdecken wir, daß die braunen Flecken keine wirklichen Objekte waren, sondern instrumentelle Artefakte, die durch das begrenzte Auflösungsvermögen unseres Mikroskops hervorgerufen wurden. Wo wir Bräunliches gesehen hatten, entdecken wir jetzt ultrafeine Strukturen, die wir vorher nicht entdeckt haben. Außer diesen neu entdeckten Objekten sehen wir wieder diffuse bräunliche Flecken. Aber dieses Mal werden wir sie nicht als real interpretieren, da wir gelernt haben, daß sie instrumentelle Effekte sind. Auf diese Weise haben wir Einsichten über die Beschränkung eines überlegenen Instruments gewonnen, indem wir unsere Erfahrung mit einem weniger leistungsfähigen ausnutzten.

Wir dürfen es sogar als ein Prinzip formulieren, daß *gerade die Fehlleistungen eines Systems den größten Erkenntniswert besitzen*. Solange ein System (sei es ein Organismus oder eine Maschine) ordentlich funktioniert, bleibt es für uns eine „black box". Jedenfalls gibt es immer mehrere alternative Möglichkeiten, sein Verhalten zu erklären, und wir können zwischen ihnen nicht entscheiden. Aus seinem Fehlverhalten können wir dagegen viel mehr lernen.

Wie das Farbensehen zustandekommt, ist mit einem funktionierenden Auge schwer herauszufinden; die verschiedenen Arten von *Farbenblindheit* geben viel mehr Information über dieses komplizierte System. – Die funktionelle Gliederung unseres Gehirns mußte aus seinen *Ausfallserscheinungen* erschlossen werden, die durch Verletzung, Operation, Tumor, Drogen, Epilepsie ausgelöst wurden. – Verhaltensforscher lernen am meisten über Instinkte, bedingte Reflexe, angeborene Auslösemechanismen, Prägung, Selbstnachahmung oder Ortsgedächtnis bei Tieren, wenn sie sie isolieren, der gewöhnlichen Erfahrungen berauben oder *täuschen* können. – Sinnes*täuschungen*, mehrdeutige Zeichnungen, unmögliche Figuren, Umkehrbrillen oder fixiertes Sehen sind für den Psychologen lehrreicher als normale Wahrnehmungsleistungen. – Um phonologische Gesetze oder andere linguistische Universalien herauszufinden, studieren Linguisten Erscheinungen sprachlicher *Unvollkommenheit*, z.B. Kindersprache, Aphasie, Dyslexie usw.[9] – Wenn wir klarmachen wollen, welche Eigenschaften eine gute Definition haben muß, so zeigen wir das an Gegenbeispielen, an zirkulären, widersprüchlichen, unscharfen oder in anderer Weise *unangemessenen* Versuchen. – Wie eine wissenschaftliche Theorie arbeitet, lernen wir am besten, wenn wir entdecken und verstehen, wo und warum sie *versagt*.

Ähnlich sollten wir kognitive Systeme und ihre jeweiligen *Fehlleistungen* studieren und *vergleichen*, um sie zu verstehen und Einblick in ihre Arbeitsweise zu gewinnen. Deshalb sollte der Erkenntnistheoretiker die Vielfalt existierender kognitiver Systeme nicht als eine irritierende, letztlich aber unwesentliche Tatsache ansehen; vielmehr sollte er sich über diese zusätzliche Chance zum Studium kognitiver Prozesse freuen.

d) Erkenntnis ist nicht angemessen charakterisiert, wenn man sie lediglich als *Wissensstand* auffaßt. Erkenntnis ist vielmehr ein *Prozeß*, durch den wir von einem Zustand des Nichtwissens in einen Zustand des Wissens, von geringerer zu besserer Erkenntnis übergehen. Warum solche Übergänge möglich sind und wie sie hervorgebracht werden, kann für die Erkenntnistheorie nicht irrelevant sein.

Da ein Prozeß eine Folge von verschiedenen Zuständen ist, kann er unmöglich angemessen als ein einziger Zustand beschrieben werden. Ein Schuß, ein Gewitter, eine Explosion, ein Kampf, ein Rennen, eine Diskussion, eine Revolution können nicht durch eine einzige Photographie wiedergegeben werden.

Das gilt auch für die Erkenntnistheorie. Der eigentümliche Charakter kognitiver Prozesse *als Prozesse* wird in Beschreibungen ihrer Endzustände, d.h. fertigen Wissens, nicht deutlich. Erkenntnistheorie muß sich nicht nur um einen klaren *Erkenntnisbegriff* bemühen, sondern auch um die *Bedingungen* der Erkenntnis. Solche Bedingungen sollte man aufspüren können, indem man, wo immer möglich, kognitive Prozesse unter variierenden Bedingungen *studiert und vergleicht*.

Viele Wissenschaften haben verschiedene Stadien durchlaufen. Historisch war der erste Zweig der Physik die *Statik*, in der die Bedingungen von Gleichgewichten untersucht werden; ein typisches Beispiel ist das Hebelgesetz des Archimedes. Galileis Fallgesetz und Keplers Planetengesetze begründeten die *Kinematik*, in der Bewegungen ohne Bezug auf Massen oder Kräfte studiert werden. Newton endlich schuf die *Dynamik*, das letzte und höchste Stadium, wo Kräfte als Ursachen für Beschleunigungen untersucht werden. Gemeinsam bilden Statik, Kinematik und Dynamik die Mechanik. Andere Disziplinen zeigen eine ähnliche Entwicklung, indem sie zuerst die *Struktur* eines Systems studieren, dann seine *Veränderung* in der Zeit, und schließlich seine Stabilität und Evolution durch Ursachen, *Kräfte*, Faktoren, Motive usw. erklären.

Nach Jahrhunderten statischer Erkenntnistheorie ist es wohl Zeit, unsere Disziplin in ein kinematisches oder dynamisches Stadium eintreten zu lassen. Das ist die Aufgabe von Piagets „Genetischer Erkenntnistheorie" und der „Evolutionären Erkenntnistheorie". Hören wir Piaget:

Unser Problem läßt sich folgendermaßen formulieren: Vermittels welcher Leistungen geht der menschliche Geist von einem Stand weniger befriedigender Erkenntnis zu einem Stand höherer Erkenntnis über? ...

Das fruchtbarste und sich am ehesten anbietende Feld der Untersuchung wäre natürlich die Rekonstruktion der menschlichen Geschichte – der Geschichte des menschlichen Denkens vom vorgeschichtlichen Menschen an. Doch leider wissen wir über die Psychologie des Neandertalers oder diejenige des *Homo siniensis* von Teilhard de Chardin nicht sehr viel. Da uns diese Dimension der Biogenese nicht zugänglich ist, werden wir uns wie die Biologen der Ontogenese zuwenden müssen.[5]

Sogar Piaget, der Vater einer ontogenetisch orientierten „Genetischen Erkenntnistheorie", gibt also zu, daß eine phylogenetisch orientierte „Evolutionäre Erkenntnistheorie" das Fernziel erkenntnistheoretischer Bemühungen sein könnte. Daß der phylogenetische Aspekt neues Licht auf erkenntnistheoretische Probleme werfen würde, wurde von vielen anderen Denkern gesehen, die mit evolutionären Ideen vertraut waren.

Darwin selbst bemerkte in seinem Notizbuch: „Platon ... sagt im *Phaidon*, unsere *'notwendigen Ideen'* entstammten der Präexistenz der Seele, seien nicht von der Erfahrung abgeleitet. – Lies Affen für Präexistenz."[10]

Dies könnte sogar der erste Hinweis sein auf eine der grundlegenden Behauptungen der Evolutionären Erkenntnistheorie, daß nämlich unsere Anschauungsformen und die Kategorien unserer Erfahrung zwar *ontogenetisch a priori* seien (d.h. unabhängig von jeder individuellen Erfahrung), aber *phylogenetisch a posteriori* (d.h. erworben durch gute und schlechte Erfahrungen der Art).

Wir können sogar fragen, ob Kant die Evolutionäre Erkenntnistheorie akzeptiert hätte. Kant war jedenfalls für eine evolutionäre Perspektive offen. Daß er die Idee einer Evolution unserer kognitiven Fähigkeiten nicht selbst vertreten hat, liegt zum Teil an dem eingeschränkten wissenschaftlichen Wissen seiner Zeit, das nicht einmal eine organismische, geschweige denn eine geistige Evolution zu bestätigen schien. Dieser Punkt wird in 4e weiter diskutiert.

Die hier vorgebrachten Argumente sollten gezeigt haben, daß und warum das weite Spektrum kognitiver Systeme, Stufen und Stadien relevant, ja sogar konstitutiv ist für jede Erkenntnistheorie, die mit den Befunden moderner Wissenschaften in Einklang stehen soll, vornehmlich für die Evolutionäre Erkenntnistheorie. Darüber hinaus fordert die Tatsache, daß einige Systeme (z.B. menschliche Wesen) mit kognitiven Strukturen ausgestattet sind, andere (z.B. Planeten, Seifenblasen, Einzeller) dagegen nicht, in ganz natürlicher Weise weitere Fragen heraus: Wie konnten solche Strukturen entstehen und sich zeitlich entwickeln? (4) Welches ist die Natur der Kategorien? Sind sie notwendig und in welchem Sinne? (5) Kann Kants spezielle Auswahl von Kategorien logisch, erkenntnistheoretisch, metatheoretisch, empirisch gerechtfertigt werden? (6) Warum sind wir gerade mit diesen kognitiven Strukturen ausgestattet und nicht mit anderen? (7) Sind die Kategorien für *alles* menschliche Wissen konstitutiv? (8)

Diesen Fragen wenden wir uns jetzt zu.

4 Wie sind unsere Kategorien entstanden?

a) Bevor wir versuchen können, den möglichen Ursprung der Kategorien zu diskutieren, werden wir uns mit zwei *Einwänden* auseinandersetzen müssen, die gegen das Problem selbst (und damit erst recht gegen jede vermeintliche Lösung) gerichtet sind. Wieder gibt es einen Einwand, wonach eine Antwort *unmöglich* ist (weil schon die Frage sinnlos sei), während der zweite Einwand behauptet, daß Fragen nach dem Ursprung der Kategorien zwar sinnvoll, erkenntnistheoretisch jedoch irrelevant und daher *überflüssig* seien (weil genetische Erklärungen von faktischem Charakter seien, also keine normativen Probleme lösen könnten).

Tatsächlich könnte ein Kantianer den Verdacht haben, die Frage „Wie entstehen Kategorien?“ sei in einem transzendentalen Kontext nicht legitim. Er könnte wie folgt argumentieren: Die Anschauungsformen und Kategorien sind für menschliches Wissen konstitutiv, machen Erkenntnis möglich, sind Bedingungen für Erkenntnis. Die Frage, wie sie entstehen, ist unbeantwortbar, ja sinnlos, weil eine Antwort ja selbst schon ein Stück Wissen wäre, also die Kategorien voraussetzen und sich ihrer bedienen müßte. Und wir können eben den Ursprung von etwas nicht erklären oder erforschen, das selbst schon zu den Bestandteilen einer solchen Erklärung oder Erforschung gehört. Das Auge kann sich nicht selbst sehen. Deshalb ist die obige Frage unzulässig. Das scheint auch die Position von Kant selbst zu sein:

Wie aber diese eigentümliche Eigenschaft unserer Sinnlichkeit selbst oder die unseres Verstandes und der ihm und allem Denken zum Grunde liegenden notwendigen Apperzeption möglich sei, läßt sich nicht weiter auflösen und beantworten, weil wir ihrer zu aller Beantwortung und zu allem Denken der Gegenstände immer wieder nötig haben.[11]

Gleichwohl ist dieses Argument verfehlt.

Beim Auge denke man einfach an den Gebrauch eines Spiegels. Was kognitive Strukturen im allgemeinen betrifft, so ist es wahr, daß wir nicht mit einer tabula rasa beginnen können. Aber warum sollten wir, wenn wir mit unseren Kategorien beginnen, nicht in der Lage sein, sie zu erforschen, unser Wissen über sie zu vertiefen? Selbst wenn unsere Forschung uns nicht *jenseits* dieser Kategorien führen sollte, können wir doch herausfinden, wie sie in ihrem eigenen Lichte erscheinen. Die Tatsache, daß das *Objekt* unserer Analyse zugleich ihr *Werkzeug* ist, braucht sinnvolle Ergebnisse nicht zu verhindern. Natürlich müssen wir Widerspruchsfreiheit verlangen; d.h., die Ergebnisse unserer Untersuchung dürfen ihren Voraussetzungen nicht widersprechen. Aber diese Forderung macht unsere Bemühungen nicht aussichtslos.

Die übliche Behauptung, Rückbezüglichkeit müsse zu Widersprüchen oder zu Tautologien führen, ist ein Mythos. Er entstammt vermutlich enttäuschenden Erfahrungen mit der Idee der Letztbegründung. Gewiß können wir etwas nicht durch sich selbst *rechtfertigen*. Selbstrechtfertigung ist tatsächlich zirkulär. Genauer ist sie zwar nicht inkonsistent, aber selbstbestätigend, also leer. Die Frage jedoch, wie unsere Kategorien entstehen, verlangt nicht nach einer *Rechtfertigung*, viel eher nach Beschreibung und *Erklärung*. Und Selbsterklärung ist nicht notwendig zirkulär im vitiösen Sinne.

Diese Berufung auf die explanatorische Dimension unserer Frage führt zu einem weiteren Einwand.

b) Während es interessant sein mag (so lautet das Argument) zu studieren, wie Erkenntnis in der Geschichte, in der Wissenschaft oder in Individuen entsteht, so können doch solche empirischen Untersuchungen niemals normative Probleme im Hinblick auf Wahrheit, Geltung, Objektivität, Rationalität lösen. In Kants Terminologie: Die Evolutionäre Erkenntnistheorie mag faktische Fragen (quid facti?) beantworten, niemals jedoch Rechtfertigungsfragen (quid juris?).

Diese Behauptung ist als Analyse korrekt, aber als Einwand verfehlt. Es ist richtig, daß die Evolutionäre Erkenntnistheorie keine Normen rechtfertigen kann. Aber das ist nicht eine spezielle Schwäche der Evolutionären Erkenntnistheorie. *Keine Disziplin kann Normen rechtfertigen*. Gewiß folgen Normen nicht aus Fakten – das Problem ist nur, daß sie auch aus sonst nichts folgen.

Wir können Normen formulieren, vergleichen, auf Widerspruchsfreiheit prüfen, anwenden, sanktionieren, kritisieren und aus ihnen Folgerungen ableiten – aber wir können sie nicht rechtfertigen. Natürlich können wir versuchen, sie von anderen Normen abzuleiten – das rechtfertigt sie nur insoweit, als diese anderen Normen schon gerechtfertigt sind, also überhaupt nicht. Wir können uns auf Normen einigen, denen wir zu folgen bereit sind – aber Konventionen liefern keine Rechtfertigung. Wir können die Normen untersuchen, die von menschlichen Wesen, sozialen Gruppen, Tierpopulationen, Maschinengesellschaften, befolgt werden – das allein rechtfertigt sie nicht. Wir mögen herausfinden, daß es Normen gibt, gegen die wir einfach nicht verstoßen können – auch diese Tatsache oder Entdeckung rechtfertigt sie nicht. Wir mögen feststellen, daß gewisse normative Systeme den Überlebenswert oder die evolutionären Chancen eines Individuums, einer Art, eines ganzen Ökosystems erhöhen – auch dies ist keine absolute Rechtfertigung, obwohl es die beste *relative* Rechtfertigung sein mag, die sich geben läßt.

Beschreibende und normative Aussagen mögen vieles gemeinsam haben – sie sind Aussagen, sie können mit mehr oder weniger Erfolg angewandt werden, sie können rational kritisiert werden – immer bleibt ein entscheidender Unterschied: Beschreibende Aussagen können wahr sein, normative Aussagen nicht. Fakten werden in der Natur gefunden, Normen nicht. Deshalb können deskriptive Aussagen empirisch getestet werden, normative Aussagen nicht. Während wir gute Gründe haben mögen, für eine Beschreibung Wahrheit zu beanspruchen, *können wir niemals gute Gründe haben, für Normen Geltung zu beanspruchen*. Wenn jemand behauptet, für irgendeine Norm nicht nur eine relative Reduktion (auf andere Normen), sondern eine endgültige Rechtfertigung gegeben zu haben, so wird man ihm das nicht glauben – es ist unmöglich.

Wenn, wie so oft behauptet wird, das Hauptproblem der Erkenntnistheorie die Rechtfertigung kognitiver Normen wäre, dann wäre die Erkenntnistheorie nutzlos, unmöglich, steril, ein totgeborenes Kind, eine Pseudowissenschaft. Glücklicherweise ist sie es nicht. Wir sollten vielmehr einsehen, daß Erkenntnistheorie – wie schon in 1e betont – eine Kombination formaler, deskriptiver und normativer Elemente ist und daß sie zahlreiche Probleme enthält, die nicht Rechtfertigungscharakter haben, und von diesen Problemen lebt.

So sollten wir die Evolutionäre Erkenntnistheorie nicht dafür verurteilen, daß sie etwas nicht bietet, was *keine* Disziplin liefern kann. Die Tatsache, daß die Evolutionäre Erkenntnistheorie die Frage „quid juris"?" in irgendeinem letztgültigen Sinne eingestandenermaßen nicht beantworten kann, kann nicht als Einwand dienen. Viel eher müssen wir den Angriff gegen die traditionelle Erkenntnistheorie richten: Die einzigen Fragen, die sich sinnvoll verfolgen lassen, sind *faktische* Fragen („quid facti") und Fragen *relativer* Rechtfertigung. Tatsächlich werden beide Fragearten von der Evolutionären Erkenntnistheorie behandelt und *möglicherweise* beantwortet. Von einer Vermischung von Genesis und Geltung kann also nicht die Rede sein.

c) Nachdem wir die genannten Einwände beseitigt haben, können wir endlich versuchen, die Frage zu beantworten, wie unsere kognitiven Strukturen entstanden sind. Bei Organismen hat eine solche Frage immer zwei Dimensionen: einen individuellen, *ontogenetischen* oder Entwicklungsaspekt und einen historischen, *phylogenetischen* oder Evolutionsaspekt. Im Hinblick auf den Ursprung der Kategorien müssen wir deshalb von Anfang an zwei Fragen unterscheiden: Wie entstehen Begriffe (und andere kognitiven Strukturen) bei Individuen? Und wie entstanden sie in der Geschichte der Menschheit? Beide Probleme können nur durch empirische Forschung gelöst werden. Die erste Frage wird von der Entwicklungspsychologie behandelt, vor allem durch Piaget und seine Genetische Erkenntnistheorie.

Typische Forschungsprobleme sind: In welchem Alter und unter welchen Bedingungen entsteht ein spezieller Begriff? Kann sein Entstehen verzögert oder beschleunigt werden? Erscheinen die kognitiven Strukturen in einer unveränderlichen Reihenfolge? Ist diese Unveränderlichkeit logischen Gründen, linguistischen Beschränkungen oder Prozessen biologischer Reifung zu verdanken? Spielt die Sprache eine Rolle und welche? Was sind die pädagogischen Konsequenzen? Inwieweit sind Beherrschung und Gebrauch von Begriffen, Klassifikationen, Schlüssen, Prinzipien genetisch bedingt oder bestimmt? Wie wirken Gene und Umwelt im Hinblick auf Erkenntnis zusammen?

Offenbar führt die ontogenetische Perspektive unvermeidlich auf biologische, genetische, phylogenetische Probleme (vgl. Piaget in 3d). Sie sind Gegenstand der zweiten, der phylogenetischen Frage. Dieses Gebiet wird von der evolutionären Psychologie und der Evolutionären Erkenntnistheorie behandelt. Die Antwort ist wohlbekannt: *Unsere Erkenntnisstrukturen sind Ergebnisse biologischer Evolution*. Aber diese Antwort ist keineswegs vollständig. Für eine vollständige Antwort brauchen wir weit mehr. Wir sollten in der Lage sein, die Evolution der kognitiven Fähigkeiten des Menschen zu rekonstruieren. Da kognitive Strukturen nicht fossilieren, ist diese Aufgabe äußerst schwierig, wenn auch nicht völlig außerhalb jeder Reichweite. Und obwohl die empirische Situation noch viel zu wünschen übrig läßt, hat doch die These vom evolutionären Ursprung solcher Strukturen bereits zu beachtlichen erkenntnistheoretischen Folgerungen geführt.[12]

Einige davon seien aufgezählt:

α) Die Evolutionäre Erkenntnistheorie stellt einen weiteren Fall dar, in dem ein *philosophisches* Problem mit Hilfe einer *wissenschaftlichen* Theorie gelöst wird. Ob und warum ein solcher Schritt legitim ist, ist eine interessante methodologische Frage.

β) Insbesondere muß untersucht werden, ob das Einbeziehen faktischen Wissens in die Erkenntnistheorie irgendeine *Zirkularität* mit sich bringt. (Vgl. 2d.)

γ) Unsere Anschauungsformen und Begriffe sind a priori für das Individuum, jedoch a posteriori für die Art.

δ) Die *Passung* subjektiver Erkenntnisstrukturen wird als Ergebnis eines *Anpassungs*prozesses erklärt.

ε) Falsche Hypothesen, deren Falschheit für das Leben relevant ist, werden in der Evolution eliminiert.

ζ) Da biologische Anpassung niemals ideal ist, können auch unsere (biologisch bedingten) kognitiven Fähigkeiten nicht ideal sein. Sie sind lediglich mesokosmisch, d.h. überlebens-adäquat in einer Welt der mittleren Dimensionen.

η) Evolutionärer Erfolg ist keine Garantie für Wahrheit und Objektivität. Die Evolutionäre Erkenntnistheorie vertritt also keine pragmatische Wahrheitstheorie. Sie weist vielmehr mit besonderem Nachdruck gerade auf jene Fälle hin, in denen subjektive Erkenntnisstrukturen und Realität *nicht* übereinstimmen.

ϑ) Gleichwohl gibt es eine partielle Isomorphie zwischen Erkenntnis und Realität (weil wir die Evolution sonst nicht überlebt hätten).

ι) Objektive Erkenntnis ist möglich, aber nicht garantiert. Darüber hinaus ist Objektivität, auch wenn sie vorliegt, nicht beweisbar. Alles Wissen ist hypothetisch.

κ) Die Evolutionäre Erkenntnistheorie vereint empiristische und rationalistische, hypothetisch-deduktive und konstruktive, konventionalistische und ökonomistische, realistische und transzendentalistische *Elemente*. Es wäre jedoch verfehlt, sie mit einem einzigen dieser Merkmale klassifizieren zu wollen. Sie als positivistisch, pragmatistisch oder biologistisch zu charakterisieren, wäre sogar ganz falsch.

λ) Die Evolutionäre Erkenntnistheorie läßt uns *vermuten*, daß es – entgegen empiristischen Behauptungen – einen ontologisch und empirisch relevanten Unterschied zwischen regelmäßigem *post hoc* und *propter hoc* gibt. Es stellt sich heraus, daß dieser ontologische Unterschied, der kausale Verknüpfungen gegenüber rein zeitlichen Abfolgen charakterisiert, im Energieübertrag liegt.

μ) Die Evolutionäre Erkenntnistheorie gibt eine Teilantwort auf die Frage, warum die Mathematik (als eine Strukturwissenschaft) auf die Realität anwendbar ist. Die reale Welt ist strukturiert, und schon elementare Erkenntnisprozesse benützen mathematische Strukturen, um eine interne Rekonstruktion äußerer Objekte zu liefern.

ν) Indem sie die kognitiven Prozesse dem Gehirn zuweist, setzt die Evolutionäre Erkenntnistheorie eine identistische und systemtheoretisch orientierte Lösung des Leib-Seele-Problems voraus und unterstützt diese.

Diese kurze Liste sollte immerhin ausreichen, die erkenntnistheoretische Relevanz des evolutionären Ursprungs unserer Erkenntnisstrukturen zu belegen. Wir wollen nun sehen, wie Kant mit unserem Problem, dem Ursprung der Kategorien, zurechtkommt.

d) Überraschenderweise hat Kant selbst den *ontogenetischen* Aspekt des Ursprungs der Kategorien mehrfach diskutiert. Diese Frage kann für ihn also nicht unzulässig oder sinnlos gewesen sein. Er hat sogar Hinweise auf eine Antwort gegeben.

> Schließlich kommt jedem wie von selbst die Frage, ob beide *Begriffe* [Raum und Zeit] *angeboren* oder *erworben* seien . . . In Wahrheit *sind beide Begriffe* ohne Zweifel *erworben*: zwar nicht von der Sinneswahrnehmung der Gegenstände (denn die Empfindung gibt den Stoff, nicht die Form der menschlichen Erkenntnis), aber von der Tätigkeit selber der Erkenntniskraft, die ihr Empfundenes nach bleibenden Gesetzen einander beiordnet, abgezogen . . . Und es ist hier nichts anderes angeboren als ein Gesetz des Gemüts, nach welchem es, was es von der Gegenwart des Gegenstandes her empfindet, auf bestimmte Art vereinigt.[13]
>
> Es gibt aber auch eine ursprüngliche Erwerbung . . . Dergleichen ist, wie die Kritik behauptet, *erstlich* die Form der Dinge im Raum und der Zeit, *zweitens* die synthetische Einheit des Mannigfaltigen in Begriffen . . . Es muß

> aber doch ein Grund dazu im Subjekte sein, der es möglich macht, daß die gedachten Vorstellungen so und nicht anders entstehen und noch dazu auf Objekte, die noch nicht gegeben sind, bezogen werden können. Und dieser Grund wenigstens ist *angeboren.*[14]

Kant nimmt hier Stellung zu dem uralten Problem der angeborenen Ideen. Besonderer Klarheit kann sich seine Antwort freilich nicht rühmen. Seine Kategorien werden als erworben hingestellt; es gebe aber eine spezielle *Disposition*, die das Subjekt dazu bringt, in eindeutiger Weise Kategorien zu bilden. Und diese Fähigkeit sei nun tatsächlich *angeboren.* Wir könnten fragen, in welchem Sinne die Kategorien dann erworben sein sollen.

Haben wir einmal eine Startposition (einen angeborenen „Grund") und eine Strategie (ein angeborenes „Gesetz des Gemüts"), dann verfügen wir auch über alle notwendigen Folgen. Warum sollte man sie nicht angeboren nennen? Für Leibniz wenigstens sind, wenn eine Wahrheit angeboren ist, auch alle logischen Konsequenzen angeboren. (Locke ist in dieser Frage allerdings anderer Auffassung.) Aber wir werden uns mit diesem Punkt nicht aufhalten.

Wir könnten auch fragen, ob diese „angeborene" Disposition, Kategorien zu „erwerben", allen Menschen gemeinsam ist. Warum sollte sie es sein? Wenn sie es ist, wie würde Kant das erklären? Durch eine prästabilierte Harmonie? Gewiß nicht. Durch Berufung auf die menschliche „Natur"? Wie aber ist dann die menschliche Natur bestimmt, wenn nicht biologisch? Offenbar können auch oder gerade konsequente Kantianer nicht auf eine genetische oder evolutionäre Perspektive verzichten. Wie würde Kant auf die Idee eines evolutionären Hintergrundes der Kategorien reagieren?

e) Es ist wohlbekannt, daß Kant bezüglich der unbelebten Materie *evolutionäre Ideen* begrüßt und vertreten hat. In seiner „Allgemeinen Naturgeschichte und Theorie des Himmels" entwickelt er die „Nebular-Hypothese", wobei er über Newtonsche Prinzipien nicht nur die Stabilität, sondern auch *Ursprung und Evolution* des Planetensystems zu erklären versucht. Er ist sich auch bewußt, daß solch eine evolutionäre Auffassung nicht auf Sterne, Planeten und Monde beschränkt werden darf. Er träumt von einer umfassenden Naturgeschichte.

> Die Naturbeschreibung (Zustand der Natur in der jetzigen Zeit) ist lange nicht hinreichend, von der Mannigfaltigkeit der Abartungen Grund anzugeben. Man muß . . . eine *Geschichte* der Natur wagen, welche eine abgesonderte Wissenschaft ist, die wohl nach und nach von Meinungen zu Einsichten fortrücken könnte. . .
>
> Die *Naturgeschichte*, woran es uns fast noch gänzlich fehlt, würde uns die Veränderung der Erdgestalt, ingleichen die der Erdgeschöpfe (Pflanzen und Tiere) . . . lehren. Sie würde vermutlich eine große Menge scheinbar *verschiedene* Arten zu Rassen eben derselben Gattung zurückführen, und das jetzt so weitläufige Schulsystem der Naturbeschreibung in ein physisches System für den Verstand verwandeln.[15]

Eine derartige „Archäologie der Natur" würde Felsen, Pflanzen, Tiere und Menschen einschließen. Sie würde die Hypothese voraussetzen oder stützen, daß die *Ähnlichkeit* zwischen organismischen Zügen sich auf ihre genealogische *Abstammung* von gemeinsamen Ahnen zurückführen läßt. Sie würde die gegenwärtige Vielfalt von Rassen, Arten, Gattungen erklären durch die Aufspaltung eines ursprünglichen elterlichen Typs. Kant skizziert sogar einige evolutionäre Ideen, mit primitiven Kreaturen am Anfang, mit allmählichem Aufstieg und schließlich der Vollendung im Menschen. Überraschenderweise spekuliert er sogar über eine zukünftige Evolution von Affen in menschenähnliche Wesen.

> Eine Hypothese von solcher Art kann man ein gewagtes Abenteuer der Vernunft nennen; und es mögen wenige, selbst von den scharfsinnigsten Naturforschern, sein, denen es nicht bisweilen durch den Kopf gegangen wäre. Denn ungereimt ist es eben nicht . . .; z.B. wenn gewisse Wassertiere sich nach und nach zu Sumpftieren, und aus diesen, nach einigen Zeugungen, zu Landtieren ausbildeten. A priori, im Urteile der bloßen Vernunft, widerstreitet sich das nicht. Allein die Erfahrung zeigt davon kein Beispiel.[16]
>
> Diese Bemerkung führt weit, z.B. auf den Gedanken: ob nicht auf dieselbe zweite Epoche, bei großen Naturrevolutionen, noch eine dritte folgen dürfte. Da ein Orang-Utan, oder ein Schimpansen die Organe, die zum Gehen, zum Befühlen der Gegenstände und zum Sprechen dienen, sich zum Gliederbau eines Menschen ausbildete, deren Innerstes ein Organ für den Gebrauch des Verstandes enthielte und durch gesellschaftliche Kultur sich allmählich entwickelte.[17]

Freilich ist Kant zwar bereit, evolutionäre Ideen zu *diskutieren*, aber nicht, sie *anzuerkennen*. Erstens stellt er fest, daß die *Erfahrung* phylogenetische Prozesse in Organismen nicht bestätige. Für ihn sind Ideen einer organischen Evolution verführerisch, aber *empirisch nicht gerechtfertigt*. Es ist klar, daß unser positives Wissen hierüber sich in der Zwischenzeit drastisch vermehrt hat und daß Kants Position nicht länger aufrechterhalten werden kann. Zweitens fürchtet Kant, daß die Ideen einer organismischen Evolution und eines frühen Lebensursprungs uns von fruchtbarer Forschung abhalten, in *unkontrollierte Spekulation* und in die *Wüste der Metaphysik* führen könnten. Hier sehen wir nun auch, daß Kant die Funktion und die Aussichten der empirischen Wissenschaft unterschätzt hat. Spekulation mit Metaphysik gleichzusetzen, ist methodologisch kurzsichtig.

Richtig ist, daß in Kants Zeit das wissenschaftliche Wissen nicht ausreichte, um zwischen verschiedenen evolutionären Modellen zu entscheiden. Das hat eine solche Entscheidung nicht für alle Zeiten verhindert. Auch hier können wir heute sagen, daß evolutionäre „Spekulationen" prüfbar und widerlegbar sind. Außerdem hätte Kant, wenn er seine eigenen Prinzipien befolgt hätte, niemals über den Ursprung des Planetensystems spekulieren dürfen, weil seine Theorie (oder Spekulation) zu seiner Zeit nicht prüfbar war und somit als metaphysisch hätte gelten müssen. Es ist jedoch nicht davon die Rede, daß Kant seine „Theorie des Himmels" von 1755 als eine metaphysische Jugendsünde bezeichnet hätte.

Drittens bleibt Kant der Vorstellung verhaftet, was immer die Evolution hervorbringen möge, das müsse schon im voraus im ersten urelterlichen Organismus oder im Mutterschoß der Urmaterie angelegt gewesen sein. Das Entstehen von etwas Neuem, das vorher nicht existiert hat, scheint ihm unmöglich. So könnte der gemeinsame Urahn aller existierenden Organismenformen überhaupt nicht primitiv gewesen sein, sondern müßte alle möglichen Merkmale späterer Organismen schon enthalten haben, wenigstens als Möglichkeiten. Die Urerde oder der Urorganismus wären daher extrem vielseitig und kompliziert gewesen, während alle folgenden (und gegenwärtigen) Nachkommen nur spezialisierte Formen, ja eigentlich nur degenerierte Abkömmlinge dieses Mehrzweck-Ahnen wären. Im Hinblick auf die faszinierende Vielfalt heutiger Organismen wäre ein solches allumfassendes Supersystem höchst unwahrscheinlich. Heute akzeptieren wir die Idee, daß *neue* Dinge und Merkmale entstehen können und daß die Evolution sogar aufwärts führen kann (wenn man sich nur auf irgendein Maß für Fortschritt, z.B. Komplexität, geeinigt hat).

Zusammenfassend dürfen wir feststellen, daß der dynamische Aspekt bei organismischen und kognitiven Systemen durchaus mit Kants zentralen Thesen vereinbar gewesen wäre. Freilich hat er diese Chance, eine solche evolutionäre Perspektive in seine Erkenntnistheorie einzubeziehen, verpaßt. Das ist schade, aber verständlich. Der wissenschaftliche Kenntnisstand seiner Zeit war einfach nicht ausreichend, um solch eine Auffassung zu stärken. Es sollte immer noch hundert Jahre dauern, bis Darwin die Mechanismen der Evolution (wenn auch nicht der Genetik) angeben konnte, um die vormals spekulativen Ideen der organismischen Evolution hinreichend solide und plausibel zu machen, und weitere hundert Jahre, bis Konrad Lorenz Evolutionstheorie und Erkenntnistheorie zu einer Evolutionären Erkenntnistheorie verbinden konnte.

5 Die „Notwendigkeit" der Kategorien

a) Nach Kant entsteht Erkenntnis durch ein konstruktives Zusammenspiel empirischer (a posteriori) und nicht-empirischer (a priori) Elemente. Die nicht-empirischen Strukturen werden ausschließlich vom erkennenden Subjekt beigesteuert. In der menschlichen Erkenntnis sind diese apriorischen Strukturen die Anschauungsformen (nämlich Raum und Zeit) und die Begriffe des reinen Verstandes oder Intellekts, wie sie in der Tafel der zwölf „Kategorien" aufgezählt werden (nämlich Einheit, Vielheit, Allheit; Realität, Negation, Limitation;

Inhärenz, Kausalität, Wechselwirkung; Möglichkeit, Dasein, Notwendigkeit).

Diese Anschauungsformen und Kategorien sind für menschliche Erkenntnis *konstitutiv*: Sie machen Erkenntnis möglich. Welche Strukturen wir auch immer in der Erfahrung entdecken, welche Regelmäßigkeiten darin aufscheinen, welche Naturgesetze wir finden – sie werden vom erkennenden System selbst beigesteuert. Keine Erfahrung wäre möglich ohne diese Strukturen, keine könnte ihnen jemals widersprechen. Sie sind somit *notwendig* in doppeltem Sinne: Sie sind *unverzichtbar* für Erkenntnis (weil ohne sie Erkenntnis gar nicht existieren könnte), und sie besitzen notwendige *Geltung* (weil jede empirische Erkenntnis sie unvermeidlich enthalten wird).

Freilich muß betont werden, daß unsere kognitiven Strukturen, obwohl sie für das Entstehen von Erkenntnis notwendig sind, auf keinen Fall ausreichen. Sie liefern lediglich die *Struktur* der Erkenntnis; ihren *Stoff* müssen die Sinne liefern. Erkenntnis entsteht durch ein Zusammenwirken interner und externer Faktoren, apriorischer und aposteriorischer Elemente, subjektiver und objektiver Anteile. Deshalb behauptet Kant, zugleich Rationalismus und Empirismus überwunden zu haben. Tatsächlich hatte er sich von den rationalistischen Lehren eines Leibniz oder Wolff befreit, indem er Humes Kritik daran übernahm, und war auf der anderen Seite weit über Humes Empirismus hinausgegangen, indem er die Existenz synthetischer Urteile a priori postulierte.

Die Entdeckung, daß es kognitive Strukturen gibt, die für menschliche Erkenntnis konstitutiv und unentbehrlich sind, ist einer von Kants bleibenden Beiträgen zur Erkenntnistheorie, der von der Evolutionären Erkenntnistheorie bereitwillig übernommen wird. Mag es Meinungsverschiedenheiten geben hinsichtlich des speziellen Systems von Anschauungsformen, Begriffen, Prinzipien, die menschliches Erkennen tatsächlich beherrschen; hinsichtlich ihrer *Rolle* besteht Übereinstimmung: Sie sind *notwendig* im ersten Sinne (wenn auch nicht im zweiten).

Auch verbindet die Evolutionäre Erkenntnistheorie, genau wie Kant, rationalistische und empiristische Elemente. *Rationalistische* Züge sind: die These (oder Tatsache), daß unsere Erkenntnis nichtempirische Elemente (angeborene Erkenntnisstrukturen) enthält; die Tatsache, daß Logik und Mathematik *Struktur*wissenschaften sind, die analytische Wahrheiten entwickeln; die hypothetisch-deduktive Methode, nach der wir Theorien formulieren, Modelle entwerfen, Folgerungen ziehen und Hypothesen falsifizieren. *Empiristische* Züge sind: die kritische Prüfung faktischer Theorien durch Beobachtung, Experiment, Test; der *Anpassungs*charakter unserer angeborenen Erkenntnisstrukturen, die darauf getestet und selegiert wurden, für das Überleben tauglich zu sein.

b) Bedenkt man die partielle Übereinstimmung der transzendentalen und der Evolutionären Erkenntnistheorie, so wäre es besonders interessant zu wissen, wie Kant auf die letztere reagiert hätte. Daß er *evolutionäre* Ideen diskutiert hat (und warum er sie zurückgewiesen hat), haben wir in 4e gesehen. Wie aber würde er – ganz unabhängig von allen evolutionären Aspekten – die biologische oder *genetische Interpretation* beurteilen, die seinen apriorischen Kategorien in der Evolutionären Erkenntnistheorie gegeben wird und die weder empiristisch noch wirklich transzendentalistisch ist?

Man könnte meinen, daß Kant sich nicht herablassen würde, eine solche Alternative auch nur zu erwägen. Oft genug betont er, es gäbe „nur zwei Wege, auf welchen eine notwendige Übereinstimmung der Erfahrung mit den Begriffen von ihren Gegenständen gedacht werden kann: entweder die Erfahrung macht diese Begriffe, oder diese Begriffe machen die Erfahrung möglich." (B 166)[18] Im Hinblick auf den – vermeintlich – apriorischen Charakter der Kategorien lehnt Kant die erste (empiristische) Alternative natürlich ab, so daß nur noch die zweite (transzendendalistische) Lösung übrigbleibt.

Und doch beschließt Kant in der zweiten Auflage seiner 'Kritik der reinen Vernunft' die transzendentale Deduktion der reinen Verstandesbegriffe mit der Erörterung einer dritten Position:

> Wollte jemand zwischen den zwei genannten einzigen Wegen noch einen Mittelweg vorschlagen, nämlich daß sie weder *selbstgedachte* erste Prinzipien a priori unserer Erkenntnis, noch auch aus der Erfahrung geschöpft, sondern subjektive, uns mit unserer Existenz zugleich eingepflanzte Anlagen zum Denken wären, die von unserem Urheber so eingerichtet worden, daß ihr Gebrauch mit den Gesetzen der Natur, an welchen die Erfahrung fortläuft, genau stimmte (eine Art von Präformationssystem der reinen Vernunft), so würde (außer dem, daß bei einer solchen Hypothese kein Ende abzusehen ist, wie weit man die Voraussetzung vorbestimmter Anlagen zu künftigen Urteilen treiben möchte) das wider gedachten Mittelweg entscheidend sein: Daß in solchem Falle den Kategorien die Notwendigkeit mangeln würde, die ihrem Begriffe wesentlich angehört . . .
> Ich würde nicht sagen können: Die Wirkung ist mit der Ursache im Objekte (d.i. notwendig) verbunden, sondern ich bin nur so eingerichtet, daß ich diese Vorstellung nicht anders als so verknüpft denken kann. (B 167 f.)

Nach der Evolutionären Erkenntnistheorie sind wir nun tatsächlich „so eingerichtet" und haben „subjektive, uns mit unserer Existenz zugleich eingepflanzte Anlagen zum Denken". Offenbar hat Kant zwei Einwände gegen eine solche Auffassung. Erstens wüßten wir dann nicht, wie weit unsere Urteile und unser Wissen rein subjektiv („eingepflanzt") wären, und zweitens würde diese Auffassung die Kategorien ihrer Notwendigkeit berauben. Beide Einwände können im Rahmen der Evolutionären Erkenntnistheorie widerlegt werden.

Zunächst einmal ist der erste Einwand weder logischer noch erkenntnistheoretischer Natur. Er weist lediglich auf einen bedauerlichen Nachteil des „Mittelweges" hin: Wir wären danach nicht in der Lage, subjektive und objektive Anteile menschlicher Erkenntnis so klar zu trennen, wie Kants System das tut. Welches Argument jedoch – von Wunschdenken abgesehen – garantiert uns eigentlich, daß solch eine Trennung tatsächlich durchführbar ist? Nicht einmal Kant kann ein solches Argument liefern. (Das mag der Grund gewesen sein, daß er diesen Einwand nur in Parenthese notierte.)

Aber sogar der von Kant erwähnte Nachteil wird durch die Evolutionäre Erkenntnistheorie teilweise aufgehoben. Auf die Frage, welche Erkenntnisstrukturen nach dem „Mittelweg" als subjektiv gelten müssen, gibt es wenigstens eine prinzipielle Antwort: In die Erbinformation eingebaut wurden im allgemeinen jene Strukturen, die der Mensch brauchte, um in der Evolution zu überleben. Diese Strukturen ausfindig zu machen, ist gewiß schwierig, aber nicht unmöglich.

c) Der zweite Einwand, den Kant offenbar ernster genommen hat, beruht auf dem folgenden Gedankengang: Es gibt synthetische Urteile a priori. Sie gelten notwendig und allgemein. Ihre Notwendigkeit kann aber nur durch die Annahme gesichert werden, daß die Anschauungsformen und Kategorien ihrerseits notwendig sind. Die Kategorie der Kausalität zum Beispiel muß in diesem Sinne notwendig sein. Da jede Erfahrung aus jenen Strukturen synthetisiert wird, wird sie diese *notwendige* Verknüpfung von Ursache und Wirkung aufweisen. Daher sind die Naturgesetze und die Grundprinzipien des Verstandes zwangsläufig in vollkommener Übereinstimmung. Für „eingepflanzte Anlagen" gäbe es andererseits keinen zwingenden Grund, warum sie mit den Gesetzen der Natur übereinstimmen oder harmonieren sollten. Wenn eine solche Übereinstimmung gleichwohl besteht, dann ist sie – bestenfalls – einer *prästabilierten* Harmonie zu verdanken oder – schlimmstenfalls – nur *scheinbar*, von einem böswilligen Dämon vorgetäuscht. Jedenfalls könnte ein solches Präformationssystem der Vernunft die absolute Geltung oder *Notwendigkeit* der Kategorien nicht garantieren. Deshalb hat Kant diesen „Mittelweg" ausgeschlossen.

Kants Argument beruht auf der Existenz synthetischer Urteile a priori. Ihre Existenz in Mathematik und Wissenschaft schien ihm evident. Deshalb kümmerte er sich nicht besonders um klare Definitionen, scharfe Kriterien, nicht einmal um überzeugende Beispiele für solche Urteile. Sein Anliegen war nicht, *ob*, sondern vielmehr, *wie* sie möglich sind (seine Antwort: durch apriorische Anschauungsformen und Begriffe) und ob sie die Metaphysik begründen könnten (Antwort: nein).

Wenn es nun tatsächlich synthetische Urteile a priori gäbe, dann wäre Kants Position vielleicht die einzig annehmbare. Sollte uns jemand perfektes faktisches Wissen vorstellen und fragen, wie solches möglich sei, so bliebe uns vermutlich nichts anderes übrig, als auf Kants Lösung zurückzugreifen. Gegenüber der Frage, die Kant sich selbst gestellt hat, müßten wir den Ausweg, den er uns gezeigt hat, wohl dankbar akzeptieren.

Bis zum heutigen Tage hat jedoch niemand ein einziges Exemplar synthetischer Urteile a priori geliefert. Obwohl sie logisch möglich sind, scheinen solche Urteile nicht zu existieren. Auch Newtons Theorie, von Kant für absolut wahr gehalten, erwies sich als fehlbar und sogar als falsch. Sogar Einstein hat seine eigenen Theorien als vorläufig und verbesserungsbedürftig bezeichnet (da sie noch keine Quantenphänomene enthalten). Dasselbe gilt für alle anderen Theorien faktischer Wissenschaft. Darüber hinaus mußten wir lernen, daß *alles* menschliche Wissen hypothetisch ist. Weder die Kategorien noch die Prinzipien des Verstandes sind notwendig (im Sinne notwendiger *Geltung*). Synthetische Urteile a priori im Sinne Kants gibt es nicht. Das Problem, das er zu lösen versuchte, existiert also überhaupt nicht. Im Rückblick hat es sich als Scheinproblem erwiesen. Heute kann die Idee perfekten faktischen Wissens nur noch als regulative Idee benützt werden, wenn es darum geht, aus didaktischen Gründen lehrreiche Probleme, sozusagen „Gedankenexperimente“, zu entwerfen: Wie würden wir perfektes Wissen erklären, *wenn* es welches gäbe?

Wir müssen somit Kants einziges ernsthaftes Argument gegen den „Mittelweg“ ablehnen. Sein Gedankengang ist nicht haltbar, weil schon seine Prämissen falsch sind. Das „Präformationssystem der reinen Vernunft“, das er Christian August Crusius (1715–1775) zuschreibt[11], aber verwirft, bleibt eine gangbare Alternative.

Vor der Scylla einer (unerklärten) prästabilierten Harmonie und der Charybdis (unkontrollierbarer) vorgetäuschter Prinzipien kann uns die Evolutionäre Erkenntnistheorie bewahren. Die erstaunliche Übereinstimmung zwischen Vernunft und Natur ist nicht prästabiliert; sie ist das Ergebnis eines Anpassungsprozesses. Und die Prinzipien unseres Verstandes sind auch nicht völlig aus der Luft gegriffen, weil wir mit untauglichen kognitiven Werkzeugen nicht überlebt hätten. „Um es grob, aber bildhaft auszudrücken: Der Affe, der keine realistische Wahrnehmung von dem Ast hatte, nach dem er sprang, war bald ein toter Affe – und gehört daher nicht zu unseren Urahnen.“[19]

d) Nach der Evolutionären Erkenntnistheorie sind einige Anschauungsformen, Begriffe und Prinzipien (wenn auch nicht unbedingt die Kantischen) genetisch bedingt, angeboren, „uns mit unserer Existenz eingepflanzt“, ontogenetisch a priori und für Wahrnehmung und Erfahrung bestimmend. Das erklärt, warum wir uns andere Erfahrungen nicht *vorstellen* oder anschaulich machen können, warum sie *psychologisch notwendig*, unüberwindlich, unkorrigierbar sind. Und diese psychologische Notwendigkeit erklärt schließlich auch, warum Kant ihnen absolute Notwendigkeit zuschrieb. Freilich sind sie weder logisch notwendig noch transzendental noch uns durch die Naturgesetze aufgezwungen. So können wir uns von ihnen befreien und Theorien formulieren, die ohne diese Formen auskommen oder ihnen sogar widersprechen, können ihre Angemessenheit oder Unangemessenheit erkennen, sie kritisieren und überschreiten.

Diese Auffassung ist freilich nicht mehr mit Kants Haltung verträglich. Er betont mehrfach, sein Anliegen sei nicht die empirische Psychologie (welche die Entstehung von Erkenntnis untersucht), sondern vielmehr eine rationale *Kritik* (die Reichweite und Grenzen menschlicher Erkenntnis untersucht). Aber Kants hoher Anspruch konnte einfach nicht eingelöst werden. Nach der Reichweite vollkommenen faktischen menschlichen Wissens können wir immer noch *fragen*; aber unsere ehrliche Antwort muß recht bescheiden ausfallen: Solches Wissen gibt es nicht.

Wäre diese Frage die einzige Aufgabe der Erkenntnistheorie, so wären wir schnell fertig. Es gibt kein perfektes Wissen, keinen „reinen" Verstand, kein synthetisches Apriori, kein transzendentales Selbst, keine Letztbegründung von Normen, keine abstrakte Erkenntnistheorie. Unser faktisches Wissen ist vorläufig, hypothetisch, lückenhaft, fehlbar. Der menschliche Verstand ist eine Funktion menschlicher Gehirne, biologisch geformt, genetisch bedingt, ein Ergebnis der Evolution. Deshalb ist die Aufgabe der Erkenntnistheorie wesentlich komplizierter. Um über diese Art von Erkenntnis Rechenschaft abzulegen, kann die Erkenntnistheorie auf biologische und psychologische Betrachtungen, Tatsachen, Randbedingungen einfach nicht verzichten.

Was wir allerdings geben können, das ist eine *biologische Interpretation* von Kants Auffassung. Das ist nicht mehr Kants Lehre, da alle Reinheit, Apriorität, Notwendigkeit, Universalität, Gewißheit verletzt oder aufgehoben ist. Aber es ist das beste, was wir daraus machen können. Wollte man diese Haltung als „biologistisch", „psychologistisch" oder „szientistisch" kritisieren, so braucht uns das nicht allzusehr zu kümmern: Ein solcher Vorwurf wäre unberechtigt. Die Tatsachen der Erkenntnistheorie sind zu kompliziert, als daß man sie so einfach in die numerierten Schubladen der Lehnstuhl-Philosophie ablegen könnte.

6 Sind Kants Kategorien gerechtfertigt?

a) Wir könnten fragen, ob es einen *eindeutigen* Weg gibt, diese kognitiven Strukturen zu finden oder abzuleiten. Wie hat eigentlich Kant sie gefunden? Kant legt besonderen Wert auf die Schlüssigkeit (A 46), Vollständigkeit (B 27) und Eindeutigkeit (A 68f., A 81) seiner Formen und Kategorien. Er versucht deshalb, *systematische* Argumente und *Prinzipien* vorzubringen, nach denen sie gewonnen werden können. (A 67, A 80)

Zunächst einmal behauptet er (beweist aber nicht), daß es zwei und nur zwei Wege zur Erkenntnis gebe, nämlich den sinnlichen und den begrifflichen, *Anschauung und Verstand*. (A 19, A 50f., A 68, B 29) Er behauptet ferner (beweist aber nicht), unsere *Anschauung* beruhe auf genau zwei Sinnen, einem äußeren Sinn, dessen Form der Raum, und einem inneren Sinn, dessen Form die Zeit ist. (A 22) Er erhebt ferner den Anspruch, seine Tafel mit zwölf Kategorien enthalte die *vollständige* Liste der ursprünglichen und primitiven Begriffe, der Grundbegriffe des reinen Intellekts. Und schließlich behauptet er, ein gemeinsames Prinzip gefunden zu haben, um diese Vollständigkeit zu *beweisen*. (A 80)

Das Argument lautet folgendermaßen: Alle Verstandestätigkeit besteht im *Urteilen*; tatsächlich ist der Verstand nichts anderes als die Fähigkeit, Urteile zu bilden. Deshalb können die Funktionen des Verstandes *vollständig* herausgefunden werden, indem man die möglichen Urteilsformen untersucht. (A 69)
Die *Formen* von Urteilen (ohne Rücksicht auf ihren *Inhalt*) sind durch die formale Logik gegeben. Kant führt dann zwölf Arten von Urteilen auf, die angeblich durch die Logik nahegelegt werden. (A 70) Jeder Urteilsform (oder logischen Funktion) entspricht ein reiner Verstandesbegriff (begriffliche Funktion oder Kategorie) in eindeutiger Weise. Da die Tafel der logischen Funktionen vollständig und endgültig ist, muß auch die Kategorientafel vollständig und endgültig sein. (A 79f.)

Dieses Argument ist unhaltbar. Erstens ist Kants logische Tafel der Urteile schon logisch anfechtbar. Welches auch immer der Stand der formalen Logik zu Kants Zeiten war – heute können wir leicht sehen, daß seine Einteilung der Urteile weder strukturell noch vollständig, weder koordiniert (oder homogen) noch rein logisch ist.[27]

Zweitens ist der Übergang von den Urteilsformen zu den entsprechenden Kategorien höchst fragwürdig. Nirgends zeigt Kant, daß diese angeblich „in die Augen fallende" (B 112) eindeutige Entsprechung auch wirklich besteht. Wie partikuläre Urteile auf die Kategorie der Vielheit bezogen sind, bleibt im dunkeln. Inwiefern ein unendliches Urteil der Kategorie der Limitation (und nicht z.B. der Negation) entspricht, ist nicht auszumachen. Der „Nachweis", daß disjunktive Urteile der Kategorie der Gemeinschaft oder Wechselwirkung entsprechen (B 112), kann diese These nicht wirklich erhellen; er zeigt vielmehr, daß Kant in seiner Leidenschaft für das Systematische durchaus auch Prokrustes-Methoden anwendet.

Drittens ist die Behauptung, alle Tätigkeiten des Verstandes könnten auf das Bilden von Urteilen zurückgeführt werden, dogmatisch. Sie entstammt der traditionellen Einteilung der Logik in die Lehre vom Begriff, vom Urteil und vom Schluß. Obwohl diese Einteilung für die *Logik* (immer noch) sinnvoll ist, wird von Kant keineswegs gezeigt, daß sie auch für das *Denken* angemessen ist.

All das zeigt, daß Kants Berufung auf die Logik und sein Anspruch auf einen „systematischen" Aufbau seiner Kategorientafel „aus Prinzipien" nicht überzeugen kann. Erkenntnistheoretisch ist jedoch dieser Entdeckungszusammenhang keineswegs entscheidend. Welchen heuristischen Trick Kant auch immer benutzt haben mag, um seine Katgorien zu *finden*, die entscheidende Frage ist, ob er seine Ergebnisse *rechtfertigen* kann. Rechtfertigt Kant seine Kategorien?

b) Kants 'Kritik der reinen Vernunft' enthält eine „transzendentale Deduktion der reinen Verstandesbegriffe" (A 95ff.). Dieser Abschnitt ist nach Kant „das Schwerste, das jemals zum Behuf der Metaphysik unternommen werden konnte".[2] Unglücklicherweise ist er auch einer der dunkelsten Stellen in Kants Werk. Da er diese Dunkelheit selbst spürte, ersetzte Kant diesen Abschnitt in der zweiten Auflage seiner 'Kritik' durch eine neue „Deduktion" (B 129ff.), die allerdings keineswegs klarer ist.

Es darf jedoch behauptet werden, daß Kant keinerlei Deduktion liefert, auch nicht im Sinne einer „Rechtfertigung" (wie *er* den Begriff „Deduktion" verstand). Die Verstandesbegriffe oder Kategorien, z.B. Kausalität, werden nur gelegentlich als informelle Beispiele erwähnt. Was Kant stattdessen darlegt, ist der *transzendentale Gebrauch, den unser Verstand von den Kategorien macht, wenn er Erfahrungserkenntnis aufbaut.*

In einem synthetischen Schritt verbindet der Verstand diese apriorischen Begriffe. Erfahrung wird also dann durch Verwendung dieser Begriffe konstituiert. Dadurch bringt der Verstand Struktur und Ordnung in das Chaos der Empfindungen. Getränkt mit diesen Begriffen, ist unsere Naturerkenntnis notwendig mit ihnen in *Übereinstimmung*. Was wir an Ordnung und Regelmäßigkeit in der Natur finden, das haben wir selbst eingebaut. *Der Verstand schreibt der Natur seine Gesetze vor.* Die transzendentalen Bedingungen der Erfahrung im allgemeinen sind gleichzeitig konstitutive Eigenschaften aller *Objekte* der Erfahrung. Deshalb sind sie *objektiv* gültig.

Daraus sollte klarwerden, daß Kant mit seiner „Deduktion" nicht einmal *beabsichtigt*, eine Rechtfertigung für spezielle Kategorien zu geben. Er zeigt lediglich, wie die Kategorien benutzt werden, *welche es auch immer sind*. Aber wie können sie gerechtfertigt werden?

Als Begriffe können Kategorien nicht wahr oder falsch sein. Sie sind jedoch nach Kant „Begriffe, welche den Erscheinungen, mithin der Natur, . . . Gesetze a priori vorschreiben“ (B 163). Zu jeder Kategorie gibt es ein *Prinzip* des reinen Verstandes, das aufgrund seines transzendentalen Charakters ein allgemeines Naturgesetz liefert. Deshalb kann eine Diskussion (und mögliche Rechtfertigung) der Kategorien durch eine Diskussion der zugehörigen Gesetze ersetzt werden. Wenn ein spezielles Gesetz sich als wahr erweist, dann darf auch die zugehörige Kategorie als *adäquat* oder gerechtfertigt gelten.

Natürlich ist es keine Routineangelegenheit, aus Begriffen Prinzipien zu gewinnen. Es kann sich dabei jedenfalls nicht um ein *logisches* Verfahren handeln, da die Logik nur zeigt, wie Aussagen aus anderen *Aussagen* abgeleitet werden können. Mit denselben Begriffen können wir viele, sogar einander widersprechende, Aussagen bilden. Um nun die einschlägigen Urteile ausfindig zu machen, beruft sich Kant auf ein *transzendentales Schema*, in dem die Zeit eine ausgezeichnete Rolle spielt. Wie diese Regel oder dieses Verfahren oder dieser „Schematismus“ arbeitet, ist wiederum nicht sehr klar. Kant selbst gesteht: „Dieser Schematismus unseres Verstandes . . . ist eine verborgene Kunst in den Tiefen der menschlichen Seele, deren wahre Handgriffe wir der Natur schwerlich jemals abraten, und sie unverdeckt vor Augen legen werden“ (A 141). Daher wird es nötig sein, die einschlägigen Verstandesprinzipien unabhängig und ohne Bezug auf die Kategorien zu prüfen. Wir wollen sehen, was wir über diese Prinzipien herausfinden können.

c) Zunächst einmal, welche sind eigentlich diese Prinzipien des reinen Verstandes? In Analogie zu der vierfachen Unterteilung seiner Kategorien unterscheidet Kant vier Gruppen von Prinzipien: Axiome der Anschauung, Antizipationen der Wahrnehmung, Analogien der Erfahrung und Postulate des empirischen Denkens überhaupt (A 161–235). Jede Gruppe sollte aus drei Prinzipien bestehen. Tatsächlich gibt es drei Analogien der Erfahrung, welche die Beharrung der Substanz (A 182), die universelle Kausalität (A 189) und die universelle Wechselwirkung aller Substanzen (A 211) behaupten. Es werden auch drei Postulate des empirischen Denkens formuliert (A 218); aber sie sind keine Prinzipien, sondern eher *Definitionen* oder bestenfalls Explikationen. Leider werden weder die Axiome der Anschauung noch die Antizipationen der Wahrnehmung explizit formuliert. Es bleibt dem Leser überlassen, diese Lücke auszufüllen. Die Axiome der Anschauung (A 162) behaupten wohl die *Anwendbarkeit der euklidischen Geometrie* für eine exakte Beschreibung von Objekten, Zuständen und Prozessen in der Natur. Die Antizipationen der Wahrnehmung (A 166) scheinen die *Stetigkeit* des Raumes, der Zeit und der physikalischen Prozesse zu formulieren.

Zu all seinen Prinzipien, seien sie explizit oder nicht, bietet Kant ausführliche Argumente, die er „Beweise“ nennt. Wie könnten wir jemals hoffen, solche Prinzipien des Verstandes zu beweisen? Wir hätten und Kant hatte zu zeigen, daß menschliche Erkenntnis tatsächlich aus diesen Prinzipien und aus ihnen allein hervorgeht. In dieser Absicht könnten wir prüfen, ob wir tatsächlich nach diesen Prinzipien *denken*. Das würde uns in die empirische Psychologie führen. Wir könnten andererseits auch prüfen, ob diese Prinzipien in der *Natur* gelten. Das würde einem empirischen Test entsprechen. Wir könnten schließlich versuchen, unser *Wissen*, vor allem bestehende wissenschaftliche Theorien, zu analysieren und herauszufinden, ob sie jene Prinzipien voraussetzen oder bestätigen. Kant wählte die letzte Alternative, eine *Rekonstruktion* existierenden wissenschaftlichen Wissens aus seinen Prinzipien. Diese Wahl schien seinen transzendentalen Ansprüchen am ehesten zu entsprechen, die man in die oft wiederholte Frage kleiden kann: Welche Bedingungen, Strukturen, Begriffe, Prinzipien sind *notwendig* für das Entstehen menschlicher Erkenntnis?

Bei dieser Rekonstruktion war Kant mehr oder weniger erfolgreich. Er konnte jedenfalls plausibel machen, daß die Wissenschaft seiner Zeit diese Prinzipien tatsächlich enthielt. Deshalb fühlte er sich zu dem Schluß berechtigt, seine Prinzipien seien *wahr* und die Kategorien seien dadurch gerechtfertigt.

d) Trotz dieses vermeintlichen Erfolges ist Kants Argument aus mehreren Gründen unhaltbar.

Zunächst einmal kümmerte sich Kant um menschliche Erkenntnis im allgemeinen, vor allem um ihre höchste Ausprägung, wissenschaftliche Erkenntnis. Zu seiner Zeit war jedoch die empirische Wissenschaft (in irgendeinem vernünftigen Sinne) noch im Werden. Psychologie und Soziologie existierten noch nicht. Die Biologie war rein deskriptiv und mußte sich – wegen der Komplexität organismischer Systeme – vielfach mit teleologischen Scheinerklärungen behelfen. Die Chemie hatte gerade erst begonnen, sich von der Alchemie zu emanzipieren. Die einzige ausgearbeitete wissenschaftliche Disziplin in Kants Zeit war die Newtonsche Mechanik (einschließlich seiner Gravitationstheorie). Da sie bereits hundert Jahre alt und in einem beispiellosen Maße bestätigt war, galt sie Kant und den meisten seiner Zeitgenossen als absolut wahr, als Musterbeispiel perfekten Wissens.

Die Grundlagen von Kants kritischem Werk, das sich auf die gesamte Wissenschaft beziehen sollte, waren somit in Wahrheit beschränkt auf ein Teilgebiet und ein spezielles Stadium der Physik, auf die *Newtonsche Wissenschaft*. Reichenbach hat völlig recht, wenn er über Kant schreibt: „Was er gewollt hat, war eine Analyse der Vernunft, was er gegeben hat, wurde eine Analyse der Naturwissenschaft seiner Zeit.“[20] Aus der heutigen Perspektive ist ein solches Bild von Wissenschaft viel zu eng, um allgemeine Behauptungen über wissenschaftliche Erkenntnis zu erlauben.

Zweitens wird, wie immer wir die Wahrheit oder Angemessenheit unserer apriorischen Prinzipien prüfen (durch Bezugnahme auf tatsächliches Denken, auf faktische Erfahrung oder auf faktische Wissenschaft), jede Methode *empirische* Elemente enthalten. Obwohl die Methode, die Kant gewählt hat, offenbar die am wenigsten empirische ist, bezieht sie sich doch immer noch – explizit oder nicht – auf die *bestehende* Wissenschaft. Wie könnte dann seine Analyse überhaupt *apriorische* Prinzipien liefern? Nur unter der *Voraussetzung*, daß die Newtonsche Physik ihrerseits a priori gültig wäre. Wenn jedoch die Apriorität der Newtonschen Physik *vorausgesetzt* wird, kann sie nicht *bewiesen* werden. Der apriorische Charakter der Prinzipien unserer Erfahrung und der Kategorien ist von Kant *nicht* nachgewiesen worden.

Drittens, nehmen wir einmal an, Kants Analyse der zeitgenössischen Wissenschaft sei korrekt, die Newtonsche Physik könne auf Kants Prinzipien und Kategorien zurückgeführt und aus ihnen rekonstruiert werden. Das würde seine Rekonstruktion doch nicht *eindeutig* machen. Nirgends zeigt Kant, daß seine Rekonstruktion die einzig mögliche ist. Es könnte Alternativen geben (und natürlich gibt es sie), logisch äquivalent, aber auf anderen Prinzipien beruhend. Was nach Kants System *fundamental* ist, könnte in einem anderen *abgeleitet* sein. Für einen Eindeutigkeitsbeweis ist die Bezugnahme auf existierende Theorien nicht ausreichend; es wäre vielmehr notwendig, sich auf die spezifische Natur unseres kognitiven Systems zu beziehen, wodurch sogar noch mehr empirische Elemente in die transzendentale Argumentation eingebaut werden müßten.

Viertens werden bei dem Versuch, zu den Kategorien zurückzugehen, ähnliche Eindeutigkeitsprobleme entstehen. Es mag, wie wir annahmen, legitim sein, die Diskussion über die Kategorien durch eine Diskussion über die einschlägigen Prinzipien zu ersetzen. Nehmen wir nun an, die letztere Diskussion sei erfolgreich verlaufen, so ist es immer noch angebracht zu fragen, *wie* die Ergebnisse einer solchen Diskussion über die Prinzipien (und ihre Wahrheit) auf die Kategorien (ihre Angemessenheit und Eindeutigkeit) übertragen werden können. Es gibt keinen Vorschlag, geschweige denn einen Nachweis, wie ein solcher Übergang funktionieren könnte.

Fünftens ist es sogar durchaus fraglich, ob Kants Darstellung der Newtonschen Physik angemessen ist. Kant war ein genialer Natur*philosoph*; aber er hatte nichts von einem (Natur-)*Wissenschaftler*. Er hat Newtons Theorie nicht wirklich verstanden.

Wir sollten diese Behauptung durch einige vielsagende Beispiele belegen.[21] α) Nach Kant ist Materie unendlich teilbar (was Newtons Überzeugung widerspricht). β) Kant hat das Trägheitsprinzip nicht verstanden. Er behauptete, jede Zustandsänderung bedürfe einer äußeren Ursache. Gleichförmige Bewegung jedoch braucht, obwohl sie eine Ortsveränderung darstellt, keine Ursache. Er versicherte auch, Gewehrkugeln erreichten ihre Höchstgeschwindigkeit erst einige Zeit, *nachdem* sie den Gewehrlauf verlassen hätten (was natürlich im Widerspruch zum Trägheitsprinzip steht). γ) Kant hat die Methoden der Infinitesimalrechnung nie beherrscht (wie man dem nachgelassenen Werk entnehmen kann). δ) Kant hat das Wesen der experimentellen Methode in den Naturwissenschaften nicht ganz erfaßt. Er unterschätzte die Rolle der Erfahrung im allgemeinen, der Beobachtung und des Experimentes im besonderen, und überschätzte die Rolle des Verstandes. In dieser Hinsicht muß er – trotz seiner Berufung auf die Erfahrung – durchaus noch als Rationalist charakterisiert werden.

Sechstens ist Newtons Theorie zwar ungeheuer erfolgreich, aber nicht absolut wahr. Sie ist vielmehr hypothetisch, vorläufig, *fehlbar*. Noch schlimmer, sie erwies sich als *falsch*. Da sie fehlbar und sogar falsch ist, kann sie nicht a priori sein. Daher kann sie auch nicht den angeblichen apriorischen Charakter der Kategorien belegen. Immerhin könnte man hoffen, daß diese Mängel der Newtonschen Wissenschaft Kants grundlegende Verstandesprinzipien nicht eigentlich treffen; daß nur gewisse oberflächliche Teile wirklich widerlegt seien, während die Grundprinzipien immer noch gelten. Um eine solche Behauptung mit Inhalt zu füllen, ist es notwendig, Kants Prinzipien explizit zu formulieren, so daß sie mit den Postulaten oder Ergebnissen moderner Wissenschaft verglichen werden können. Ein solcher Formulierungsvorschlag wird in 8e gemacht. Es stellt sich heraus, daß fast alle Kantischen Prinzipien im Widerspruch zur modernen Physik stehen und somit als widerlegt gelten müssen.

Zusammenfassend müssen wir feststellen, daß Kants Prinzipien und Kategorien *nicht* gerechtfertigt sind. Ihr apriorischer Charakter kann nicht aufrechterhalten werden. Die Kategorientafel ist weder endgültig noch vollständig, geschweige denn eindeutig. Seine Prinzipien erweisen sich, wenn man sie als Grundvoraussetzungen der klassischen Physik formuliert, als falsch.

7 Warum gerade diese Anschauungsformen und Kategorien?

a) Wir haben gesehen, daß es weder einen eindeutigen heuristischen Weg zu Kants Anschauungsformen oder Kategorien gibt (6b) noch eine strenge Deduktion, Ableitung oder Rechtfertigung für sie (6c, d). Was sie allein auszeichnet, ist ihr Auftreten in der Newtonschen Mechanik. Da aber Newtons Theorie falsch ist, könnten wir fragen, wieso unsere apriorischen Kategorien uns dazu bringen können, eine falsche Theorie zu formulieren. Aber selbst wenn die Newtonsche Physik bisher *nicht* widerlegt wäre, könnten wir immer noch fragen, warum der Verstand gerade mit diesen Formen, Begriffen und Prinzipien ausgestattet ist. Warum sind wir an diese kognitiven Strukturen gebunden? Wie sind sie möglich? Warum sind sie miteinander verträglich?

Nach Kant können *diese Fragen nicht beantwortet* werden.

> Von der Eigentümlichkeit unseres Verstandes aber, nur vermittelst der Kategorien und nur gerade durch diese Art und Zahl derselben Einheit der Apperzeption a priori zustande zu bringen, läßt sich ebensowenig ferner ein Grund angeben, als warum wir gerade diese und keine anderen Funktionen zu urteilen haben, oder warum Zeit und Raum die einzigen Formen unserer möglichen Anschauung sind. (B 145–6)

> Wie aber die Anschauungsformen und die Kategorien selbst möglich sind oder wie es zugeht, daß Sinnlichkeit und Verstand zu einer möglichen Erkenntnis zusammen stimmen, das läßt sich nicht weiter erklären.[22]

Wenn jedoch Zahl und Art, Eignung und wechselseitige Verträglichkeit unserer Anschauungsformen und Kategorien nur festgestellt, aber nicht *erklärt* werden können, könnte es dann nicht im Prinzip auch andere kognitive Systeme mit *anderen kognitiven Strukturen* geben? Sie könnten andere Anschauungsformen mit denselben Kategorien haben oder andere Kategorien oder überhaupt keine.

Sogar das wird von Kant zugegeben.[23] Andere kognitive Systeme (Gott, Engel, übersinnliche oder nicht-begriffliche, rein anschauende Wesen) sind möglich und widerspruchsfrei denkbar. Wir können jedoch keine klare Vorstellung von ihnen haben, da wir in unsere kognitiven Strukturen eingeschlossen sind, die spezifisch *menschliche* Erkenntnisbestandteile sind. (A 27)

> Was es für eine Bewandtnis mit den Gegenständen an sich . . . haben möge, bleibt uns gänzlich unbekannt. Wir kennen nichts, als unsere Art, sie wahrzunehmen, die uns eigentümlich ist, die auch nicht notwendig jedem Wesen, obzwar jedem Menschen, zukommen muß. (A 42)

b) Diese Feststellung muß für jeden Anhänger der transzendentalen Erkenntnistheorie enttäuschend sein.

Erstens müssen danach *alle* Behauptungen der Erkenntnistheorie auf *menschliche* Erkenntnis relativiert werden. Die Kategorien des Verstandes sind a priori – für menschliche Wesen. Synthetische Urteile a priori sind notwendig wahr – für menschliche Wesen. Sie sind universell gültig – für menschliche Wesen. Die Newtonsche Physik ist sicher – für menschliche Wesen. Kants Transzendentalphilosophie und seine Argumente gelten – für menschliche Wesen.

Es sei daran erinnert, daß die Enttäuschung *nicht* der wohlbekannten Tatsache zu verdanken ist, daß wir des Dinges an sich nicht habhaft werden können. Wir müssen jetzt einsehen, daß wir nicht einmal über Erkenntnis *als* Erkenntnis sprechen können, über kognitive Systeme *im allgemeinen*, sondern nur über diese unsere spezielle, beschränkte, ausschließlich *menschliche* Form von Erkenntnis.

Zweitens, nehmen wir einmal an, daß wir morgen außerirdischen Wesen mit kognitiven Fähigkeiten begegneten. Es ist äußerst unwahrscheinlich, daß ihre kognitiven Strukturen mit unseren übereinstimmen. Deshalb wären wir nicht fähig, ihnen Information zu übermitteln, mit ihnen zu kommunizieren, sie zu verstehen. Es wäre sogar unmöglich, unsere Engstirnigkeit irgendwie abzumildern, das transzendentale Gefängnis unserer kognitiven Strukturen irgendwie, wenn auch nur teilweise, zu beseitigen, ein geringfügig weniger subjektives Weltbild zu erlangen, indem wir unsere Vorstellungen mit ihren vergleichen, oder zu einer interplanetarischen, interstellaren oder intergalaktischen Intersubjektivität vorzustoßen.

Nun ist all dies bedauerlich, kann aber Kants Auffassung nicht widerlegen. Schließlich sind wir ja noch keinen außerirdischen Intelligenzen begegnet, die die behauptete Beschränkung unserer kognitiven Strukturen auf menschliches Wissen bestätigen oder widerlegen könnten. Das entscheidende Moment liegt jedoch darin, daß nicht nur intergalaktische, sondern sogar *intraterrestrische Intersubjektivität unerreichbar* sein sollte. Es sollte unmöglich sein, mit nicht-menschlichen Wesen zurechtzukommen, Tiere zu verstehen, mit Schimpansen zu sprechen, mit Delphinen zu kommunizieren.

Schlimmer noch, *eigentlich sollten wir uns nicht einmal gegenseitig verstehen*. Denn es gibt keinen Grund, warum *Ihre* kognitiven Strukturen mit *meinen* identisch oder verträglich sein sollten. Da Erkennen und Wissen an die transzendentalen kognitiven Strukturen jedes einzelnen gebunden und darauf beschränkt sind, könnten sie ganz individuell, persönlich, privat, idiosynkratisch sein. Warum auch sollten sie irgendwelche transindividuellen Merkmale aufweisen?

Glücklicherweise gibt es auf der Erde Intersubjektivität. Wir können einander verstehen. Unsere kognitiven Strukturen scheinen mehr oder weniger kongruent, isomorph, identisch zu sein. Der Transzendentalphilosoph kann das als ein Faktum registrieren. Aber er kann es nicht erklären. Der Ursprung der Intersubjektivität bleibt für Kant eine merkwürdige, kontingente, überraschende, *empirische* Tatsache. Für die Evolutionäre Erkenntnistheorie gilt das nicht.

c) Im Gegensatz zu Kants transzendentaler Erkenntnistheorie *erklärt* die Evolutionäre Erkenntnistheorie sehr wohl, warum wir gewisse eingebaute kognitive Strukturen besitzen, warum unsere Raumanschauung dreidimensional ist, warum unsere Zeitanschauung gerichtet ist, warum wir Ereignisketten kausale Interpretationen geben, warum unsere Kategorien (welche immer sie sind) miteinander verträglich sind, warum wir einander verstehen können, warum es bei menschlichen Wesen Intersubjektivität gibt und warum wir bis zu einem gewissen Grade sogar Tiere verstehen können.

Wir werden die Behauptungen der Evolutionären Erkenntnistheorie hier nicht wiederholen. Wir deuten nur an, wie die Evolutionäre Erkenntnistheorie die Fragen beantwortet, die von Kant nicht beantwortet werden und für transzendentale Bemühungen zugegebenermaßen unbeantwortbar bleiben müssen.

Unser Erkenntnisapparat, vor allem unser Gehirn, ist ein Ergebnis der biologischen Evolution. Entstanden ist es als ein Überlebens-Organ. Da Wissen jedoch für das Überleben nützlich ist, wurde unser Gehirn ein Instrument für Informationsverarbeitung, Erkenntnis, Wissen und Denken. Jedes solche Instrument muß mit *einigen* eingebauten Strukturen, Mechanismen, Prozeduren, Algorithmen, Hypothesen, Erwartungen, Vorurteilen anfangen. Über Mutation und Selektion wurden diese „angeborenen Strukturen" bereichert und an die Bedingungen der Umgebung angepaßt.

Unsere Raumanschauung ist dreidimensional, weil die physikalische Welt es ist. Unsere Zeitanschauung ist gerichtet, weil reale Prozesse gerichtet sind. Wir geben einigen Ereignisfolgen kausale Interpretationen, anderen dagegen nicht, weil in der Natur einige Ereignisse durch einen Energieübertrag gekoppelt sind, andere nicht. Unsere Kategorien sind miteinander verträglich, weil widersprüchliche Kategorien eine widerspruchsfreie Welt nicht angemessen erfassen könnten. Wir können einander verstehen, weil wir ähnliche Gehirne, also ähnliche kognitive Strukturen besitzen. Es gibt Intersubjektivität bei menschlichen Wesen, weil zwischen menschlichen Gehirnen eine partielle Isomorphie besteht. Wir verstehen (einige höhere) Tiere, weil wir phylogenetisch mit ihnen verwandt sind. Solipsismus ist Unsinn (obwohl er nicht zwingend widerlegt werden kann), weil Intersubjektivität nicht nur festgestellt, sondern durch die Evolutionäre Erkenntnistheorie auch erklärt werden kann.

d) Es sollte betont werden, daß unsere subjektiven Erkenntnisstrukturen nicht in jedem Detail mit den Realstrukturen übereinzustimmen brauchen. Aus evolutionären Prinzipien können wir nur ableiten, daß unsere Kategorien und Prinzipien *überlebens-adäquat* sein müssen; sie müssen der Welt hinreichend, aber nicht vollständig gerecht werden. Anpassung ist ein Prozeß der Optimierung, nicht der Perfektion. Evolutionärer Erfolg garantiert oder verlangt nicht, daß unsere kognitiven Strukturen in völliger Übereinstimmung mit der Realität sind; er beweist lediglich, daß sie nicht völlig danebenliegen können. Inwieweit sie tatsächlich korrekt sind, d.h., wie weit die Übereinstimmungen zwischen unseren subjektiven Erkenntnisstrukturen und den Strukturen der realen Welt reichen, muß *empirisch* erforscht werden.

Ebenso müssen wir empirisch herausfinden, wie unsere Erkenntnisstrukturen beschaffen sind. Das kann weder auf logischem Wege geschehen, weil die kognitiven Systeme, die untersucht werden müssen (menschliche Wesen), *reale* Systeme sind, noch kann es geschehen, indem wir wissenschaftliche Theorien analysieren, weil wir im Entwerfen von Theorien *nicht* auf unser angeborenes kognitives Inventar angewiesen sind (vgl. 8c). Es kann nur durch eine kritische Kombination logischer, erkenntnistheoretischer, metawissenschaftlicher und empirischer Bemühungen erfolgen.

Tatsächlich ist die Frage, was unsere angeborenen Erkenntnisstrukturen sind, noch nicht befriedigend beantwortet. Kants Anschauungsformen, Begriffe und Prinzipien können als ein prüfungsbedürftiger und verbesserungsfähiger *Vorschlag* angesehen werden. Andere Vorschläge existieren[24]; weitere sollten entworfen und geprüft werden. Angesichts dieser Unvollständigkeit ist die Evolutionäre Erkenntnistheorie keine abgeschlossene Theorie, sondern eher ein *Forschungsprogramm*, das von Psychologen, Neurobiologen, Verhaltensforschern, Anthropologen, Linguisten, Philosophen ausgeführt werden sollte. Gerade dieser interdisziplinäre Charakter macht die Evolutionäre Erkenntnistheorie zugleich schwierig und attraktiv.

Es sollte jedoch klar sein, daß die Fragen dieses Kapitels, die durch die Transzendentalphilosophie nicht beantwortet werden, von der Evolutionären Erkenntnistheorie *trotz* ihres programmatischen Charakters beantwortet werden. Unser Erkenntnisapparat ist mit jenen kognitiven Strukturen ausgestattet, weil sie sich in der Evolution bewährt haben. Die natürliche Auslese hätte auch andere Strukturen zulassen können, aber keine beliebigen, da sie überlebensadäquat sein müssen. Gerade dieser zusätzliche Erklärungswert belegt die Überlegenheit der Evolutionären über jede transzendentalistische Erkenntnistheorie.

8 Gibt es Grenzen faktischen Wissens?

a) Kant ist wohlbekannt für seine 'Kritik der reinen Vernunft', die mit Recht als sein Hauptwerk gilt. Weniger bekannt ist, daß dieses Buch ursprünglich den Titel 'Die Grenzen der Sinneserfahrung und der Vernunft' tragen sollte. Aber jeder Leser von Kants 'Kritik' kann leicht feststellen, daß dieser Arbeitstitel durchaus angemessen gewesen wäre. Was sind diese Grenzen?

In seinem gesamten kritischen Werk wird Kant nicht müde zu betonen, daß faktisches Wissen auf mögliche Erfahrung beschränkt ist. Der menschliche Verstand mag spekulative Ideen enthalten oder hervorbringen, durch metaphysische Fragen belästigt werden, dem Ding an sich nachsinnen, Grenzprobleme erörtern und einen „Hang zur Erweiterung, über die engen Grenzen möglicher Erfahrung" (B 739) besitzen – Metaphysik als eine nichtempirische faktische Wissenschaft bleibt für immer außer Reichweite. Es gibt theoretisches Wissen – aber nur über die Welt der Erfahrung. Wissenschaft ist möglich und existiert – aber nur als Wissenschaft von Objekten menschlicher Erfahrung.

Darüber hinaus sind die Objekte menschlicher Erfahrung gerade die Objekte der *Sinnes*erfahrung. Was unseren Sinnen nicht erscheint, kann nicht erkannt werden. Neben der Anschauung gibt es den Verstand; neben den Anschauungsformen gibt es die Kategorien; aber ohne Anschauung erreicht der Verstand nichts; ohne die Anschauungsformen sind die Kategorien bedeutungslos. Erinnert sei an Kants Anspruch: „Gedanken ohne Inhalt sind leer, Anschauungen ohne Begriffe sind blind.“ (A 51)

So fallen die *Grenzen* menschlicher Erkenntnis mit den Grenzen der Sinneserfahrung zusammen. Kant betont ausdrücklich: „Der Umfang der theoretischen Erkenntnis der reinen Vernunft erstreckt sich nicht weiter, als auf Gegenstände der Sinne.“[25] Was wir wissen, wissen wir durch die Sinne; und Objekte, die nicht sinnlich wahrgenommen werden können, können auch nicht erkannt werden. Jeglicher Versuch, Erkenntnis mit anderen Mitteln zu erreichen, ist dazu verurteilt, rein spekulativ zu bleiben. Menschliche Erkenntnis und Sinneserfahrung sind ko-extensiv.

Wie die Welt an sich sein mag, ganz unabhängig von unseren Sinnen und unabhängig von unserer Art und Weise, etwas über sie zu erfahren, ist völlig unbekannt, ja unerkennbar. Das „Ding an sich“ erweist sich als ein Grenzbegriff: Es kann nichts, aber auch gar nichts darüber gesagt werden. Jedes spezielle Merkmal, das wir dem Ding an sich zuzuschreiben versucht sein mögen – daß es existiere, daß es aus mehreren Dingen an sich bestehe, daß es unsere Empfindungen verursache – müßte ja schon Gebrauch machen von den Kategorien – „Existenz“, „Vielheit“, „Kausalität“ –, könnte also auch nur zeigen, in welcher Form es von uns erkannt wird, nicht wie es ist.

Das ist natürlich Ausgangspunkt einer berechtigten Kritik: Wenn über das Ding an sich gar nichts gesagt werden, wenn nicht einmal seine Existenz behauptet werden kann, warum soll man es dann überhaupt einführen? Auch bleibt völlig unklar, warum unsere Sinne, unsere Anschauungsformen, unsere Kategorien, unsere Verstandesprinzipien auf das Ding an sich soweit passen, daß menschliche Erkenntnis möglich wird. Nach Kant „ist uns zwar die Materie aller Erscheinung nur a posteriori gegeben, die Form derselben aber muß zu ihnen insgesamt im Gemüte a priori bereitliegen“ (A 20); warum passen dann aber Materie und Form so gut aufeinander? Auch diese Fragen werden *von Kant nicht beantwortet*. Er sagt explizit:

> Der Verstand ist zwar a priori im Besitze allgemeiner Gesetze der Natur, ... aber er bedarf doch auch überdem noch einer gewissen Ordnung der Natur, in den besonderen Regeln derselben, die ihm nur empirisch bekannt werden können und die in Ansehung seiner zufällig sind ... Diese Zusammenstimmung der Natur zu unserem Erkenntnisvermögen wird von der Urteilskraft ... a priori vorausgesetzt; indem sie der Verstand zugleich objektiv als zufällig anerkennt.“[26]

Unser kognitives Unvermögen im Hinblick auf das Ding an sich wird in gewisser Weise ausgeglichen durch unsere Erkenntnis der „Dinge für uns“. Selbst wenn ersteres für immer vollständig unbekannt bleibt, können wir doch sicheres Wissen über das letztere haben. Während wir *absolut unwissend* bleiben darüber, wie die Welt an sich ist, sind wir doch *absolut sicher*, wie sie uns erscheint.

Aber dies ist natürlich eine arme Gewißheit, eine sehr subjektive, da sie zwar unerschütterliche Idiosynkrasien liefert, aber kein objektives Wissen. Nach dem hypothetischen Realismus, wie er der Evolutionären Erkenntnistheorie zugrunde liegt, ist die Situation völlig anders. Gewiß bleibt unser Wissen über die äußere Welt hypothetisch, unsicher, unvollkommen. Aber auch so können wir *objektives* Wissen besitzen, obwohl wir seine Objektivität niemals *beweisen* können. „Objektiv" bedeutet für den hypothetischen Realismus „bezogen auf die reale Welt" (und mit einiger Vorsicht „auf das Ding an sich"), während es für Kant lediglich bedeutet „bezogen auf Objekte für uns", da andere Objekte uns sowieso nicht zugänglich sind. Perfektes Wissen über gar nichts oder hypothetisches Wissen über die reale Welt – was ziehen wir vor? Es sollte klar sein, warum wir uns an die zweite Alternative halten. (Natürlich ist hier keine echte Wahl zu treffen, da perfektes Wissen gar nicht existiert.)

b) Wenn Kant recht hat, fallen die Grenzen faktischen Wissens mit den Grenzen der Sinneserfahrung zusammen. Von diesem Standpunkt leitet sich ein interessanter Einwand gegen die Evolutionäre Erkenntnistheorie ab. Letztere macht ja Gebrauch von Argumenten der folgenden Art.

Erkenntnistheorie unterscheidet zwischen subjektiven und objektiven Erkenntnisstrukturen. Es gibt jedoch eine gewisse *Übereinstimmung* zwischen ihnen, eine partielle *Isomorphie* zwischen der realen Welt und unserer Vorstellung von ihr, eine *Adäquatheit* unseres Wissens, eine strukturelle *Ähnlichkeit* zwischen äußeren Objekten und unseren internen Rekonstruktionen. In der Wahrnehmung zum Beispiel rekonstruieren wir dreidimensionale Objekte aus zweidimensionalen Netzhautbildern – und reale Objekte haben *tatsächlich* drei räumliche Dimensionen. Auf der anderen Seite ist der psychologische (subjektive) Farbenkreis, der ja geschlossen ist und aus quasi-diskreten Farben besteht, *nicht* in Übereinstimmung mit dem sichtbaren Ausschnitt des physikalischen (objektiven) elektromagnetischen Spektrums, das an zwei Seiten offen und völlig kontinuierlich ist.

Aus solchen „Tatsachen" schließt die Evolutionäre Erkenntnistheorie, daß unser Erkenntnisapparat mehr oder weniger adäquat ist, daß er durchaus *geeignet* ist, mesokosmische Strukturen zu erfassen, freilich weniger geeignet, mikrokosmische, megakosmische oder hochkomplexe reale Strukturen zu erfassen. Diese Erfolge und Fehlleistungen werden dann durch Berufung auf die biologische Evolution erklärt, also als Ergebnisse eines *Anpassungs*prozesses gedeutet.

Wie aber – so argumentiert nun der Kantianer – können wir jemals wissen, wie die Realität wirklich ist? Wie könnten wir die Welt, wie sie ist, vergleichen mit der Welt, wie sie uns erscheint? Bräuchten wir dazu nicht einen zweiten Zugang zur Realität, unabhängig von unserer spezifisch menschlichen Art und Weise, sie wahrzunehmen und zu erkennen? Sind wir nicht an einen einzigen Weg faktischer Erkenntnis gebunden? Ob dieser Weg der Kantische ist oder nicht, ob wir Erkenntnis über seine transzendentalen Anschauungsformen, Kategorien und Prinzipien gewinnen oder über andere, ob dieses Wissen perfekt ist oder nicht, ob unsere kognitiven Strukturen Ergebnisse der Evolution sind oder nicht – sind wir nicht ein für alle Mal gefangen in unseren subjektiven Erkenntnisstrukturen? Ist nicht die einzige Welt, die wir jemals erkennen werden, *die reale Welt, wie sie uns erscheint*? Ist es nicht naiv, über die Welt zu sprechen, wie sie ist? Ist es nicht ein Selbstbetrug, die Welt „wie sie ist" und die Welt, wie sie uns erscheint, auseinanderzunehmen? Ist es nicht tautologisch, zirkulär, leer, irgendeine Kongruenz zwischen ihnen zu behaupten?

c) Dieses transzendentalistische Argument ist verfehlt. Um das zu zeigen, beginnen wir mit einigen einfachen Beispielen. Die Erde *scheint* stationär zu sein, die Sonne und die Sterne *scheinen* sich zu bewegen; aber Aristarch, Kopernikus, Newton, Bradley, Bessel, Foucault und andere Wissenschaftler haben uns *gelehrt*, daß es gerade umgekehrt ist: Die Erde bewegt sich, Sonne und Fixsterne nicht. – Die Oberfläche der Erde *erscheint* uns flach, aber aus anderen Beobachtungen *wissen* wir, daß sie sphärisch ist. – Raum und Zeit *scheinen* völlig unabhängig voneinander zu sein, aber die Spezielle Relativitätstheorie zeigt, daß sie miteinander verwoben sind und als (wechselnde) Projektionen von (invarianten) vierdimensionalen Strukturen gedeutet werden können. – Der physikalische Raum *erscheint* uns euklidisch (und wir können uns nicht-euklidische Räume oder Objekte nicht einmal vorstellen oder anschaulich machen), und doch *wissen* wir, daß er nicht-euklidisch ist. Es kann sogar passieren, daß wir beim Ausmessen von Objekten mit *euklidischen* Mitteln, z.B. mit Winkelmessern oder Normalmaßstäben, *nichteuklidische* Beziehungen finden, z.B. Dreiecke, deren Winkelsumme mehr (oder weniger) als 180° beträgt, oder Kreise, bei denen das Verhältnis von Umfang zu Durchmesser größer (oder kleiner) ist als π.

Diese Beispiele zeigen, daß anerkannte, faktische, empirische, wissenschaftliche Theorien unseren unmittelbaren Empfindungen und Wahrnehmungen widersprechen können, daß theoretische Erkenntnis mesokosmisches Wissen korrigieren kann, daß der Verstand der Anschauung widersprechen kann, daß faktisches Wissen nicht auf Sinneserfahrung oder auf anschaulich zugängliche Strukturen beschränkt ist. Nach Kant dürften Quarks, Elementarteilchen, Atome, Moleküle, elektromagnetische Felder, Neutronensterne, Schwarze Löcher, Quasare, geschlossene Kosmen niemals Objekte empirischer Wissenschaft werden, da sie unanschaulich sind. In Wahrheit aber sind sie typische Objekte faktischen Wissens.

Offensichtlich müssen wir *verschiedene Erkenntnisstufen* unterscheiden, vor allem Wahrnehmungs-, Erfahrungs- und theoretische (oder wissenschaftliche) Erkenntnis (vgl. 3b). Während in der Wahrnehmung die kognitiven Prozesse, die einer adäquaten internen Rekonstruktion äußerer Objekte dienen, unbewußt und unkritisch ablaufen (aber anschaulich sind), ist Alltagserkenntnis bewußt, aber unkritisch, und theoretische Erkenntnis ist bewußt und kritisch (obwohl möglicherweise unanschaulich). Diese kognitiven Stufen haben verschiedene Reichweite und Zuverlässigkeit. Die Erfahrung, die Gedächtnis, Begriffe, elementare Schlüsse und natürliche Sprache einbezieht, reicht weiter als die reine Wahrnehmung; die Wissenschaft, die zusätzlich theoretische Begriffe, formale Systeme, abstrakte Modelle, mathematische Theorien, symbolische Logik, künstliche Informationsspeicher, Computer, systematische Beobachtungen, gezielte Experimente, verfeinerte Werkzeuge, argumentative Sprachen usw. benützt, reicht dagegen weiter als die Haushaltserfahrung. Wahrnehmungen können anderen Wahrnehmungen widersprechen, sie aber nicht korrigieren; das kann die Erfahrung. Erfahrung ihrerseits kann nicht die Erfahrung korrigieren; das kann die Wissenschaft.

So sehen wir, daß im Gegensatz zu Kants Behauptung die Grenzen der theoretischen Erkenntnis *nicht* mit den Grenzen der unmittelbaren Erfahrung zusammenfallen. Obwohl es nur einen Zugang zur Realität gibt – den empirischen –, gibt es gleichwohl verschiedene Erkenntnisebenen, die verglichen und auch benützt werden können, um einander zu kritisieren. Und obwohl *auf jeder Ebene* unsere Erkenntnis hypothetisch und unvollkommen bleibt, ist sie doch verbesserungsfähig.

d) Nach der Evolutionären Erkenntnistheorie haben wir angeborene Erkenntnisstrukturen. Sie sind für menschliche Erkenntnis konstitutiv, daher unentbehrlich. Sie sind unabhängig von individueller Erfahrung, also ontogenetisch „a priori“. Sie sind genetisch bedingt und somit psychologisch „notwendig“, durch die Anschauung nicht überwindbar. Sie wurden durch Millionen von Jahren getestet und sind daher überlebensadäquat. Sie sind auf evolutionären Erfolg hin ausgelesen und daher hinreichend korrekt.

All dies gilt für Wahrnehmung und Erfahrung, aber *nicht für wissenschaftliche Erkenntnis.* Obwohl die verschiedenen Erkenntnisstufen vieles gemeinsam haben, zeigen sie auch deutliche *Unterschiede*: Unsere angeborenen Erkenntnisstrukturen sind für menschliche Erkenntnis konstitutiv, aber nur für Wahrnehmung und Erfahrung, nicht für Wissenschaft. Wahrnehmung und Erfahrung sind genetisch bedingt, Wissenschaft ist es nicht. Wahrnehmung und Erfahrung treten mit psychologischer Notwendigkeit auf, wissenschaftliche Erkenntnis nicht. Unsere kognitiven Strukturen wurden in der Evolution getestet, wissenschaftliche Theorien nicht. Sie sind an die Welt der mittleren Dimensionen angepaßt und darauf beschränkt, Wissenschaft dagegen nicht. Mesokosmische Strukturen sind anschaulich vorstellbar; Strukturen, wie sie in wissenschaftlichen Theorien entworfen werden, brauchen nicht anschaulich zu sein. Für mesokosmische Erkenntnis sind wir auf unsere Anschauungsformen, Grundkategorien und elementaren Prinzipien angewiesen (welche immer es sein mögen); im Entwerfen von Hypothesen und Theorien sind wir dagegen frei.

Zugegeben, auch wissenschaftliche Erkenntnis muß *einige* einschränkende Bedingungen erfüllen, wenn sie als faktisch wahr gelten soll. Sie muß widerspruchsfrei sein, mit anderen *anerkannten* Theorien vereinbar sein, in einer *intersubjektiv* verständlichen Sprache formuliert sein; sie muß sich auf *reale Objekte* beziehen, empirisch *prüfbar* sein und diesem Test standhalten. In unserem Zusammenhang ist die Forderung der Prüfbarkeit die wichtigste. Sie bedeutet, daß es möglich sein muß, aus der Theorie Folgerungen abzuleiten, die mit unserer Erfahrung verglichen werden können. Das ist eine Stelle, wo auch unser elementares Wahrnehmungsvermögen eine entscheidende Rolle für die Wissenschaft spielt. So klein oder entfernt, schnell oder seltsam die von der Wissenschaft postulierten Objekte auch sein mögen, sie müssen *irgendwie* mit unseren Sinnesorganen verbunden werden. Was nicht – und sei es auch noch so indirekt – auf die Peripherie unseres Körpers projiziert werden kann, kann auch nicht Objekt faktischer Wissenschaft sein.

Gleichwohl sind diese Bedingungen zwar bedeutsam, aber nicht so einschränkend, wie es scheinen könnte. Vor allem sind sie bei weitem nicht so eng wie Kants Anschauungsformen und Kategorien. Obwohl nämlich jede faktische Theorie mit Hilfe unserer mesokosmischen Mittel *getestet* werden muß, braucht sie sich doch nicht ausschließlich auf mesokosmische Objekte zu *beziehen*. Sie kann unseren mesokosmischen Überzeugungen, Hypothesen, Vorurteilen, Ideen sogar *widersprechen* und doch durch sie *bestätigt* werden. So können wir unser mesokosmisches Wissen und die Erkenntnisstrukturen, die dafür verantwortlich sind, prüfen, indem wir höhere Erkenntnisstufen, insbesondere wissenschaftliche Theorien, in Anspruch nehmen. Wir können dabei Übereinstimmungen und Unterschiede feststellen und für beides Erklärungen suchen. Und wir können durchaus, wie es die Evolutionäre Erkenntnistheorie tut, behaupten, daß unser Erkenntnisapparat, der für mesokosmische Aufgaben selegiert wurde, in diesem Bereich äußerst wirksam arbeitet, auch wenn er außerhalb versagt.

Diese Möglichkeit wird von Kant und seinen Anhängern übersehen. Aus der Tatsache, daß jede faktische Erkenntnis mit mesokosmischen Mitteln *getestet* wird, schließen sie irrtümlicherweise, daß sie auch auf den Mesokosmos *beschränkt* sei. Wenn das wahr wäre, dann müßte jede faktische wissenschaftliche Theorie mit Kants apriorischen Prinzipien übereinstimmen. Auch die moderne Wissenschaft müßte diese Prinzipien unvermeidlich enthalten und bestätigen. Keine empirisch bewährte Theorie dürfte ihnen widersprechen. Wir wollen untersuchen, inwieweit Kants Prinzipien diesem Anspruch gerecht werden.

e) In 6d stellten wir fest, daß Kants Verstandesprinzipien – die ja die Grundvoraussetzungen menschlicher Erkenntnis darstellen *sollen* – als ein Versuch *interpretiert* werden können, die Grundprinzipien empirischer Wissenschaft, vornehmlich der Physik, zu analysieren. In Tabelle 2 versuchen wir, diese Prinzipien zu formulieren, wobei wir Kant folgen und eine richtungweisende Arbeit von Heinrich Scholz berücksichtigen.[28] Angegeben sind auch die jeweiligen Kategorien, zu denen diese Prinzipien gehören. Obwohl Kant sie nicht alle explizit formuliert hat, wäre er doch sicher bereit gewesen, sie gelten zu lassen.

Es stellt sich heraus, daß diese Prinzipien tatsächlich Grundvoraussetzungen der Newtonschen Physik sind. Eine Aussage konnte dann und nur dann als ein Gesetz der Physik anerkannt werden, wenn sie mit diesen Voraussetzungen vereinbar war. Wenn nun Kant recht hätte, d.h., wenn diese Prinzipien tatsächlich für *jede* (sogar für wissenschaftliche) Erkenntnis konstitutiv wären, dann müßte auch die moderne Wissenschaft sie noch vertreten. Auch das ist in der Tabelle nachgeprüft. In der letzten Spalte deuten wir an, ob ein Prinzip noch durch die moderne Physik akzeptiert wird.

Bei näherer Prüfung finden wir, daß alle die hier aufgezählten Grundvoraussetzungen der klassischen Physik *falsch* sind. Das zeigt erneut, daß bestätigte Theorien faktischer Wissenschaft nicht mit Kants apriorischen Prinzipien übereinstimmen müssen und das auch nicht tun. Diese Prinzipien mögen für mesokosmische Erfahrung konstitutiv sein, für die Wissenschaft sind sie es nicht. Auch bilden sie nicht die Grenzen theoretischer Erkenntnis. Wir können ohne sie auskommen, ihnen sogar widersprechen. Beim Entwerfen von Theorien sind wir frei, andere Prinzipien, Kategorien, Begriffe zu verwenden. Wir können versuchen, nicht-euklidische Geometrien zu benützen, auf das Stetigkeits-Postulat zu verzichten, die Gleichzeitigkeit zu relativieren, Genidentität und Erhaltungssätze zu verwerfen, ohne Objektivierbarkeit und neutrale Beobachtung auszukommen, Kausalität und Mechanismus zu verletzen. Anschaulichkeit und Vereinbarkeit mit Kants Prinzipien sind weder notwendig noch hinreichend für eine gute

	Prinzip (einschlägige Kategorie)	Explizite Formulierung	Heutige Bewertung Disziplin	Beispiele
α)	Anwendbarkeit der euklidischen Geometrie (Quantität)	Die euklidische Geometrie kann und muß für eine exakte Beschreibung beliebiger physikalischer Zustände oder Prozesse Verwendung finden.	*Falsch* Allgemeine Relativitätstheorie	Neutronenstern
β)	Anwendbarkeit der höheren Analysis, Kontinuität (Qualität)	Physikalische Größen (z.B. Geschwindigkeit) können durch differenzierbare (also stetige) Funktionen dargestellt werden. Wenn eine Zustandsgröße zu den Zeiten t_1, t_2 die Werte $z_1(t_1)$, $z_2(t_2)$ hat, dann gibt es für jedes z mit $z_1 \leqslant z \leqslant z_2$ einen Zeitpunkt t mit $t_1 \leqslant t \leqslant t_2$, zu dem die Zustandsgröße den Wert z hat.	*Falsch* Quantenmechanik	Atomare Übergänge
γ)	Klassische Zeitvergleichung (Wechselwirkung und Kausalität)	Es gibt eine absolute Gleichzeitigkeit und eine absolute, kausalbedingte Zeitordnung.	*Falsch* Spezielle Relativitätstheorie	Zwillingsparadoxon
δ)	Genidentität (Substanz)	Jedes physikalische Objekt bleibt identisch mit sich selbst und kann zu jedem Zeitpunkt seiner Existenz individuell identifiziert werden.	*Falsch* Quantenmechanik	Elektronen, Atome
ε)	Massenerhaltung (Substanz)	Jedes physikalische Objekt hat Masse, und seine Masse bleibt zeitlich konstant.	*Falsch* Spezielle Relativitätstheorie	Ruhemasse von Atomkernen
ζ)	Objektivierbarkeit (nicht explizit formuliert)	Jeder physikalische Zustand (und jede Zustandsänderung) ist ein Zustand eines physikalischen Objekts oder Systems, das die Bedingungen δ und ε erfüllt.	*Falsch* Feldtheorien, Quantentheorie	elektrisches Feld
η)	Störungsfreie Beobachtbarkeit (nicht explizit formuliert)	Es ist möglich, physikalische Objekte so zu beobachten, daß sie nicht gestört werden oder daß man ihren ungestörten Zustand eindeutig ermitteln kann.	*Falsch* Quantenmechanik	Unschärfe-Relationen

Prinzip (einschlägige Kategorie)	Explizite Formulierung	Heutige Bewertung Disziplin	Beispiele
ϑ) Kausale Bestimmtheit (Kausalität)	Alle physikalischen Prozesse können durch Kausalgesetze (d.h. durch quantitative, deterministische Ablaufgesetze) beschrieben werden.	*Falsch* Quantenmechanik	Kernzerfall
ι) Mechanistisches Prinzip (nicht explizit formuliert)	Alle physikalischen Objekte können durch mechanische Modelle, (d.h. als Systeme unveränderlicher Massenpunkte) dargestellt werden.	*Falsch* Feldtheorien	elektrische Felder

Tab. 2: Die Grundvoraussetzungen der klassischen Physik nach Kant und ihre Bewertung durch die moderne Physik

oder wahre Theorie. Die entscheidenden Kriterien sind Widerspruchsfreiheit, Prüfbarkeit, Erklärungswert und ernsthafte Tests (vgl. 1f.). Und das sind auch die Maßstäbe, an denen die Evolutionäre Erkenntnistheorie gemessen werden sollte.

9 Gegenüberstellung

Wir müssen die Diskussion hier abschließen. Weitere Punkte könnten diskutiert werden. Außer in den hier behandelten Fragen unterscheiden sich transzendentale und Evolutionäre Erkenntnistheorie auch in Fragen der Intersubjektivität, Kausalität, Begriffsbildung, Zirkularität, Anwendbarkeit der Mathematik im allgemeinen und der Geometrie im besonderen, Anschaulichkeit, Objektivität, Wahrheit. Wir hoffen jedoch, daß die entscheidenden Gegensätze genannt und die wesentlichen Argumente vorgestellt werden konnten.

Statt nun alle Aspekte und Argumente, Probleme und Lösungen, Fragen und Antworten in einem weiteren längeren Kapitel darzustellen, wollen wir versuchen, sie in einer Vergleichstabelle zusammenzufassen, indem wir die hauptsächlichen Divergenzpunkte aufzählen und die jeweiligen Antworten der Transzendentalphilosophie denen der Evolutionären Erkenntnistheorie gegenüberstellen (Tab. 3).

Problem	**Kant**	**behandelt in**	**Evolutionäre Erkenntnistheorie**
Stadium der Disziplin	statisch	3d	dynamisch
Objekte erkenntnistheoretischer Untersuchung	normale, erwachsene, gebildete Europäer	2b	*alle kognitiven Systeme*: frühere und jetzige, tierische und menschliche, natürliche und künstliche, irdische und außerirdische
Programmatische Frage	Quid juris?	4b	Quid facti? (Quid juris?)
Charakter	explikativ, normativ	1e	deskriptiv, explanatorisch; explikativ und normativ
Grundprobleme	Wahrheit, Geltung Rechtfertigung, Objektivität; Voraussetzungen für Erkenntnis; Erkenntnis als Endzustand	3d	ebenso *plus* Entstehung von Erkenntnis; Ursprung, Evolution, Überlebenswert kognitiver Fähigkeiten; Erkenntnis als *Prozeß*
Methoden	Analyse, Rekonstruktion, Reflexion	1d	Analyse, Rekonstruktion, Reflexion *und* empirische Forschung
Aufgabe der Erkenntnistheorie	Rechtfertigung erkenntnistheoretischer Normen	4b	Erklärung und *relative* Rechtfertigung
Letztbegründungen	erreichbar		unerreichbar
Verhältnis der Erkenntnistheorie zur faktischen Wissenschaft	Erkenntnistheorie ist vorrangig; eine andere Sicht führt zu einem vitiösen Zirkel.	2d	Erkenntnistheorie und faktische Wissenschaft bilden eine fruchtbare, selbstkorrigierende Rückkopplungsstruktur, einen *„virtuosen Zirkel“*.
Vielfalt und Dynamik kognitiver Systeme	irrelevant für die Erkenntnistheorie	3b–d	nicht nur relevant, sondern sehr hilfreich, sogar unentbehrlich
Fragen nach dem Ursprung der Kategorien sind . . .	. . . zirkulär, also sinnlos, also unbeantwortbar; unnötig.	4a 4b	. . . selbstbezüglich, aber sinnvoll, weder leer noch widerspruchsvoll; erkenntnistheoretisch relevant.
Gibt es angeborene Erkenntnisstrukturen?	Nein, aber es gibt eine angeborene Disposition, Kategorien zu bilden.	4d	Ja, es gibt genetisch bedingte Informationen über die reale Welt.

Problem	**Kant**	**behandelt in**	**Evolutionäre Erkenntnistheorie**
Die Idee einer organismischen Evolution	... ist attraktiv, aber empirisch nicht bestätigt.	3e	... ist korrekt und hat überlegenen Erklärungswert.
Warum gerade diese kognitiven Strukturen?	Keine Antwort.	7a 5b	Sie erwiesen sich in der Evolution als brauchbar, als *überlebensadäquat*.
Könnte es andere kognitive Systeme geben?	Ja, aber wir können uns keinerlei Vorstellung von ihnen machen.	7a	Ja, es gibt sie sogar, z.B. Tiere, Kinder, Computer.
Könnten wir mit ihnen kommunizieren und sie verstehen?	Kaum. Es gibt überhaupt keinen Grund, warum ihre Erkenntnisstrukturen mit unseren übereinstimmen sollten.	7b	Ja. Über reale Strukturen könnten wir vernünftig kommunizieren; über subjektive Strukturen (Gefühle, Farben usw.) kaum.
Gibt es apriorische Erkenntnisstrukturen? Falls „a priori" bedeutet			
„unabhängig von jeder individuellen Erfahrung"	... ja.	4c	... ja, sie sind *ontogenetisch a priori.*
„unabhängig von jeglicher Erfahrung"	... ja.	4c	... nein, sie sind *phylogenetisch a posteriori.*
„notwendig wahr, allgemeingültig"	... ja.		... nein, alles faktische Wissen ist hypothetisch.
Sind die Erkenntnisstrukturen (z.B. die Kategorien) notwendig?	ja.	5a 5b 5d	notwendig für Erkenntnis: ja von notwendiger Geltung: nein psychologisch notwendig: ja
Perfektes faktisches Wissen ist	... möglich und existent, z.B. in der reinen Mathematik, reinen Naturwissenschaft.	5c	... gibt es nicht, ist vermutlich unmöglich.
Newtons Theorie ist	... absolut wahr.	8e	... hypothetisch, fehlbar, falsch.
Transzendentale (erkenntiskonstitutive) Strukturen sind verbindlich für	... alle menschliche Erkenntnis einschließlich der theoretischen (wissenschaftlichen) Erkenntnis.	8a 8d	... mesokosmische Erkenntnis, d.h. Wahrnehmung und unmittelbare Erfahrung, *nicht für theoretische Erkenntnis.*

Problem	Kant	behandelt in	Evolutionäre Erkenntnistheorie
„Objektiv“ bedeutet	... „bezogen auf Objekte für uns“.	8c	... „bezogen auf die reale Welt“.
Intersubjektivität erklärt sich durch	... ein „transzendentales Ich“.	7c	... die partielle Isomorphie menschlicher Gehirne aufgrund der gemeinsamen phylogenetischen Abstammung.
Die reale Welt (das „Ding an sich“)	... ist unerkennbar.	8a	... ist erkennbar und teilweise bekannt, wenn auch nur hypothetisch.
Die kausale Interpretation von Ereignisfolgen ist	... absolut und notwendig korrekt.	5b	... weder absolut noch notwendig, teilweise sogar falsch.
Die Anwendbarkeit der Mathematik für die Beschreibung der realen Welt	... folgt trivialerweise.	4c	... ist problematisch, nicht notwendig, nicht universell.
Die euklidische Geometrie insbesondere ist anwendbar,	... weil sie für jede räumliche Erfahrung konstitutiv ist; nichteuklidische Erfahrungen sind unmöglich.		... aber nur näherungsweise und lokal (mesokosmisch); in Astrophysik und Kosmologie versagt sie.
Der eingenommene erkenntnistheoretische Standpunkt	... ist anthropozentrisch, also anti-kopernikanisch.		... beseitigt eine unzulässige Anthropozentrik in der Erkenntnistheorie und ist insofern wahrhaft kopernikanisch.

Tab.3: Zusammenfassende Übersicht

Anmerkungen

1 Teile dieses Aufsatzes erschienen in englischer Sprache unter dem Titel „Kant and evolutionary epistemology“ in den Akten des 7. Int. Wittgenstein-Symposiums (Kirchberg 1982). Hölder-Pichler-Tempsky, Wien, 1983, 185–197.

2 Kant, I.: Prolegomena (1783), Vorrede

3 Piaget, J.: Weisheit und Illusionen der Philosophie. Suhrkamp, Frankfurt 1974 ([1]1965), S. 279

4 Descartes, R.: Die Prinzipien der Philosophie. Meiner, Hamburg 1955 (1644), S. 239 ff.

5 Piaget, J.: Einführung in die genetische Erkenntnistheorie. Suhrkamp, Frankfurt 1973 (1970), S. 14f.

6 Als Einführungen in diese faszinierenden Gebiete eignen sich
Jerison, H.J.: Paleoneurology and the evolution of mind. Sci. American *234* (Jan. 1976) 90–101.
Best, J.B.: Protopsychology. Sci. American *208* (Feb. 1963) 54–62.
Lorenz, K.: Psychologie und Stammesgeschichte (1954). In: Ders.: Über tierisches und menschliches Verhalten. Piper, München 1965, Band II, 201–254.
7 Vollmer, G.: Über vermeintliche Zirkel in einer empirisch orientierten Erkenntnistheorie [im vorliegenden Band S. 217]
8 Lorenz, K.: Kants Lehre vom Apriorischen im Lichte gegenwärtiger Biologie. Blätter für Deutsche Philosophie *15* (1941) 94–125
9 Man vergleiche den vielsagenden Titel von Jakobson, R.: Kindersprache, Aphasie und allgemeine Lautgesetze. Suhrkamp, Frankfurt 1969 ([1]1962).
10 Ghiselin, M. T.: Darwin and evolutionary psychology. Science *179* (1973) 965
11 Kant, I.: Prolegomena (1783), §36
12 Vollmer, G.: Evolutionäre Erkenntnistheorie. Hirzel, Stuttgart 1975, [3]1981.
–,–: Mesokosmos und objektive Erkenntnis – Über Probleme, die von der Evolutionären Erkenntnistheorie gelöst werden [im vorliegenden Band S. 57]
13 Kant, I.: Über die Formen und Prinzipien . .. (1770), § 15 Zusatz
14 Kant, I.: Über eine Entdeckung . . . (1790), Erster Abschnitt C (BA 68)
15 Kant, I.: Von den verschiedenen Rassen der Menschen (1775), B 164, B 141f.
16 Kant, I.: Kritik der Urteilskraft (1790), § 80 (A 366)
17 Kant, I.: Anthropologie in pragmatischer Hinsicht (1798), Zweiter Teil, E (A 326)
18 Seitenangaben mit A oder B im Text beziehen sich auf die erste und zweite Auflage von Kant, I.: Kritik der reinen Vernunft (1781, 1787).
19 Simpson, G.G.: Biology and the nature of science. Science *139* (1963) 81–88, p. 84
20 Reichenbach, H.: Kant und die Naturwissenschaft. Die Naturwissenschaften *21* (1933) 601–6, 624–6, S. 626
21 Kritische Darstellungen bieten Adickes, E.: Kant als Naturforscher. de Gruyter, Berlin 1924/25, 2 Bände; Calinger, R.: Kant and Newtonian science: the pre-critical period. Isis *70* (1979) 349–362.
22 Kant, I.: Brief an M. Herz (26. Mai 1789)
23 Kant, I.: Fortschritte der Metaphysik (1804), Erste Abteilung (A 41f.); Prolegomena (1783), § 34
24 Riedl, R.: Biologie der Erkenntnis. Parey, Berlin/Hamburg 1980
25 Kant, I.: Fortschritte der Metaphysik (1804), A 45
26 Kant, I.: Kritik der Urteilskraft (1790), Einleitung V (A XXXIIIf.)
27 Scholz, H.: Mathesis universalis. Schwabe, Basel 1969, S. 183–5
28 Ibid., S. 160–2

ÜBER VERMEINTLICHE ZIRKEL IN EINER EMPIRISCH ORIENTIERTEN ERKENNTNISTHEORIE

Zusammenfassung

Die Evolutionäre Erkenntnistheorie als eine Theorie der Erkenntnis stützt sich auf empirische Fakten. Es gibt mehrere Einwände gegen eine solche Vorgehensweise. Die meisten werfen der Evolutionären Erkenntnistheorie vor, sie sei zirkelhaft. Man kann diese Zirkelvorwürfe in drei Gruppen unterteilen. Sie sagen entweder, Erkenntnistheorie sei (weil zirkelhaft) grundsätzlich unmöglich, oder sie behaupten, jede Erkenntnistheorie, die sich auf empirische Befunde stützt, sei notwendig zirkelhaft, also inkonsistent oder leer, oder wenigstens die Evolutionäre Erkenntnistheorie sei zirkelhaft. Alle diese Behauptungen sind falsch. Die folgende Tabelle stellt die Vorwürfe (links) und ihre Widerlegungen (rechts) zusammen.

„Uns fehlt ein hinreichendes Kriterium für Erkenntnis.“	Richtig, aber wir brauchen gar keines, da es sowieso kein sicheres Wissen gibt. (A1)
„Rückbezüglichkeit führt zu Widersprüchen.“	Möglicherweise, aber nicht sicher. Der rückbezügliche Charakter der Erkenntnistheorie wird zugestanden; daß er aber Inkonsistenzen erzeugen *müsse*, ist noch nie gezeigt worden. (A2)
„Aber die Gödelschen Sätze sagen doch . . .“	Gödels Unvollständigkeitssätze zeigen nur, daß einige sehr spezielle Aussagen im Rahmen formaler Systeme nicht bewiesen werden können. Immerhin kann man sie finden und plausibel machen. (A3)
„Kein System kann sich selbst erklären.“	Obwohl sie intuitiv plausibel erscheint, ist diese Behauptung noch nie bewiesen worden. Sie ist vermutlich falsch. (A4)

„Jede Rechtfertigung ist nur so zuverlässig wie die Prämissen, von denen sie ausgeht. Wenn die Erkenntnistheorie sich auf empirische Fakten stützt, dann kann sie empirische Erkenntnis nicht rechtfertigen." (B1)	Es ist *nicht* die Aufgabe der Erkenntnistheorie, eine absolute Rechtfertigung für Erkenntnisansprüche zu liefern. (B2) Die fragliche Zirkularität ist kein vitiöser, sondern ein *virtuoser Zirkel.* (B3) Tatsächlich handelt es sich gar nicht um einen Zirkel, sondern um eine konstruktive selbstkorrigierende Rückkopplungsstruktur, von denen es in Wissenschaft und Alltag viele gibt. (B4)
„Der hypothetische Realismus widerlegt sich selbst."	Tatsächlich ist die Behauptung „alle Erkenntnis ist hypothetisch" bei *Selbstanwendung* formal inkonsistent. Jedoch führt der Satz „alle synthetischen Aussagen sind hypothetisch" nicht zu Widersprüchen. (C1)
„Die 'reale Welt' ist nichts weiter als die Welt unserer Erfahrung."	Diese Behauptung der Transzendentalphilosohie ist falsch. Wissenschaftliche Erkenntnis kann unsere mesokosmischen Anschauungsformen und Kategorien übersteigen, kontrollieren und korrigieren. (C2)
„Die Darwinsche Evolutionstheorie ist zirkelhaft ('survival of the survivor')."	Das ist falsch. „Fitness" kann ohne Rückgriff auf „Überleben" definiert werden. Eigen hat sogar eine quantitative Explikation für „Fitness" gegeben. (C3)
„Evolution kann nicht zu mehr Komplexität führen."	Das ist falsch. Organismen und sogar Maschinen können sich selbst reproduzieren und ihre Komplexität erhöhen. (C4)

Zusammenfassend halten wir fest, daß eine naturalistische Erkenntnistheorie, die mit den Erkenntnissen der Wissenschaft vereinbar ist und sich sogar darauf stützt, durchaus möglich ist. Im Hinblick auf den Rückkopplungscharakter der Beziehung zwischen empirischer Erkenntnis und Erkenntnistheorie stehen wir der merkwürdigen Tatsache gegenüber, daß Wissenschaftler (durch iterative Näherungsverfahren) ein Problem pragmatisch gelöst haben, das von Philosophen für unlösbar erklärt worden war.

Einleitung

Evolutionäre Erkenntnistheorie als eine Theorie der Erkenntnis beruht auf empirischen Fakten.[1] Es gibt mehrere Einwände gegen ein solches Vorgehen. Die meisten laufen auf den Vorwurf hinaus, die Evolutionäre Erkenntnistheorie enthalte einen logischen Fehler, sie begehe eine *petitio principii*, sie setze in ihrer Argumentation etwas voraus, was erst noch bewiesen werden müsse, – kurz, sie sei *zirkulär*. Obwohl die Schlange, die sich in den eigenen Schwanz beißt, seit den Zeiten der Gnostiker ein Symbol der Philosophie ist, so ist doch ein solcher Zirkelvorwurf wenig schmeichelhaft. Es dürfte deshalb sinnvoll sein, diesen Vorwürfen nachzugehen. Sie lassen sich in drei Gruppen aufteilen und sagen dann entweder,

– Erkenntnistheorie im allgemeinen sei unmöglich, oder
– jede Erkenntnistheorie, die sich auf empirische Fakten stützt, müsse tautologisch oder widersprüchlich sein, oder
– wenigstens die Evolutionäre Erkenntnistheorie sei zirkulär in diesem Sinne.

Alle diese Behauptungen sind falsch. Dieser Beitrag besteht deshalb aus drei Teilen. Teil A verteidigt die Erkenntnistheorie im allgemeinen, B behandelt Erkenntnistheorien, die empirisch orientiert sind, und C untersucht speziell die Evolutionäre Erkenntnistheorie.

A „Erkenntnistheorie ist unmöglich."

Diese Behauptung mag etwas überraschend klingen, da die Erkenntnistheorie doch eine so angesehene philosophische Disziplin von durchaus ehrwürdigem Alter ist. Aber natürlich reicht es nicht aus, auf die Geschichte der Philosophie zu verweisen und soundso viele erkenntnistheoretische Systeme aufzuzählen. Schließlich könnten auch *alle* fehlerhaft sein. Schon die Tatsache, daß es so viele gibt, die einander sogar *widersprechen*, zeigt, daß einige von ihnen falsch sein müssen. Warum dann nicht gleich alle?

Tatsächlich gibt es Angriffe – oberflächliche und ausgefeilte –, die das ganze Unternehmen der Erkenntnistheorie als unmöglich betrachten. Die meisten von ihnen beanspruchen, einen *vitiösen Zirkel* aufgedeckt zu haben, der alle erkenntnistheoretischen Bemühungen der Vergangenheit und sogar der Zukunft vergeblich erscheinen lasse. Von diesen angeblichen Zirkeln werden wir vier diskutieren – und widerlegen.

A 1 „Es gibt kein hinreichendes Kriterium für Erkenntnis."

a) *Das Argument lautet*: Erkenntnistheorie ist eine Disziplin, welche kognitive Geltungsansprüche untersucht. Sie betrachtet Erkenntnis als grundsätzlich problematisch und einer Rechtfertigung, eines Beweises, einer Begründung, einer Legitimation bedürftig. Für eine solche Untersuchung der Geltung von Erkenntnis brauchen wir ein *Kriterium*, das zeigt, ob und wann Erkenntnis *gültig* ist, ein Kriterium, wonach wir vermeintliches Wissen von echtem Wissen trennen können, ein Kriterium, das ausreicht, um Erkenntnis als *wahr* auszuzeichnen. Ein solches Kriterium wäre nun selbst ein Stück Wissen oder nicht. Als ein Stück Wissen wäre es seinerseits problematisch und bedürfte eines Geltungskriteriums. Das führt zu einem Zirkel oder in einen infiniten Regreß.

Wenn das Kriterium dagegen kein Stück Wissen ist, was könnte es sonst sein? Vielleicht eine *Konvention*? Gewiß nicht, weil eine Konvention niemals Erkenntnis *rechtfertigen* könnte; jedenfalls bliebe es zweifelhaft und bedürfte eines weiteren Kriteriums oder einer weiteren Konvention, ob Konventionen überhaupt etwas rechtfertigen können. Das aber würde dem erklärten Ziel der Erkenntnistheorie widersprechen, das ja darin besteht, ein endgültiges Erkenntniskriterium anzugeben. Könnte es die *Übereinstimmung* oder Einmütigkeit erkennender Subjekte sein? Der Grad der *Evidenz*? Die *Nützlichkeit* des Wissens? Was immer unser Kriterium wäre, es müßte ein *Objekt* der Erkenntnis sein, sogar ein Objekt empirischer Erkenntnis. Um es als ein Kriterium für objektive Erkenntnis *erkennen* zu können, bräuchten wir also erneut ein einschlägiges Kriterium. Das führt wieder in einen Zirkel oder in einen infiniten Regreß. Es gibt also kein hinreichendes Kriterium für Erkenntnis. Erkenntnistheorie ist somit unmöglich.

b) *Dieser Einwand ist mehrfach erhoben worden*. In seiner Kant-Kritik schrieb schon Schelling:

> KANTs Kritik liegt der Gedanke zugrunde: Ehe man etwas erkennen wolle, sei es nötig, unser Vermögen, zu erkennen, selbst einer Prüfung zu unterwerfen. Auf den ersten Blick ist dieser Gedanke ungemein einleuchtend. Bei näherer Betrachtung findet sich aber, daß es dabei um ein Erkennen des Erkennens zu tun ist. Demnach bedürfte es erst einer Untersuchung über die Möglichkeit einer solchen Erkenntnis des Erkennens, und so könnte man ins Unendliche zurückfragen.[2]

Eine noch drastischere Formulierung stammt von Hegel:

> Die Untersuchung des Erkennens kann nicht anders als erkennend geschehen und das ist so absurd als Schwimmen lernen, bevor man ins Wasser geht.[3]

Der Einwand ist von Leonard Nelson weiter ausgebaut worden.[4] Man nennt ihn deshalb scherzhaft „Doppelnelson" (der auch ein sehr wirksamer Haltegriff beim Ringen ist).

c) *Das Argument ist logisch korrekt*, d.h., seine Konklusion folgt aus seinen Prämissen. Es enthält keinen Widerspruch, keinen Zirkel, keinen unendlichen Regreß. Es behauptet nicht, *Erkenntnis* sei unmöglich – was ja in sich widersprüchlich wäre –, sondern zeigt nur, daß *Erkenntnistheorie* im genannten Sinne unmöglich ist. *Wenn* Erkenntnistheorie tatsächlich die Aufgabe hat, Erkenntnis zu rechtfertigen, hinreichende Wahrheitskriterien anzugeben, notwendig wahre Aussagen hervorzubringen, dann ist sie nutzlos, steril, unmöglich, totgeboren. Wenn wir es uns zum Prinzip machen, die Gültigkeit allen und jeden Wissens zu bezweifeln, dann kann Erkenntnis nicht gerechtfertigt werden. So bemerkt auch Russell:

> Wenn wir die Attitüde des vollkommenen Skeptikers annehmen, einen Standpunkt außerhalb aller Erkenntnis beziehen und verlangen, von dieser Stelle aus durch einen wie immer gearteten Zwang in den Kreis der Erkenntnis zurückgeführt zu werden, dann verlangen wir etwas Unmögliches, und unser Skeptizismus kann niemals widerlegt werden. Denn jede Widerlegung muß mit einem Stück Wissen anfangen, in das sich die Streitenden teilen; auf dem kahlen Zweifel wachsen keine Gründe. Deshalb darf die Erkenntniskritik der Philosophie nicht auf diese Weise destruktiv sein, wenn sie zu Ergebnissen führen soll. Gegen den absoluten Skeptizismus gibt es kein *logisches* Argument.[5]

d) Die Tatsache, daß die Erkenntnistheorie solche übertriebenen und widersprüchlichen Forderungen nicht erfüllen kann, bedeutet nicht, daß sie unmöglich ist. *Vielmehr müssen wir unsere Auffassung von der Aufgabe der Erkenntnistheorie korrigieren*. Es ist also die *Prämisse* des „Doppelnelson“, die einer Korrektur bedarf. Erkenntnistheorie beweist nicht die Existenz von Erkenntnis; *sie setzt Erkenntnis voraus*. Sie beruht auf Überzeugungen, intersubjektiven Evidenzen, erfolgreichen Vermutungen, bestätigten Hypothesen. Sie ist nicht unfehlbar und sollte dies von sich auch weder behaupten noch fordern. Sie arbeitet hypothetisch-deduktiv wie jede andere wissenschaftliche Disziplin.

Im Gegensatz allerdings zur empirischen Wissenschaft hat sie sowohl deskriptive als auch normative Elemente; sie verbindet Tatsachenfragen mit Entscheidungsfragen, Seinsprobleme mit Sollensproblemen, explanatorische mit explikativen Aufgaben. Sie unternimmt eine unvoreingenommene *Musterung* und *Prüfung* von Aussagen, die allgemein als Erkenntnis gelten, und setzt *Normen* für einen rationalen und methodologisch sauberen Erkenntnisbegriff.

Und gleichfalls im Gegensatz zur empirischen Wissenschaft sind die Voraussetzungen der Erkenntnistheorie ihrerseits offen gegenüber erkenntnistheoretischer Nachfrage. Deshalb müssen die allgemeinen Aussagen der Erkenntnistheorie selbstanwendbar sein. Nun wissen wir aus der Logik, daß selbstanwendbare Aussagen zu Paradoxien führen *können*. Das ist ein Hinweis auf einen weiteren vermeintlichen Zirkel, dem wir den nächsten Abschnitt widmen werden.

A 2 „Rückbezüglichkeit führt zu Widersprüchen."

a) Das Argument

Das menschliche Denken ist schon mehrfach auf Paradoxien gestoßen. Einige davon sind nichts weiter als Überraschungen: Erscheinungen, die unseren Erwartungen widersprechen. Andere sind ernsthafte Fehler: Widersprüche, bei denen die widerstreitenden Teile gleichermaßen vernünftig oder gerechtfertigt zu sein scheinen. Im folgenden werden wir uns nur mit ernsthaften Paradoxien (Antinomien) beschäftigen.

Die ersten Antinomien wurden bereits in der Antike entdeckt. Wohlbekannt sind die Paradoxien des Zenon, die Antinomie vom Lügner („ich lüge jetzt") oder das Anwalts-Paradoxon („das Entgelt für Ihren Unterricht erhalten Sie, sobald ich meinen ersten Prozeß gewonnen habe"). Späteren Ursprungs sind die Antinomie des Barbiers („ich rasiere alle Männer meines Dorfes, die sich nicht selbst rasieren") und das Paradoxon der unerwarteten Hinrichtung oder Prüfung („sie wird nächste Woche stattfinden, aber Du wirst den Tag nicht im voraus wissen"). Während solche Paradoxien jedoch für Jahrtausende als mehr oder weniger exotisch, lustig, sophistisch und prinzipiell lösbar galten, löste die Russellsche Antinomie („die Menge aller Mengen, die sich nicht selbst als Element enthalten") nach 1900 eine tiefe Krise in den Grundlagen der Logik und Mathematik aus.

Man kann sich überzeugen, daß alle (ernsthaften) Antinomien ihren Ursprung in *Rückbezüglichkeiten* haben, in der Tatsache also, daß sich ein Begriff oder eine Aussage auf sich selbst bezieht, in dem Versuch, sie auf sich selbst anzuwenden, also in einem Zirkel. Und alle Antinomien verschwinden, wenn Rückbezüglichkeit vermieden wird.

Nun ist Erkenntnistheorie ein klarer Fall von Rückbezüglichkeit, also von selbstmörderischer Zirkularität. Deshalb ist Erkenntnistheorie unmöglich.

b) Dieses Argument beruht auf einem Irrtum.

Zwar ist Erkenntnistheorie tatsächlich rückbezüglich. Sie bemüht sich, Erkenntnis zu untersuchen und ihre *eigenen* Methoden, Prinzipien, Voraussetzungen und Ergebnisse zu reflektieren. Natürlich könnten wir uns willkürlich entscheiden, die Erkenntnistheorie auf die Untersuchung *anderer* Disziplinen zu beschränken. Sie wäre eine ganz gewöhnliche Meta-Disziplin, die durchaus erhellend über andere Zweige der Wissenschaft spricht, uns aber über ihre eigenen Ansprüche, Prämissen, Strategien und Grundlagen im dunkeln läßt. Das könnte uns jedoch überhaupt nicht befriedigen. Wenn die Erkenntnistheorie beansprucht, Erkenntnis über Erkenntnis zu liefern, dann muß sie sich selbst einschließen. Ihr selbstbezüglicher Charakter wird als unvermeidlich hingenommen werden müssen.

Aber *nicht jeder Fall von Rückbezüglichkeit führt in eine Antinomie*. Es gibt viele rückbezügliche Strukturen (Begriffe, Aussagen, reale Systeme), die gänzlich frei von Widersprüchen sind: „Ich sage die Wahrheit“ (diese Aussage ist, soweit sie sich auf sich selbst bezieht, zwar leer, aber harmlos), „der Katalog, der alle Kataloge verzeichnet, die sich selbst verzeichnen“, „die Menge aller Mengen, die sich selbst als Element enthalten“.

Es mag nützlich sein, auch einige Beispiele für reale Systeme zu nennen, deren Rückbezüglichkeit keineswegs destruktiv ist. Ansprüche auf formale Strenge werden dabei allerdings nicht erhoben.

Warum kauen die Zähne sich nicht selbst? Sie tun es tatsächlich, aber alle auf einmal, so daß auf jeden Zahn nur ein geringer Kraftanteil entfällt. Im Vergleich mit der Lebensdauer des Menschen nützen sie sich deshalb nur langsam ab. Bei pflanzenfressenden Tieren, die viel mehr kauen müssen als die allesfressenden Primaten, müssen die Zähne laufend erneuert werden, indem sie entweder unaufhörlich nachwachsen (Pferde) oder durch neue ersetzt werden (bei Elefanten z.B. sechsmal).

Der Magen sondert Salzsäure ab, die Metalle auflöst und lebende Zellen abtötet. *Warum verdaut der Magen sich nicht selbst*? Tatsächlich würde er sich verdauen; er besitzt jedoch eine schützende Epithel-Schicht, die Wasserstoff-Ionen abhält und alle drei Tage erneuert wird.

Da es so viele Fälle von harmloser Rückbezüglichkeit gibt, wäre es unvernünftig, nämlich einfach zu radikal, alle Arten von Rückbezüglichkeit zu verbieten. Es wäre so ungeschickt, wie wenn man ein Bein um einer entzündeten Zehe willen amputierte. Rückbezüglichkeit ist zwar anfällig für Antinomien; sie ist jedoch unentbehrlich im täglichen Leben, in der Natur, in der Sprache, in der Wissenschaft, in der Philosophie. Daß eine rückbezügliche Erkenntnistheorie zu Widersprüchen führen *müsse*, ist nicht gezeigt worden. Zwar gibt es tatsächlich erkenntnistheoretische Aussagen, die Widersprüche enthalten oder zu Widersprüchen führen, z.B.: „Es gibt keine (nicht einmal hypothetische) Erkenntnis.“ „Keine Regel ohne Ausnahme.“ „Alle allgemeinen Sätze sind falsch.“ „Eine Behauptung, die nur wahrscheinlich ist, ist wahrscheinlich falsch.“ Die Tatsache, daß diese Aussagen paradox sind, verrät jedoch nur, daß sie bedeutungslos oder falsch sind, aber nicht, daß Erkenntnistheorie unmöglich wäre.

Darüber hinaus ist Rückbezüglichkeit nicht nur in vielen Fällen harmlos; sehr oft ist sie sogar fruchtbar und liefert tiefe und unerwartete Ergebnisse. Es gibt nicht nur vitiöse Zirkel, sondern auch *virtuose Zirkel*. Mit ihnen werden wir uns in B3 beschäftigen.

Typische Fälle solch virtuoser Rückbezüglichkeit sind Gödels Unvollständigkeitssätze (vgl. B3c). Paradoxerweise werden gerade diese Sätze als Argumente gegen die Erkenntnistheorie benützt. Diesem Thema wollen wir jedoch einen eigenen Abschnitt widmen.

A 3 „Aber die Gödelschen Sätze sagen doch . . .“

Noch immer geht es um Probleme der Rückbezüglichkeit. Während wir es jedoch im vorangehenden Abschnitt mit vermeintlichen *Inkonsistenzen*, Paradoxien oder Widersprüchen in rückbezüglichen Systemen zu tun hatten, müssen wir uns jetzt mit einigen angeblichen grundsätzlichen *Beschränkungen* solcher Systeme befassen. Das eindrucksvollste und am häufigsten diskutierte Argument dieses Typs bezieht sich auf metamathematische Ergebnisse, vornehmlich auf die Gödelschen Sätze.

a) Das Argument

Erkenntnistheorie ist der Versuch eines speziellen Systems, nämlich des menschlichen Erkenntnissystems, sich selbst zu erforschen, seine eigene Struktur zu erhellen, seine inneren Vorgänge zu verstehen, seine Leistungen und Fehlleistungen zu erklären, seine eigenen Grenzen herauszufinden. Das ist ein eindeutiger Fall von Selbstanwendung. Aber Gödel hat gezeigt (so heißt es),

– daß kein System alle Wahrheiten über sich selbst beweisen kann,
– daß kein System sich selbst erkennen kann,
– daß kein System sich selbst erklären kann,
– daß kein System sich selbst verstehen kann,
– daß kein System sich selbst übersteigen kann.

Daher ist Erkenntnistheorie unmöglich.

b) Formale Systeme

Das Argument ist verfehlt. Es ist konfus und zum Teil falsch. Verfehlt sind in diesem Fall nicht die Prämissen, sondern vor allem die Darstellung und die Interpretation der Gödelschen Resultate. Um sie zu verstehen und erkenntnistheoretische Folgerungen zu ziehen, werden wir zuerst studieren müssen, was Gödel tatsächlich gezeigt hat.

Kurt Gödel (1906–1978) war ein genialer Logiker und Mathematiker, der mehrere tiefliegende Sätze formuliert und bewiesen hat. Sein Vollständigkeitssatz von 1930 sichert die Vollständigkeit des Prädikatenkalküls erster Stufe und hat mit unserem Problem nichts zu tun. 1931 bewies er zwei *Unvollständigkeitssätze*. Diese Sätze betreffen Eigenschaften formaler Systeme. Um sie zu verstehen, muß man wissen, was ein formales System ist. Ohne in Einzelheiten zu gehen, wollen wir wenigstens eine saubere Definition und einige erläuternde Beispiele geben.

Ein formales System ist ein Tripel <L, A, R>, bestehend aus
– einer formalen Sprache L,
– einer Menge A von Axiomen (die in L formuliert sind), und
– einer Menge R von Ableitungsregeln (Bildungsregeln, Deduktionsregeln, Zugregeln) derart, daß
– es wenigstens ein Axiom oder eine Regel gibt (d.h. $A \cup R \neq \phi$).

Formale Systeme sind z.B. die Kalküle der Logik, axiomatische Systeme (etwa der Mathematik), Spielregeln, algorithmische Verfahren, generative Grammatiken, Computerprogramme.

c) Die Gödelschen Sätze

Gödels *erster Unvollständigkeitssatz* lautet:

> In jedem formalen System S, das widerspruchsfrei ist und umfangreich genug, um mindestens die Zahlentheorie zu enthalten, gibt es Aussagen, die
> – in S formuliert werden können, aber
> – in S nicht bewiesen (oder widerlegt) werden können, und die doch
> – wahr sind und
> – mit reicheren Mitteln als wahr erwiesen werden können.

Wir wollen ein widerspruchsfreies formales System, das die Arithmetik enthält, ein „Gödel-System“ nennen. Dann sagt der Satz, daß jedes Gödel-System *unvollständig* ist, da es Aussagen enthält, die es nicht beweisen kann, obwohl sie wahr sind. Er zeigt, daß *Wahrheit* und *Beweisbarkeit* nicht ko-extensiv sind, also nicht dieselben Aussagenmengen umfassen. Vielmehr ist der Begriff der Wahrheit *weiter* als der Begriff der Beweisbarkeit: Für jedes Gödel-System S gibt es mehr wahre als in S beweisbare Aussagen. (Ein Hinweis darauf, wie Gödel seine Ergebnisse erzielt hat, findet sich in B3c.)

Die Aussagen, auf die sich der Gödelsche Unvollständigkeitssatz bezieht (also wahre, aber in S nicht beweisbare Sätze), sind *rückbezüglich*: Sie sagen etwas über das System S und sogar über sich selbst. Ein typisches Beispiel ist der Gödel-Satz G: „Diese Aussage G ist in S nicht beweisbar.“ Es ist leicht, *von außen* (semantisch) zu sehen, daß G wahr sein muß; denn wäre G falsch, dann wäre G ja in S beweisbar, würde sich also selbst widersprechen.

Es sei betont, daß keineswegs *alle* rückbezüglichen Sätze aus S in S unbeweisbar sind. Rückbezüglichkeit ist also nicht dazu verurteilt, Beweisbarkeit zu verhindern (und noch weniger dazu, widersprüchlich, also destruktiv zu sein, wie schon in A2 betont wurde). Eine rückbezügliche Aussage, die in S bewiesen werden kann, ist: „Wenn S widerspruchsfrei ist, dann ist G wahr.“ Wäre nun die Widerspruchsfreiheit von S in S beweisbar, dann könnten wir nach dem letzten Satz G in S beweisen. Aber dies widerspräche ja unserem vorherigen Ergebnis, daß G *nicht* in S bewiesen werden kann. Das bedeutet, daß die Widerspruchsfreiheit von S *nicht* in S bewiesen werden kann. Das ist Gödels *zweiter Unvollständigkeitssatz*: Kein Gödel-System (also kein widerspruchsfreies, formales System, das die Arithmetik enthält) kann seine eigene Widerspruchsfreiheit beweisen.

Wie können wir diese Ergebnisse auf den menschlichen Geist anwenden?

d) Anwendung auf kognitive Systeme

Es ist klar, daß unser kognitives System die *Arithmetik* enthält. Es ist auch vernünftig anzunehmen, daß es *widerspruchsfrei* ist (da man in einem widerspruchsvollen System alles beweisen kann, und das *scheint* bei uns doch nicht der Fall zu sein). Wir wollen darüber hinaus zunächst einmal annehmen, daß unser kognitives System als ein *formales* System aufgefaßt werden kann (d.h., daß es zu irgendeinem formalen System isomorph ist).

Unter diesen Annahmen kann unser kognitives System als Gödel-System behandelt werden. Deshalb sind Gödels Unvollständigkeitssätze anwendbar. Was sagen sie dann aus? Sie sagen, daß wir nicht alle Wahrheiten *beweisen* können, vor allem, daß wir nicht *beweisen* können, daß wir widerspruchsfrei sind. Heißt das etwa, daß Erkenntnistheorie unmöglich ist? Keineswegs.

α) Zunächst einmal können wir nach Gödel zwar nicht *alle* Wahrheiten beweisen, könnten aber doch in der Lage sein, die *meisten* Wahrheiten zu beweisen. Die Wahrheiten, die wir nicht beweisen können, sind von sehr spezieller Natur: Sie sind rückbezüglich.

β) Natürlich sind gerade solche rückbezüglichen Aussagen höchst relevant für die Erkenntnistheorie. Solche Aussagen jedoch, die sich auf sich selbst beziehen (auf ihre Wahrheit, Widerspruchsfreiheit, Beweisbarkeit), sind nicht allzu häufig. Darüber hinaus sind die meisten davon entweder tautologisch und damit leer („ich sage die Wahrheit") oder sinnlos bzw. falsch („ich lüge"). Und jene Sätze, die sich auf das kognitive System selbst beziehen und beispielsweise etwas über seine Widerspruchsfreiheit sagen, sind nicht so restriktiv, wie sie scheinen. Ich kann *meine* Widerspruchsfreiheit nicht beweisen und Sie nicht die *Ihre;* aber vielleicht kann ich Ihre Widerspruchsfreiheit beweisen oder Sie meine? Obwohl ich nicht alle Wahrheiten über mich selbst beweisen kann, könnte ich immer noch in der Lage sein, alle Wahrheiten über *andere*, kognitiv „tiefer" stehende Systeme zu beweisen – über Computer, Tiere, Kinder oder über mich selbst, als ich noch ein Kind war. All das ist durch die Gödelschen Resultate nicht ausgeschlossen.

γ) Tatsächlich könnte ich ja immer noch *alle* anderen kognitiven Systeme „verstehen“ (alle Wahrheiten über sie beweisen). Oder sie könnten wenigstens mich verstehen. Wäre nicht auch das schon ein ausgezeichneter Zustand? Auch er ist durch die Gödelschen Sätze nicht ausgeschlossen.
Wenn ich etwas tun kann, was Sie nicht tun können, bin ich dann überlegen? Ich kann Ihr Gesicht sehen, auf Ihren Schultern stehen, Sie können das nicht; bin ich Ihnen überlegen? Nein, weil Sie ja umgekehrt etwas können, was ich nicht kann. Die Situation ist völlig symmetrisch. Auch in der Erkenntnistheorie *könnte* sie symmetrisch sein.

δ) Selbst wenn ein kognitives System nicht alle wahren Aussagen über sich selbst *beweisen* kann, so könnte es doch in der Lage sein, sie zu *finden*, zu formulieren, zu diskutieren, zu kritisieren und intuitive Argumente für (oder gegen) sie vorzubringen. Das ist ausreichend für eine ernsthafte Erkenntinistheorie.

ϵ) Wir sollten auch darauf hinweisen, daß unsere erkenntnistheoretische Forschung (in einem weiten Sinne, der Psychologie, Neurophysiologie usw. einschließt) von den durch die Gödelschen Theoreme gesetzten Grenzen noch weit entfernt ist. Obwohl wir einen Beweis für die Widerspruchsfreiheit unseres Denkens durchaus zu schätzen wüßten, wissen wir doch zu gut, daß wir wegen mangelnder Präzision und Reichweite auch nicht die geringste Chance für einen solchen Beweis hätten, nicht einmal dann, wenn Gödels einschränkende Resultate unanwendbar oder nicht existent wären. Ob wir diese Grenzen tatsächlich *spüren*, ist jedenfalls eine praktische, keine prinzipielle Frage.

ζ) All dies soll Gödels Leistungen keineswegs herabsetzen, weder ihre metamathematische Tiefe noch ihre erkenntnistheoretische Bedeutung. Die Unvollständigkeitssätze sind im Gegenteil von großer erkenntnistheoretischer Relevanz. Sie verweisen auf eine grundsätzliche Beschränkung formaler Methoden. Der menschliche Geist ist offenbar unfähig, alle seine mathematischen Intuitionen zu formalisieren. Ist es ihm gelungen, einige von ihnen zu formalisieren, so liefert eben diese Tatsache neues intuitives Wissen, z.B. über die Widerspruchsfreiheit jenes Formalismus. Gödel selbst nennt diese Tatsache „die Unabschließbarkeit der Mathematik“. Nach Emil Post handelt es sich hierbei sogar um ein „Naturgesetz bezüglich des Mathematisierungsvermögens von homo sapiens“. Und Heinrich Scholz deutet Gödels Resultate als „eine zweite ‘Kritik der reinen Vernunft’“. Weit davon entfernt, Erkenntnistheorie unmöglich zu machen, stellen Gödels Ergebnisse also wesentliche *Beiträge* zur Erkenntnistheorie dar.

η) Schließlich könnte es sein, daß kognitive Systeme überhaupt keine formalen Systeme sind. Man könnte unsere diesbezügliche Annahme aus intuitiven oder aus anderen Gründen verwerfen. Dann ist eine wichtige Voraussetzung der Gödelschen Sätze nicht erfüllt, und wir können sie überhaupt nicht anwenden. Wir müßten dann auf andere Argumente zurückgreifen. Ein solches Argument könnte sich auf die Komplexität der beteiligten Systeme berufen. Dieses Argument soll im nächsten Abschnitt behandelt werden.

A 4 „Kein System kann sich selbst erklären."

a) Das Komplexitäts-Argument

Ein bevorzugtes Argument gegen die Möglichkeit von (Teilen der) Erkenntnistheorie, vor allem von Selbsterkenntnis, beruht auf der Vorstellung, *jedes kognitive System müsse komplexer sein als das Objekt, das es zu erklären sucht*. Dieses Argument ist intuitiv plausibel. Es scheint nicht einmal der Klärung oder argumentativer Stützung zu bedürfen. Aber ist es zwingend?

Wir könnten es in Frage stellen, indem wir ein analoges Argument von gleicher Plausibilität vorstellen: *Jedes System muß komplexer sein als das Objekt, das es herstellt*. Wie jedoch jeder aus der Schule und aus dem täglichen Leben weiß, reproduzieren sich Organismen, wobei sie ihre Komplexität erhalten. Und wie wir in C4 zeigen werden, können sogar Maschinen sich reproduzieren. Die Tatsache jedoch, daß Systeme von genügender Komplexität sich *reproduzieren* können, *beweist* nicht, daß sie sich erklären können. Diese Tatsache sollte auch nur deutlich machen, daß die intuitive Plausibilität solcher Unmöglichkeits-Argumente nichts wert ist. Was wir brauchen, sind nicht Bekenntnisse, sondern triftige Argumente. Welche Argumente also sind relevant für die Behauptung, kein System könne sich selbst erklären?

b) Kann man mit Gödel argumentieren?

Erneut könnten wir versucht sein, auf die Gödelschen Resultate (vgl. A3c) oder auf die Unentscheidbarkeitssätze der Metalogik zurückgreifen. Aber damit ist uns nicht geholfen. Nach Gödel sind wir – falls wir überhaupt bereit sind, uns als formale Systeme behandeln zu lassen – nicht in der Lage, unsere eigene Widerspruchsfreiheit und einige andere höchst raffinierte rückbezügliche Aussagen zu beweisen. Nach anderen Sätzen (von Church und von Tarski) gibt es noch mehr

Aussagen, die wir nicht beweisen oder widerlegen können. Aber hindert uns das, uns selbst zu erklären oder zu verstehen?

Ganz ohne Zweifel wäre es hier sehr hilfreich, wenn wir eine einwandfreie Explikation für „Erklären" und „Verstehen" hätten. Es soll aber klargestellt werden, daß die Definitionslast und vor allem die Beweislast bei demjenigen liegt, der solche Unmöglichkeiten behauptet.

Wir wollen diese Beweislast-Verteilung an einem Beispiel verdeutlichen. Jahrhundertelang hatten Mathematiker *Algorithmen* erfunden und benützt, ohne einen klaren Begriff davon zu haben, was ein Algorithmus ist. Solange es so aussah, als ob jedes beliebige Problem durch ein neu erfundenes Verfahren gelöst werden könnte, bestand tatsächlich keine Notwendigkeit, diesen Begriff zu klären. In unserem Jahrhundert kam jedoch der Verdacht auf, daß *einige* Probleme einer algorithmischen Lösung nicht zugänglich sein könnten. Um nun zu zeigen, daß ein bestimmtes Problem durch *keinen* Algorithmus gelöst werden kann, muß man wissen, wie *alle* Algorithmen arbeiten. Es wurde nötig, eine genaue Definition zu geben. Das wurde durch Post, Turing, Church und andere geleistet. Erst dann wurde es möglich zu beweisen, daß Algorithmen nicht allmächtig sind, ließen sich Probleme angeben, die nicht algorithmisch gelöst werden können.

Ganz analog kann die Behauptung, einige Systeme könnten sich *nicht* selbst verstehen, nur begründet werden durch eine klare Definition von „Selbstverstehen" und einen angemessenen Beweis. Jedenfalls wird man behaupten dürfen, daß ein *Beweis der eigenen Widerspruchsfreiheit für das Selbstverstehen nicht erforderlich* ist (obwohl Widerspruchsfreiheit natürlich unabdingbar ist). Und selbst wenn wir nicht alle wahren Aussagen *beweisen* können, so könnten wir sie doch *finden* und in ein widerspruchsfreies hypothetisch-deduktives System integrieren.

c) Erkenntnisgrenzen für kognitive Systeme?

Wir können sogar noch einen Schritt weitergehen. *Wenn* wir bereit sind, uns als formale Systeme betrachten zu lassen oder, was auf dasselbe hinausläuft, als hochkomplexe Maschinen, dann dürfen wir uns sogar mit Turingmaschinen vergleichen. Hier nun hat Turing einen weiteren sehr wichtigen Satz bewiesen, nämlich über die Existenz einer *universellen Turingmaschine*. Eine universelle Turingmaschine kann jede beliebige andere Turingmaschine simulieren. Das heißt, welche Schritte auch immer eine beliebige Turingmaschine durchführen kann, welches Problem sie auch lösen kann, welche Frage sie auch beantworten kann, welchen Algorithmus sie auch verwirklicht – die universelle Turingmaschine kann dieselben Schritte ausführen, dasselbe Problem lösen, dieselbe Frage beantworten, denselben Algorithmus verwirklichen. Das bedeutet, daß *alle universellen Turingmaschinen im*

Prinzip gleichwertig sind. Wenn wir uns nun als formale Systeme oder als Turingmaschinen ansehen, dann wird es angemessen sein, uns mit universellen Turingmaschinen gleichzusetzen. (Selbst das könnte noch zu ehrgeizig sein, da Turingmaschinen unendlich viele Zustände haben können, was für uns wohl nicht gilt. Endliche Automaten sind übrigens viel einfacher zu handhaben und zu verstehen als Turingmaschinen. Aber wir werden diesen Punkt hier übergehen.)

Wenn wir nun aber universelle Turingmaschinen darstellen, dann wäre jedes menschliche kognitive System in der Lage, alles zu leisten, was überhaupt *irgendeine* universelle Turingmaschine kann. Es gibt dann für unsere kognitiven Fähigkeiten keine *bekannte* Grenze, die auf einem Mangel an Komplexität, Intuition, Bewußtsein oder Selbst-Transzendenz beruhte. Wenn wir universelle Turingmaschinen *sind*, dann gibt es kein Problem, das wir nicht lösen könnten, wenn nur irgendein formales System, ein Algorithmus oder eine Turingmaschine es lösen kann. Und so gibt es auch *keine Grenze für das Selbstverstehen kognitiver Systeme*, welche die Behauptung in a belegen könnte.

Schließlich könnten wir auch wieder die Vorstellung verwerfen, uns als formale Systeme zu betrachten. Wir sind dann keine Turingmaschinen; das Gehirn ist keine biochemische Maschine; es arbeitet nicht algorithmisch; wir können Gödels und Turings und andere metamathematische Resultate nicht anwenden. Welche zwingenden Argumente verbleiben uns dann? Wie es scheint, keine. Man darf wohl vermuten, daß es überhaupt keine triftigen Argumente gibt. Wir fühlen uns deshalb berechtigt, die Erkenntnistheorie ernstzunehmen.

d) „Objektive Selbsterkenntnis ist unmöglich."

Diese Behauptung steht in einem gewissen Gegensatz zu der vorigen (A4a), *kein* System könne sich selbst verstehen. Denn sie sagt, daß ausgerechnet das „Selbst" sich selbst erkennen kann. Obwohl es jedoch durch das Selbstbewußtsein sich selbst erkennen kann, kann es über andere „Selbste" nichts erfahren. Die Erkenntnistheorie bemüht sich natürlich um intersubjektive und, wenn möglich, objektive Erkenntnis. Wenn aber Erkenntnis des Selbst in einem *objektiven* Sinn unmöglich ist, dann ist auch die Erkenntnistheorie als eine objektive Wissenschaft gefährdet. Die Vorstellung von objektiver Selbsterkenntnis wäre widersprüchlich, inkonsistent, ein vitiöser Zirkel.

Dieses Argument wurde von Kant vorgebracht. Er behauptete zum Beispiel: „Nun kann ich von einem denkenden Wesen durch keine äußere Erfahrung, sondern bloß durch das Selbstbewußtsein die mindeste Vorstellung haben."[6] Zu Kants Zeiten mag dies durchaus wahr gewesen sein. Bis vor kurzem war Wissen über das Selbst nur durch

Introspektion möglich. In der Zwischenzeit haben wir jedoch kognitive Techniken entwickelt, die die Erforschung des Selbst vom Subjektivismus befreien.[7] Psychologie, Neurobiologie und künstliche Intelligenz vermitteln uns Einsichten in die Struktur des Selbst. Obwohl dieses Gebiet immer äußerst schwierig bleiben wird und obwohl wir die Information, die wir wünschen, *vielleicht* niemals erlangen, ist doch das Studium des Selbst objektiviert worden.

Zur Illustration betrachten wir die Frage nach dem *Ort* des Selbst. Für Kant war diese Frage sinnlos.

> Denn wenn ich den Ort meiner Seele, d.i. meines absoluten Selbsts, irgendwo im Raume anschaulich machen soll, so muß ich mich selbst durch eben denselben Sinn wahrnehmen, wodurch ich auch die mich zunächst umgebende Materie wahrnehme . . . – Nun kann die Seele sich nur durch den inneren Sinn, den Körper aber (es sei inwendig oder äußerlich) nur durch äußere Sinne wahrnehmen, mithin sich selbst schlechterdings keinen Ort bestimmen, weil sie sich zu diesem Behuf zum Gegenstand ihrer eigenen äußeren Anschauung machen und sich außer sich selbst versetzen müßte; welches sich widerspricht. – Die verlangte Auflösung also der Aufgabe vom Sitz der Seele, die der Metaphysik zugemutet wird, führt auf eine unmögliche Größe ($\sqrt{-2}$).[8]

Kants Berufung auf die „unmögliche" Zahl $\sqrt{-2}$ ist recht vielsagend. Zu seiner Zeit galten „imaginäre Zahlen" noch als sinnlose Begriffe. Natürlich gibt es keine *reelle* Zahl, deren Quadrat negativ sein könnte. Aber wie Gauss und andere gezeigt haben, läßt sich der Begriff der „Zahl" sinnvoll erweitern, um auch solche merkwürdigen Objekte einzuschließen. Eine analoge Entwicklung hatte schon früher stattgefunden, als in Platons Zeit entdeckt wurde, daß es Größen gibt (z.B. Längen), die man nicht als *Verhältnisse* ganzer Zahlen darstellen kann. Sie wurden „irrationale" Zahlen genannt, später jedoch als „reelle" Zahlen akzeptiert.

$\sqrt{-2}$ ist ein unmöglicher Begriff nur unter gewissen Voranahmen, die zu Kants Zeit noch weithin gemacht wurden, aber später durch weitere Begriffe und neue Erkenntnisse abgelöst wurden.

Das gleiche gilt für den „unmöglichen" Begriff einer lokalisierten Seele. Wir wissen, daß unser Selbst innerhalb des menschlichen Körpers wohnt. Darüber hinaus wissen wir, daß es im Gehirn lokalisiert ist. Dort ist es auf spezielle Gebiete beschränkt. Noch ist es nicht gelungen, diese Lokalisierung weiter einzuschränken. Das könnte in einem nächsten Schritt geschehen. Es ist allerdings auch denkbar, daß Bewußtsein ein integratives Phänomen ist, das größere Bereiche des Gehirns umfaßt und an verschiedenen Stellen wirken kann. Wie immer es sich damit verhält, die Lokalisierung des Bewußtseins und des Selbst ist kein Problem, das *notwendig* jeder wissenschaftlichen Erforschung trotzen müßte.

e) Ergebnis

Mit ihrem metadisziplinären und rückbezüglichen Charakter ist Erkenntnistheorie keineswegs eine leichte Aufgabe; aber sie ist auch nicht unmöglich. Eine ernsthafte Schwierigkeit liegt darin, daß wir so ungeheuer wenig über uns selbst, über unser Gehirn, über unseren Geist, über unsere Erkenntnisfähigkeit, über unsere Erkenntnis wissen. Dieses Problem könnte durch zukünftige Ergebnisse empirischer Wissenschaft einer Lösung nähergebracht werden. Aber dann entsteht ein neues Problem: Inwieweit darf sich Erkenntnistheorie auf empirische Fakten stützen? Muß eine empirisch fundierte Erkenntnistheorie nicht zirkulär sein? Diesem Problem wenden wir uns nun zu.

B „Erkenntnistheorie ist möglich, aber jede empirisch orientierte Erkenntnistheorie ist zirkulär."

B 1 Das Argument

Die Erkenntnistheorie untersucht sowohl menschliche Erkenntnis im allgemeinen als auch empirisches Wissen im besonderen und versucht, Erkenntnisansprüche zu rechtfertigen. Nun ist jede Rechtfertigung nur so zuverlässig wie die Prämissen, von denen sie ausgeht. Wenn die Erkenntnistheorie mit empirischen Fakten beginnt, so können auch ihre Ergebnisse bestenfalls die Zuverlässigkeit eben dieser empirischen Befunde haben. Somit könnte Erkenntnistheorie empirische Erkenntnis überhaupt nur so weit rechtfertigen, wie empirische Erkenntnis bereits gerechtfertigt ist.

Schlimmer noch, empirische Erkenntnis ist ja tatsächlich unsicher, *bedarf* also der Vergewisserung. All dies bedeutet, daß eine empirisch begründete Erkenntnistheorie ihre eigentliche Aufgabe unmöglich erfüllen kann. Versucht man es trotzdem, so führt das in einen vitiösen Zirkel. Genau diese Schwierigkeit markiert auch den grundsätzlichen *Unterschied* zwischen empirischer Wissenschaft und eigentlicher Erkenntnistheorie.

Die Evolutionäre Erkenntnistheorie ist zugegebenermaßen eine solche Disziplin. Sie beruft sich ausgiebig auf empirische Fakten – auf die Existenz von Erkenntnis, von subjektiven Erkenntnisstrukturen, von Eindrücken, Empfindungen, Wahrnehmungen, Erinnerungen, Gedanken, Schlüssen, von Kommunikation, Sprache und Verstehen; sie beruft sich auf die teilweise Übereinstimmung zwischen subjektiven und objektiven Strukturen, auf Fakten der Wissenschaft im allgemeinen und der Evolution im besonderen; schließlich auf die Tatsache, daß es strukturell *verschiedene* kognitive Systeme gibt, die in dem Zentralnervensystem des Menschen ihren Höhepunkt finden.

Wenn dieses Argument korrekt ist, dann ist die Evolutionäre Erkenntnistheorie ein Fehlschlag, da sie die entscheidende erkenntnistheoretische Pointe von Anfang an verfehlt. Sie mag allenfalls als eine rein deskriptive Disziplin überleben, als ein Konglomerat biologischer, psychologischer und historischer Fragmente, das vielleicht als Stichwort im Katalog der Wissenschaften dienen, aber entschieden nicht als philosophische Disziplin auftreten kann. Ganz analog bleiben andere angeblich philosophische, jedoch empirisch orientierte Disziplinen wie Piagets Genetische Erkenntnistheorie oder Chomskys Tiefenstrukturgrammatik oberflächliche, eben empirische Disziplinen, die mit Erkenntnistheorie nichts zu tun haben.

Das genannte Argument ist jedoch nicht korrekt. Das werden wir in drei unabhängigen Schritten zeigen:

– Die Voraussetzung des Arguments hinsichtlich des Zieles der Erkenntnistheorie ist falsch. (B2)
– Die fragliche Zirkularität ist kein vitiöser, sondern viel eher ein *virtuoser* Zirkel. (B3)
– Tatsächlich handelt es sich gar nicht um einen Zirkel, sondern um eine nicht-tautologische, fruchtbare und selbstkorrigierende Rückkopplungsstruktur. (B4)

(Den speziellen Vorwurf, die Evolutionäre Erkenntnistheorie sei zirkulär, weil sie einen hypothetischen Realismus vertrete und eine partielle Kongruenz zwischen Welt und Erkenntnis behaupte, werden wir in C2 behandeln.)

B 2 Die Aufgabe der Erkenntnistheorie

a) *Es ist nicht die Aufgabe der Erkenntnistheorie, absolute Rechtfertigungen für Erkenntnis- oder Wahrheitsansprüche zu liefern.* Das haben wir bereits in A1d betont. Eine absolute Rechtfertigung für menschliche Erkenntnis ist *nicht möglich*. Jeder derartige Versuch, uns aus dem Sumpf der Ungewißheit zu ziehen, führt in eine dreifache Sackgasse, nämlich entweder

– in einen Zirkel – was logisch fehlerhaft ist, oder
– in einen unendlichen Regreß – was praktisch undurchführbar ist, oder
– zu einer willkürlichen Aussetzung des Begründungspostulats – was zum Dogmatismus führt.

Diese dreifache Sackgasse hat Hans Albert[9] treffend das „Münchhausen-Trilemma“ genannt, nach dem Lügenbaron Münchhausen, der behauptete, er habe sich am eigenen Schopfe aus dem Sumpf gezogen.

In Rechtfertigungs- und Begründungszusammenhängen tritt dieses Trilemma unvermeidlich und regelmäßig auf. Wir finden es in traditionellen Erkenntnistheorien (außer natürlich im Skeptizismus und im Agnostizismus). Es gilt für die Definition von Begriffen, für die Ableitung von Aussagen, für die Begründung von Normen, für die Rechtfertigung von Werten. Natürlich hätten wir nichts dagegen, eine solche absolute Rechtfertigung unserer Erkenntnis zu besitzen, wenn sie erreichbar wäre. Aber Münchhausen war ein notorischer Lügner, und die Rechtfertigung, nach der die traditionelle Erkenntnistheorie suchte, ist unmöglich.

Aber sie ist auch *nicht nötig*. Was könnte uns überhaupt nach einer solchen Rechtfertigung suchen lassen? Es könnte erstens unser *Wunsch* sein, perfektes Wissen zu besitzen. Eine Garantie jedoch, daß unsere Wünsche auch in Erfüllung gehen, gibt es nur im Märchen. Bisher hat noch keine Fee unsere Sehnsucht nach Gewißheit gestillt. Unsere Suche nach Rechtfertigung könnte aber auch durch die bloße *Existenz* perfekten Wissens motiviert sein. Hätten wir solches Wissen, wahre, universelle, objektive Erkenntnis, so wären die Erkenntnistheoretiker tatsächlich verpflichtet zu erklären, wie so etwas möglich ist. Aber bislang hat noch niemand auch nur ein einziges Stück perfekten Wissens vorweisen können. Es gibt also auch nichts zu erklären; das Problem existiert einfach nicht.

b) *Für Kant schien das Problem tatsächlich zu existieren.* Er stand einem auffälligen Widerspruch gegenüber, den Stegmüller[10] *„Die Antinomie der Erfahrung“* nennt. Die folgenden vier Aussagen wurden von (dem vorkritischen) Kant für wahr gehalten:

α) Newtons Theorie ist absolut wahr.	Das war die gemeinsame Überzeugung von Kant und den meisten seiner Zeitgenossen.
β) Eine wissenschaftliche Theorie kann nur dann als absolut wahr gelten, wenn sie entweder logisch bewiesen oder empirisch verifiziert ist.	Darüber waren sich Rationalisten und Empiristen einig.
γ) Newtons Theorie kann nicht logisch bewiesen werden.	Das hatte Kant eingesehen, als er die Mängel in den rationalistischen Systemen von Leibniz und Wolff bemerkt hatte.
δ) Newtons Theorie kann auch nicht empirisch verifiziert werden.	Das hatte Kant von Hume gelernt.

Diese vier Aussagen stehen zueinander im Widerspruch. Kant versuchte, diesen Widerspruch zu beseitigen, indem er β für unvollständig erklärte: Ein weiterer Weg, um Erkenntnis zu rechtfertigen, sollte ihre Rückführung auf *synthetische Urteile a priori* sein. Sie wären wahr, ohne analytisch oder aus der Erfahrung gewonnen zu sein. Newtons Theorie wäre dann wahr, weil und soweit sie synthetisch-apriorische Prinzipien enthielte.

Freilich haben diese Prinzipien einen sehr speziellen Charakter. Sie ermöglichen perfektes Wissen, aber leider nur von *Erscheinungen* oder Phainomena. Was wir durch sie wissen, ist nur, wie die Welt uns *erscheint*, nicht, wie sie *ist*. Das aber war eigentlich unser Ziel – Erkenntnis über die reale Welt, Erkenntnis ohne subjektive Beimischungen, *objektive* Erkenntnis. Kants Erkenntnistheorie gibt uns absolute Erkenntnis, aber Erkenntnis über nichts (Reales). Müssen wir uns damit zufrieden geben?

Natürlich gibt es Mängel in Kants Erkenntnistheorie. Wir könnten versucht sein, ihn aus verschiedenen Gründen zu kritisieren, die wir aber jetzt übergehen wollen. Mängel könnten beseitigt werden. Die entscheidende Frage ist, ob wir eine bessere Lösung haben. Es gibt keinen Zweifel, daß die Transzendentalphilosophie eine mögliche Lösung für die Antinomie der Erfahrung ist. Und wenn Aussage α aufrechterhalten werden soll, d.h. *wenn* Newtons Theorie – oder auch irgendeine andere Theorie, die sich auf die Wirklichkeit bezieht, – als perfektes Wissen gilt, dann mag Kants Antwort sogar die einzig mögliche sein.

Aber ist Newtons Theorie absolut wahr? Nein. Wir mußten nicht nur einsehen, daß sie fehlbar ist, daß sie falsch sein *könnte*; wir wissen sogar, daß sie tatsächlich falsch *ist*. Sie beschreibt die Bewegung von Planeten, die Ausbreitung von elektromagnetischen Wellen oder den Gang von Uhren in Gravitationsfeldern, das Verhalten von kollabierten Sternen, den Zustand und die Evolution unseres Universums *nicht* korrekt. So können wir die Antinomie auch beseitigen, indem wir die Aussage α weglassen oder durch eine schwächere Behauptung ersetzen. Dann verschwindet Kants-Problem – genau genommen hat es niemals existiert!

Hinsichtlich der Objektivität unserer Erkenntnis sind wir jetzt in einer besseren Lage. Unser Wissen – so unsicher, unvollkommen, vermutend, vorläufig, fehlbar es auch immer sein mag – hat wenigstens die *Chance* objektiv zu sein, zu gelten für die Welt, wie sie ist.

Perfektes Wissen über gar nichts oder unvollkommenes Wissen über die reale Welt, was ist uns lieber? Natürlich gibt es hier nichts zu wählen, da Newtons Theorie tatsächlich falsch ist; aber wenn wir die Wahl hätten, würden wir nicht auch dann die zweite Alternative vorziehen?

c) In Kürze: *Wir müssen und wir können ohne perfektes Wissen auskommen.* Wie wir in A1d gezeigt haben, macht dies Erkenntnistheorie nicht unmöglich. Obwohl wir nicht bekommen können, was wir gerne hätten (perfektes Wissen), sind wir immer noch besser dran als in dem subjektivistischen transzendentalen Gefängnis. Was ist dann aber die eigentliche Aufgabe der Erkenntnistheorie? Ihre Aufgabe ist

– die *Explikation* unserer Begriffe von Erkenntnis und Wissen,
– die *Analyse* der Voraussetzungen und Folgerungen einer solchen Festlegung,
– die *Untersuchung* unserer kognitiven Fähigkeiten,
– die *Unterscheidung* subjektiver und objektiver Strukturen, deskriptiver und normativer Begriffe, konstitutiver und regulativer Ideen, faktischer und konventioneller Elemente in unserer Erkenntnis,
– die *Erhellung* der methodologischen Bedingungen für die Entstehung von Erkenntnis,
– die *Angabe* von Erkenntnisgrenzen.

B 3 Die Existenz virtuoser Zirkel

Auch wenn die Prämisse des Arguments, das wir in B1 wiedergegeben haben, falsch ist, könnte die Konklusion doch noch richtig sein. Tatsächlich ist ja die Vorstellung, daß eine empirische Orientierung jede Erkenntnistheorie zirkulär machen müsse, recht suggestiv und weit verbreitet.

Ein vitiöser Zirkel liegt hier jedoch gar nicht vor. Nachdem wir die Idee perfekten Wissens aufgegeben haben, können wir auch getrost mit empirischen Fakten beginnen. Sogar die traditionelle Erkenntnistheorie muß *einige* Fakten als gesichert annehmen, z.B. die Existenz von Erkenntnis und die Möglichkeit zu kommunizieren, Information an andere Wesen zu übermitteln. Auch daß unser Wissen vorläufig ist, brauchen wir nicht zu beklagen. Im Gegenteil, Erkenntnistheoretiker *leben* letztlich von dieser Unvollkommenheit.

Wenn hier tatsächlich ein Zirkel vorliegt, so ist es kein vitiöser Zirkel, nicht eine fatale Sackgasse, nicht eine sterile Falle der Selbstbestätigung; es ist viel eher ein *virtuoser Zirkel*, ein *circulus virtuosus*, eine fruchtbare selbstkorrigierende *Rückkopplungs-Schleife*, ein System mit *neuen Eigenschaften*, die keines seiner Teile von Anfang an besaß, und mit Wirkungen, die keines seiner individuellen Elemente hätte hervorrufen können. Es wird sinnvoll sein, einige exemplarische Fälle zu studieren. (Für *a* bis *d* sind Grundkenntnisse der Logik hilfreich.)

a) Rekursive Definitionen

Natürlich gibt es zahlreiche Zirkeldefinitionen.

Hier sind einige Beispiele: Ein *Huhn* ist ein Huhn. Ein *Rabe* ist ein Vogel, der ein Rabe ist. Ein *Bumerang* ist ein Gerät, das, wenn man es wirft und es kommt nicht zurück, kein Bumerang ist. (von Kutschera) Eine *große Wahrheit* ist eine Wahrheit, deren Gegenteil ebenfalls eine große Wahrheit ist. (Niels Bohr) *Zeit* ist das, was geschieht, wenn sonst nichts geschieht. (Feynman)

Solche Definitionen sind unrettbar falsch. Aber nicht jede Definition, die auf den ersten Blick zirkelhaft aussieht, ist wirklich zirkulär. Typische Fälle sind rekursive Definitionen:

x ist ein *Vorfahre* von y genau dann, wenn x Elter von y ist oder x Elter eines *Vorfahren* von y ist.

Ähnliche Definitionen lassen sich geben für „Nachkomme", „Nachfolger", „Epigone", „Kopie", „überlegen", „unterlegen", „vorgesetzt", „untergeben", „Ursache", „Wirkung", „kleiner", „größer" (bei natürlichen Zahlen). Hier kommt das Definiendum im Definiens vor. Das scheint ein typischer Fall eines vitiösen Zirkels zu sein. Aber eine rekursive Definition ist korrekt, wenn in jedem Einzelfall das Definiendum aus dem Definiens *eliminiert* werden kann. Das geschieht, indem man die Definitionskette zurückverfolgt, bis man auf das definierende Grundprädikat (Elter, Kind, Nachahmer, unmittelbare Ursache . . .) stößt. Damit ein solcher Eliminierungsprozeß erfolgreich sein kann, müssen *Zirkel ausgeschlossen* sein, und es muß sichergestellt sein, daß man nach endlich vielen Schritten *an ein Ende kommt.* Diese Bedingungen sind in allen endlichen Hierarchien (der Logik, der Genealogie, der Kompetenz usw.) erfüllt. Dort sind rekursive Definitionen völlig legitim.

b) *Können wir den Begriff „Definition" definieren?* Müßten wir nicht, *bevor* wir eine Definition geben, wissen, was eine Definition ist? Würden wir also nicht eine Definition für „Definition" benötigen, bevor wir sie geben können? *Sind wir nicht in einem vitiösen Zirkel gefangen*?

Eine *gewisse* Zirkularität liegt hier zweifellos vor. Aber kein vitiöser Zirkel. Die Definition, nach der wir suchen, muß verschiedene Forderungen erfüllen.

α) Sie muß die formalen Eigenschaften einer *Nominaldefinition* haben: Sie muß eine Aussageäquivalenz zwischen Definiendum und Definiens darstellen; das Definiendum muß atomar sein; es muß dieselben Variablen enthalten wie das Definiens, jede genau einmal; und es muß neu sein.

β) Da wir schon eine gewisse Vorstellung davon haben, was eine Definition ist, muß unsere Definition darüber hinaus auch den Adäquatheitsbedingungen für eine *Explikation* (oder Realdefinition) genügen: Sie muß genau sein, weder zu eng noch zu weit, fruchtbar und einfach, und verschiedene Explikate müssen äquivalent sein.

γ) Wegen ihrer Rückbezüglichkeit muß sie schließlich *konsistent* sein: Sie darf sich nicht selbst widersprechen; sie muß die Forderungen erfüllen, die sie formuliert; sie muß selbst die formalen Eigenschaften haben, die sie an jede Definition stellt.

Eine mögliche Lösung für diese Aufgabe wäre die folgende Definition für „Definition“: Eine *Definition* ist ein Vorschlag (eine Konvention), daß ein gewisses neu eingeführtes Symbol dieselbe Bedeutung haben soll wie eine bestimmte Kombination von Symbolen, deren Bedeutung bereits bekannt ist. Diese Lösung ist offenbar selbstanwendbar, aber nicht zirkulär. Da Definitionen und sogar Explikationen teilweise konventionell sind, ist dies natürlich nicht die einzige Lösung.

Ganz ähnlich sind folgende Strukturen rückbezüglich, aber möglicherweise durchaus konsistent:

- eine Theorie, die das Entstehen und die Entwicklung von Theorien erklärt,
- eine axiomatisierte Theorie der Axiomatik,
- eine Erkenntnistheorie, die erkenntnistheoretische Theorien einschließt,
- eine Methodologie, die ihre eigenen Methoden reflektiert,
- eine Historiographie, die ihre eigene Geschichte beschreibt,
- ein (erlassenes) Gesetz über den Erlaß oder die Durchführung von Gesetzen,
- „Nomic“, ein Spiel, das darin besteht, daß man seine eigenen Regeln verändert (vgl. C4d),
- eine Anzeige, die die Methoden unterschwelliger Werbung verrät,
- ein Neurophysiologe, der sein eigenes Gehirn untersucht.

c) *Die Methode, mit der Gödel seine Unvollständigkeitssätze (vgl. A3d) bewies*, ist ein beeindruckender Fall von nützlicher Rückbezüglichkeit. Wenn wir mit formalen Systemen zu tun haben, unterscheiden wir normalerweise Objektsprache und Metasprache. In der Arithmetik zum Beispiel, auf die sich die folgende Diskussion beschränkt, gehören Begriffe wie „Zahl“, „Summe“, „kleiner als“, „teilt“, „Primzahl“, zur Objektsprache, während „Theorem“, „ableitbar“, „widerspruchsfrei“, „vollständig“, zur Metasprache gehören. Diese Unterscheidung ist üblich, deutlich und nützlich. Semantische Antinomien (wie „ich lüge jetzt“) werden durch eine solche Unterscheidung vermieden.

Gödel jedoch erfand ein Verfahren, um metasprachliche Ausdrücke auf Zahlen abzubilden, also auf Begriffe der Objektsprache. Mit einem Male können Aussagen *über Arithmetik* übersetzt werden in Aussagen über Zahlen, also *in arithmetische* Aussagen. Diese (umkehrbare) Übersetzung wird „Arithmetisierung der Metamathematik“ oder „Gödelisierung“ genannt. Dadurch wird es möglich, daß eine arithmetische Aussage auf sich selbst verweist, über sich selbst „spricht“, ihre eigene Ableitbarkeit oder Widerspruchsfreiheit behauptet oder verneint.

Ein solches Verfahren scheint hoffnungslos zirkulär zu sein. Es verwischt die deutliche und intuitiv notwendige Unterscheidung zwischen

Objekt- und Metasprache. Vor Gödel hätte niemand von einer solch frivolen Konstruktion geträumt – außer in einem Alptraum.

Aber Gödel schaffte nicht nur das Unmögliche, sondern es gelang ihm auch, Inkonsistenzen zu vermeiden und darüber hinaus einige der wichtigsten Theoreme der Metamathematik, ja sogar des menschlichen Denkens (vgl. A3e), zu finden und zu *beweisen*. Statt die Erkenntnistheorie zu untergraben, ist Gödels Methode ein hervorragendes Beispiel für einen *virtuosen Zirkel*.

Dasselbe gilt für viele andere wichtige Ergebnisse der Metalogik, vor allem für die Theoreme von Church und Tarski („für Gödel-Systeme (A3c) gibt es keine Entscheidungsverfahren für die Ableitbarkeit oder für die Wahrheit von Sätzen"). Sie folgen aus raffinierten *rückbezüglichen* Konstruktionen.

d) Wie wir in B2a bereits betont haben, müssen wir unsere Wunschvorstellungen von kognitiver Gewißheit, von perfektem Wissen, von Letztbegründung ersetzen durch die *Idee der kritischen Prüfung*. Da wir für unsere allgemeinsten Prinzipien, Theorien, Normen usw. keine logische Ableitung mehr geben können, können wie sie nur nach ihren Folgerungen beurteilen. Wir können nichts beweisen, aber wir können etwas erfinden und prüfen. Diese Methode von Versuch und Irrtumsbeseitigung, von kühner Vermutung und strenger Prüfung, liegt auch dem kritischen Rationalismus[11] (oder rationalen Kritizismus) zugrunde. Natürlich können wir unsere Prämissen nicht alle auf einmal in Frage stellen (vgl. A1c); aber wir sollten bereit sein, *jede* von ihnen bei Bedarf zu überprüfen. Dann und nur dann sind wir in der Lage, sie zu kritisieren und auch zu ersetzen, wenn es erforderlich ist. Nach den Grundsätzen eines strengen, eines „pankritischen" Rationalismus soll nichts, aber auch gar nichts, der strengen Prüfung und dem möglichen Verzicht entgehen dürfen, nicht einmal die grundlegendsten Prinzipien der Logik.

Nicht einmal der Logik? Tatsächlich zeigt die intuitionistische Diskussion um das Gesetz vom ausgeschlossenen Dritten (tertium non datur) deutlich, daß sogar Teile der Logik kritisierbar, verzichtbar oder ersetzbar sind. Aber die Methode von Versuch und Irrtumsbeseitigung setzt ihrerseits einige bescheidene logische Mittel voraus.[12]

Wenn wir an der Idee der kritischen Prüfung festhalten, dann brauchen wir mindestens die folgenden logischen Mittel:

- Wir müssen in der Lage sein, Schlüsse zu ziehen, zu folgern, „wenn – dann" zu sagen, d.h. wir brauchen eine Art *Implikation* oder Folgerungsbeziehung ($\rightarrow$), die mindestens reflexiv ($A \rightarrow A$) und transitiv ist (von $A \rightarrow B$ und $B \rightarrow C$ darf man übergehen zu $A \rightarrow C$).
- Wir brauchen ferner den traditionellen Modus (ponendo) ponens, die *Abtrennungsregel* (von A und $A \rightarrow B$ darf man übergehen zu B).

- Wir müssen in der Lage sein zu diskutieren, Einwände zu erheben, „nein" zu sagen, etwas zu verwerfen, d.h. wir benötigen eine Form der Verneinung oder *Negation*.
- Wir brauchen auch das Prinzip vom ausgeschlossenen *Widerspruch* (sonst wäre ja jede Aussage ableitbar, was gänzlich irrational wäre).
- Wir brauchen schließlich den traditionellen Modus (tollendo) tollens, die *Kontrapositionsregel* (von A → B und non-B darf man übergehen zu non-A), die es uns erst erlaubt, indirekte Beweise zu führen, etwas durch reductio ad absurdum zu widerlegen, Prämissen aufgrund falscher oder unerwünschter Konklusionen zu verwerfen.

Diese „Konsequenzenlogik mit Negation" ist ein *unverzichtbarer* Bestandteil rationaler Kritik. Wir könnten diesen Teil nicht aufgrund rationaler Argumente verwerfen, weil schon ein solches *Verwerfen* bedeuten würde, daß man diesen Teil anwendet und *anerkennt*. So wie die Toleranz gegenüber den Feinden der Toleranz intolerant sein muß (wenn sie nicht auch ihre eigene Auslöschung tolerieren will), so muß auch die rationale Kritik hinsichtlich der elementaren Werkzeuge rationaler Kritik dogmatisch sein (weil sie sonst durch Dogmatismus zerstört würde). Wenn wir also die Idee der kritischen Prüfung akzeptieren, dann müssen wir auch das genannte System von logischen Regeln (oder ein gleichwertiges) übernehmen. Die Idee und die Regeln der rationalen Kritik sind konstitutiv und untrennbar aneinander gekoppelt. Das ist eine Art Zirkel, jedoch ist es, wie inzwischen klar sein dürfte, ein *virtuoser Zirkel*, der Rationalität und kritische Prüfung überhaupt erst ermöglicht.

e) *Der „Zirkel des Verstehens" oder der „hermeneutische Zirkel"*
Ohne auf dieses Problem genauer einzugehen, können wir doch die folgende klare Alternative formulieren: Entweder gibt es hier überhaupt *keinen Zirkel*, wie Stegmüller und sogar Heidegger behaupten. (Dann ist es äußerst merkwürdig, daß sich an diesem nicht existierenden Zirkel immer noch so viele Philosophen begeistern können.) Oder es *gibt* hier einen Zirkel, aber wir verstehen einander trotzdem, und der Zirkel ist (wie viele andere Denker behaupten) kein vitiöser Zirkel.

f) *Voraussagen über Willenshandlungen* können die endgültige Entscheidung des Handelnden beeinflussen. Wenn Leute dazu neigen, für einen Kandidaten zu stimmen, von dem man *erwartet*, daß er gewinnt, so spricht man von einem „Bandwagon-Effekt". (Stimmen sie eher dagegen, so haben wir einen „Underdog-Effekt".) Wird dichter Verkehr vorausgesagt, so verzichten die Leute möglicherweise aufs Autofahren. In all diesen Fällen scheinen die Voraussagen selbst zu bewirken, daß sie falsch werden. Ist es dann überhaupt möglich, korrekte

Voraussagen zu machen, wenn die veröffentlichte Voraussage das Ergebnis verändert? Handelt es sich hier nicht um einen vitiösen Zirkel, um Selbstwiderlegung durch Rückkopplung?

Tatsächlich liegt hier eine gewisse Zirkularität vor, aber kein vitiöser Zirkel. Wenn der Voraussagende die Neigung (Wahrscheinlichkeit, Tendenz) der Leute kennt, ihre Meinung entsprechend den veröffentlichten Voraussagen zu ändern, dann kann er auch dies in Rechnung stellen.[13]

Nehmen wir, um ein konkretes Beispiel zu haben, einmal an, daß Wahlprognosen für Partei A 70% der Wählerstimmen voraussagen und für Partei B 30%. Der Bandwagon-Effekt lasse sich durch folgende Prozentgleichung ausdrücken:

$$\text{tatsächliches Ergebnis} = 70 + 0{,}2 \cdot (\text{vorausgesagtes Ergebnis} - 50).$$

Wenn nun der Meinungsforscher seine Voraussage (70% für A) veröffentlicht, wird das wirkliche Ergebnis 74% sein, d.h. die Voraussage hat bewirkt, daß sie falsch wurde. Wenn er 74% voraussagt, wird das wirkliche Ergebnis 74,8% sein usw. Was immer er auch voraussagt, er muß sich selbst widerlegen. Muß er das wirklich? Nein, er muß nicht. Er braucht nur zu fordern, daß das tatsächliche Ergebnis mit dem vorausgesagten übereinstimmt. Diese zusätzliche Gleichung führt zu einer eindeutigen Lösung:

$$\text{tatsächliches Ergebnis} \overset{!}{=} \text{vorausgesagtes Ergebnis} = 75.$$

Der Meinungsforscher kann also ein Ergebnis von 75% für A voraussagen, wobei er weiß, daß seine Voraussage das Ergebnis von A um 5% verbessert, und zugleich weiß, daß (dadurch) seine Prognose wahr wird.

g) *Der „Bootstrap-Mechanismus“* ist durch den Physiker Geoffrey F. Chew in die Elementarteilchen-Physik eingeführt worden.[14] Die Bezeichnung „Bootstrap“ (Schnürsenkel) ist abgeleitet von der englischen Redeweise „sich selbst an seinen eigenen Schnürsenkeln hochziehen“, was nichts anderes ist als der Münchhausen-Trick. Im weitesten Sinne besagt die Bootstrap-Idee: Die Natur ist, wie sie ist, weil dies der einzige Weg für sie ist, mit sich selbst *konsistent* zu sein. Eine korrekte Beschreibung der Natur würde verlangen, daß man alle ihre Züge als notwendig erkennt; keine beliebigen Naturkonstanten oder Naturgesetze dürften toleriert werden. Elementarteilchen dürften nicht aus noch kleineren Teilchen bestehen, sondern sollten dynamische Strukturen darstellen, die ihre *Existenz* denselben Kräften verdanken, über die sie miteinander *wechselwirken*.

Die gängige Auffassung, die von Hideki Yukawa entwickelt wurde, geht qualitativ davon aus, daß ein Paar von Nukleonen (Protonen oder Neutronen) durch den Austausch von Mesonen zusammengehalten wird. Was aber sind Mesonen?

Ein Meson wäre seinerseits ein gebundener Zustand von zwei Nukleonen, nämlich gerade der Zustand, den es selbst aufbauen hilft. Die Masse des Mesons müßte dann die Masse des Zwei-Nukleonen-Systems sein, welches durch das Meson gebunden ist. Diese Kette von Einschlüssen würde sich beliebig weit fortsetzen: Mesonen sind Paare von Nukleonen, die ihrerseits Paare von Mesonen sind, die selbst Paare von Nukleonen sind, usw.

„Teilchen bestehen aus sich selbst." Wenn das zirkulär klingt, so sollte man nicht erschrecken: Zirkularität ist beabsichtigt. Jedoch handelt es sich hier nicht um einen vitiösen Zirkel. Ob die Natur die Bootstrap-Idee tatsächlich verwirklicht, ist noch nicht klar. Wie dem auch sei, der Begriff des „bootstrapping" ist eine widerspruchsfreie, vernünftige und fruchtbare wissenschaftliche Hypothese.

h) *Was war zuerst da, die Henne oder das Ei?* Wenn die Henne – aus welchem Ei ist sie geschlüpft? Wenn aber das Ei – welche Henne hat es ausgebrütet? Dieses ehrwürdige Rätsel der Evolution oder vielmehr der Evolutionstheorie ist erst vor kurzem gelöst worden. Da die Evolution nicht mit Vögeln begann, dürfte es legitim sein, „Henne" zu übersetzen in „Funktion, dargestellt durch Proteine" und „Ei" zu übersetzen in „Information, dargestellt durch Nukleinsäuren". Was also war zuerst da, Funktion oder Information? Wenn die Funktion – wie war sie verschlüsselt? Wenn aber Information – wie wurde sie entschlüsselt und verdoppelt?

Die Antwort ist folgende. Das Leben begann mit Makromolekülen (RNA-Molekülen), die gleichzeitig *Funktion und Information* darstellen. Diese ersten selbstreplizierenden Moleküle, welche die molekulare Evolution in Gang setzten, waren gefaltete Nukleotid-Ketten. Ihre *Information* bestand in der Folge ihrer elementaren Bausteine, die ohne Enzyme verdoppelt wurde und deshalb nicht entschlüsselt werden mußte. Ihre *Funktion* war es, sich so schnell, so treu und so beständig wie möglich zu replizieren. Und da verschiedene Sequenzen (d.h. verschiedene Informationen) sich in ihrer Stabilität und in der Geschwindigkeit und Präzision ihrer Replikation unterscheiden (d.h. verschiedene Funktionen haben), müssen diese ersten selbstreplikativen Einheiten auch bei ihrer Vermehrung verschieden erfolgreich gewesen sein (oder in wohlbekannter, wenn auch höchst irreführender Ausdrucksweise: im Kampf ums Dasein). Die biologische Evolution konnte also mit diesen ersten selbstreplikativen Systemen beginnen und im Laufe der Zeit zu mehr und mehr Komplexität führen und schließlich zu kognitiven Systemen, die nun über diesen verblüffenden nicht-vitiösen Zirkel nachdenken können.

Was lernen wir aus diesen Beispielen? Wir lernen,

– daß Welt und Wissenschaft voller Zirkel sind,

– daß nicht jeder Zirkel ein vitiöser Zirkel ist,
– daß im Gegenteil viele Zirkel nicht nur widerspruchsfrei, sondern auch fruchtbar, produktiv, konstitutiv für rationale Unternehmungen sind, kurz,
– daß es *virtuose Zirkel* gibt.

Auch der Zirkel, der in empirisch orientierten Erkenntnistheorien vermutet wird, ist solch ein virtuoser Zirkel. Wenn hier überhaupt irgendeine Zirkularität vorliegt, so handelt es sich nicht um eine petitio principii, denn es wird kein Prinzip vorausgesetzt oder verlangt. Die Evolutionäre Erkenntnistheorie ist ein hypothetisch-deduktives System, in dem wir mit einer Kombination aus faktischen und erkenntnistheoretischen Prämissen beginnen und versuchen, Folgerungen zu ziehen, sie auf ihre Widerspruchsfreiheit und ihre Wahrheit zu überprüfen und, wenn nötig, zu korrigieren.

Es ist nun an der Zeit, daß wir versuchen, in die Struktur dieser vermeintlichen Zirkularität, dieser kreativen Rückkopplungsschleife, dieses selbstkorrigierenden Prozesses, tieferen Einblick zu gewinnen. Bei genauerer Nachprüfung könnten wir wohl entdecken, daß es hier überhaupt keinen Zirkel gibt.

B 4 Die Natur der vermeintlichen Zirkularität

a) Die Strategie der Erkenntnistheorie

Wenn Erkenntnistheorie eine wissenschaftliche Disziplin ist, so muß sie ihren Gegenstand, ihre Aufgabe und ihre Methode angeben. Ihr Gegenstand ist Erkenntnis; ihre Aufgabe ist Analyse; ihre Methode ist hypothetisch-deduktives Vorgehen. Etwas genauer beginnt Erkenntnistheorie mit bestimmten spezifischen Fragen, z.B.: Was wissen wir? Wie erkennen wir? Warum erkennen wir so und nicht anders? Obwohl dies alles erkenntnistheoretische Probleme sind, brauchen wir doch keine Erkenntnistheorie, um sie zu formulieren. Das ist ein wichtiger Punkt: Wir beginnen inmitten von alltäglichen Situationen, üblichem Wissen, Haushaltssprache, naiven Fragen. Um unsere Fragen zu beantworten, richten wir unsere Aufmerksamkeit auf den Gegenstand unserer Forschung, auf faktisches Wissen, sei es alltäglich oder wissenschaftlich. Wir versuchen, es zu analysieren, zu klassifizieren, zu strukturieren, zu systematisieren, Definitionen, Explikationen, Ableitungen, Beweise zu geben, (wenigstens notwendige) Kriterien für Adäquatheit, für Wahrheit, für Objektivität, für Rationalität zu finden.

Mit diesen ersten erkenntnistheoretischen Mitteln – Begriffen, Kategorien, Unterscheidungen, Standards, Normen – wenden wir uns *erneut* dem Wissen zu, strukturalem, empirischem und erkenntnistheoretischem Wissen. Jetzt sehen wir uns in der Lage zu *unterscheiden* – naive Überzeugungen und bewiesene Vermutungen, „harte" Fakten und „bloße" Deutungen, Beschreibungen und Erklärungen, Beobachtungs- und theoretische Ebenen, Grundbegriffe und definierte Begriffe, Axiome und Theoreme, Objekt- und Metasprache, analytische und synthetische Aussagen, extensionale und intensionale Gleichheiten, notwendige und hinreichende Bedingungen, syntaktische, semantische, pragmatische Aspekte, logische, ontologische, erkenntnistheoretische und methodologische Argumente, heuristische Strategien und rationale Rekonstruktionen, Entdeckungs- und Rechtfertigungszusammenhänge, intuitive Plausibilität und logische Schlüssigkeit, Voraussage und Retrodiktion, Pseudowissenschaft und gute Wissenschaft usw. Dadurch *verbessern* wir unser Wissen, machen es genauer, zusammenhängender, widerspruchsfreier, systematischer, objektiver, zuverlässiger.

Ausgestattet mit solcher Art geläuterter Erkenntnis, wenden wir uns nun *erneut* zurück zur Erkenntnistheorie, wobei wir reflektieren, kontrollieren, kritisieren, korrigieren, verschärfen, reinigen, einschränken, verwerfen. Und all das auch nur, um uns wieder der Wahrnehmung, der Erfahrung, der Wissenschaft, allen Arten von Erkenntnis einschließlich der Erkenntnistheorie zuzuwenden, sie zu prüfen, zu modifizieren, zu reorganisieren ...

Wann findet dieser Prozeß ein Ende? Niemals. Es ist ein fortwährendes Wechselspiel, ein unaufhörliches Geben und Nehmen, eine nie endende kritische Kooperation, ein dauerndes wechselseitiges Korrigieren.

Dieser Prozeß ist nicht zirkulär. Wir könnten ihn eher mit einer *Spirale* vergleichen. Diese spiralige Struktur gilt sowohl in historischer als auch in systematischer Hinsicht: Neues Wissen hat neue Erkenntnistheorien hervorgerufen, und neue erkenntnistheoretische Auffassungen haben den Entwurf wissenschaftlicher Hypothesen und das Verständnis für wissenschaftliche Theorien gefördert. Viele erkenntnistheoretische Systeme, die als unerschütterlich und endgültig galten, erwiesen sich als Spiegelbild des jeweiligen Wissensstandes ihrer Zeit (oder, schlimmer noch, als Spiegel für das Unwissen ihrer Schöpfer). Typische Beispiele sind Francis Bacon, John Locke, René Descartes, David Hume, Immanuel Kant, Hermann von Helmholtz. Es wäre gewiß eine lohnende Aufgabe, die Geschichte der Wissenschaft und der Philosophie unter diesem *Rückkopplungs*aspekt zu studieren. Wir können uns jedoch mit diesem interessanten Problem hier nicht befassen.

Um tieferen Einblick in die spiralige Struktur vieler Systeme, die als zirkulär *gelten*, zu gewinnen, werden wir einige illustrative Beispiele diskutieren.

b) Beispiele

α) *Wie macht man einen Hammer?* Üblicherweise wird er mit einem Schmiedehammer geschmiedet. Aber wie wurde der Schmiedehammer hergestellt? Mit einem weiteren Hammer. Wer hat dann aber den ersten Hammer geschaffen? *Wie kann es Hämmer geben, wenn man einen Hammer braucht, um einen Hammer zu hämmern*? Ein Zirkel? Nein! Man denke einfach an eine Reihe von immer besseren Hämmern, wobei man mit Steinen beginnt (oder wenn es etwas Eisernes sein soll, mit Gußeisen).

β) *Wie kann man sicherstellen, daß eine Uhr isochron ist,* also gleichmäßig läuft, daß sie gleiche Zeitintervalle als *gleich* erkennen läßt? Man prüft mit einer anderen, vorzugsweise einer besseren Uhr. Aber wer kontrolliert die bessere Uhr? Wer hat die beste Uhr gemacht, das absolute Isochronometer? Ein Zirkel? Nun, wissen wir denn nicht, daß ein Pendel periodisch, also isochron schwingt? Aber woher wissen wir das eigentlich?

Die Wissenschaftsgeschichte, insbesondere die Geschichte der Uhr, ist hier sehr aufschlußreich. Der gleichmäßige Gang von Uhren beruht auf Vorgängen, die sich periodisch wiederholen – auf dem Tropfen von Wasser, auf der Erddrehung, auf dem Schwingen eines Pendels. Die Isochronie des Pendels wurde (1581) von Galilei entdeckt. Während er im Dom von Pisa saß, beobachtete er den Leuchter, der von der Decke herabhing und langsam hin- und herschwang. Durch Vergleich mit seinem Pulsschlag (!) bemerkte Galilei, daß die Schwingungsdauer des Leuchters von der Schwingungsweite unabhängig war. Erst viel später (1656) benützte Huygens diese Tatsache, um zuverlässige Uhren, also Uhren mit konstanter Ganggeschwindigkeit, zu konstruieren. Später wurden Uhren über andere periodische Mechanismen weiter verbessert. Und heute benützt ein Arzt seine Armbanduhr, um den Puls eines Patienten zu messen. Man benützt den Pulsschlag, um Isochronie, und Isochronie, um den Pulsschlag zu kontrollieren? Ist das nicht ein Zirkel?

Nein, es ist eine *Folge von immer besseren Chronometern* – Herzschlag, Pendel, Unruhe, Quarzkristalle, Moleküle, Atome, Atomkerne ... Und natürlich kann man verbesserte Chronometer benützen, um Abweichungen in der erhofften Isochronie ihrer Vorgänger zu entdecken: Der Herzschlag ist längst als unregelmäßig bekannt; das Kreispendel schwingt *nicht* isochron (nicht einmal Huygens' Zykloidenpendel, das schon wesentlich genauer ist), auch nicht Unruhen oder Kristalle. *Nichts ist vollkommen, aber wir können bei allem nach Verbesserungen suchen.*

γ) *Wie mißt man Temperaturen?* Üblicherweise über die Länge einer Quecksilber- oder Alkoholsäule. Das funktioniert, weil diese Substanzen sich bei höheren Temperaturen ausdehnen, bei niedrigen zusammenziehen. Die Länge der Säule mißt man durch Vergleich mit einer Standardlänge, die an einem Standardobjekt repräsentiert ist. Wie aber können wir ein Standardobjekt haben, wenn Objekte ihre Länge mit wechselnder Temperatur ändern? Ein Zirkel? Ja und nein.

Wieder verwenden wir ein Verfahren mit *schrittweiser Approximation:* Wir beginnen mit Markierungen auf einem Standardstock; wir benützen ihn, um eine Temperaturskala herzustellen; mit ihrer Hilfe finden wir dann eine Tabelle oder Funktion, die der Wärmeausdehnung (oder Kontraktion) unseres Stockes Rechnung trägt, z.B.

$$L(T) = L(T_0) \cdot [1 + \beta (T-T_0)];$$

mit dieser korrigierten Längenskala verbessern wir wieder unsere Temperaturskala, benützen letztere, um eine bessere Beziehung zwischen Länge und Temperatur zu finden, usw. So fahren wir fort, bis sich keine signifikanten Verbesserungen mehr ergeben.

Das hier beschriebene Verfahren ist ein iterativer Prozeß von Korrekturen und Metakorrekturen, eine Rückkopplungsstruktur, die zu einem Punkt führt (konvergiert), bei dem Längen- und Temperaturmessungen miteinander verträglich sind. An dieser Stelle, die von der erreichbaren oder geforderten Genauigkeit abhängt, bricht das Verfahren ab. Obwohl es hier eine *scheinbare* Zirkularität gibt, ist der tatsächliche Vorgang keineswegs zirkulär.

δ) Die quantenmechanische Methode des *„selbstkonsistenten Feldes"*, die 1930 von Hartree und Fock erfunden wurde, ist ein Verfahren, um die Elektronenverteilung in Atomen zu finden, die mehr als ein Elektron besitzen. Man beginnt mit einer speziellen Verteilung von Elektronen. Diese Anfangsverteilung ist beliebig (sollte aber natürlich der besten verfügbaren Schätzung entsprechen). Nun nimmt man an, daß ein Elektron sich in dem kombinierten Feld des Atomkern und aller *anderen* Elektronen bewegt, und berechnet die Bahn (oder Ladungsverteilung), die sich daraus ergibt. Diese Rechnung führt man für *jedes* Elektron durch. So erhält man eine neue (und bessere) Verteilung aller Elektronen. Diese neugewonnene Information benützt man und berechnet für jedes Elektron, wie es sich in dem neuen Feld bewegt, erhält daraus eine neue Ladungsverteilung usw. Dieses „zirkuläre" Verfahren wird wiederholt, bis es keine weiteren Korrekturen mehr liefert. Das Feld heißt dann „selbstkonsistent": Die Elektronenverteilung ist dann derart, daß das Feld, das sie erzeugt, eben jene Elektronenbewegung und Ladungsverteilung hervorruft. Obwohl dies zirkelhaft klingen mag, ist es natürlich kein Zirkel. Es handelt sich vielmehr um ein selbstkorrigierendes Näherungsverfahren von großem Wert.

ϵ) Jedes weitere iterative Verfahren könnte hier herangezogen werden. In der Mathematik gibt es unzählige solcher *Näherungsverfahren.*

Ganz einfach, aber immer noch recht eindrucksvoll sind die traditionellen Methoden, um Näherungslösungen für Gleichungen, hauptsächlich höheren Grades, zu finden oder – was auf dasselbe hinausläuft – Nullstellen von Funktionen zu bestimmen. Erwähnt seien hier „regula falsi“ (die Regel des falschen Ansatzes, die im 16. Jahrhundert viel benützt wurde) und das „Newtonsche Näherungsverfahren“, das mit Ableitungen arbeitet.

Eine sehr nützliche (vor allem elegante) Methode, um die Quadratwurzel einer (reellen) Zahl z bis zu jedem gewünschten Genauigkeitsgrad zu berechnen, ist die iterative („zirkuläre“) Formel

$$a_{n+1} = \frac{1}{2}\left(a_n + \frac{z}{a_n}\right).$$

Wir *beginnen* mit einem positiven Schätzwert a_o, berechnen in einem ersten Schritt $a_1 = \frac{1}{2}(a_o + \frac{z}{a_0})$, dann a_2, a_3, und so weiter. Als Beispiel geben wir hier die aufeinanderfolgenden Werte von $\sqrt{2}$ an, wobei wir mit $a_0 = 1$ als erstem Schätzwert beginnen.

$$\begin{aligned} a_0 &= 1 \\ a_1 &= 1{,}\underline{5} \\ a_2 &= 1{,}41\underline{7} \\ a_3 &= 1{,}4142\underline{2} \\ a_4 &= 1{,}41421\underline{35} \\ &\vdots \end{aligned}$$

Hier ist die letzte (jeweils unterstrichene) Ziffer nicht endgültig; sie wird vielmehr im nächsten Schritt weiter verbessert. Wie man sieht, liefert der Algorithmus in jedem Schritt neue richtige Dezimalstellen. Er arbeitet dabei wesentlich schneller als die übliche „Fußgänger“-Methode für das Wurzelziehen. Er ist ein weiteres Beispiel für eine nützliche selbstkorrigierende Rückkopplungsstruktur.

ζ) *Die Grundlagen der Logik* haben seit Aristoteles viele Denker beschäftigt. Jeder Versuch, eine *absolute* Grundlegung zu liefern, muß unweigerlich im Münchhausen-Trilemma enden (vgl. B2a). Im Falle der Logik ist die Sackgasse in der Regel ein Zirkel von sehr spezieller Art. Um nämlich in Strenge Regeln der Logik, also des korrekten Schließens, zu rechtfertigen, müßten wir sie aus irgend etwas anderem *ableiten*. Aber jede Ableitung benützt ja schon logische Regeln, *setzt also das voraus, was sie eigentlich liefern soll*. Das ist ein *vitiöser Zirkel*. Auch für die Logik kann es keine absolute Begründung geben.

Das schließt freilich die Hoffnung auf Verbesserungen nicht aus. Es ist durchaus möglich, die Strukturen des logischen Schließens zu untersuchen und ihre *vorläufigen* Fundamente tieferzulegen. Der beste Beleg für diese Behauptung ist die Geschichte der Logik selbst.

Seit der Existenz einer argumentativen Sprache konnten Leute sich darüber streiten, was sie tun und was sie glauben sollten. Gerichtsprozesse dienten dazu, solchen Auseinandersetzungen einen friedlichen und geregelten Rahmen zu bieten. Erst die Sophisten erfanden dann den Redewettkampf, den sprachlichen Wettstreit *um seiner selbst willen.* (Das war ein erster Schritt zur Logik.) Sie liebten Paradoxien und könnten entdeckt haben, daß die Gültigkeit eines Argumentes sowohl von seinem Inhalt als auch von seiner Form abhängen kann. Aristoteles hat dann als erster die Struktur *formal* gültiger Schlüsse untersucht (ein zweiter Schritt zu den Grundlagen). Er entwickelte sogar einen logischen Kalkül, ein geschlossenes *System* formal gültiger Schlüsse, seine Syllogistik (ein dritter Schritt). Im 19. Jahrhundert wurde dann entdeckt, daß Aristoteles' Analyse des logischen Schließens unvollständig war. Neue Logikkalküle wurden entworfen. Das logische Schließen wurde *symbolisiert* (ein vierter Schritt). Nun konnten *Objekt- und Metasprache* unterschieden werden, und Fragen hinsichtlich Vollständigkeit, Minimalität, Konsistenz, Unabhängigkeit, Entscheidbarkeit konnten gestellt und beantwortet werden (ein fünfter Schritt). In unserem Jahrhundert wird das logische Schließen mechanisiert und *Maschinen* anvertraut (ein sechster Schritt). Konkurrierende Schlußsysteme, die einander sogar widersprechen können, werden formuliert, und ganz natürlich entsteht die Frage, welches davon *angemessen* ist. Um diese Frage zu beantworten, werden Intuition, Konstruierbarkeit, Effektivität oder Dialogregeln herangezogen (ein siebter Schritt).

Die Geschichte der Logik zeigt, daß es Verbesserung durch Rückkopplung auch dann geben kann, wenn absolute Begründungen unmöglich sind. Das hat schon vor hundert Jahren der Altmeister der Logik, Gottlob Frege, gesehen:

> Unmöglich, sagt man, kann durch eine Begriffsschrift die Wissenschaft gefördert werden; denn die Erfindung der Ersteren setzt die Vollendung der Letzteren schon voraus. Ganz dieselbe Scheinschwierigkeit erhebt sich schon bei der Sprache. Diese soll die Entwickelung der Vernunft möglich gemacht haben; aber wie konnte der Mensch die Sprache schaffen ohne Vernunft? Zur Erforschung der Naturgesetze dienen die physikalischen Apparate; diese können nur durch eine fortgeschrittene Technik hervorgebracht werden, welche wieder auf der Kenntniß der Naturgesetze fußt. Der Kreis löst sich in allen Fällen auf dieselbe Weise. Ein Fortschritt in der Physik hat einen solchen in der Technik zur Folge, und dieser macht es möglich, neue Apparate zu bauen, mittels deren wieder die Physik gefördert wird. Die Anwendung auf unsern Fall ergiebt sich von selbst.[15]

c) Merkmale dieser spiraligen Rückkopplungsstruktur

Die *gemeinsame Struktur* all dieser scheinbaren Zirkel dürfte nun durchsichtig sein. Tatsächlich handelt es sich gar nicht um einen Zirkel, sondern um einen Rückkopplungsprozeß. Seine Entwicklung in der Zeit läßt sich mit einer Spirale vergleichen. Die wesentlichen Komponenten einer solchen Spirale können wir nun angeben.

Erforderlich ist zunächst eine *Startposition*, die ziemlich beliebig sein kann, da sie nur als Zündmechanismus dient und dem System einen ersten Anstoß geben muß.

Weiter gibt es eine *Rückkopplungsstrategie*, die immer wieder zurückführt, einen iterativen Prozeß, dessen Zustände auf das System zurückwirken. Ob das System dabei seinen Zustand wirklich ändert und wohin es sich in der Zeit entwickelt, hängt von dem System selbst ab. In allen bisher diskutierten Fällen führt der Prozeß zu „Verbesserungen“ – beim Hammer, bei der Zeitmessung, bei der Messung von Längen und Temperaturen, bei Elektronenverteilungen, beim Lösen von Gleichungen, bei den Grundlagen der Logik, bei der Entwicklung der Physik und der Technik.

Schließlich spielt die Tatsache eine Rolle, daß einige Systeme einen *stabilen, stationären Endzustand* erreichen, einen Fixpunkt oder „Konvergenzpunkt“, wo keine weitere Änderung oder Verbesserung mehr möglich ist.

Eine derartige Konvergenz ist allerdings kein unausweichliches Merkmal aller Rückkopplungsschleifen oder Näherungsverfahren. Das fragliche System kann auch instabil sein, es kann explodieren oder kollabieren, es kann zwischen verschiedenen Zuständen oszillieren, es kann verschiedene stabile Zustände haben, so daß der erreichte Endzustand vom Startpunkt abhängt. Es kann auch evolutionäre Prozesse geben, die zu mehr und mehr Komplexität führen, ohne einen Endzustand zu erreichen.

Auf der anderen Seite kann uns die Struktur des Systems auch in die Lage versetzen, die Existenz, Vielfachheit und Lage solcher stationärer Zustände und die Aussicht, sie zu erreichen, *vorauszusagen*. Da solche Zustände *strukturelle* Merkmale sind, werden sie in den *Strukturwissenschaften*, vor allem in der Mathematik untersucht. Mathematiker versuchen, Konvergenzbedingungen anzugeben. Damit solche Kriterien in der Erfahrungswissenschaft anwendbar sind, müssen die fraglichen Systeme genaue Beschreibungen zulassen. Solche genauen Beschreibungen stehen natürlich nicht immer zur Verfügung. Dann muß das Konvergenzverhalten durch Versuch und Irrtum herausgefunden werden. Man wird solche Testverfahren so *systematisch* wie möglich machen müssen. Eine notwendige (und *meistens* auch hinreichende) Bedingung für Konvergenz ist, daß die Korrekturen dabei immer kleiner werden.

Ob ein Iterationsverfahren konvergiert, kann man der nachträglichen Beurteilung überlassen, also durch Versuch und Irrtum, über Erfolg und Versagen, herausfinden. Um es aber in Gang zu setzen, sind *Anfangszustand und Rückkopplungsstrategie* unerläßlich. Ein guter Wissenschaftler behält nicht alle kleinsten Details im Kopf; er verwendet eine *Strategie*, um sie aus weniger spezifischer Information zu gewinnen. Anfangsdaten und Suchstrategie sind komplementär: Wenn die Daten dürftig sind, muß die Strategie reich sein und umgekehrt. Die

Extremfälle (nur Daten oder nur Strategie) sind im Prinzip gangbar, verlangen aber hohe Gedächtniskapazität oder viel Zeit. Für ein effizientes Problemlösen muß ein kombinierter Wert („Summe" oder „Produkt") aus Daten und Strategie optimiert (minimiert) werden. Wir stoßen hier auf interessante methodologische Fragen, die hier nicht behandelt werden können.

Wenden wir uns wieder der Erkenntnistheorie zu, so sehen wir unmittelbar, daß die Wechselwirkung zwischen empirischem Wissen und Theorien der Erkenntnis bislang kein Kandidat für eine mathematisch exakte Beschreibung ist. Wir müssen uns deshalb mit Versuch und Irrtum begnügen. Aber auch dann ist es immer noch keine Routine-Angelegenheit, Erkenntnistheorien zu vergleichen, Abweichungen herauszuarbeiten und sie quantitativ zu fassen.

Die Idee der Konvergenz ist jedoch keineswegs nutzlos. Da wissenschaftliche Erkenntnis irgendwie zu konvergieren scheint – trotz aller Behauptungen über „Inkompatibilität" oder „Inkommensurabilität" –, könnte auch die Rückkopplungsschleife zwischen Erkenntnis und Erkenntnistheorie entsprechend konvergieren. Die *regulative Idee* in diesem Prozeß erkenntnistheoretischer Konvergenz ist natürlich *Wahrheit*. Obwohl wir die Existenz von Wirklichkeit, von objektiver Erkenntnis, von Wahrheit, nicht beweisen können, gehen wir doch bei unseren Handlungen immer noch von der Annahme aus, daß Realität, objektive Erkenntnis und Wahrheit existieren.

Mit diesen Annahmen sind wir manchmal erfolgreich, manchmal nicht. Aber warum? Kein Subjektivist, kein Agnostiker, kein Positivist, kein Instrumentalist, kein Konventionalist kann diesen erstaunlichen Teilerfolg *erklären*. Der *Realist* kann das: Einige Theorien beschreiben die Wirklichkeit objektiv, sind wahr. Deshalb sind diese Theorien erfolgreich, andere nicht. Es ist gerade dieser *zusätzliche Erklärungswert*, der den ontologischen, erkenntnistheoretischen und methodologischen Realismus rechtfertigt. Und wenn der Realismus recht hat, dann ist die Idee der Konvergenz für die Erkenntnistheorie durchaus sinnvoll.

Unser Wissen – einschließlich unseres Wissens über das Wissen – bezieht sich, wie wir glauben, auf eine reale Welt, die erkennende Subjekte *einschließt*. Die Tatsache, daß die Erkenntnistheorie auf empirischem Wissen beruht (und sogar damit beginnt), schließt Widerspruchsfreiheit und Verbesserung nicht aus. Wir haben eingesehen, daß diese Beziehung als eine selbstkorrigierende Rückkopplungsschleife angesehen werden kann, von der wir hoffen dürfen, daß sie sich zu einem stationären Zustand fortentwickelt.

Eben dies ist aber auch die These der Evolutionären Erkenntnistheorie. Es ist deshalb wohl an der Zeit, daß wir prüfen, ob diese spezielle Erkenntnistheorie zirkulär ist, auch wenn – wie wir gesehen haben – nicht jede Erkenntnistheorie und auch nicht jede empirisch orientierte Erkenntnistheorie es ist.

C „Erkenntnistheorie mag auf empirischem Wissen beruhen, aber die Evolutionäre Erkenntnistheorie ist jedenfalls zirkulär.“

C 1 „Der hypothetische Realismus widerlegt sich selbst.“

a) Das Argument

Die Evolutionäre Erkenntnistheorie ist untrennbar verbunden mit dem hypothetischen Realismus, einer bescheidenen Form des kritischen Realismus.

Seine Hauptthesen sind: Alles Wissen ist hypothetisch; es ist Vermutungswissen, fehlbar, vorläufig. Es gibt eine reale Welt, unabhängig von unserem Bewußtsein; sie ist strukturiert, zusammenhängend, quasi-kontinuierlich; sie ist wenigstens teilweise erkennbar und über Wahrnehmung, Erfahrung und intersubjektive Wissenschaft erklärbar.

Nach dieser Auffassung ist alles faktische Wissen hypothetisch, also unsicher. Diese Behauptung ist selbst Teil einer Theorie, also ein Stück Erkenntnis. Sie muß deshalb auf sich selbst anwendbar sein. Das aber – so heißt es – müsse zu einem Widerspruch führen. Es handle sich hier um eine Art von Inkonsistenz wie in der Lügner-Antinomie „was ich sage, ist falsch“ oder wie in dem Satz „keine Regel ohne Ausnahme“. Wenn der letzte Satz tatsächlich eine Regel ist – und was sollte er sonst sein? – dann muß er auch für sich selbst gelten. Das bedeutet, daß er auch Ausnahmen haben muß. Es müßte also Regeln ohne Ausnahmen geben. Aber das widerspricht offenbar der ursprünglichen Behauptung. Sie ist also inkonsistent. Dasselbe gilt für die Hauptthese des hypothetischen Realismus.

b) Dieses Argument ist sehr verbreitet, beruht jedoch auf einem Irrtum.

Natürlich ist der Satz „was ich jetzt sage, ist falsch“ antinomisch. Denn ist er wahr, so ist er falsch, *und* ist er falsch, so ist er wahr. Aber schon die Regel „keine Regel ohne Ausnahme“ ist nicht antinomisch, sondern nur falsch. Nimmt man sie nämlich als wahr an, so ist sie – wie gezeigt wurde – falsch; aus der Annahme, sie sei falsch, folgt dagegen *nicht*, daß sie wahr wäre. Sie ist demnach falsch. Von einer Antinomie kann keine Rede sein.

Wie steht es nun mit dem angeblichen Kernsatz des hypothetischen Realismus „alle Sätze sind hypothetisch (d.h. entweder falsch oder, wenn wahr, dann nicht beweisbar)“?

Dieser Satz ist tatsächlich falsch. Er ist falsch schon aufgrund der Tatsache, daß mindestens viele analytische Sätze, insbesondere alle Tautologien, beweisbar sind, wenn man nur gewisse logische Schlußregeln anerkennt. Nun hatten wir schon in B3d gezeigt, daß die Idee der kritischen Prüfung untrennbar mit gewissen elementaren logischen Regeln verknüpft ist, die wir nicht aufgeben können, ohne gleichzeitig auf die Idee der rationalen Kritik zu verzichten. Unser „Kernsatz" wäre also sogar schon dann falsch, wenn wir ihn nicht rückbezüglich verwendeten.

Der hypothetische Realismus behauptet jedoch nicht, *alle* Sätze seien hypothetisch, sondern nur, „alle *synthetischen* Sätze sind hypothetisch". Dies ist eine *schwächere* Aussage. Es geht dabei nicht um *alle* Sätze, sondern nur um die nicht-analytischen, um jene also, die nicht schon aus logischen Gründen wahr sind.

Der genannte Satz ist nun selbst entweder analytisch oder nicht. Ist er analytisch, so ist er nicht selbstanwendbar, da er über analytische Sätze nichts sagt. Es ist allerdings nicht ohne weiteres klar, ob er analytisch ist, denn nicht jeder nicht-analytische Satz ist notwendig hypothetisch, also unbeweisbar. Auch nicht-analytische Sätze *könnten* ja in irgendeiner Weise beweisbar sein, z.B. über synthetische Urteile a priori oder durch Induktion. Wir müssen also auch die Möglichkeit bedenken, daß unser Satz synthetisch ist.

Nehmen wir deshalb an, der Satz „alle synthetischen Sätze sind hypothetisch" sei seinerseits synthetisch. Dann sollte er auch für sich selbst gelten, also selbstanwendbar sein. Er sagt dann über sich selbst, er sei, da synthetisch, auch hypothetisch, also falsch oder wahr-und-unbeweisbar. Insbesondere *könnte* er falsch sein; es könnte nämlich, wie bereits betont, *beweisbare* synthetische Sätze geben. Sollte es sie geben, so ist zwar die Grundthese des hypothetischen Realismus falsch; das führt jedoch trotz aller Rückbezüglichkeit *nicht* zu einem Widerspruch. Nach dem hypothetischen Realismus liegt es vielmehr gerade im Wesen synthetischer Aussagen, auch falsch sein zu können.

Beweisbar kann unser Satz dagegen nicht sein. Denn unter der Annahme, er sei beweisbar, wird er ja falsch; dann könnte er gerade nicht beweisbar sein. Die Annahme, er sei *unbeweisbar*, führt dagegen nicht in einen Widerspruch; denn das sagt er ja selbst.

C 2 „Die reale Welt ist nichts weiter als die Welt unserer Erfahrung."

a) Das Argument

Die Evolutionäre Erkenntnistheorie unterscheidet zwischen einer realen Welt und unserem Wissen über sie, sei es angeboren oder erworben, naiv oder kritisch. Darüber hinaus gilt dieses Wissen als wahr, als zutreffend, als mit der realen Welt (teilweise) übereinstimmend. Von den subjektiven Erkenntnisstrukturen wird behauptet, sie würden auf die äußeren Strukturen „passen", sie seien an jene „angepaßt", mit ihnen „in Übereinstimmung" oder „isomorph".

Zum Beispiel heißt es, unser Wahrnehmungsapparat rekonstruiere *dreidimensionale* Strukturen aus zweidimensionaler Netzhautinformation (das ist richtig), und dann heißt es, die äußeren Objekte seien *wirklich* dreidimensional. – Es heißt, unser Erkenntnisvermögen gebe zeitlich geordneten Ereignisfolgen eine *kausale Interpretation* (das ist wahr), und dann heißt es, die Welt sei *tatsächlich* kausal verknüpft. – Es heißt auch, wir machten intuitiv eine scharfe *Unterscheidung zwischen Vergangenheit und Zukunft* (das ist wahr), und dann heißt es, diese Unterscheidung sei *objektiv*.

Aus diesen (und vielen anderen) angeblichen Kongruenzen wird geschlossen, unser Erkenntnisapparat sei bei seiner Bewältigung der Realität durchaus hochwertig (obwohl er noch besser sein könnte). Schließlich werden diese Erfolge (und die Fehlleistungen) menschlichen Erkennens *erklärt* über einen evolutiven Anpassungsprozeß, was seinerseits erkenntnistheoretische Konsequenzen haben soll.

All das – so lautet das kritische Argument – ist verkehrt. Wie sollten wir denn überhaupt wissen können, wie die Welt (die Natur, die Wirklichkeit) beschaffen ist? Das können wir niemals wissen. Schlimmer noch, *wir können nicht einmal die geringste Vorstellung davon haben, wie die Welt an sich ist*. Alles, was wir wissen können, ist, wie die Welt uns *erscheint*, wie sie zu sein *scheint*, wie unser kognitives System sie *erlebt*. Die Welt, die wir sehen, hören, fühlen, erforschen (und zerstören), ist ein für alle Mal festgelegt durch die Strukturen eben dieses Erkenntnisapparates.

Die Dinge gelten als dreidimensional, weil wir sie so konstruieren. – Die Welt gilt als kausal verknüpft, weil wir die Sinnesdaten nicht anders als kausal interpretieren können. – Die Zeit gilt als asymmetrisch, weil wir gar keine andere Erfahrung haben können.

Darüber hinaus sind Raum, Zeit und Kausalität Strukturen, die vom kognitiven System (oder Subjekt) zur Erkenntnis beigesteuert werden. Es ist also kein Wunder, daß wir zwischen der realen Welt und unserer Erkenntnis die genannten Übereinstimmungen finden. „Die reale Welt" ist nichts weiter als unsere Erkenntnis von der Welt. Die Welt *muß* also so sein, wie wir sie erkennen; anders gäbe es überhaupt keine erkennbare Welt.

Die reale Welt und unser Wissen von der Welt auseinanderzunehmen, ist also irreführend. Kongruenzen, Strukturgleichheiten, Isomorphien zwischenWelt und Erkenntnis zu behaupten, ist redundant, bedeutungslos, tautologisch, zirkulär. Es gibt da nichts zu erklären, weder für die Evolutionäre Erkenntnistheorie noch für irgendeine andere Theorie. Somit ist schon der Ausgangspunkt der Evolutionären Erkenntnistheorie verfehlt, zirkulär, nicht-existent.

b) Dieses Argument gegen die Evolutionäre Erkenntnistheorie ist falsch.

Natürlich stellt es den Standpunkt des Transzendentalphilosophen dar, also von Kant und seinen Anhängern. In B2b haben wir gezeigt, welches Problem Kant zu lösen versuchte, warum er es so und nicht anders löste und warum und wie wir eine viel einfachere Lösung geben können. Natürlich läßt sich über die Beziehung der Evolutionären Erkenntnistheorie zur Transzendentalphilosophie viel mehr sagen.[16] Hier wollen wir uns auf die vermeintliche Zirkularität hinsichtlich der Kongruenz von realer Welt und menschlicher Erkenntnis beschränken. Wir werden zeigen, daß hier kein vitiöser Zirkel vorliegt, daß es vielmehr durchaus sinnvoll ist, eine solche Kongruenz zu vermuten und zum Beispiel zu behaupten, der physikalische Raum sei „wirklich" dreidimensional. Wie kann man das zeigen?

Die Evolutionäre Erkenntnistheorie ist mit der Transzendentalphilosophie einig über die Existenz *subjektiver Erkenntnisstrukturen*. Sie sind – wie Kant behauptet – *vor* aller Erfahrung und konstitutiv *für* alle individuelle Erfahrung; sie sind aber – entgegen Kant – weder notwendig wahr noch allgemeingültig. Auch gelten sie zwar *für Wahrnehmung und Alltagserfahrung, nicht jedoch für theoretische Erkenntnis*. Das ist ein äußerst wichtiger Punkt, der von den meisten Kritikern und sogar Vertretern der Evolutionären Erkenntnistheorie übersehen wird. Er wird schließlich auch die scheinbare Zirkularität auflösen.

Die genannte Unterscheidung ist höchst bedeutsam. Unsere Anschauungsformen und die Kategorien unserer Erfahrung, die Qualitäten unserer Wahrnehmung und die Grundelemente des Schließens, der Klassifikation und der Abstraktion sind nach der Evolutionären Erkenntnistheorie angeboren, ontogenetisch a priori und für mesokosmische Erkenntnis konstitutiv, *nicht aber für wissenschaftliche Theorien*. Wahrnehmung kann Wahrnehmung nicht übersteigen – theoretische Erkenntnis kann das; Alltagserkentnnis kann Alltagserkenntnis nicht korrigieren – theoretische Erkenntnis kann das; in Wahrnehmung und Alltagserfahrung sind wir durch unseren genetisch determinierten ratiomorphen Apparat gebunden und beschränkt – in der Wissenschaft sind wir (nahezu) frei.

Kant ist dieser entscheidende Unterschied entgangen.

> Der Umfang der theoretischen Erkenntnis der reinen Vernunft erstreckt sich nicht weiter, als auf Gegenstände der Sinne. (Kant[17])
>
> Kant schrieb unter dem Einflusse von Hume seine Kritik, um zu zeigen, daß die Grenzen möglicher Sinneserfahrung und die Grenzen vernünftigen Theoretisierens über die Welt identisch sind. (Popper[18])

Seine Anschauungsformen, Kategorien der Erfahrung und allgemeinen Prinzipien faktischen Wissens sollten sowohl für Alltagserfahrung als auch für theoretische Erkenntnis gelten. Stellt man diese Prinzipien jedoch den erfolgreichsten Theorien der modernen Physik gegenüber, so erweisen sich die meisten als *falsch*.[16] Für die Beschreibung der Natur benützen wir Kants angeblich „allgemein und notwendig geltenden" apriorischen Prinzipien nicht. Elementarteilchen, Atome, Moleküle, Neutronensterne, Schwarze Löcher verhalten sich völlig anders als jene mesokosmischen Objekte, die wir in Wahrnehmung und Alltagserkenntnis bewältigen.

Gleichwohl sind die Theorien der modernen Physik natürlich *empirische* Theorien. Sie beziehen sich auf die reale Welt, sind prüfbar, geprüft und empirisch bestätigt (wenn auch nicht *bewiesen*, wie man immer wieder betonen muß). Das eben zeigt, daß wir durchaus Erfahrungen, Beobachtungen, Messungen machen können, die unseren mesokosmischen Erwartungen *widersprechen*. Erfahrungen, die wir mit Alltagswerkzeugen (Anschauungsformen und Kategorien) machen, lehren uns, daß Mikrokosmos und Megakosmos reich sind an Strukturen, welche eben jenen Haushaltswerkzeugen widersprechen.

c) Ein Beispiel: die Dimensionalität der Welt

Beginnen wir mit etwas Vertrautem, der Gestalt unserer Erde. Für jedermann (außer für Astronauten) macht die Erde den Eindruck einer flachen Scheibe. Deshalb wurde sie über Millionen von Jahren tatsächlich für eine flache Scheibe gehalten. Es gibt jedoch *Beobachtungen,* die nahelegen, daß sie in Wahrheit eine Kugel ist: Schiffe, die hinter dem Horizont versinken, ein scheibenförmiger Erdschatten bei Mondfinsternissen, Magellans Weltumsegelung usw.

Nun mögen schlaue Ameisen die Oberfläche bewohnen und erforschen. Sie seien mit einer nur zweidimensionalen räumlichen Anschauung ausgestattet (was freilich allen ihren Bedürfnissen gerecht wird, da ihre Welt, *ihr* Mesokosmos, im wesentlichen zweidimensional ist). Natürlich würden auch sie ihre Welt für flach halten (wie das sogar bei uns der Fall war). Nun mögen einige von ihnen die Geometrie entwikkeln und ihren Lebensraum mit Standardmaßstäben und Winkelmessern vermessen. Sie würden entdecken, daß die Winkelsumme in ihren Dreiecken größer ist als die 180°, die in einer zweidimensionalen euklidischen Welt zu erwarten wären.

Nach einiger Zeit der Verblüffung und der genaueren Nachprüfung könnte nun ein zweiter Einstein auftreten und seinen Mit-Ameisen diese merkwürdigen Ergebnisse erklären durch die Hypothese, daß ihre Welt – entgegen ihrer Anschauung – dreidimensional, nämlich eine Kugel ist. So könnte es ihm auch gelingen, andere merkwürdige Beobachtungen zu erklären, z.B. eine uralte Legende, bisher als Märchen abgetan, über einen gewissen *Magellan*, der die Erde ganz umsegelt haben wollte. Obwohl keine dieser Ameisen sich eine Kugel *vorstellen* könnte, würden doch ihre Wissenschaftler mit den Eigenschaften solcher Kugeln durchaus zurechtkommen, prüfbare Folgerungen ziehen, sie nachprüfen und bestätigen. So würden rein zweidimensionale Beobachtungen (beispielsweise das Ausmessen von Winkeln) zu theoretischem Wissen führen, das den anfänglichen (und unveränderlichen!) Anschauungsformen *widerspricht*. Die Situation scheint vielleicht paradox, ist aber gleichwohl widerspruchsfrei und keineswegs zirkulär.

Es sollte daran deutlich werden, daß *empirische* Theorien von unseren mesokosmischen Anschauungsformen, Kategorien und Prinzipien abweichen, ihnen sogar widersprechen können. Es ist deshalb durchaus sinnvoll zu *fragen*, ob die Welt so ist, wie sie uns auf unserem mesokosmischen Erkenntnisniveau erscheint, und zu versuchen, das *empirisch* herauszufinden. Eben das tun Wissenschaftler seit Hunderten von Jahren.

d) Auch Unanschauliches ist prüfbar.

Es ist *denkbar*, daß unsere Welt in Wahrheit vierdimensional ist (oder von sogar noch höherer Dimension) und daß wir mesokosmisch nur dreidimensionale *Projektionen* vierdimensionaler Objekte erfassen. Es ist auch denkbar, daß wir unseren mesokosmischen Erfahrungen mit der Hypothese einer solchen vierdimensionalen Welt viel besser gerecht würden. (Man denke an den Fall der Ameisen!) Viele Wissenschaftler haben diese Hypothese ausgearbeitet und geprüft – sie ist *falsch*. Es gibt nicht den leisesten Hinweis auf eine abweichende Dimensionalität (jedenfalls des Makrokosmos), keinen Widerspruch in den Theorien, die den Raum als dreidimensional voraussetzen, keine Tatsache, die durch vier, aber nicht durch drei Dimensionen erklärt werden könnte.

Wohl verbindet die Spezielle Relativitätstheorie Raum und Zeit zu einem Raum-Zeit-Kontinuum von vier Dimensionen. Aber auch dort bleibt der Raum dreidimensional, die Zeit eindimensional. Raum und Zeit hängen nur enger miteinander zusammen, als die klassische Physik angenommen hatte.

Man kann sogar *beweisen*, daß der makrokosmische physikalische Raum unter sehr allgemeinen Bedingungen, die durch nicht-räumliche Erfahrungen bestätigt werden (z.B. nachhallfreie Ausbreitung von Wellen, geschlossene Planetenbahnen, Möglichkeit lebender Systeme), dreidimensional sein *muß*. Wäre er es nicht, so wären einige Dinge in unserer Welt gar nicht möglich oder jedenfalls ganz anders, als sie sind. Es ist also völlig legitim, wenn wir behaupten, die Struktur der Welt und ihre Rekonstruktion in der Wahrnehmung stimmten hinsichtlich der Dimension überein.

Es ist *denkbar*, daß unsere Welt *nicht* kausal verknüpft ist, daß nur regelmäßige zeitliche Abfolgen existieren und daß unseren kausalen Interpretationen objektiv nichts entspricht. Kausalität ist jedoch – entgegen Hume und den modernen Empiristen – *mehr* als regelmäßige Abfolge. Wenn immer wir zu Recht von einer kausalen Verknüpfung sprechen, dann gibt es auch einen Energieübertrag.[19] Ohne Energieübertrag gibt es keine Kausalität, keine Ursache, keine Wirkung. Dieser Energieübertrag kann *empirisch* überprüft und aufgefunden werden. Ob also unsere intuitive kausale Interpretation einer speziellen Ereignisfolge korrekt ist, ist eine sinnvolle Frage, die empirisch untersucht werden kann. Und wir wissen recht gut, daß unsere kausale Wahrnehmung in einigen Fällen im Irrtum ist. Auch dann hält unser ratiomorpher Apparat an seiner falschen kausalen Interpretation fest, obwohl wir es rational doch besser wissen. Unsere kausale Interpretation von Ereignissen ist also in einigen Fällen korrekt, in anderen nicht. Die Frage, ob sie korrekt ist, ist jedenfalls eine sinnvolle Frage.

Es ist *denkbar*, daß unserer intuitiv so sicheren Unterscheidung zwischen Vergangenheit und Zukunft in der realen Welt nichts entspricht, daß diese Unterscheidung also nur die subjektive Weise darstellt, auf die wir eine zeitlose oder zeit-symmetrische Welt erfahren. Aber auch das könnten wir herausfinden. Wir sind nicht unabdingbar an zeit-gerichtete Theorien gebunden. Tatsächlich: Obwohl alle unsere Alltagserfahrungen den Zeitpfeil enthalten (nur wenige beobachtbare Prozesse sind umkehrbar; die meisten sind gerichtet, erhöhen nämlich die Entropie), sind doch *alle grundlegenden Theorien der Physik zeitsymmetrisch*. Entgegen aller Erwartung hat die Physik in den grundlegenden Gesetzmäßigkeiten der Natur keine Zeit-Asymmetrie entdeckt.[20] Diese überraschende und immer noch nicht ganz geklärte Tatsache zeigt, daß wir unsere intuitive Art und Weise, die Welt zu sehen, mit empirisch bestätigten Theorien sehr wohl überschreiten (wenn auch nicht aufheben) können.

Die zeitliche Symmetrie der Grundgleichungen der Physik bedeutet freilich nicht, daß die Welt nun tatsächlich zeit-symmetrisch wäre. Sie zeigt nur, daß der Zeitpfeil vermutlich nicht den Naturgesetzen, sondern möglicherweise den Anfangsbedingungen unseres Universums zu verdanken ist.

Wieder ist es völlig legitim zu behaupten, der Unterschied zwischen Vergangenheit und Zukunft sei objektiv, bestehe also in der realen Welt. Wieder dürfen wir von einer Übereinstimmung zwischen subjektiven Erkenntnisstrukturen und objektiven Strukturen sprechen. Diese Übereinstimmung, wie sie durch die wissenschaftlichen Befunde bestätigt wird, ist übrigens ein weiteres schlagendes Beispiel für einen *virtuosen Zirkel* (vgl. B3):

> Wir beginnen mit dem Beobachter – einem lebenden System –, der zwischen Zukunft und Vergangenheit unterscheiden kann, und wir gelangen zu dissipativen Strukturen, die, wie wir sahen, eine 'historische Dimension' aufweisen.

So können wir uns jetzt selbst als eine hochentwickelte Form einer dissipativen Struktur erkennen und die Unterscheidung zwischen Zukunft und Vergangenheit, die wir zu Beginn eingeführt hatten, in einer 'objektiven' Weise rechtfertigen. Diese Zirkularität enthält keinen vitiösen Zirkel, da die Unterscheidung zwischen Zukunft und Vergangenheit bei Anerkennung des Begriffs dissipativer Strukturen wesentlich präziser ist als jene Unterscheidung, mit der wir begonnen hatten.[21]

Unser letztes Beispiel – der Zeitpfeil, die Existenz dissipativer Strukturen, die Möglichkeit von Entwicklung und von evolutiven Prozessen – verweist auf einen weiteren Stützpfeiler der Evolutionären Erkenntnistheorie, auf die Evolutionstheorie. Zirkelprobleme, welche die Evolution betreffen, sind Gegenstand des nächsten Abschnitts.

C 3 „Die Evolutionstheorie ist zirkulär."

a) „Der Begriff der Evolution ist inkonsistent."

Wenn Wissenschaftler von kosmischer, chemischer, molekularer, biologischer, kultureller Evolution sprechen, dann beziehen sie sich auf Prozesse, die in der Zeit ablaufen und in der Regel mit *anderen* Systemen enden, als sie begonnen haben. Der Begriff „Evolution" soll also für Ereignisfolgen gelten, bei denen etwas *Neues* entsteht.

Etymologisch bedeutet „e-volvieren" jedoch „heraus-rollen, entrollen, ent-wickeln, ent-falten". Entrollen kann man jedoch nur Dinge, die schon da sind. „Evolution" kann also nicht das bedeuten, was es bedeuten soll. Was immer in der Evolution entsteht, muß schon vorher, muß von Anfang an irgendwo, möglicherweise unsichtbar, existiert haben. Das gleiche gilt für verwandte Begriffe wie „Entwicklung" oder „Emergenz" (e-mergieren ≙ auf-tauchen).

Dieses Argument ist natürlich völlig unsinnig. Die Bedeutung eines Begriffes wird festgelegt durch Definition, durch Explikation, durch den Gebrauch, durch den Kontext, durch die Aussagen, die ihn mit anderen Begriffen verknüpfen, niemals aber durch Etymologie. Der historische Ursprung eines Wortes hat sein eigenes Interesse und mag als *heuristischer Hinweis* auf die Bedeutung hilfreich sein. Die Berufung darauf, was ein Wort „ursprünglich" bedeutete, auf seine „eigentliche" Bedeutung oder auf den „Offenbarungscharakter der Sprache" wird jedoch niemals über seine Bedeutung entscheiden können. Es gibt sogar Wörter, deren Bedeutungen sich im Laufe der Zeit ins Gegenteil verkehrt haben.

Ein gutes Beispiel hierfür findet sich in dem Wort *nice,* von dem einige Lehrer ihren Kindern immer noch erzählen, es bedeute eigentlich 'genau' oder 'treffend' wie in den Redewendungen *treffende Unterscheidung* oder *treffendes Argument.* Aber das ist eben, was es – außer in diesen Wendungen – einmal bedeutet *hat*, nicht, was es jetzt bedeutet. Das Problem bei der

Berufung auf ältere Bedeutungen liegt darin, daß es keinen ausgezeichneten Zeitpunkt gibt, bei dem wir anhalten könnten. Denn wenn wir noch etwas weiter zurückgehen, dann finden wir, daß *nice* einmal 'dumm' oder 'simpel' bedeutet hat, nicht weit weg vom lateinischen *nescius* 'unwissend', von dem es sich ableitet. Aber das lateinische Wort entstand aus einer negativen Vorsilbe *ne-* und einer Wurzel, die, obwohl sie im Lateinischen die Bedeutung 'Wissen' hat, ursprünglich 'schneiden' bedeutete und mit *Schisma* und *scheren* verwandt ist. So sollte unser Wort ursprünglich die Bedeutung 'nicht schneidend' oder 'stumpf' gehabt haben (fast das Gegenteil der vorgeschriebenen Bedeutung 'genau'). Wie weit also sollen wir auf der Suche nach der 'ursprünglichen' Bedeutung zurückgehen?[22]

So hat auch das Wort „Evolution“ die Bedeutung, die wir ihm geben, und nicht die, welche die Römer ihm gaben, als sie es prägten oder benützten. Gleichwohl könnten wir natürlich genau so gut (oder sogar noch besser) das Auftreten neuer Merkmale, Eigenschaften, Strukturen, Objekte, Systeme in der Evolution durch ein *anderes* Wort bezeichnen, zum Beispiel durch den scholastischen Term „Fulguration“, wie Konrad Lorenz vorgeschlagen hat.

Es ist auch nicht wahr, daß neue, „fulgurierende“ Eigenschaften unmöglich wären. Die Wissenschaft beschäftigt sich ausführlich mit solchen Neuheiten; die Systemtheorie versucht, den besonderen Charakter „emergenter“ Eigenschaften zu verstehen; und die Wissenschaftstheorie kämpft mit den verwandten Problemen der Reduktion. Hier warten noch viele hartnäckige Probleme auf Antwort; aber keines von ihnen wurzelt in der angeblichen Zirkularität.

b) „Der Darwinismus ist tautologisch.“

a) Inwieweit hängt die Evolutionäre Erkenntnistheorie vom Darwinismus ab?

Gegen die Evolutionstheorie gibt es natürlich viele Einwände, vor allem gegen Darwins Theorie und ihre modernen Nachfolger.[22a] Sie sind nicht Gegenstand dieses Beitrages, der auf angebliche *Zirkel* beschränkt ist. Es sei jedoch hervorgehoben, daß die Evolutionäre Erkenntnistheorie nicht von jedem winzigen *Detail* der Evolutionstheorie abhängt. Die Evolutionäre Erkenntnistheorie ist deshalb nicht widerlegt, wenn sich eine spezielle Behauptung der Evolutionstheorie als falsch erwesit. Sie steht und fällt jedoch mit einigen grundlegenden evolutionären Begriffen und Prinzipien. Dazu gehören

- *gemeinsamer Ursprung* der meisten, wenn nicht aller Organismen auf der Erde,
- phylogenetische *Verwandtschaft des Menschen* mit tierischen Vorfahren, vor allem mit Primaten,
- (nahezu) *invariante Reproduktion* organismischer Systeme,

- *Erblichkeit* von anatomischen, physiologischen, Verhaltens- und kognitiven Merkmalen,
- Vielfalt organismischer Typen durch *Mutationen*,
- differentielle Reproduktion aufgrund unterschiedlicher Tauglichkeit, in der Regel unter der Bezeichnung *„natürliche Selektion"* (oder „Überleben des Tüchtigsten"),
- Evolution als Entfaltungs- und *Anpassungsprozeß*.

Diese Zusammenstellung von Prinzipien liefert tatsächlich eine Skizze des Darwinismus. Ob es darüber hinaus auch noch andere Faktoren gibt, welche die evolutionären Vorgänge beherrschen, z.B. Genrekombination, Schwankungen der Populationsgröße, Einnischung, Isolation oder was sonst, ist für die Evolutionäre Erkenntnistheorie zwar relevant, aber nicht entscheidend.

Die Evolutionäre Erkenntnistheorie wäre jedoch völlig auf dem Holzweg, wenn eines der genannten charakteristischen Prinzipien der biologischen Evolution falsch wäre. Tatsächlich gibt es ein ernsthaftes Argument, wonach das Darwinsche Selektionsprinzip *zirkulär* sei.

β) Die angebliche Tautologie

Nach dem Darwinismus hängt der Fortpflanzungserfolg einer Art von der *Fitness* ihrer Mitglieder ab. In einer Population, in der verschiedene Individuen miteinander in Wettbewerb stehen, bedeutet größere Fitness mehr Nahrung, mehr Wohnraum, mehr Partner, mehr Nachkommen, folglich eine gewisse Überlegenheit des angepaßten Individuums und auf lange Sicht einen wachsenden Anteil des betreffenden Genotyps. Dieses Prinzip vom *Überleben des Tüchtigsten* ist ein Eckpfeiler der Evolutionstheorie.

Wie aber wird Fitness definiert oder gemessen? Wie können wir den Anpassungsgrad nachprüfen? Die einzige Möglichkeit liegt darin, daß wir uns an dem tatsächlichen Reproduktionserfolg orientieren. Jene Individuen oder Arten mit vielen Nachkommen sind fit; andere, die nicht überlebt haben, waren offenbar nicht fit genug. Offenbar ist das entscheidende Kriterium für Fitness das Überleben. Das genannte Prinzip behauptet also nur das *Überleben dessen, der überlebt* (survival of the survivor). Der Eckpfeiler der Evolutionstheorie entartet also zu einer leeren Zirkularität, zu einer bloßen Tautologie.

γ) Widerlegung der Zirkularitätsbehauptung

Dieser Angriff kann zurückgewiesen werden. Tatsächlich ist es möglich, eine genaue Definition für „Fitness" zu geben, ohne auf das langfristige Überleben zurückzugreifen. Fitness oder Anpassungsgrad oder Selektionswert ist eine spezielle Kombination dreier funktioneller Parameter:

- *Stabilität* des Systems,
- Reproduktions*geschwindigkeit* (wie viele Nachkommen in welcher Zeit?) und
- *Qualität* (Genauigkeit, Treue, Invarianz) der Reproduktion.

Wie man diese Parameter verbindet, um eine quantitative „Wertfunktion" zu erhalten, das hat Manfred Eigen 1971 gezeigt. Bei selbstvermehrenden molekularen Strukturen und vielleicht bei Viren und Einzellern kann dieser Selektionswert, diese Fitness, sogar gemessen oder theoretisch vorhergesagt werden. Für höhere Organismen werden solche Messungen oder Vorhersagen noch lange zu schwierig sein. Die entscheidende Frage ist jedoch nicht, wie gut Fitness *gemessen* werden kann, sondern, ob und wie sie *definiert* und verstanden werden kann, ohne daß auf den Begriff des Überlebens zurückgegriffen wird. Die moderne Biogenetik hat dieses Problem endlich gelöst. Die vermeintliche Zirkularität oder Tautologie in der Evolutionstheorie existiert nicht.

C 4 „Die Evolution kann nicht zu mehr Komplexität führen."

a) Das Argument

Wenn ein System A ein Objekt B hervorbringt, dann muß A komplizierter sein als B. Wenn ein System etwas konstruieren kann, so muß es eine vollständige Beschreibung des zu konstruierenden Objektes enthalten. *Darüber hinaus* muß es spezielle Vorrichtungen haben, welche die Beschreibung interpretieren und die erforderlichen Operationen ausführen können. Also muß das produzierende System komplizierter sein als das Produkt. Das bedeutet, daß der Übergang vom produzierenden System zum Produkt eine Abnahme an Komplexität aufweisen wird. Deshalb ist ein Reproduktionsprozeß, bei dem die Komplexität erhalten bleibt, nicht durchführbar, erst recht kein Prozeß, bei dem die Komplexität noch ansteigt. Eine Folge von Systemen, von denen jedes das nächste herstellt, muß eine *kontinuierliche Degeneration* aufweisen.

b) Der Fall selbst-reproduzierender Organismen

Wenn es keine Organismen gäbe (außer natürlich einigen Philosophen), dann würden Zirkularitäts-Anhänger die Selbst-Reproduktion gewiß für unmöglich erklären. Nun gibt es aber Organismen (und sogar selbst-reproduzierende Philosophen). Die Frage ist also nicht, ob es solche Systeme geben kann, sondern wie Selbst-Reproduktion möglich ist.

Zunächst einmal sollte betont werden, daß kein Organismus – und übrigens kein System überhaupt – sich selbst *herstellt*. Es gibt nur Systeme, die sich *kopieren*, und dabei andere, wenn auch ähnliche oder sogar strukturell identische Systeme hervorbringen. Im „wirklichen

Leben" geschieht dies durch eine geeignete Kombination von Information und Funktion, wobei die *Informations*einheiten für die Funktionseinheiten codieren (DNA für Proteine) und die *Funktions*einheiten sowohl die Übersetzung als auch die Verdopplung der genetischen Information leisten (Enzyme „lesen" und vermehren DNA-Moleküle). Einen vitiösen Zirkel gibt es dabei nicht. (Zur Frage, wie dieser „zirkelhafte" Prozeß begonnen haben könnte, vgl. B3h).

c) Der Fall selbst-reproduzierender Maschinen

Nun könnte man geneigt sein, lebende Systeme überhaupt beiseite zu lassen, da sie viel zu kompliziert und noch längst nicht vollständig verstanden sind. Vielleicht sollten wir lieber über Maschinen sprechen. Sie sind Artefakte, und wir verstehen sie vollständig, da wir sie entwerfen und bauen. Denken wir uns Maschinen, die andere Maschinen produzieren, die ihrerseits weitere Maschinen bauen, und so weiter – werden wenigstens sie unsere Überzeugung bestätigen, daß die Komplexität auf jeden Fall abnimmt? Um diese Frage zu beantworten, brauchen wir eine klare Vorstellung davon, was eine Maschine ist und was sie tun kann. Einen derartigen Maschinenbegriff hat Alan Turing entwickelt. Er entwarf eine Maschine, die einfach genug ist, um einer streng formalen Beschreibung zugänglich zu sein, und zugleich auch kompliziert genug, um alle algorithmischen Aufgaben auszuführen, d.h., um alle Probleme zu lösen, die durch *Algorithmen* gelöst werden können. Und John von Neumann hat gezeigt, daß solche *Turingmaschinen sich selbst reproduzieren können*, wenn sie mit einem geeigneten Programm und genug Material ausgestattet sind. Unsere Überzeugung, selbst-reproduzierende Systeme seien unmöglich, ist einfach falsch. Im Hinblick auf das Problem der Komplexität kommt von Neumann zu einem bemerkenswerten Ergebnis:

> Auf niedriger Stufe ist „Komplexität" vermutlich degenerativ, das heißt, ein Automat, der andere Automaten herstellen kann, wird nur weniger komplizierte herstellen können. Es gibt jedoch ein gewisses Mindestniveau, bei dem diese degenerative Tendenz ihre universelle Gültigkeit verliert. Auf dieser Stufe werden Automaten möglich, die sich selbst reproduzieren oder sogar höhere Systeme konstruieren.[23]

Von Neumann verweist also auf die Tatsache, daß für Reproduktion eine gewisse *Mindestkomplexität* unerläßlich ist. Wie kompliziert ein solches Minimalsystem sein muß, liegt nicht fest (und ist auch nicht bekannt). Es hängt mit Sicherheit von den äußeren Bedingungen ab. Wenn sie die Reproduktion begünstigen, dann kann unser System vergleichsweise einfach sein; andernfalls ist es auf sich selbst angewiesen, es bedarf größerer Autonomie, also höherer Komplexität. Es ist auch bemerkenswert, daß von Neumann bei seiner formalen Beschreibung einer selbst-reproduzierenden Maschine schon 1951 aus prinzipiellen Gründen informationelle und funktionelle Einheiten unterscheidet, natürlich ohne zu wissen, daß und wie eben diese Zweiteilung in der Natur verwirklicht ist.

In seiner letzten Bemerkung spricht von Neumann auch das Problem *wachsender* Komplexität an. Damit soll sich unser letzter Abschnitt befassen.

d) Der Fall wachsender Komplexität

Wir haben gesehen, daß die Komplexität bei der Reproduktion bewahrt werden kann. Unser letzter Punkt betrifft nun die Frage, wie Komplexität sogar *anwachsen* kann. Das ist natürlich der faszinierendste Aspekt jedes evolutionären Prozesses, sei er kosmisch, astrophysikalisch, chemisch, molekular, biologisch, kulturell oder sozial.

Was *formale Systeme* angeht, dürfte es sich lohnen, sich mit einem sich selbst entwickelnden Gesellschaftsspiel zu beschäftigen, das unlängst erfunden wurde und „Nomic“ heißt.[24] Wie jedes Spiel beginnt auch dieses mit Regeln. Aber diese Regeln sind nicht ein und für alle Mal festgelegt; sie dürfen während des Spieles geändert werden. Tatsächlich *besteht das Spiel darin, daß man seine Regeln verändert*, also bestehende Regeln beseitigt oder abändert oder neue Regeln einführt.

„Nomic“ wird reihum gespielt. Jeder „Zug“ besteht darin, daß ein Spieler einen Vorschlag macht, wie man die Regeln ändern könnte. Wenn der Vorschlag durch Abstimmung angenommen wird, so erhält der Spieler „Pluspunkte“. Wer zuerst hundert Punkte erreicht hat, ist Sieger. Die Regeln haben verschiedene Grade von Veränderbarkeit; für verschiedene Änderungen sind verschiedene Mehrheiten erforderlich. Aber *keine Regel ist völlig tabu*. Selbst die bisher erwähnten Regeln und Metaregeln können verändert werden.

„Nomic“ ist beispielhaft für eine Struktur, die sich selbst ständig verändern und jedes einzelne ihrer Merkmale (z.B. ihre Regeln) ersetzen kann, ein wunderbares Beispiel für ein rückbezügliches System, das (möglicherweise) mehr und mehr Komplexität entwickelt.

Im Hinblick auf *Maschinen* hat bereits von Neumann am Ende seines vorgenannten Artikels das Problem einer Evolution angesprochen, in der die Komplexität sich erhöht.[23] Er bemerkt, daß beliebige Änderungen im Informationsteil (also im Bauplan) seiner selbst-reproduzierenden Maschine an nachfolgende Generationen weitergegeben werden könnten. In der Regel wären sie destruktiv, aber gelegentlich auch neutral oder sogar nützlich. Diese Änderungen würden also die Rolle von Mutationen im Erbgut von Organismen spielen. Obwohl die Angst vor superintelligenten Maschinen, wie sie in Zukunftsromanen und in der Presse geschildert werden, für einige Jahrhunderte grundlos ist, gibt es doch keine *prinzipielle* Grenze für eine autonome Evolution hinreichend komplizierter Maschinen.

Was nun *Organismen* angeht, beweisen die Tatsachen der Evolution, daß ein Komplexitätswachstum stattgefunden hat. Das menschliche Genom enthält etwa 10 Milliarden Nukleotide, was dem Informationsgehalt von tausend Büchern mit je tausend Seiten entspricht. Wie schon in b erwähnt, ist das Problem für die Wissenschaft nicht, *ob*, sondern *wie* ein solcher Zuwachs an Information, an Ordnung, an Komplexität möglich war. Wir beginnen gerade, diesen Prozeß über Prinzipien der Nichtgleichgewichts-Thermodynamik und der Synergetik zu verstehen. Ein Zirkelproblem ist damit jedenfalls nicht mehr verbunden.

Nach einem vielfach erhobenen Einwand sollte der zweite Hauptsatz der Thermodynamik, das Gesetz von der Entropiezunahme, die Entstehung von Strukturen verhindern. Das ist völlig falsch. Erstens ist Entropie, entgegen einer gängigen Überzeugung, nicht immer ein Maß für Unordnung (so daß die unvermeidliche Zunahme der Entropie die Entstehung von Ordnung oder von Strukturen verhindern müßte). Zweitens gilt der Entropiesatz nur für *abgeschlossene* Systeme, während Organismen *offene* Systeme sind, die zwar Entropie erzeugen, sie aber an die Umgebung abgeben und dadurch ihre eigene Entropie niedrig halten. Drittens schließt unter speziellen Bedingungen (niedrige Gesamtenergie *und* Existenz anziehender Wechselwirkungen oder Einschluß durch äußere Kräfte) die *Zunahme der Entropie sogar eine Zunahme an Ordnung und Struktur* ein. Somit widerspricht der Entropiesatz nicht der Existenz von Organismen; er könnte uns sogar helfen, deren Auftreten zu erklären.

Was *kognitive Systeme* betrifft, so gibt es keinen Grund, warum – im Hinblick auf Komplexität – in ihrem Falle die Sachlage anders sein sollte. Gegenwärtig und in der Geschichte gibt es verschiedene kognitive Stufen, und wir dürfen uns wohl einer besonders hohen Stufe rühmen. Kognitiv sind wir tatsächlich allen anderen Systemen auf der Erde überlegen. Obwohl das nicht unser Verdienst ist, sondern vielmehr ein Ergebnis evolutiver Prozesse, gibt es auch keinen Grund, warum wir diese unsere Überlegenheit nicht ausnutzen sollten.

Obwohl überlegen, ist unser kognitives System nicht notwendig endgültig. Es entstand durch Evolution und wird sich weiter entwickeln, zum Vorteil oder zum Nachteil. Es könnte mehr Komplexität und mehr Leistungsfähigkeit gewinnen. Es ist *denkbar*, daß ein verbessertes kognitives System Leistungen vollbringt wie die folgenden:

– Es könnte sich vierdimensionale Objekte vorstellen. (Wir können das nicht; nur dreidimensionale Projektionen sind unserer Raumanschauung zugänglich.)
– Es könnte sich nicht-euklidische Strukturen vorstellen. (Wir können das nicht; deshalb bedurfte es eines Einstein, um die Allgemeine Relativitätstheorie zu formulieren.)
– Es könnte sich die zeitliche Umkehrung jedes beliebigen Prozesses vorstellen. (Wir können das nicht; man denke nur daran, wie schwierig es für uns ist, Wörter oder Sätze rückwärts zu sprechen oder eine umgekehrte Melodie zu erkennen.)

- Es könnte alle natürlichen Sprachen der Erde lernen und fließend sprechen. (Das kann sonst niemand.)
- Es könnte sich beliebig (aber doch endlich) viele logische Konsequenzen irgendeiner Aussage oder Aussagenmenge vergegenwärtigen.
- Es könnte ein *intuitives* Verständnis für Rückkopplungsstrukturen, für kybernetische Kausalität, für exponentielles Wachstum, für statistisch unabhängige Ereignisse entwickeln.

Wir könnten diese Liste fiktiver Verbesserungen nach Belieben verlängern. Aber *biologisch-genetische Veränderungen sind nicht das Entscheidende*. Die Geschwindigkeit der Evolution ist einfach zu niedrig, als daß sie für unser gegenwärtiges kognitives System von aktueller Bedeutung sein könnte. Merkliche Veränderungen genetisch determinierter Merkmale benötigen Tausende und Millionen von Jahren. Deshalb sollten wir mit unseren Hoffnungen (oder Befürchtungen) nicht auf die biologische Evolution setzen. Statt dessen sollten wir die kulturelle Evolution in Betracht ziehen. Tatsächlich sieht es so aus, als ob unser Gehirn viel besser genützt werden könnte. In einem gewissen Sinne treiben wir die meiste Zeit Gehirnverschwendung. Wir könnten es besser. Wir können Bücher benützen, Computer, künstliche Gedächtnisse, reiche formale Systeme, elegante Algorithmen, umfassende Theorien, effektives Teamwork usw.

Für die Komplexität der kognitiven Supersysteme, die wir künftig entwickeln und benützen könnten, ist *keine Grenze bekannt*. Und es ist wohl überflüssig zu betonen, daß wir derartige Denkzeuge noch bitter nötig haben könnten.

Schlußbemerkung

Wir hatten uns vorgenommen, angebliche Zirkel in der Evolutionären Erkenntnistheorie zu untersuchen. Es stellte sich heraus, daß die Vorwürfe von sehr verschiedenem Charakter sind. Einige von ihnen richten sich direkt gegen die Evolutionäre Erkenntnistheorie, andere gegen die Einbeziehung empirischer Fakten in die Erkenntnistheorie und einige sogar gegen die Erkenntnistheorie im allgemeinen. Alle diese Angriffe sind ungerechtfertigt. In den meisten Fällen erweisen sich die vermeintlich zirkulären Strukturen als nicht-vitiöse, widerspruchsfreie, fruchtbare, selbstkorrigierende Rückkopplungsschleifen, die wir „virtuose Zirkel" nennen.

Zirkelprobleme werden in der Regel von Philosophen aufgeworfen und analysiert. Viele dieser Probleme wurden für unlösbar erklärt. Wohingegen Wissenschaftler, in der festen Überzeugung, daß die Natur nicht zirkelhaft oder selbst-widersprüchlich sein kann, diese Probleme auf pragmatische Weise lösten: Sie entwickelten iterative, rekursive, evolutionäre Verfahren. Sie bemerkten andererseits nicht, daß sie damit elegante Lösungen für einige hartnäckige erkenntnistheoretische Rätsel zur Verfügung hatten.

Diese Situation mag überraschen; aber vielleicht ist sie letztlich gar nicht so merkwürdig. Die Gemeinsamkeiten zwischen Wissenschaft und Philosophie, ihre wechselseitigen Verbindungen und Wechselwirkungen und der Austausch von Information sind immer noch recht spärlich. Möge dieser Beitrag, möge das Problem der Zirkularität, möge die Evolutionäre Erkenntnistheorie dazu beitragen, diesen Sachverhalt zu korrigieren. Schließlich ist auch Wissenschaft nichts anderes als Philosophie mit neuen Mitteln.

Anmerkungen

1 Darstellungen der Evolutionären Erkenntnistheorie geben Vollmer, G.: Evolutionäre Erkenntnistheorie. Hirzel, Stuttgart 1975 (^{3}1981). Ders.: Mesokosmos und objektive Erkenntnis – Über Probleme, die von der Evolutionären Erkenntnistheorie gelöst werden [im vorliegenden Band S. 57].
2 Schelling, F. W.: Zur Geschichte der neueren Philosophie. Sämtliche Werke, Band 10 (1861), S. 78
3 Hegel, G.F.W.: Enzyklopädie der philosophischen Wissenschaften (1827), § 10
4 Nelson, L.: Über das sogenannte Erkenntnisproblem. Göttingen ^{2}1930, S. 444f.
5 Russell, B.: Probleme der Philosophie. Suhrkamp, Frankfurt 1967 (^{1}1912), S. 132f.
6 Kant, I.: Kritik der reinen Vernunft (1781), S. A 347
7 Diesen Aspekt betont Levinson, P.: Evolutionary epistemology without limits. In: Knowledge: creation, diffusion, utilization *3* (1982) 465–502, S. 487ff.
8 Kant, I.: Über das Organ der Seele (1796), S. A86
9 Albert, H.: Traktat über kritische Vernunft. Mohr, Tübingen 1968, S. 13
10 Stegmüller, W.: Gedanken über eine mögliche rationale Rekonstruktion von Kants Metaphysik der Erfahrung. Ratio *9* (1967) 1–30 (Teil I) und *10* (1968) 1–31 (Teil II), Teil I, S. 22
11 Radnitzky, G.: In defense of self-applicable critical rationalism. Proc. 11th Int. Conf. on the Unity of the Sciences (Philadelphia 1982). Int. Cultural Foundation Press, New York 1983, 1025–1069
12 Lenk, H.: Philosophische Logikbegründung und rationaler Kritizismus. Z. für philosophische Forschung *24* (1970) 183–205. Auch in ders.: Metalogik und Sprachanalyse. Rombach, Freiburg 1973, 88–109.
13 Goldman, A.I.: Actions, predictions, and books of life. American Philosophical Quarterly *5* (1968) 135–151, Teil VI
14 Chew, G.F.: „Bootstrap": a scientific idea? Science *161* (1968) 762–5
15 Frege, G.: Über die wissenschaftliche Berechtigung einer Begriffsschrift. Z. für Philosophie und philosophische Kritik, N.F. *81* (1882) 48–56, S. 55
16 Vollmer, G.: Kant und die Evolutionäre Erkenntnistheorie [im vorliegenden Band S. 166].

17 Kant, I.: Fortschritte der Metaphysik (1804), S. A 45
18 Popper, K.R.: Conjectures and refutations. Harper, New York 1968, S.179f. (deutsch in: Die offene Gesellschaft und ihre Feinde. Band I. Francke (Dalp), München 1957, [6]1980 (UTB), S. 15)
19 Vollmer, G.: Ein neuer dogmatischer Schlummer? Kausalität trotz Hume und Kant. Akten des 5. Int. Kant-Kongresses 1981. Grundmann, Bonn 1981 1125–38 [abgedruckt in Band 2; vgl. auch S. 102–7 im vorliegenden Band]
20 Davies, P.C.W.: Physics of the time asymmetry. University of California Press, Berkeley 1977. – Vollmer, G.: Woher stammt die Asymmetrie der Zeit? Zeitpfeile in Physik und Kosmologie. [Abgedruckt in Band 2.]
21 Prigogine, I.: Time, irreversibility and structure. In Mehra, J. (ed.): The physicist's conception of nature. Reidel, Dordrecht. 1973, S. 589f.
22 Palmer, F.: Grammar. Penguin 1971, S. 23f.
22a Vollmer, G.: Die Unvollständigkeit der Evolutionstheorie. In Kanitscheider, B. (Hrsg.): Moderne Naturphilosophie. Königshausen und Neumann, Würzburg 1984, 285–316 [abgedruckt in Band 2]
23 Neumann, J.v.: The general and logical theory of automata. In: Jeffress, L.A. (ed.): Cerebral mechanisms in behavior. Wiley. New York 1951. Als Einführung dient Penrose, L.S.: Self-reproducing machines. Scientific American *200* (June 1959) 106–114.
24 Eine Beschreibung von „Nomic" gibt Hofstadter in Spektrum der Wissenschaft, August 1982, S. 8–13.

EVOLUTION UND ERKENNTNIS – ZUR KRITIK AN DER EVOLUTIONÄREN ERKENNTNISTHEORIE

Einführung

Die Evolutionäre Erkenntnistheorie (EE) geht aus von der naturalistischen These, daß Erkennen eine Gehirnfunktion und als solche zugleich ein Ergebnis der biologischen Evolution ist; sie untersucht die Argumente, die für oder gegen eine solche Auffassung sprechen; und sie prüft ihre erkenntnistheoretischen und anthropologischen Konsequenzen. Dabei stützt sie sich in erheblichem Maße auf einzelwissenschaftliche Befunde und unternimmt somit eine Verkopplung von Erfahrungswissenschaft und Erkenntnistheorie.

Mit ihren Voraussetzungen, ihren Thesen und ihrem Vorgehen ist die EE in den letzten Jahren zum Gegenstand einer intensiven Auseinandersetzung geworden. Das ist erfreulich; denn das schlimmste Schicksal für eine derartige junge und ehrgeizige Disziplin wäre es, wenn sie (wie der Wiener sagt) „nicht einmal ignoriert" würde. Erwartungsgemäß hat die EE dabei Anhänger und Gegner gefunden. Allerdings sind ihre Anhänger nicht immer ihre besten Verteidiger, ihre Gegner nicht immer ihre überzeugendsten Kritiker.

Ich selbst habe mehrfach versucht, die Grundgedanken der EE – zusammenfassend oder ausführlich – darzustellen und Fehldeutungen zu korrigieren. Dabei konnte ich gelegentlich auch auf Kritik eingehen. Eine zusammenfassende „Gegendarstellung" von der Seite der EE ist jedoch bisher nicht unternommen worden. Dieser Beitrag wird sich nun ausschließlich mit der an der EE geäußerten Kritik befassen. Angesichts der umfangreichen Literatur kann auch hier keine Vollständigkeit erwartet werden; ich hoffe jedoch, die wichtigsten Probleme und Kritikpunkte zur Sprache zu bringen.

Die Vertreter der EE stimmen nicht in allen Punkten überein. Das ist nicht weiter verwunderlich; wäre es doch auch schwierig, wenn nicht unmöglich, zusammenfassend zu sagen, welche Auffassung „die" Neukantianer oder „die" Mitglieder des Wiener Kreises vertreten. Mir bleibt deshalb auch hier nichts anderes übrig, als jene Version der EE zu verteidigen, die ich selbst 1968 bis 1973 entwickelt und in meinem Buch (Vollmer, 1975) und in späteren Aufsätzen dargestellt habe. Dabei werde ich auch Anhängern der EE gelegentlich widersprechen, vor allem dort, wo es um den philosophischen Anspruch der EE geht.

Noch viel breiter ist natürlich das Spektrum der Kritiker. Es reicht von dankenswert konstruktiver Kritik am Detail bis zur pauschalen Ablehnung der gesamten Evolutionstheorie und jeder ihrer Anwendungen. Erheben einige bereits Einwände gegen die naturalistischen, evolutionstheoretischen oder realistischen *Voraussetzungen* der EE, so bestreiten andere „nur" ihre explanative Vollständigkeit oder ihre erkenntnistheoretische Reichweite. Es liegt in der Natur der Sache, daß dabei auch die Gegner einander vielfach widersprechen.

So gilt die EE dem einen als „Blendwerk" des Teufels, als „Sünde wider den Geist", ja als „Fingerzeig" auf „die Macht des Bösen" (Locker, 1981, 101, 104, 105), dem anderen als eine seriöse naturwissenschaftliche Theorie ohne erkenntnistheoretischen Anspruch (Oeser in Lorenz/Wuketits, 1983, 268), dem dritten wiederum als philosophischer Entwurf (Baumgartner, 1981, 56; 1982, 197; Löw, 1983, 332–5). Ist sie für den einen zu Kants Transzendentalphilosophie *komplementär* (Titze, 1983), so steht sie für den anderen dazu in *Widerspruch* und Konkurrenz (Holzhey, 1983, 118f.), bedeutet dem dritten eine historische *Relativierung* der Transzendentalphilosophie (Köchler, 1983, 43) und fällt gar für den vierten aus dem Bereich jeder zulässigen Kant-Interpretation heraus (Stegmüller, 1984, 30).

Es gibt keine These der EE, die nicht von einigen ihrer Kritiker auch bejaht würde. Wir werden jedoch daraus kein Kapital zu schlagen versuchen. Auch die *Motive* der Kritiker sollen unerörtert bleiben. Wer die EE ablehnt, um seinen Glauben, „seinen" Kant, seinen Agnostizismus oder auch seine Wissenschaftsfeindlichkeit bewahren zu können, der könnte schließlich mit seinen *Argumenten* doch noch recht haben. Hier soll es also nicht um Bekenntnisse und Zitate, sondern allein um kritische Argumente gehen.

Das hat allerdings auch zur Folge, daß pauschale Angriffe unberücksichtigt bleiben müssen. So gefällt sich eine Kritikerin zwar in der Behauptung, „daß die biologische Erkenntnistheorie das eigentliche Problem ausgeklammert hat" (Wulffen, 1974, 803–4); jedoch enthält ihr sechsseitiger Aufsatz außer zahlreichen Bekenntnissen zur „Gestalt", zum „Sinn", zum „Geist", zur „Innerlichkeit" kein einziges ernsthaftes Argument. Auf solche Art von Kritik kann ich nicht antworten. Und schließlich versuche ich, die herablassende Polemik zu übergehen, zu der einige Autoren (Locker, 1981; Löw, 1983; Hövelmann, 1984) sich offenbar berufen fühlen.

Da die Einwände sich vielfach überschneiden und wiederholen, wäre es zu aufwendig, sie nach Autoren abzuhandeln. Wir werden deshalb die Argumente in den Vordergrund stellen und jeweils die zugehörigen Autoren nennen. Damit eine Zuordnung auch in umgekehrter Richtung möglich ist, wird im Literaturverzeichnis bei jeder *kritischen* Quelle angegeben, in welchem Abschnitt ihre Einwände diskutiert werden. In den Abschnitten 1 bis 13 werden die Voraussetzungen der

EE (Identitätstheorie, Evolutionstheorie, Korrespondenztheorie, hypothetischer Realismus), in 14 bis 25 ihre erkenntnistheoretischen Ansprüche behandelt. Jeder Abschnitt referiert zunächst (in Engdruck) einen oder mehrere Einwände und stellt dann die Antwort der EE vor.

1 Identitätstheorie fragwürdig

Das menschliche Erkenntnisvermögen kann nur dann der biologischen Evolution unterliegen, wenn es eng an das materielle Gehirn gekoppelt ist und wenn Veränderungen dieses Vermögens durch (genetisch bedingte) physiologische Veränderungen des Gehirns bewirkt werden. Die EE setzt demnach in der Frage des Leib-Seele-Problems eine identitätstheoretische Lösung voraus.

„Die neurobiologische und wahrnehmungspsychologische Forschung macht in der Tat eine enge Kopplung zwischen Gehirnprozessen und sogenannten mentalen Ereignissen wahrscheinlich. Sie konnte aber keine Entscheidung etwa zwischen der identistischen Position . . ., einem strengen Parallelismus . . . und einem interaktionistischen Dualismus . . . treffen. Für einen interaktionistischen Dualisten (wie J. Eccles) hat die biologische Evolution für den Geist und seine Erkenntnisleistungen überhaupt keine Bedeutung, sofern nicht Handeln betroffen ist.“ (Roth, 1984, 226–7)

Die EE beruht damit auf einer unsicheren Grundlage.

Wie können wir die Entstehung des Geistes, des Bewußtseins, des Erkenntnisvermögens erklären? Entweder waren sie schon immer da, oder sie sind mit einem Schlage fertig entstanden (bzw. geschaffen worden), oder sie haben ebenfalls eine Evolution mitgemacht. Die beiden ersten Standpunkte sind dualistisch; der letzte ist in der Frage des Leib-Seele-Problems noch offen.

Wie aber kann eine Evolution des Geistes erfolgen? *Entweder* ist sie gegenüber der biologischen Evolution wenigstens teilweise autonom; das ist wieder nur in einer dualistischen Auffassung möglich. So kann zwar auch der Dualist von einer Evolution des Geistes sprechen; diese „Evolution“ hätte jedoch *keine* oder nur eine rein *zufällige* Beziehung zur biologischen Evolution. *Oder* aber der Geist entwickelt sich nach Prinzipien biologischer Evolution und ist dabei insbesondere der natürlichen Auslese unterworfen. Die Selektion beruht dabei auf der kausalen Wechselwirkung der Lebewesen mit ihrer Umwelt. Sie kann deshalb auch nur an kausal beeinflußbaren Systemen (Populationen, Lebewesen, Genen) angreifen.

Nun sind zwar nach dem Interaktionismus auch immaterielle Wesenheiten (Geister, Bewußtseinszustände, Ideen, Substanzen, Prinzipien) kausal beeinflußbar und üben – unter Verletzung des Energiesatzes! – sogar selbst kausale Wirkungen aus. Wie aber solche *immateriellen* Wesenheiten sich reproduzieren und aufgrund unterschiedlicher Tauglichkeit unterschiedlich vermehren sollten, dazu liefert die gesamte Biologie nicht den geringsten Anhaltspunkt – und der Dualismus erst recht nicht.

Die naheliegende Antwort, diese immateriellen Eigenschaften würden eben die Tauglichkeit der materiellen Systeme erhöhen und damit zu deren und letzlich zu ihrer eigenen Vermehrung beitragen, steht nur für den Identitätstheoretiker zur Verfügung; denn sie setzt ja eine *materielle* Codierung geistiger Eigenschaften im Genom voraus.

Somit ist für die EE eine identistische Position zum Leib-Seele-Problem konstitutiv und unabdingbar. Ein Vertreter der EE kann nicht zugleich Dualist sein (so auch Olding, 1983, 7–9). Popper oder von Ditfurth riskieren also offenbar einen Widerspruch, wenn sie die EE bejahen, zugleich aber Dualisten sein wollen. Popper betont zu Recht die Analogie zwischen biologischer und Theorienevolution; aber er unterschätzt die Unterschiede, die daher rühren, daß es Vermehrung, Vererbung und Mutation bei Ideen und Theorien nicht gibt. Für von Ditfurth hat der Geist schon immer existiert und nur gewartet, bis er sich in hochentwickelte Gehirne einnisten konnte. In diesem Sinne ist er also trotz des Titels (Ditfurth, 1976) „vom Himmel gefallen".

Zur Lösung des Leib-Seele-Problems sind gewiß weitere empirische Erkenntnisse notwendig. Der Erkenntnistheoretiker braucht jedoch nicht zu warten, bis alle empirischen Fragen geklärt sind. Er kann jederzeit – so auch heute – die Modelle und Argumente prüfen, die bislang vorgetragen wurden. Solche Argumente können gewisse Positionen stützen oder ausschließen, andere aufeinander beziehen.

Das Leib-Seele-Problem ist jedoch nur zum Teil ein empirisches Problem. Kein Befund einer künftigen Hirnforschung kann jemals ausreichen, die Identitätstheorie zu *beweisen*. Was sich mit einer einzigen Substanz (Wesenheit, Klasse realer Systeme) erklären und verstehen läßt, das läßt sich allemal und erst recht durch die Annahme zweier Substanzen erklären. In diesem Sinne ist allerdings auch die Behauptung unwiderlegbar, Morgenstern und Abendstern seien gar nicht ein- und derselbe Planet (eben die Venus), sondern eigentlich zwei Planeten, die immer nachts heimlich ausgetauscht würden. Hier müssen also metatheoretische Argumente wie Prüfbarkeitsbedingungen und Einfachheitskriterien herangezogen werden. Auch solche Prinzipien können heute schon greifen.

Bei Berücksichtigung der mir bekannten empirischen Tatsachen und dieser metatheoretischen Gesichtspunkte scheint mir eine systemtheoretisch orientierte identistische Position wesentlich besser vertretbar als eine interaktionistische (Vollmer, 1981). Sollte sich die Identitätstheorie jedoch als falsch erweisen, so wird auch die EE zur Spielerei, zum reinen Gedankenexperiment. Darauf macht der Einwand völlig zu Recht aufmerksam.

2 Die EE steht und fällt mit der Evolutionstheorie.

Die (biologische) Evolutionstheorie ist eine unverzichtbare Voraussetzung der EE; sie hat ihr ja sogar den Namen gegeben. Nun ist aber die Evolutionstheorie selbst vielfacher Kritik ausgesetzt. Soweit diese Einwände berechtigt sind, treffen sie zugleich die EE. (Spaemann/Löw, 1981, 240–2)

Gewiß ist die Evolutionstheorie eine *notwendige* Voraussetzung der EE. Ohne Evolutionstheorie ist letztere nicht einmal zu formulieren, geschweige denn aufrechtzuerhalten. Zwar hängt sie nicht von jedem Detail der Evolutionstheorie ab; sie steht und fällt aber mit folgenden evolutionsbiologischen Prinzipien:

a) Vielfalt und ökologische *Passung* der Lebewesen und Arten;
b) nahezu *invariante Reproduktion* organismischer Systeme;
c) *Erblichkeit* von anatomischen, physiologischen, verhaltens- und kognitiven Merkmalen;
d) *gemeinsamer Ursprung* der meisten, wenn nicht aller Lebewesen auf der Erde;
e) phylogenetische *Verwandtschaft des Menschen* mit tierischen Vorfahren, insbesondere mit Primaten;
f) immer neue Änderungen der genetischen Information durch erbliche *Mutationen;*
g) *Zufallscharakter* dieser Mutationen insofern, als Auslöser und Wirkungen nicht gesetzmäßig zusammenhängen und Mutationen nicht gerichtet sind.
h) differentielle Reproduktion aufgrund unterschiedlicher Tauglichkeit, genannt *natürliche Selektion* („Überleben des Tauglichsten", survival of the fittest);
i) Evolution als *Entfaltungs- und Anpassungsprozeß.*

Daß es darüber hinaus noch weitere Evolutionsfaktoren gibt, z.B. Isolation, Einnischung, Genrekombination, Neutralmutationen, ist für die EE zwar relevant (weil nur durch sie das Leben auf der Erde erklärt werden kann); es ist aber nicht entscheidend. Ob die Evolution quasikontinuierlich oder mit gelegentlichen Sprüngen voranschreitet, ob selektionsneutrale Mutationen für ihren Verlauf wesentlich sind (Kimura) oder ob *alle* Merkmale vorteilhaft sein müssen (Panselektionismus, vgl. 8), ob die moderne Evolutionstheorie noch „darwinistisch" heißen darf oder nicht, alle diese Fragen sind, auch wenn sie in der Evolutionsbiologie noch heftig umstritten sein mögen, keine Schicksalsfragen der EE. Auf diese Probleme brauchen wir deshalb hier nicht einzugehen.

Die EE würde jedoch hinfällig, wenn eines der oben genannten evolutionstheoretischen Prinzipien falsch wäre. Tatsächlich gibt es auch daran vielfach Kritik. Hier sollte man jedoch die verschiedenen „Theoretizitätsstufen" der Evolutionstheorie im Auge behalten. Wie bei vielen anderen erfahrungswissenschaftlichen Disziplinen kann man auch in der Biologie Statik, Kinematik und Dynamik unterscheiden. Die biologische Systematik (a) entspricht dabei der Statik, der Beschreibung dessen, „was es alles gibt". Die Prinzipien b bis e könnte man dann als die „Kinematik" (das Wie?) der Evolution ansehen, f bis i als ihre „Dynamik" (ihr Warum?). Sie stehen also zueinander im Verhältnis von Beschreibung und Erklärung.

Allerdings ist die Evolution als langfristiger Prozeß nicht direkt beobachtbar – dafür ist unser Leben zu kurz und die beschreibende Biologie selbst mit ihren 2500 Jahren noch zu jung. Deshalb mußte dieses Geschehen erst einmal vermutet und rekonstruiert werden. Trotzdem steht das Evolutionsgeschehen der Beobachtung erheblich näher als seine Erklärung durch Evolutionsfaktoren. So sind sich auch Lamarck und Darwin über die *deskriptiven* Momente a bis e durchaus einig; sie unterscheiden sich aber hinsichtlich der *erklärenden* Faktoren f bis i. Spricht man von „Evolutions*theorie*", so meint man damit nicht die Vermutung, daß es Evolution gibt und daß es sinnvoll ist, von Artenwandel und Phylogenese zu sprechen, Stammbäume aufzustellen und sie genealogisch, also im Sinne echter (genetischer) Verwandtschaft, zu deuten. Der Ausdruck „Evolutionstheorie" betrifft vielmehr die Prinzipien, die jenes Geschehen *erklären* sollen. Aus der Perspektive der Evolutionstheorie sind also Bestehen und Verlauf der Evolution erklärungsbedürftige Fakten (was nicht ausschließt, daß die Evolutionstheorie ihrerseits zur Erstellung von Stammbäumen helfend und korrigierend beiträgt). Ob Lamarck oder Darwin oder ihre modernen Nachfolger recht haben, kann man also auch dann diskutieren, wenn man das Evolutions*geschehen* als Tatsache anerkennt. In diesem und *nur in diesem Sinne* kann man behaupten, die Evolution sei keine Theorie, sondern eine Tatsache (Lorenz/Kreuzer, 1981, 25; Ditfurth, 1981, 34).

Diese Ausdrucksweise ist allerdings *nicht sehr glücklich*. Einerseits legt sie die Vorstellung nahe, die Evolutionskinematik als „Tatsache" sei direkt beobachtbar oder beweisbar. Andererseits spricht sie von „Theorie", wo „graue Theorie" oder „wilde Spekulation" gemeint ist. In Wahrheit sind ja Theorien in kognitiver Hinsicht das beste, was wir in den empirischen Wissenschaften überhaupt haben können. Und sogar im Bereich der Handlungen gilt noch: Nichts ist so praktisch wie eine gute Theorie!

Kritik an „der" Evolution kann sich also gegen das statische, das kinematische oder das dynamische Stadium der Evolutionsbiologie richten. Über die Statik (a) dürfte es keine Meinungsverschiedenheiten geben. Es gibt aber sehr wohl Menschen, z.B. Kreationisten oder Fundamentalisten, die das Evolutionsgeschehen (b bis e) bestreiten. Dieses Geschehen ist jedoch *heute* so gut gesichert, daß allenfalls ein *methodischer* Zweifel vertretbar scheint. Auf die Behauptungen solcher Evolutionsgegner gehen wir deshalb hier nicht ein.

Kritiker der Evolutionstheorie haben dagegen Einwände gegen das *dynamische* Stadium der Evolutionsbiologie (f bis i), insbesondere in ihrer heute weitgehend anerkannten Form, der auf Darwin zurückgehenden *Selektionstheorie* (die auch im folgenden oft nur als „Evolutionstheorie" zitiert wird). Nun ist es keineswegs so, daß die Vertreter der EE der Selektionstheorie naiv-unkritisch gegenüberstünden. Vielmehr haben sie letztere mehrfach kritisch beleuchtet und versucht, sie zu vervollständigen oder zu korrigieren (Riedl, 1975; Vollmer, 1984a). Allerdings halten alle an der Gültigkeit des Selektionsprinzips fest. Von Kritikern wird dagegen behauptet, die Selektionstheorie sei tautologisch, unwissenschaftlich, unprüfbar oder falsch. Bei näherer Betrachtung erweisen sich freilich alle diese Einwände als verfehlt. (Williams, 1981)

3 Tautologie-Vorwurf

Das Selektionsprinzip behauptet das Überleben des Tauglichsten. Tauglichkeit (oder Fitness) kann aber nur über den Fortpflanzungserfolg definiert werden: Tauglich ist, wer die meisten Nachkommen hat, dessen Gene also auf lange Sicht überleben. Damit entartet das Selektionsprinzip zu der analytisch wahren, aber inhaltlich leeren Behauptung, daß der Überlebende überlebt (survival of the survivor). Beim Selektionsprinzip handelt es sich also nicht um ein Naturgesetz, nicht um eine synthetische Aussage, die wahr oder falsch sein könnte, sondern um eine bloße Tautologie (die dann natürlich wahr ist). (Waddington, 1960, 385; Popper, 1973, 83, 268; 1974, 137; Spaemann/Löw, 1981, 242; Kambartel, 1984, 44f.)

Diese sogar von Biologen vielfach wiederholte Behauptung ist *falsch*. Tauglichkeit kann unabhängig vom Überleben auf lange Sicht definiert werden. (Mills/Beatty, 1979) Eigen ist es sogar gelungen, den Fitness-Begriff zu *quantifizieren* und sowohl deterministische als auch stochastische Evolutionsgleichungen anzugeben, die Prognosen über den Arterfolg auf lange Sicht erlauben. In seine „Wertfunktion" gehen drei Größen wesentlich ein, die für das *Individuum* definiert sind, nämlich Vermehrungsrate (Zahl der *unmittelbaren* Nachkommen und Generationsdauer), Reproduktions*treue* (Qualitätsfaktor) und Stabilität eines Organismus. Es ist richtig (und bedauerlich), daß diese Größen für komplexere autoreplikative Systeme als Viren noch nicht theoretisch *berechnet* oder unmittelbar *gemessen* werden können; im Hinblick auf den Tautologie-Vorwurf ist jedoch nicht ihre Meßbarkeit, sondern ihre Definierbarkeit entscheidend.

Die Begriffe „Fitness" oder „Tauglichkeit" sind also sehr wohl unabhängig vom erst noch abzuwartenden langfristigen Erfolg definierbar; das Selektionsprinzip als Kernstück der Selektionstheorie bleibt damit ein synthetischer und empirisch prüfbarer Satz. (Zur Prüfbarkeit dieses Satzes vgl. 7.)

4 Anpassungsbegriff einseitig

Die EE spricht davon, daß auch die kognitiven Fähigkeiten des Menschen ein Ergebnis der biologischen Evolution, also ein Anpassungsprodukt seien. Dabei wird übersehen, daß nicht nur das Lebewesen sich der Umwelt anpaßt, sondern daß auch Organismen die Umwelt verändern, daß die Anpassung also wechselseitig erfolgt. Dies trifft in besonderer Weise auf den Menschen zu. Es ist gerade der entscheidende Selektionsvorteil des Menschen, seine Umwelt in radikaler Weise umgestalten zu können. Wissenschaft und Technik lassen sich als eine Anpassung der Umwelt an die „Bedürfnisse" des Menschen deuten. So wird in der EE gerade das konstruktive Moment des menschlichen Geistes ausgeklammert. (Sachsse, 1975, 85; Frey, 1980, 7; Holzhey, 1983, 120; Löw, 1983, 340)

Die EE wurde vorwiegend von Biologen entwickelt und aus biologischem Fachwissen heraus gestützt. Gerade Biologen sind sich der Wechselwirkung zwischen Organismus und Umwelt in besonderem Maße bewußt; sie neigen wohl kaum dazu, den wechselseitigen Charakter evolutiver Anpassungsvorgänge zu übersehen. Es ist mir ein Rätsel, wie Philosophen auf den Gedanken kommen, ausgerechnet die EE könnte diesen dynamischen Aspekt außer acht gelassen haben.[1]

Die Feststellung, daß unsere kognitiven Strukturen auf den Mesokosmos geprägt sind, schließt natürlich keineswegs aus, daß dieser Mesokosmos zum Teil erst aus menschlicher Aktivität hervorgegangen ist. Wie Ameisen *angepaßt* sind an ein Leben im Ameisenhaufen, den sie selbst gebaut haben, so kann doch auch der Mensch *angepaßt* sein an eine Umwelt, die er selbst aktiv, willentlich und geplant verändert hat. Die Dynamik dieses Prozesses beeinträchtigt die Anwendbarkeit des Anpassungsbegriffs in keiner Weise.

Die EE weist darüber hinaus darauf hin, daß der Mensch in jüngster Zeit seine Umwelt – gerade *durch* Erkenntnis und Wissenschaft – so schnell und so tiefgreifend umgestaltet hat, daß seine eigene kognitive (und ethische) Ausstattung mit diesen Veränderungen nicht mehr Schritt halten kann. Dieser Hinweis und die Warnungen, die daraus folgen, gehören zu den wichtigsten anthropologischen Konsequenzen der EE. Hier liegt sogar die Betonung auf der Feststellung, daß die Selektion nicht nur prinzipiell eine Anpassung nicht garantiert, sondern auch faktisch nicht zu einer dauerhaft optimalen Anpassung führt. Daß auch unsere Erkenntnisfähigkeit nicht ideal ist, ist allerdings keine neue und unerwartete Folgerung aus der EE, an der sie geprüft werden könnte, sondern es ist eine altbekannte Tatsache, die von der EE *erklärt* wird.

5 Anpassungsbegriff zirkulär

Die EE behauptet, die Wahrnehmungsorgane seien Ergebnisse eines evolutiven und damit adaptiven Prozesses. Es ist aber „nicht möglich, daß die Wahrnehmungssinne reine *Anpassungen* an eine vorhandene Welt sind; denn um sich ihr anzupassen, müßte diese Welt ja schon sinnlich erfahren werden. Jedes Anpassen erfordert stets ein Erkennen dessen, an das sich angepaßt werden soll. Da dieses Erkennen sich aber gerade entwickeln soll, so kann es sich zu der uns heute bekannten Erscheinung durch Anpassung nicht entwickelt haben. Die Entwicklung des sinnlichen Erkennens durch Anpassen ist ein Zirkel." (Mues, 1979, 18)

Daß jedes Anpassen ein Erkennen erfordert, wie hier behauptet wird, ist falsch. Dann könnte sich ja nicht einmal eine Seifenhaut dem Drahtring, ein Kuchenteig der Backform, ein Luftballon der Zimmerecke anpassen. Es ist gerade die große Leistung Darwins, gezeigt zu haben, daß Passung, Funktion, Zweckmäßigkeit, Teleonomie über *zufällige Variationen* (und anschließende Selektion) entstehen können. Wer dies bestreitet, muß die gesamte Selektionstheorie verwerfen. Dann sollte er aber eine mindestens gleichwertige Alternative anbieten.

6 Mangelnde Prognosefähigkeit

Der Wert einer wissenschaftlichen Theorie liegt in ihrer Fähigkeit, Prognosen zu machen. Evolutionstheorie und EE mögen zwar einige oder viele empirische Fakten *erklären*; Prognosen machen können sie nicht. Sie sind deshalb wissenschaftlich wertlos. Insbesondere kann die EE nicht voraussagen, ob und wie sich die kognitiven Fähigkeiten des Menschen (oder anderer Lebewesen oder auch von Maschinen) künftig entwickeln werden.

Tatsächlich herrscht in der Evolutionstheorie zwischen Erklärung und Prognose trotz deren *logischer* Gleichwertigkeit eine erhebliche *Asymmetrie*. Zwar kann diese Asymmetrie aus dem historischen Charakter des Evolutionsgeschehens, der Komplexität der organismischen Systeme und der konstitutiven Rolle des Zufalls in der biologischen Evolution sehr gut verständlich gemacht werden (Scriven, 1959; Kochanski, 1973); aber alles verstehen heißt durchaus nicht alles verzeihen. Wer eine Theorie nach ihrer Prognosefähigkeit beurteilt, der wird der Evolutionstheorie (und mit ihr der Kosmologie, der Paläontologie, der Archäologie, der Historiographie, der EE) einen minderen wissenschaftlichen Rang zuschreiben müssen. Drei Gesichtspunkte sind jedoch dabei zu beachten.

Erstens besteht gar kein zwingender Grund, die Prognosefähigkeit zum Maßstab für die Wissenschaftlichkeit einer Theorie zu machen. Zwar sind Prognosen in *praktischer* Hinsicht äußerst nützlich, und sie spielen auch bei der Beurteilung der *Richtigkeit* einer Theorie eine große Rolle. Das Ziel der Wissenschaft sind aber nicht Prognosen, sondern (möglichst einfache) *Erklärungen* für alles, was einer Erklärung zu bedürfen scheint. Und gerade dazu eignen sich Evolutionstheorie und EE in besonderem Maße.

Zweitens beruht das wissenschaftslogische Gewicht, das einer bestätigten Prognose zukommt, nicht so sehr auf der Tatsache daß das prognostizierte Phänomen in der *Zukunft* liegt, sondern darauf, daß es bei Erstellung der Prognose noch *unbekannt* war. (Das schließt nämlich die Möglichkeit aus, daß die Theorie nur zum Zwecke der Erklärung von Bekanntem zurechtgeschneidert wurde.) Diese Bedingung ist aber auch bei *Retrodiktionen* erfüllt. Retrodiktionen sind Behauptungen über Ereignisse, die zwar schon stattgefunden haben, aber noch nicht als geschehen bekannt sind. Retrodiktionen können also durch zukünftige Entdeckungen eine Bestätigung erfahren oder auch widerlegt werden. Solche Retrodiktionen sind nun gerade die Stärke der Evolutionstheorie: Existenz von Urformen, Zwischenformen, Brückenarten, Fossilien. So kann die wissenschaftslogische Rolle von Prognosen auch von Retrodiktionen übernommen werden.

Drittens ist es keineswegs richtig, daß die Evolutionstheorie überhaupt keine Prognosen machen könnte. Ihr Potential ist nur äußerst beschränkt. Ihre Prognosen sind nämlich entweder sehr *kurzfristig* (z.B. bei Mimikry-Erscheinungen, bei denen man das Vorbild der Imitation kennt) oder nur von recht *allgemeiner* Natur (z.B. weitere Artenaufspaltung, Besetzung freier ökologischer Nischen usw.) oder eben sogar beides. Aber auch kurzfristige oder sehr allgemeine Prognosen *sind* Prognosen und sollten nicht übersehen werden.

7 Unprüfbarkeit

Die Evolutionstheorie ist nicht falsifizierbar. Es sind gar keine empirischen Fakten denkbar, welche die Evolutionstheorie widerlegen könnten. Findet sich auf dem Mars Leben, so werden die Forscher seinen Ursprung und seine Entwicklung evolutionstheoretisch zu verstehen versuchen; findet sich keines, so werden sie sein Verschwinden oder sein grundsätzliches Fehlen ebenfalls erklären. Wie also sollte die Evolutionstheorie geprüft werden? Woran könnte sie überhaupt scheitern?

Falsifizierbarkeit ist aber nach Popper ein notwendiges Merkmal einer empirisch-wissenschaftlichen Theorie. Die Evolutionstheorie ist also, da nicht falsifizierbar, keine erfahrungswissenschaftliche Theorie. Sie ist eher ein metaphysisches Forschungsprogramm, ein heuristisch fruchtbarer theoretischer Rahmen, in den konkrete biologische Theorien eingebettet werden können und sogar müssen, wenn wir zu einer empirisch prüfbaren Theorie kommen wollen. (Popper, 1974, 134, 136f.; Frey, 1980, 9; Zimmerli, 1981, 1302; Spaemann/Löw, 1981, 241; Löw, 1983, 339; Stegmüller, 1983, 761)

Diesen Vorwurf hat vor allem Popper erhoben. Allerdings hat er ihn mit dem Tautologievorwurf (3) vermischt. Es handelt sich aber durchaus um verschiedene Probleme: Ist das Selektionsprinzip tautologisch, so kann es *nichts* erklären; ist es dagegen unprüfbar, so liegt seine Schwäche darin, daß es *zuviel* erklärt (nämlich jeden denkbaren Befund).

Poppers Behauptung hat bei Biologen und Philosophen heftige Reaktionen ausgelöst. Einige Autoren haben den Metaphysik-Vorwurf mehr oder weniger bereitwillig akzeptiert. Andere (Lewontin, 1972) sind ihm mit dem Hinweis begegnet, auch eine Theorie, die keine Prognosen mache, könne prüfbar und somit eine erfahrungswissenschaftliche Theorie sein. Manche Autoren werfen Popper mangelhafte Biologiekenntnisse vor (Ruse, 1977; Halstead, 1980) oder versuchen, zwischen verschiedenen Arten evolutionstheoretischer Aussagen zu unterscheiden (Wassermann, 1978; 1981). Vor allem aber konnte gezeigt werden, daß die *Selektionstheorie durchaus prüfbare Prognosen* (und Retrodiktionen) macht. (Williams, 1973; 1982; Ruse, 1977) Tatsächlich hat Popper seine Kritik längst wieder zurückgenommen:

> Ich habe meine Meinung über die Prüfbarkeit und den logischen Status der Theorie der natürlichen Auslese geändert; und ich bin froh, Gelegenheit zu einem Widerruf zu haben. (Popper, 1978, 345)

Wer der Evolutionstheorie Unprüfbarkeit nachsagt, sollte also erstens sich nicht auf Popper berufen und zweitens sich genauer über den gegenwärtigen Stand der Evolutionstheorie informieren.

8 Panselektionismus

Die EE stützt sich auf eine panselektionistische Evolutionstheorie. Sie behauptet, *alle* kognitiven Strukturen seien Produkte der Selektion und daher adaptiv. Der Panselektionismus ist jedoch schon innerhalb der Biologie umstritten oder sogar widerlegt. Es gibt zahlreiche organismische Merkmale, die selektionsneutral zu sein scheinen, ja sogar schädliche, die aber genetisch so an nützliche Merkmale gekoppelt sind, daß ein Gesamtvorteil bleibt.

„Aus dem Vorhandensein von Merkmalen und Funktionen lebender Organismen kann lediglich (und trivialerweise) geschlossen werden, daß sie das Überleben des Organismus zulassen und ermöglichen, nicht aber unbedingt, daß sie es fördern, und erst recht nicht, daß sie die optimale Weise der Realisation sind . . . So läßt sich bei der Einschätzung der Leistungen unseres Erkenntnisvermögens nicht ohne weiteres davon ausgehen, daß sie adaptiv sind." (Roth, 1984, 226) Erst recht kann dann nicht behauptet werden, das bisherige Überleben der Gattung Mensch beweise die Richtigkeit unseres Weltbildes (vgl. 10).

Ob alle Merkmale von Organismen adaptiv sind oder nicht, wird innerhalb der Biologie entschieden werden müssen. Die EE kann den Ausgang dieser Diskussion in Ruhe abwarten. Sie setzt den Panselektionismus keineswegs voraus. Ihre Argumentationsrichtung verläuft gerade umgekehrt: Wo immer Passungen existieren, versucht sie, diese zu *erklären*. Tatsächlich hat sie die Passung und partielle Übereinstimmung objektiver und subjektiver Strukturen, „diese Zusammenstimmung der Natur zu unserem Erkenntnisvermögen" (Kant, 1790, A XXXIV) zum Gegenstand ihrer Hauptfrage und damit auch ihrer Hauptthese gemacht – aber dies natürlich nur, soweit eine solche Passung wirklich besteht.

Darüber hinaus macht die EE gerade auf die Grenzen und Mängel unseres Erkenntnisapparates besonders aufmerksam, sucht allerdings auch diese *evolutiv* zu verstehen. Das gelingt ihr über den Begriff „Mesokosmos" und über die Feststellung, daß unsere biologisch und genetisch bedingten Erkenntnisstrukturen auf diesen Mesokosmos geprägt sind. So erklärt sie Leistungen und Fehlleistungen unseres Erkenntnisapparates. Solche Einsichten können wiederum für den Wahrnehmungs- und Lernpsychologen, für den Entwicklungspsychologen, für den Pädagogen, für den Didaktiker, für den Wissenschaftshistoriker von Nutzen sein.

Von einem durchgehenden Panselektionismus ist also nicht die Rede. Gleichwohl behält der *methodische* Panselektionismus seinen heuristischen Wert. Forschungsstrategisch ist es immer noch sinnvoll, bei *jedem* Merkmal nach seinem Anpassungswert, nach seiner *Funktion* zu fragen; denn nur so wird man diese Funktion – falls sie existiert – aufkären können. Daß es selektionsneutrale und sogar überlebensschädliche Merkmale gibt, macht es wohl zu einer *empirischen* Frage, ob im Einzelfall Funktionalität vorliegt, beeinträchtigt aber nicht die Fruchtbarkeit jener panselektionistischen Maxime. Die Frage „wozu?" ist in der Biologie immer *erlaubt*, auch wenn sie nicht immer eine positive Antwort findet.

9 Ist objektive Erkenntnis nützlich?

Die EE deutet das menschliche Erkenntnisvermögen als ein Evolutionsprodukt. Sie versucht, die Selektionstheorie auf die Entstehung kognitiver Fähigkeiten anzuwenden. Eine solche Übertragung kann nur gelingen, wenn es objektive Wahrheit gibt *und* wenn Erkenntnis nützlicher ist als Irrtum. (Darauf hat schon Simmel (1895, 34) hingewiesen.) An diesen Prämissen sind drei Aspekte problematisch.

Erstens setzt das Reden von objektiver Wahrheit, von „korrekter" Erkenntnis, die Existenz einer bewußtseinsunabhängigen Wirklichkeit voraus. Seit Kant ist es jedoch nicht mehr sinnvoll, von objektiver Wahrheit zu reden. (Frey, 1980, 5)

Zweitens können – selbst wenn die Evolution als Anpassungsprozeß zu deuten sein sollte – kognitive Passungen auch anders als durch *Selbst*anpassung zustandekommen, so daß die Evolution nicht immer zu richtigerer Erkenntnis fortschreitet. So kann auch die Umwelt eines Lebewesens sich verändern und sich an *sein* Erkenntnisvermögen anpassen. Beispiele sind Mimikry-Erscheinungen (wie die Imitationsfärbung bei Kuckuckseiern) oder die Anpassung der Blumenfarben an das Insektenauge. Schließlich können Organismen ihre Umwelt auch aktiv umgestalten und ihren Fähigkeiten anpassen, ohne sich selbst zu verändern. (Frey, 1980, 6; vgl. auch 4.)

Drittens spielen Erkenntnisgewinn und richtigeres Abbilden der Außenwelt für die Selektion offenbar keine Rolle; „denn es gibt ja noch so viele Arten mit ganz schlechter „Erkenntnis". Die Pflanzen sind nicht „falsifiziert" durch die Tiere, das Urauge nicht durch das Adlerauge, selbst das Nicht-Auge nicht durch das Auge." (Löw, 1983, 340; ähnlich Baumgartner, 1981, 45; 1984, 64; Gerhardt, 1983, 75)

Daß die EE die genannten Voraussetzungen macht, gibt sie jederzeit zu. Alle Arbeiten zur EE bekennen sich zu einem ontologischen und erkenntnistheoretischen Realismus. Der Transzendentalphilosoph hat natürlich einen anderen Standpunkt. Aber entscheidet diese Tatsache bereits darüber, wer recht hat? Stellt denn die Feststellung einer Differenz zu Kant schon eine Kritik oder gar eine Widerlegung dar? (Vgl. 18.) Die EE versucht ja gerade zu *zeigen*, daß und wieso objektive Erkenntnis möglich ist auch dann, wenn unser Wissen grundsätzlich vorläufig und unvollständig bleibt. (Zur Frage, ob das Reden von objektiver Erkenntnis zirkulär ist, vgl. 20.)

Im zweiten Argument ist beim besten Willen kein Einwand gegen die EE zu erkennen. Wer sich wem anpaßt, ist, wenn es um Passung und evolutiven Erfolg geht, letztlich gleichgültig. Gerade bei der Passung von Blumen und Insekten handelt es sich eindeutig nicht um das Ergebnis eines einseitigen Prozesses, sondern um *Ko-Adaptation*. Auch werden, wie schon in 6 betont, durch Evolutionstheorie und EE nicht bestimmte kognitive Passungen (oder Fehlpassungen) als notwendig *vorausgesagt*, sondern als möglich *erklärt*. Mimikry-Erscheinungen, durch die Organismen sich tarnen oder sich bemerkbar machen, sich anziehend oder abschreckend geben, haben nichts mit Wahrheit und Objektivität, sondern mit Täuschung und Irrtum zu tun; sie zeigen, daß das Erkenntnisvermögen vieler kognitiver Systeme *nicht optimal* ist – was die EE von Anfang an betont hat.

Der dritte Einwand schließlich verkennt die Bedeutung ökologischer Nischen und damit das Wesen der modernen Evolutionstheorie. Er mißversteht das Selektionsprinzip (Überleben des Tüchtigsten) immer noch dahingehend, daß *eine* Art alle anderen verdrängen müßte, und sieht die Koexistenz und erst recht die Symbiose verschiedener Arten als eine Art Widerlegung an.

Die Evolutionsbiologie sagt nicht, daß jeder mögliche Weg auch begangen, jede vorteilhafte Konfiguration gefunden, jede existierende ökologische Nische auch besetzt würde. Sie findet aber erstens, daß organismische Passungen im allgemeinen und kognitive Passungen im besonderen in großem Ausmaße faktisch vorliegen, und sie zeigt zweitens, daß Selektion *unter Konkurrenz* zu besserer Anpassung (Fitness, Tauglichkeit) führt. Sie erklärt das eine durch das andere und dies mit Erfolg. Warum sollte die EE nicht auch im kognitiven Bereich die empirisch gefundene Passung als Ergebnis eines Anpassungsprozesses deuten? Wie *sonst* sollte die Passung erklärt werden? (Diese Frage hat bisher keiner der Kritiker beantwortet.)

Daß richtige Erkenntnisse grundsätzlich vorteilhafter sind als Irrtümer, richtige Rekonstruktionen nützlicher als falsche, ist so deutlich, daß es mir nicht gelingt, Gegenbeispiele zu finden. Hier läge doch eine Aufgabe für die Kritik! Bei allen von Frey erwähnten Beispielen (wissen, wo eine Quelle ist; wissen, wie man eine Quelle findet; eine niedrige Gehörschwelle haben; sich besser orientieren können; s. Frey, 1980, 5f.) liegt nicht nur der *Vorteil* auf der Hand, sondern auch, inwiefern es sich um eine *korrektere Erfassung der Wirklichkeit* handelt.

Natürlich kann es sich dabei immer nur um eine komparative Korrektheit, um eine Verbesserung *in Richtung auf* objektive Erkenntnis handeln. Jede solche Verbesserung kann schon einen evolutiven Vorteil bieten. Ein ideales Erkenntnisvermögen ist dazu weder nötig noch möglich.

Entscheidend ist dagegen die Frage, ob in der Evolution ein solcher Vorteil auch immer genutzt werden kann. Organismen stehen immer in *Konkurrenz*, manchmal mit anderen Arten, immer aber mit ihren eigenen Mutanten. Unter Konkurrenz aber kommt es nicht auf den grundsätzlichen Vorteil an; hier werden vielmehr Aufwand und Erfolg miteinander verrechnet. Neben dem Nutzen gehen also immer auch die *Kosten* in die evolutive Rechnung ein. Und in der Regel ist eben der Aufwand für eine Verbesserung des Weltbildes recht hoch, wie man an jedem technischen Gerät feststellen kann.

In der Evolution lohnt sich ein solcher Aufwand deshalb im allgemeinen nur, wenn es darauf ankommt, *neue* ökologische (aber auch kognitive) Nischen zu erobern. Was Einzeller leisten können, das haben sie in jahrmilliardenlanger Evolution auch erreicht; auf *ihrem* Niveau kann ihnen auch ein Vielzeller keine Konkurrenz machen, weil er – wenn er nicht von vornherein zu groß ist – dazu viel zu aufwendig lebt. Deshalb gibt es auch heute noch Einzeller. Wo aber eine Arbeitsteilung unter den Zellen eines Organismus verlangt wird, da konnten eben nur noch Vielzeller gedeihen. Sind Meerestiere an das schwerelose Leben im homogenen Medium hervorragend adaptiert, so mußte, wer an Land leben „wollte“ oder „sollte“, erst noch die zusätzlichen Probleme des Landlebens (Körpergewicht, Eigenbewegung, Wasserhaushalt, Temperaturschwankungen) lösen.

Es gibt also durchaus Bedingungen, unter denen denkbare Objektivierungen des Weltbildes *trotz* ihres prinzipiellen Nutzens nicht erreicht werden: wenn sie genetisch zu weit „entfernt" liegen, wenn Umweltänderungen dafür nicht genügend Zeit lassen, wenn sich der Aufwand nicht lohnt. Deshalb gibt es keine *Garantie* für eine kontinuierliche Objektivierung organismischer Weltbilder und auch keinen Grund, unseren eigenen Weltbildapparat für ideal zu halten.

Eine solche Annahme ist aber auch *unnötig*. Wie gut unser mesokosmisch geprägter Weltbildapparat ist, das brauchen wir nicht der Evolutionstheorie, dem Selektionsprinzip oder dem Anpassungsbegriff zu entnehmen; das können wir mit Hilfe einer überlegenen Erkenntnisstufe, der theoretischen oder wissenschaftlichen Erkenntnis, feststellen.

Die Antwort auf die gestellte Frage lautet also: Natürlich ist objektive Erkenntnis für Lebewesen nützlich, sie ist aber nicht immer erreichbar; sie lohnt nicht immer den Aufwand; und sie ist auch grundsätzlich nur in beschränktem Umfange erforderlich.

10 Erfolg garantiert nicht Wahrheit.

Die Selektionstheorie behauptet, das evolutive Geschehen stelle einen Anpassungsprozeß dar. Die EE überträgt diese Behauptung auf das menschliche Erkenntnisvermögen und folgert, auch unsere kognitiven Strukturen müßten, soweit sie Ergebnisse der Evolution sind, der realen Welt angepaßt sein und somit *wahre Erkenntnis* vermitteln oder sogar garantieren. Schon hierin liegt ein Fehlschluß.

Daraus wird dann wiederum auf die Richtigkeit unserer Erkenntnis im allgemeinen, wissenschaftlicher Erkenntnis im besonderen und gerade auch der Evolutionstheorie geschlossen. Die Gültigkeit der Evolutionstheorie, besonders aber des Selektionsprinzips, wird dabei also sowohl vorausgesetzt als auch erschlossen. Es handelt sich also um einen Zirkel. (Baumgartner, 1981, 46; 1982, 191; Holzhey, 1983, 120; Hövelmann, 1983, 100)

Dieser Einwand ist in gewissem Sinne eine Umkehrung des vorhergehenden (9). Wurde dort gefragt, ob Wahrheit auch Erfolg verbürge, so steht hier zur Diskussion, ob Erfolg als Wahrheitskriterium dienen kann.

Man könnte dem Einwand (und somit auch dem Zirkelvorwurf) entgehen, indem man Erfolg von vornherein mit Bewährung und Bewährung mit Wahrheit gleichsetzt. Diesen Weg geht z.B. Simmel (1895, 36). Die EE übernimmt diese pragmatistische Lösung nicht. Sie unterscheidet streng zwischen Wahrheits*definition* und Wahrheits*kriterien*. Für die Explikation des Begriffs „Wahrheit" hält sie sich an die Korrespondenztheorie; bei den Kriterien ist sie für geeignete Vorschläge offen. Als notwendige Kriterien kommen Konsistenz, Intersubjektivität, Konvergenz, Bewährung in Frage; erfüllbare hinreichende Kriterien gibt es nicht. Evolutiver *Erfolg* ist für Wahrheit *weder* notwendig *noch* hinreichend, hat aber immerhin *Indizcharakter*.

Die EE kann und will sich dem erhobenen Vorwurf also nicht dadurch entziehen, daß sie auf einen evolutionistisch orientierten Pragmatismus ausweicht. Insofern ist sie gegenüber diesem Einwand nicht von vornherein immun. Wo tatsächlich von der Arterhaltung auf die Richtigkeit der Weltbilder geschlossen wird (Wuketits, 1983, 48), handelt es sich eindeutig um einen Fehlschluß.

Erst recht kann dabei nicht auf die Richtigkeit von Theorien geschlossen werden. Aus den Arbeiten zur EE ist mir auch keine Stelle bekannt, an der dieser Fehler begangen würde. Mit Sicherheit wird – entgegen der Meinung mancher Kritiker – die Richtigkeit der Evolutionstheorie (oder anderer wissenschaftlicher Theorien) oder gar der EE *nirgends* aus dem Passungscharakter unserer mesokosmisch geprägten Erkenntnisstrukturen begründet.

Hier ist nicht die EE, sondern die *Kritik* der Zweideutigkeit des Wortes „Anpassung" zum Opfer gefallen: Anpassung kann als Prozeß oder als Ergebnis eines solches Prozesses verstanden werden. Es ist sinnvoll, diese Unterscheidung auch terminologisch festzuhalten und nur beim Prozeß von *Anpassung*, beim Zustand dagegen von *Passung* zu sprechen.

Die systematische Argumentation der EE verläuft dann hypothetisch-deduktiv und zirkelfrei: Nach der Durchsicht möglicher erkenntnistheoretischer Positionen geben wir eine – vorläufige – Explikation des von uns verwendeten Erkenntnisbegriffs im Sinne des hypothetischen Realismus, eines projektiven Erkenntnismodells und eines korrespondenztheoretischen Wahrheitsbegriffs. Schon auf dieser Ebene lassen sich verschiedene Erkenntnisstufen nach Allgemeinheit, Zuverlässigkeit und Tiefe unterscheiden und wenigstens komparativ bewerten, z.B. Wahrnehmungserkenntnis, Erfahrungserkenntnis, wissenschaftliche (theoretische) Erkenntnis. Dabei nimmt die theoretische Erkenntnis – *ohne* irgendwelche Absolutheits-, Endgültigkeits- oder Vollständigkeits-Ansprüche zu erheben – den höchsten Rang ein: Wenn es überhaupt legitim ist, von (hypothetischer) Realerkenntnis zu sprechen, so sind wir wohl auch berechtigt, die theoretische Erkenntnis als die derzeit beste Annäherung an die Wahrheit anzusehen.

Ist aber die theoretische Erkenntnis allen übrigen Erkenntnisstufen überlegen, so läßt sich in ihrem Lichte prüfen, wie weit letztere die (hypothetisch beschriebene) reale Welt adäquat erfassen, wie weit unsere kognitiven Strukturen auf diese reale Welt passen oder sogar mit ihr übereinstimmen. Daß hier tatsächlich eine gewisse *Passung* und Übereinstimmung vorliegt, ist dann eine empirische Tatsache. Sie läßt sich ohne jeden Rückgriff auf Evolutionstheorien, Selektionsprinzipien oder Anpassungsvorgänge feststellen und braucht

– entgegen der Kritik (Hövelmann, 1983, 113) – nicht aus der EE gefolgert oder erschlossen zu werden.

Die Passung ist nicht durchgängig und nicht optimal, aber sie besteht. Wie aber kommt es zu dieser Passung? Um diese Frage zu beantworten, greift die EE nun – im Gegensatz zu vielen anderen erkenntnistheoretischen Positionen – auf die biologische Evolutionstheorie zurück. Sie deutet also die empirisch vorgefundene *Passung* als Ergebnis eines *Anpassungsprozesses.* Selektion und Passung stehen hier zueinander wie Explanans und Explanandum. Eine Zirkularität liegt nicht vor.

Man kann nun allerdings auch umgekehrt argumentieren. Man findet, daß der Beitrag des Subjekts zur Erkenntnis wenigstens teilweise genetisch bedingt ist, daß das Individuum genetisch bedingte Information über die Umwelt („angeborene Ideen“) mitbringt. Nach der Evolutionstheorie ist es dann vernünftig anzunehmen, daß diese genetisch bedingten kognitiven Strukturen im Wechselspiel von Mutation und Selektion entstanden sind. Aus der Selektionstheorie lernen wir aber auch, daß sich *unter Konkurrenz* im allgemeinen der Bessere durchsetzt. Das erlaubt die *Prognose*, daß unsere kognitiven Strukturen als Ergebnisse eines Anpassungsprozesses auch eine gewisse Passung zur realen Welt aufweisen. Diese Behauptung läßt sich dann in jedem Einzelfall empirisch überprüfen und in vielen – wenn auch nicht in allen – Fällen bestätigen. Hier stehen also Selektion und Passung zueinander im Verhältnis von Theorie und Prognose. Auch hierin liegt natürlich kein Zirkel.

Theorien dienen eben *sowohl* der Erklärung von Bekanntem *als auch* der Prognose (oder Retrodiktion) von Unbekanntem. Beide Wege, Erklärung und Prognose, sind zwar logisch gleichwertig, argumentativ, wissenschaftslogisch und wissenschaftspsychologisch jedoch nicht. Beide werden in allen erfahrungswissenschaftlichen Theorien laufend benützt. Nur darf man die beiden Schlußweisen nicht *gleichzeitig* für dasselbe Faktum in Anspruch nehmen. Ein solcher Fall ist mir aber auch nicht bekannt geworden.

Die EE behauptet also nicht, daß Evolution, Selektion oder Anpassung die Wahrheit aller unserer Erkenntnis garantierten. Insbesondere macht sie keine Aussage über die Wahrheit theoretischer Erkenntnis, etwa der Evolutionstheorie. Und auch für die „mesokosmischen“ Erkenntnisstufen Wahrnehmung und Erfahrung behauptet sie nicht, daß der Arterfolg deren Korrektheit *garantiere*; sie zeigt nur, daß es gute Gründe gibt (Selektion unter Konkurrenz *und* Kontrolle durch wissenschaftliche Theorien), sie nicht als völlig verfehlt anzusehen.

11 Der hypothetische Realismus ist metaphysisch und unhaltbar.

Der hypothetische Realismus nimmt an, es gebe *eine* fertig strukturierte Welt (a ready-made world), in ihrer Existenz und in ihren Eigenschaften unabhängig vom menschlichen Bewußtsein, wie sie sich etwa dem Auge Gottes darböte, und es gebe *eine* richtige Beschreibung (one true theory) dieser Welt, der sich die Wissenschaft schrittweise annähere. Diese Auffassung verwendet einen *metaphysischen* Wahrheitsbegriff. Sie ist aus mehreren Gründen nicht haltbar.
a) Nach Auffassung der metaphysischen Realisten sind kausale Beziehungen typische Beispiele für solche „eingebauten", objektiven, realen Strukturen. Was aber ist Kausalität? Kausalfolgen werden charakterisiert entweder als *regelmäßige* Abfolgen – das ist zwar rein physikalisch, aber völlig unbefriedigend, – oder über den Begriff der *Erklärung* – das ist unter gewissen Einschränkungen befriedigend, aber nicht rein physikalisch möglich, – oder über *kontrafaktische* Bedingungen – das erfordert Begriffe wie „Normalbedingungen" oder „möglichst ähnliche Welten", die ihrerseits nicht physikalisch definierbar sind.
b) Auch und gerade die Vertreter des metaphysischen Materialismus sprechen davon, daß Begriffe sich auf etwas *beziehen.* Welcher Art ist dieser Bezug, diese Referenz? Definiert man Referenz (mit David Lewis) als eine *funktionelle* Eigenschaft (nicht einfach eines Lebewesens, sondern) eines Lebewesens mit seiner Umgebung, so benötigt man dafür wieder Begriffe wie Ursache und Wirkung. Solange diese aber nicht physikalisch definiert sind, ist auch „Referenz" nicht physikalisch definierbar.
c) Es gibt keine realistische Interpretation der Quantenmechanik, die alle Physiker befriedigen würde. Da die Quantenmechanik eine der erfolgreichsten Theorien überhaupt ist, läßt sich ein metaphysischer Realismus wohl nicht aufrechterhalten.
(Putnam, 1982, 147–154(a), 160–1(b), 164(c); danach Stehmüller, 1984, 18f.)
(Zu dem Einwand, das Reden von objektiver Erkenntnis sei zirkulär und deshalb erkenntnistheoretisch naiv, vgl. 20.)

Zu a: Putnam kennt drei Möglichkeiten, Begriffe wie „Kausalität", „Kausalbeziehung" oder „Ursache" zu explizieren. Die vierte Möglichkeit, die den (in Putnams Terminologie metaphysischen) Realisten eigentlich interessiert, sieht er (fast) nicht. Längst sind Versuche unternommen worden, den Unterschied zwischen kausalen Beziehungen und nur regelmäßigen Abfolgen (der ja nach Hume und den modernen Empiristen gar nicht empirisch aufweisbar sein soll) physikalisch zu charakterisieren. Unter diesen Versuchen scheint mir die Idee des Energieübertrags besonders attraktiv (vgl. 23). Putnam glaubt, diesen Vorschlag in einer Fußnote abtun zu können, und wendet ein, nach dieser Explikation könne das Betätigen eines Lichtschalters – entgegen aller Intuition – *keine* Ursache sein. Das ist nicht richtig. Die Idee des Energieübertrags verlangt ja gar nicht, daß die gesamte Energie des Wirkungsereignisses von der Ursache *geliefert* wird. Vielmehr kann auch eine energetisch beliebig kleine Ursache einen größeren Energievorrat *freisetzen* und gewaltige Wirkungen hervorrufen. Aber auch solche Auslösevorgänge erfordern eben einen minimalen

Energieübertrag (dessen Größe thermodynamisch bedingt ist). Bezeichnenderweise spricht auch Putnam (1982, 166) von einem nur „nahezu reibungsfreien Schalter"; und das ist auch schon alles, was wir brauchen. Putnam fragt schließlich noch, wie man diese Art von Kausalität ohne kontrafaktische Formulierung charakterisieren wolle. Da jedoch eine *physikalische* Charakterisierung vorliegt, ist eine solche alternative Charakterisierung überhaupt nicht *nötig*, ganz gleich, ob sie nun möglich ist oder nicht.

Zu b: Hat man erst einmal eine physikalische Charakterisierung kausaler Beziehungen, wie sie soeben skizziert wurde, so läßt sich auch „Referenz" physikalisch explizieren. Die in b angesprochene Lücke ist damit geschlossen.

Zu c: Zum Thema „Realismus und Quantenmechanik" gäbe es natürlich viel zu sagen. Hier können nur einige Gesichtspunkte hervorgehoben werden, die bei Putnam und Stegmüller unerwähnt bleiben.

Die jüngeren Experimente zur Bellschen Ungleichung lehren nicht, daß der Realismus falsch ist. Sie lehren nur, daß die folgenden Behauptungen nicht miteinander verträglich sind:

Atomare Objekte existieren unabhängig von menschlichen Beobachtungen. (Realismus)

Physikalische Objekte sind voneinander trennbar in dem Sinne, daß ihre Wechselwirkung mit wachsendem Abstand beliebig klein wird. (Separabilität)

Die Quantenmechanik ist richtig. (Quantenmechanik)

Im Gegensatz zu Putnam bin ich zwar selbst Physiker, lebe aber nicht in der Einbildung, die Mehrheitsmeinung der Physiker zum Realismusproblem zu kennen. Der Grund ist einfach: Die meisten Physiker arbeiten, ohne sich um dieses Problem zu kümmern. *Mein* Eindruck ist jedenfalls, daß die meisten eher die Separabilität der physikalischen Objekte zu opfern bereit sind als den Realismus. Aber natürlich spielt eine solche Statistik in Wahrheitsfragen keine entscheidende Rolle.

Was ist überhaupt Realismus? Soweit Wissenschaftler sich nur als Realisten oder Anti-Realisten *bekennen*, ist eine genaue Explikation nicht erforderlich. Geht es aber um *Argumente*, so wird man genau sagen müssen, was man darunter versteht. Auch wenn naive Deutungen sich als nicht haltbar erwiesen haben, so sind doch sorgfältigere Formulierungen denkbar, die *sowohl* mit den meisten Intuitionen der Realisten *als auch* mit der Quantenmechanik vereinbar sind. Es wäre also zu klären, wieviel von dem ursprünglichen Realismus geopfert werden kann, ohne daß er als Realismus unkenntlich wird. In dieser Aufgabe sind bisher weder die Vertreter des Realismus noch seine Kritiker vorbildlich gewesen.[2]

Die EE hängt jedoch nicht von einer speziellen Form von Realismus ab (so wenig wie von jedem Detail der Evolutionstheorie, vgl. 2). Gerade die Diskussion um die Interpretation der Quantenphysik zeigt, daß die möglicherweise erforderlichen Abweichungen vom Standard-

Realismus vor allem Erscheinungen der Mikrowelt betreffen. Für eine Theorie, die wie die EE ausschließlich über makroskopische Systeme (Organismen, Zentralnervensysteme, Gehirne) spricht, brauchen diese Abweichungen keine Rolle zu spielen.

Wir finden hier eine sehr interessante Analogie zwischen einzelwissenschaftlichen Theorien und erkenntnistheoretischen Positionen. Wie die Newtonsche Gravitationstheorie genaugenommen auch schon für Kanonenkugeln falsch ist, zur Berechnung von deren Flugbahn aber ohne Nachteil verwendet werden kann, so ist vermutlich auch die Separierbarkeit für makroskopische Objekte nicht in Strenge gegeben, kann für sie aber ohne merklichen Fehler angenommen werden. Demnach wäre der „klassische" (kritische, wissenschaftliche, konvergente, hypothetische) Realismus ganz ähnlich auf den Mesokosmos zugeschnitten wie die klassische Physik. Ein aufgrund der Quantentheorie modifizierter Realismus dürfte dementsprechend „Quantenrealismus" heißen. Der theoriendynamischen Abfolge Impetustheorie → Newtonsche Mechanik → Quantenmechanik würde dann auf der erkenntnistheoretischen Ebene etwa die Folge naiver Realismus → kritischer Realismus → Quantenrealismus entsprechen. Die EE wäre von einer solchen Modifikation des Realismus nicht ernsthaft betroffen.

12 Der hypothetische Realismus ist inkonsistent.

Nach einer Grundthese des hypothetischen Realismus (und auch des kritischen Rationalismus) ist alle Wirklichkeitserkenntnis *hypothetisch*, unsicher, vorläufig, möglicherweise falsch, also entweder falsch oder zwar wahr, aber nicht beweisbar. Diese Aussage ist aber selbst Teil einer Theorie, also selbst ein Kandidat für (ein Stück) Erkenntnis. Sie müßte somit auch für sich selbst gelten, selbstanwendbar sein. Danach wäre auch die These vom Hypothesecharakter aller Erkenntnis nur eine Hypothese; sie sagt über sich selbst, sie sei entweder falsch oder, wenn wahr, dann nicht beweisbar.

Das aber führt zu einem Widerspruch ähnlich der klassischen Lügner-Antinomie „alle Kreter lügen". Die Grundthese des hypothetischen Realismus ist also, wenn man sie auf sich selbst anwendet, inkonsistent. Verzichtet man dagegen auf die Selbstanwendung, so ist sie Bestandteil einer Metasprache, gehört also in eine Metaebene, auf der sich die Wahrheitsfrage erneut stellt. Damit gerät man entweder in einen infinitiven Regreß oder – auf höherer Ebene – letztlich doch in die dargestellte Antinomie. Die Grundthese des hypothetischen Realismus ist also nicht haltbar.

Hypothetische Realisten entziehen sich dieser Schwierigkeit, indem sie für ihre erkenntnistheoretischen Einsichten, insbesondere aber für ihre Hauptthese, absolute Geltung beanspruchen. „. . . bleibt die Tatsache bestehen, daß die evolutionäre Erkenntnistheorie . . . der naturwissenschaftlichen Erforschung der Evolution der Organ-Strukturen einen absoluten Erkenntniswert bemißt." (Köchler, 1983, 56; ähnlich Baumgartner, 1982, 186; Löw, 1983, 338; Busse, 1984, 94f.) Mit dem, was sie tun, verstoßen hypothetische Realisten also gegen das, was sie selbst sagen.

Der erste Teileinwand, die Hauptthese des hypothetischen Realismus sei *intern* inkonsistent, ist mir erstaunlicherweise nie schriftlich begegnet, in Diskussionen dagegen sehr häufig. Auf den ersten Blick scheint er plausibel zu sein, vor allem, wenn man weiß, daß auch der abgeschwächte Lügner „was ich jetzt sage, ist *möglicherweise* falsch“ antinomisch ist.[3] Deshalb will ich diesen Einwand hier behandeln.[4]

Zunächst sei auf einen Sachverhalt aufmerksam gemacht, der – außer bei Logikern – anscheinend wenig bekannt ist. Zwar ist der Satz „was ich jetzt sage, ist falsch“ tatsächlich antinomisch. (Denn ist er wahr, so ist er, wie er ja selbst sagt, falsch; ist er dagegen falsch, so ist es falsch, daß er falsch ist, und er wird wahr.) Nicht antinomisch sind dagegen die Sätze „alles, was ich sage, ist falsch“ (vorausgesetzt, daß ich mehr sage als diesen Satz) oder „alle Kreter lügen immer“ (vorausgesetzt, es gibt noch mehr Kreter als den Sprecher oder er sagt mehr als diesen Satz). Diese Sätze können zwar nicht widerspruchsfrei wahr, wohl aber widerspruchsfrei falsch sein. Sie sind also keineswegs antinomisch, sondern nur falsch. Falsch ist auch der Satz „alle Sätze sind hypothetisch“ (denn natürlich sind z.B. analytische Sätze nicht hypothetisch, sondern beweisbar).

Dagegen ist die zentrale These des hypothetischen Realismus – „alle synthetischen Aussagen sind hypothetisch“ – weder erkennbar antinomisch noch erkennbar falsch. Dieser Satz ist selbst entweder analytisch oder synthetisch. Ist er analytisch, so ist er nicht selbstanwendbar, da er über analytische Sätze nichts aussagt. Ist er dagegen synthetisch, so spricht er auch über sich und behauptet, er sei, da synthetisch, auch hypothetisch. Er könnte also auch falsch sein; z.B. *könnte* es synthetische Urteile a priori geben. Sollte es sie geben, so ist zwar die Grundthese des hypothetischen Realismus falsch; das führt jedoch trotz aller Rückbezüglichkeit nicht zu einem Widerspruch. Nach dem hypothetischen Realismus liegt es vielmehr gerade im Wesen synthetischer Aussagen, auch falsch sein zu können.

Beweisbar (und synthetisch, z.B. seinerseits ein synthetisches Urteil a priori) kann unser Satz dagegen nicht sein. Denn unter der Annahme, er sei beweisbar, wird er ja falsch, da er seine Beweisbarkeit bestreitet. Er kann aber nicht zugleich falsch und beweisbar sein; das wäre ein Widerspruch. Die Annahme, er sei unbeweisbar, führt dagegen nicht in einen solchen Widerspruch. Also ist er, wenn synthetisch, tatsächlich unbeweisbar. Was er *ist* – unbeweisbar –, stimmt also mit dem überein, was er (über sich selbst) *sagt*. Diese Konsistenz beweist natürlich nicht, daß er wahr ist; sie ist nur eine notwendige Bedingung, von der wir gezeigt haben, daß sie tatsächlich erfüllt ist.

Die Selbstanwendung des hypothetischen Realismus ist also *zulässig*. Diese Einsicht macht den Dogmatismus entbehrlich, der den Vertretern der EE im zweiten Teil des Einwandes unterstellt wird. Daß hypothetische Realisten für ihre Position absolute Geltung beanspruchen, ist einfach nicht wahr. Aus den Arbeiten zur EE geht das auch klar hervor. „Unsere Arbeitshypothese lautet also: Alles ist Arbeitshypothese." (Lorenz, 1941, 109) „Ist der Realismus wahr . . ., dann liegt der Grund für seine Unbeweisbarkeit auf der Hand." (Popper, 1973, 54) Deutlicher kann man es nicht sagen. Nur wer gewöhnt ist, für seine eigenen erkenntnistheoretischen Aussagen eine Art absoluter Geltung zu beanspruchen kann sich vielleicht nicht recht vorstellen, daß andere darauf verzichten. Aber Wahrheit und Beweisbarkeit müssen eben streng unterschieden werden.

Daß alles Tatsachenwissen hypothetisch ist, läßt sich zwar nicht beweisen; aber es gibt doch Argumente, die es plausibel machen. Zu diesen Argumenten gehört das Münchhausen-Trilemma (Albert, 1968, 13), wonach alle Versuche einer Letztbegründung in eine dreifache Sackgasse münden. Auch das Münchhausen-Trilemma liefert natürlich keinen *Beweis* für den Hypothesecharakter aller Erkenntnis (und beansprucht dies auch gar nicht; ein solcher Anspruch wäre natürlich inkonsistent). Es faßt nur die Mißerfolge und Enttäuschungen jahrhundertelangen Rechtfertigungsdenkens zusammen. Weder auf der Objektebene der Einzelwissenschaften noch auf der Metaebene der Erkenntnistheorie noch auf irgendeiner höheren Ebene der Reflexion konnte sicheres Wissen nachgewiesen werden. Auch erkenntnistheoretischen Aussagen kommt keine höhere Sicherheit oder Geltung zu als empirischen Aussagen. Die Idee der Letztbegründung war attraktiv, ist aber gescheitert. Kritischer Rationalismus und hypothetischer Realismus ziehen daraus die Konsequenz: Sie ersetzen die Idee der Letztbegründung durch die Idee der *kritischen Prüfung*, nicht nur auf der empirischen, sondern auf *allen* Ebenen (wodurch ein wichtiges Argument zur Unterscheidung der Ebenen entfällt).

13 Der hypothetische Realismus ist unprüfbar.

„Wenn am Anfang der Theorie jene Annahmesumme steht, die Vollmer für den hypothetischen Realismus als kennzeichnend ansieht [Vollmer, 1975, 28–34], dann gibt es keine Instanz, von der aus diese Annahmen auf ihre Wahrheit hin überprüfbar wären. Dadurch, daß es *Annahmen* sind, sind sie der Testbarkeit gerade entzogen. Man muß sich erst einmal auf sie einlassen, bevor man mitreden darf . . . Aus ihnen folgt aber – in der Tat – alles übrige. Ob diese Annahmen aber auch begründet sind, steht auf einem anderen Blatt." (Löw, 1983, 339)

Wieso ausgerechnet *Annahmen* der Testbarkeit entzogen sein sollen, ist mir nicht klar, liegt es doch gerade in ihrer Natur, daß sie nur „bis auf weiteres" gemacht und, wenn sie sich nicht bewähren, wieder verworfen werden. Auch folgt aus den Postulaten des hypothetischen Realismus (leider) keineswegs „alles übrige". Von Evolution zum Beispiel, von Anpassung, von Kausalität, von Anschaulichkeit, ist darin nicht die Rede. Wie kann dann die EE daraus folgen?

Da es sich um ontologische, erkenntnistheoretische und methodologische Postulate handelt, sind sie tatsächlich nicht ohne weiteres empirisch prüfbar. Das wird vor und nach ihrer Formulierung deutlich gesagt. (Vollmer, 1975, 34, 40) Ihr nichtempirischer Charakter mag bedauerlich sein; als Vorwurf kann er nicht dienen. *Keine* philosophische Theorie kommt ohne solche Annahmen aus.

Auch wenn der hypothetische Realismus nicht empirisch prüfbar ist, gibt es doch sehr wohl Instanzen, die ihn stützen oder erschüttern können. „Letztlich kann nur der Erfolg ihrer Anwendung sie rechtfertigen." (Vollmer, 1975, 28) Ein ganzes Kapitel ist den Argumenten gewidmet, die das Realitätspostulat stützen und „dazu führen, die Annahme einer bewußtseinsunabhängigen, strukturierten Welt als eine *wohlbegründete Hypothese* anzusehen" (Vollmer, 1975, 39). Sie stehen keineswegs auf einem anderen, sondern auf genau demselben „Blatt". Der hypothetische Realismus ist, wenn wirklich nicht prüfbar, so doch hervorragend *kritisierbar*.

In Teilaussagen ist er sogar *prüfbar*. Das Kontinuitätspostulat zum Beispiel (natura non facit saltus) ist in seiner Allgemeinheit nicht aufrechtzuerhalten. „Denkt man an Wirkungsquantum, Elementarteilchen, Mutationssprünge, Revolution und Fulguration . . ., so ist vielleicht *quasi-kontinuierlich* die angemessenere Bezeichnung." (Vollmer, 1975, 30) Auch das Realitätspostulat bedarf, wie die *Quantenphysik* gezeigt hat, einer Korrektur, zumindest aber einer Präzisierung (vgl. 11).

An der geäußerten Kritik sind tatsächlich alle Behauptungen falsch.

14 Die EE ist keine Erkenntnistheorie, sondern eine naturwissenschaftliche Disziplin.

Die EE mag die Beschaffenheit und die Entstehung unserer kognitiven Strukturen, soweit sie biologisch bedingt sind, beschreiben und sogar evolutiv erklären; sie hat somit durchaus deskriptiven und explanativen Charakter. In dieser Rolle ist sie eine Teildisziplin der Biologie, insbesondere der Evolutionsbiologie.

Sie erhebt jedoch auch erkenntnistheoretische Ansprüche. Diese Ansprüche sind nicht gedeckt. Die EE erfüllt überhaupt keine normative oder explikative Funktion. So schreibt Wittgenstein schon 1921 (Tractatus 4.1122): „Die Darwinsche Theorie hat mit der Philosophie nicht mehr zu schaffen als irgendeine andere Hypothese der Naturwissenschaft." Oder Dretske (1971, 585): „Mir scheint, daß der evolutionäre Gesichtspunkt der Erkenntnistheorie sehr wenig zu bieten hat." Oder Putnam (1982a, 6): „Der Fehler der EE liegt nicht darin, daß die wissenschaftlichen Fakten falsch wären, sondern darin, daß sie keine einzige philosophische Frage beantworten." (Ähnlich Stegmüller, 1984, 12, 20.)

Von einigen Vertretern der EE wird dies auch zugegeben: „Die reine Erkenntnistheorie im Sinne Kants fängt mit ihrer Problemstellung systematisch gesehen genau dort an, wo die EE als Explikation der „Naturgeschichte des menschlichen Erkennens“ (Lorenz) aufhört.“ (Oeser in Lorenz/Wuketits, 1983, 268; ebenso Wuketits, 1983, 50; Riedl, 1980, 7) Von einer Erkenntnistheorie sollte man deshalb gar nicht erst sprechen. (Engels, 1983, 159; vgl. 15) Wo dies doch geschieht, liegt ein fehlerhaftes Selbstverständnis vor.

In dieser Frage sind nicht alle Vertreter der EE miteinander einig. Wer sie als rein naturwissenschaftliche Theorie einordnet, hat es einfach: Spricht man nämlich der EE zwar nicht jede philosophische *Relevanz*, wohl aber jeden erkenntnistheoretischen *Anspruch* ab, so vermeidet man damit alle Zirkelprobleme. Erhebt man dagegen erkenntnistheoretische Ansprüche, so muß man sich mit den in 20 und 21 behandelten Zirkelvorwürfen herumschlagen.

Ich selbst habe nie Zweifel daran gelassen, daß die EE, wie ich sie verstehe, *auch* erkenntnistheoretische Probleme zu lösen versucht. So diskutiert sie die Frage, ob die Anschaulichkeit (bzw. Unanschaulichkeit) einer Theorie als *Wahrheitskriterium* dienen kann. Die EE beantwortet diese Frage mit Nein, weil unser mesokosmisch geprägtes Anschauungsvermögen nur mesokosmische Strukturen adäquat erfaßt und außerhalb des Mesokosmos versagen kann (und dort erfahrungsgemäß auch tatsächlich häufig versagt). Die Formulierung von Wahrheitskriterien ist aber eine typisch erkenntnistheoretische Aufgabe. Weitere Fragen sind: Kann der Überlebenserfolg als Wahrheitskriterium dienen? (Nein!) Ist Intersubjektivität ein hinreichendes Objektivitätskriterium? (Nein!) Gibt es ein schärferes Objektivitätskriterium? (Ja, Invarianz!) Ist es hinreichend? (Nein!) Gibt es Grenzen der Erkenntnis? (Ja!)

Bei der Lösung dieser Probleme macht die EE von einzelwissenschaftlichen Ergebnissen ausgiebig Gebrauch. Das ist aber kein methodischer Fehlgriff (vgl. 21), sondern die einzige *Chance*, zu richtigen Ergebnissen zu kommen.

Die EE hört also *nicht* da auf, wo die „reine“ Erkenntnistheorie beginnt. Sie fängt dort allerdings auch nicht erst an. Zwischen empirischem Wissen und metatheoretischer Reflexion stellt sie eine unlösbare Verbindung her. Deskriptive und normative Elemente lassen sich zwar *unterscheiden*, nicht jedoch säuberlich voneinander trennen. Gerade durch die Verbindung beider Komponenten leistet die EE mehr als eine „rein empirische“ oder eine „rein philosophische“ Disziplin.

Eine solche Kombination ist auch gar nichts radikal Neues. Schon in jede traditionelle erkenntnistheoretische Auffassung gehen konstitutiv und unverzichtbar empirische Elemente ein. Schon immer bemüht sich Erkenntnistheorie als „Lehre von der Erkenntnis“ sowohl um den Erkenntnisprozeß (das Erkennen) als auch um sein Ergebnis (das Wissen). Dabei hat sie als Theorie des Erkenntnisprozesses eher beschreibenden und erklärenden, als Theorie des Wissens eher explikativen und normativen Charakter. Wollte man ihre Aufgabe auf Explikation und Normierung (oder gar auf die Untersuchung von Geltungsansprüchen) beschränken und alles andere als Erkenntnispsychologie und Erkenntnismetaphysik ausklammern, so würde man nicht nur wesentliche Teile traditioneller Erkenntnistheorie gewaltsam (und gewiß entgegen deren Selbstverständnis) ausklammern, sondern sich auch und gerade wichtiger Mittel zur Klärung von Erkenntnisansprüchen begeben. Zwar kann man nicht von faktischem Wissen (über kognitive Systeme) auf erkenntnistheoretische Normen *schließen*; aber *ohne* die Berücksichtigung solcher Fakten wird man erkenntnistheoretische Probleme erst recht nicht lösen können.[5] Gerade durch ihre empirische Orientierung, durch ihre Verkopplung deskriptiver und normativer Elemente, durch ihre Berücksichtigung dessen, was der Fall ist, sind neuere erkenntnistheoretische Ansätze wie Piagets Genetische Erkenntnistheorie, Chomkys universelle Tiefengrammatik oder die EE so fruchtbar geworden.[6]

Allerdings ist einzuräumen, daß der deskriptive, der „naturalisierte" Anteil dieser Ansätze besonders hoch ist. Das rührt daher, daß hier einerseits – und mit gutem Grunde – auf die Behandlung traditioneller Geltungsfragen verzichtet wird (vgl. 17) und daß andererseits die Betrachtung auf andere kognitive Systeme (als den Menschen) ausgedehnt wird. Ob es sinnvoll ist, der Erkenntnistheorie schon deshalb einen „Platz innerhalb der Psychologie und somit innerhalb der empirischen Wissenschaften" zuzuweisen (Quine, 1975, 115), soll hier dahingestellt bleiben.

15 Der Erkenntnisbegriff der EE ist zu weit.

Es ist – jedenfalls bei Anerkennung der Evolutionstheorie – unbestreitbar, daß die Evolution spätestens beim Menschen zu Erkenntnisfähigkeit und zu Erkenntnis geführt hat. Einige Vertreter der EE sehen nun aber schon in der gesamten biologischen Evolution einen „erkenntnisgewinnenden Prozeß" (im Anschluß an Lorenz z.B. Riedl, 1980, 7, 12 u.ö.; Kaspar in Lorenz/Wuketits, 1983, 125), sprechen wohl auch von der „Erkenntnisförmigkeit der Evolution" oder von „Leben als Erkenntnisvorgang" (Lorenz, 1973, 33). Dabei wird nicht nur Menschen oder höheren Primaten, sondern allen Tieren, selbst der Amöbe, Erkenntnis zugeschrieben. Molekularbiologen sprechen sogar davon, daß ein Molekül ein anderes „erkenne".

Diese Erweiterung ist jedoch teuer erkauft, nämlich durch eine Aufweichung, ja Entleerung des Erkenntnisbegriffs. Wenn ein Einzeller, der auf Umweltreize angemessen reagiert, damit schon *Erkenntnis* über die Umwelt haben soll, wenn sogar Moleküle einander erkennen sollen, dann bleibt von der Erkenntnis, die den Erkenntnistheoretiker eigentlich angeht, nicht mehr viel übrig. Ihm geht es nämlich um Wahrheit, um Vernunft, um Rationalität, um Begründung, um Argumente, um die Einlösbarkeit von Erkenntnisansprüchen. (Dretske, 1971, 587; Löw, 1983, 334; Engels, 1985, 55) Davon kann bei Tieren nicht die Rede sein. Durch den durchaus sinnvollen Vergleich von Tier und Mensch und die Betonung der *Gemeinsamkeiten* geht dann der Blick für die Unterschiede, für spezifisch menschliches Erkennen, verloren. Die Bezeichnung „Evolutionäre *Erkenntnis*theorie" ist dafür nicht mehr angemessen; man sollte hier bescheidener sein und z.B. von „Evolutionärer *Informations*theorie" sprechen. (Engels, 1985, 62; 1985a, 143)

Ich halte diese Kritik im wesentlichen für berechtigt. Natürlich kann man niemandem vorschreiben, wie er seine Begriffe zu verwenden habe; wohl aber kann man verlangen, daß relevante *Unterschiede* auch terminologisch kenntlich gemacht werden. Schon aus pragmatischen Gründen sollte man sich nicht zu weit vom üblichen Sprachgebrauch entfernen. Der Gang der Wissenschaft hat zwar immer wieder zu Veränderungen in der Bedeutung von Begriffen geführt; hier handelt es sich aber in der Regel um *Verschärfungen* und zusätzliche Unterscheidungen. Wer jedoch Leben als „Erkenntnisvorgang" bezeichnet, nimmt eine bedenkliche Begriffserweiterung in Kauf, die jedenfalls einer Rechtfertigung bedürfte. Ob diese Redeweise nur metaphorisch gemeint ist oder nicht, auf jeden Fall bedarf der verwendete Erkenntnisbegriff einer Explikation.

Eine solche Präzisierung sucht man bei den Vertretern der EE im allgemeinen vergeblich. Man wird deshalb erwarten, daß wenigstens die Kritiker hier mit gutem Beispiel vorangehen. Dabei erlebt man jedoch eine noch größere Enttäuschung: Von den zahlreichen kritischen Stellungnahmen zur EE bietet *keine* auch nur andeutungsweise eine Definition, Explikation oder Charakterisierung des Begriffs „Erkenntnis".

Eine Ausnahme bildet Löw (1983, 334–5), indem er wenigstens verrät, was ihm am Erkenntnisbegriff der EE *fehlt*: der Aspekt der Subjektivität.

Eine Definition von Erkenntnis gibt auch er leider nicht; es wird auch nicht klar, ob eine solche nur sehr schwierig oder wegen der dabei auftretenden Zirkelprobleme unmöglich ist. Zwar meint er, den Begriff Erkennen zu definieren sei selbst Resultat einer Erkenntnis (335). Das allein wäre aber noch gar kein Hinderungsgrund; schließlich ist längst geklärt, daß und wie empirisches Wissen in Realdefinitionen (Begriffsanalysen, Explikationen und empirische Analysen) eingehen kann. Anscheinend ist Löw dem leider sehr häufigen Fehlschluß aufgesessen, jeder Zirkel sei auch schon ein vitiöser Zirkel. Das ist weder ganz allgemein noch ausgerechnet hier der Fall.

Aber auch die angeblich fehlende Subjektivität bleibt undefiniert. Daß es Information immer nur für ein *Subjekt* geben könne, scheint mir – soweit ohne einen vereinbarten Informationsbegriff verständlich – reichlich dogmatisch; daß nur ein *Subjekt* Ähnlichkeiten wahrnehmen könne, ist gewiß falsch. Löw argumentiert, ohne darüber auch nur ein Wort zu verlieren, von einem dualistischen Standpunkt aus, für den „das Subjekt" von vornherein und unaufhebbar etwas grundsätzlich anderes ist als alles, was naturwissenschaftlich beschreibbar bzw. objektivierbar ist. Die Diskussion dürfte somit gar nicht um den Erkenntnisbegriff, sie müßte um das Leib-Seele-Problem geführt werden. Solange aber die identitätstheoretische Position der EE nicht als unzulässig ausgewiesen ist (vgl. 1), kann auch ihr Erkenntnisbegriff nicht verworfen werden mit Argumenten, die nur der Dualist anerkennt.

Ich habe schon in meinem Buch (1975, 40–42, 122–6) eine unvollständige Charakterisierung gegeben und später (1983, 30) eine Arbeitsdefinition vorgeschlagen: *Wirklichkeitserkenntnis ist eine adäquate Rekonstruktion und Identifikation äußerer Strukturen im Subjekt.* Erkenntnis wird hier (im Anschluß an Stegmüller, 1956, 515) als eine *drei*stellige Relation definiert: S erkennt O *als A*. Um etwas zu erkennen, wird ein Organismus also auf Signale von außen nicht nur *reagieren* (das tut bereits das Molekül); auch Signale *registrieren* kann schon das Pantoffeltierchen. Vielmehr muß der Organismus (a) ein internes Abbild von Außenweltstrukturen erstellen (*konstruieren*), (b) dieses Modell mit gespeicherten Engrammen *vergleichen* und (c) feststellen können, ob und inwieweit der rekonstruierte Gegenstand mit bereits Bekanntem übereinstimmt, ihn *identifizieren*. Dazu muß er ihn als individuelles Objekt („das ist ja Sonja") oder als Element einer Klasse („es ist ein Dackel") einordnen können. Für einen solchen Erkenntnisakt ist offenbar *Gedächtnis* erforderlich.

Rekonstruktion ist also nicht Widerspiegelung. Das unterscheidet den hier explizierten Erkenntnisbegriff von dem des dialektischen Materialismus. Von einem Spiegelbild kann allenfalls in einem übertragenen Sinne die Rede sein; auch bei Lorenz' „Rückseite des Spiegels" handelt es sich eindeutig nur um eine (wenn auch leider irreführende) *Metapher*. Allen gemeinsam ist allerdings der Gedanke der Strukturgleichheit, der partiellen Isomorphie zwischen Objekt und Rekonstruktion.

Welche Systeme sind nun zu einem solchen vierstufigen Erkenntnisprozeß (Projektion, Interpretation, Rekonstruktion, Identifikation) fähig, welche können als *kognitive Systeme* gelten? Eine genaue Grenzziehung ist gewiß schwierig und hier nicht erforderlich; sicher aber kommen nur Organismen mit Zentralnervensystem und einem leistungsfähigen Gehirn in Betracht. Auf Moleküle, Einzeller, Pflanzen und wirbellose Tiere läßt sich unser Erkenntnisbegriff jedenfalls nicht anwenden, wohl aber auf Menschen und höhere Wirbeltiere, im Prinzip aber auch auf elektronische oder biochemische Maschinen, die eine derartige Außenweltsimulation leisten.

Unser Erkenntnisbegriff ist enger als jeder Informationsbegriff, sei der nun im Sinne der Informationstheorie (als Seltenheit eines Zeichens), der Biologie (als *bewertete* Information) oder einer Fahrplanauskunft (als Information mit *Bedeutung*) gefaßt. In der schon benutzten logischen Terminologie ist der Informationsbegriff nur ein- oder allenfalls zweistellig. So ist es wohl legitim, das Leben oder die Evolution als informations-, nicht aber als erkenntnisgewinnenden Prozeß zu beschreiben. Deshalb ist auch die Evolutionäre *Erkenntnis*theorie verschieden von einer Evolutionären *Informations*theorie. Andererseits ist dieser Erkenntnisbegriff keineswegs auf den Menschen beschränkt, da er mindestens die höheren Wirbeltiere einschließt. Gerade deshalb ist wiederum die biologische Evolution für ihn so bedeutsam.

Es dürfte jedoch deutlich sein, daß die EE ihren Erkenntnisbegriff keineswegs über den Überlebenserfolg *expliziert*, wie viele Kritiker glauben (Gerhardt, 1983, 74–75; Engels, 1985, 60; 1985a, 124f.; vgl. 10). Er ist auch – im Gegensatz zum Informationsbegriff – nur im Rahmen eines ontologischen und erkenntnistheoretischen *Realismus* formulierbar; in anderen Auffassungen haben Begriffe wie „Rekonstruktion", „objektive Struktur", „adäquat" keine oder ganz andere Bedeutungen. Auch enthält er – darauf sei ausdrücklich hingewiesen – mit der Adäquatheitsbedingung ein *normatives* Element: Die Rekonstruktion soll zutreffen, richtig, wahr sein. Diese Forderung, diese normative Bedingung steckt implizit auch schon im Begriff der Rekonstruktion. Eine bloße Konstruktion wäre ja gänzlich frei; eine *Re*konstruktion dagegen muß dem eigentlichen Objekt möglichst strukturgleich sein. Wesentliches Merkmal der (erhofften) Wirklichkeitserkenntnis ist also die (erhoffte) Isomorphie. Allerdings ist diese Adäquatheit niemals letztgültig aufweisbar; was als Erkenntnis (als zutreffende *Re*konstruktion) galt, könnte sich als Irrtum (als bloße Konstruktion) erweisen. Alle Wirklichkeitserkenntnis ist eben nur vorläufig, hypothetisch.

Hier sei auf ein Mißverständnis hingewiesen. Die EE spricht davon, daß die kognitiven Strukturen eines Organismus seine Existenz nicht gefährden dürfen, sondern *überlebens-adäquat* sein müssen. Diese Forderung ist natürlich wesentlich *schwächer* als die Korrektheits- oder Adäquatheitsforderung, die wir oben an Erkenntnis gestellt haben. Die beiden Begriffe sind also keineswegs synonym; wie die Kritik (Engels, 1985a, 124) befürchtet. Der subjektive Farbenkreis ist *überlebens-adäquat,* aber keineswegs objektiv; er stellt keine *adäquate* Rekonstruktion von Umwelt, also auch keine Erkenntnis über die Welt dar.

Nun scheint auch die gegebene Explikation für „Erkenntnis" immer noch recht weit zu sein. Um zu einem engeren Erkenntnisbegriff zu kommen, könnte man mit Descartes fordern, daß Erkenntnis *unbezweifelbar* sein müsse. Diese Forderung wird heute allgemein als zu streng angesehen, weil sie unser gesamtes Wissen als *vermeintliche* Erkenntnis und somit als bloßen Schein verwirft. Perfektes Wissen über die Welt gibt es nicht.

Man könnte verlangen, daß Erkenntnis *bewußt* sein müsse. Der dabei verwendete Bewußtseinsbegriff ist aber so unpräzise, daß er für eine ernsthafte Explikation nicht in Frage kommt. (Vgl. auch Kutschera, 1981, 334.) Im allgemeinen liegt die Betonung dabei auf dem *reflexiven* Moment menschlicher Erkenntnis, auf der Tatsache, daß wir uns des Zutreffens unserer Überzeugungen *vergewissern* können. Deshalb wird Erkenntnis in der Regel als *wahre und fundierte Überzeugung* (justified true belief, justified true conviction) aufgefaßt, eine Explikation, die schon in Platons „Theaitetos" (201c, d) vorgeschlagen, von Sokrates allerdings ebenfalls verworfen wird. Eine Überzeugung soll dabei als fundiert gelten, wenn man dafür „eine korrekte Begründung" angeben, „ausreichend Evidenz" beibringen oder sich „reflexiv über ihre Wahrheit Rechenschaft ablegen" kann.

Solche Fundiertheitskriterien stützen sich nun aber grundsätzlich auf *anderes* Wissen – über die Bedeutung von Begriffen, das Bestehen von Sachverhalten, die Zuverlässigkeit von Methoden. Sie bewirken also letztlich nur eine *Verschiebung* der Beweislast. Da jedoch alle Definitionsketten, Beweise (Schlußketten), Begründungen, Verfahren ein Ende haben und da jede Fundierung nur so gut ist wie ihre schwächste Prämisse, gelangt man so nicht zu einer *qualitativen Verbesserung* des Wissensbegriffes. Das hat vor allem Kutschera (1981, 16–27) in wünschenswerter Klarheit gezeigt.

Danach ist Wissen lediglich als *wahre Überzeugung* zu explizieren. Weder die objektive Komponente der Wahrheit noch die subjektive Komponente der Überzeugung sind dabei einer Steigerung fähig. Wie immer eine wahre Überzeugung gewonnen oder begründet wird, sie ist „weder objektiv wahrer noch subjektiv sicherer als jede andere wahre Überzeugung . . . Als genereller Wissensbegriff kommt nur der Begriff wahrer Überzeugung infrage." (Kutschera, 1981, 25, 76) Mir scheint diese Explikation des *Wissens*begriffs ausreichend und plausibel.

Die Diskussion dürfte auch gezeigt haben, daß in diese Explikation empirisches Wissen eingegangen ist. Wenn es perfektes Wissen gäbe, dann wäre auch ein entsprechend enger Wissensbegriff im Sinne der Unbezweifelbarkeit (Descartes) oder der notwendigen Geltung (Kant) angebracht gewesen. Es ist die – letztlich enttäuschende – *Erfahrung*, daß ein solches Wissen nirgends aufweisbar ist, die eine weniger anspruchsvolle Explikation nahelegt, ja erzwingt. (Hierzu vgl. auch 21.)

Manche Autoren gehen nun allerdings noch weiter und meinen, durch den Wissensbegriff auch schon den Begriff des Erkennens erfaßt zu haben.

> „Den Begriff *Erkennen* kann man durch den des Wissens erklären, denn Erkennen ist der Schritt vom Nichtwissen zum Wissen . . . Da es nun in der Erkenntnistheorie weniger um Akte des Erkennens als um Kriterien für die Unterscheidung von Erkenntnissen von bloßen Annahmen oder Überzeugungen, also von Wissen und Glauben geht, können wir bei unseren Erörterungen auch vom Begriff des Wissens ausgehen . . . Die Analyse des Erkenntnisbe-

griffs, das erste zentrale Thema der Erkenntnistheorie, nimmt also die Form einer Analyse des Wissensbegriffs an." (Kutschera, 1981, 9–10)

Diese Auffassung von Erkenntnis ist jedoch zu eng. Wie eine Reise durch Start- und Zielpunkt nicht ausreichend charakterisiert ist, so wird ein Prozeß (hier das Erkennen) nicht dadurch vollständig erfaßt, daß man Anfangs- und Endzustand (hier Nichtwissen und Wissen) angibt. Auch die Zwischenstufen, die möglichen und tatsächlichen Wege und Umwege, die Kontinuität oder Diskontinuität des Übergangs, die Beschränkungen und Hindernisse, spielen eine wichtige, eine unverzichtbare Rolle. Diesen Aspekt übersehen zu haben, ist eine entscheidende Schwäche einer statischen Erkenntnisauffassung. Der eigentümliche Charakter kognitiver Prozesse *als Prozesse* wird nämlich in Beschreibungen fertigen Wissens oder in der Explikation eines statischen Wissensbegriffs nicht deutlich. Gerade weil wir so viel mehr wissen (oder zu wissen glauben), als durch die unmittelbare und individuelle Erfahrung verbürgt ist, muß der Übergang vom Nichtwissen zum Wissen thematisiert werden.

Übrigens ist die Wissenschaftstheorie diesen Weg längst gegangen. Sie studiert die Wissenschaftsgeschichte, um das *Wachstum* menschlichen Wissens, um die Dynamik der Theorienbildung, der Theorienkonkurrenz und der Theorienablösung zu verstehen.

Auch normative Fragen sind oft nur *über* Faktenwissen beantwortbar. Deshalb wird sich Erkenntnistheorie nicht nur um einen klaren Wissensbegriff bemühen, sondern auch um die *Bedingungen*, unter denen Erkenntnis *tatsächlich* zustandekommt, um die Beschränkungen, denen Erkenntnis gelegentlich oder grundsätzlich unterliegt, um die Leistungen und Fehlleistungen beliebiger kognitiver Systeme. Solche Bedingungen lassen sich herausfinden, indem man kognitive Prozesse in wechselnden Situationen untersucht und vergleicht. Zwar steht uns kein *überlegener* Erkenntnisapparat zur Verfügung, um den unsrigen zu untersuchen; gerade ihr reflexiver Charakter, ihre Rückbezüglichkeit, ihre Selbstanwendung machen ja Reiz und Schwierigkeit der Erkenntnistheorie aus. Trotzdem lernen wir auch hier viel durch den Vergleich mit und den Kontrast zu anderen kognitiven Systemen. Deshalb sind ontogenetische und phylogenetische Betrachtungen, Untersuchung und Aufklärung von Fehlleistungen, Artvergleich und Modelle der künstlichen Intelligenz für die Erkenntnistheorie so wichtig.

Ein letzter Gesichtspunkt: Obwohl wir beim *Entwerfen* von Hypothesen vergleichsweise frei sind (vgl. 20), sind wir doch bei ihrer Überprüfung gänzlich angewiesen auf unsere „niedrigen" mesokosmischen Fähigkeiten, auf Wahrnehmung, Gedächtnis, Alltagserfahrung, Alltagssprache. Jedes reale Objekt, das zum Gegenstand einer empirisch-wissenschaftlichen Theorie werden soll, muß *irgendwie* auf unsere Peripherie projiziert werden. Diese Projizierbarkeitsforderung erklärt die bedeutsame, die unverzichtbare Rolle auch der „unteren" kognitiven Fähigkeiten für *jede* Erkenntnistheorie.

16 Verwechslung von Genese und Geltung

Die EE geht davon aus, daß das erkennende Subjekt gewisse Strukturen, die von der individuellen Erfahrung unabhängig (und in *diesem* Sinne a priori) sind, in die Erfahrung einbaut. Sie *erklärt* – möglicherweise richtig – das Bestehen kognitiver Fähigkeiten und die faktische Möglichkeit von Erkenntnis über evolutive Anpassungsprozesse. Sie behauptet ferner, der evolutive Erfolg verbürge auch die *Richtigkeit* der so gewonnenen Erkenntnis. Hier wird also von evolutiver *Bewährung* auf *Wahrheit* geschlossen.

Dabei werden jedoch zwei Probleme in unzulässiger Weise miteinander vermischt, nämlich Probleme der Genese mit solchen der Geltung, nach Kant die Frage „Quid facti?" mit der Frage „Quid juris?", nach Reichenbach der „context of discovery" mit dem „context of justification". „Indem die EE die Frage nach den apriorischen Bedingungen der Möglichkeit von verbindlicher Erkenntnis zurückführt auf die Frage nach den faktisch-empirischen Bedingungen von Erkenntnissen und somit eine inadäquate idealistische Auffassung des Apriori überwinden hilft, läuft sie jedoch Gefahr, das Erkenntnisproblem auf seinen genetischen Kontext zu reduzieren und damit die spezifisch erkenntnistheoretische Frage nach der Gültigkeit einer Aussage zu trivialisieren." (Köchler, 1983, 48).

Wer so schließt, begeht einen „genetischen Fehlschluß", also eine Sonderform des naturalistischen Fehlschlusses, bei dem unzulässig von Fakten auf Normen geschlossen wird. (Zimmerli, 1981, 1302; ähnlich Lenk nach Engels, 1983, 150)

Es ist zwar richtig, daß die EE die (faktische) Frage nach dem Zustandekommen und der Zuverlässigkeit von Erkenntnis mit der (normativen) Frage nach ihrer Wahrheit oder Gültigkeit verbindet, ja für *untrennbar* hält; die Fragen werden jedoch keineswegs miteinander verwechselt oder *identifiziert*. Vor allem schließt sie nicht von der Tatsache der Erhaltung einer Art auf die Richtigkeit ihres Weltbildes. (Vgl. 10)

Die Vermutung, zu der uns der Arterfolg berechtigt, ist nur jene, die wir schon im Zusammenhang mit der angeblichen Zirkularität des Anpassungsbegriffs (vgl. 4) formuliert hatten: *Im allgemeinen* bedeutet eine bessere (richtigere, korrektere, objektivere) Erfassung der Außenweltstrukturen einen Überlebensvorteil. *Unter Konkurrenz* setzt sich deshalb *in der Regel* das korrektere Weltbild durch. Da auch die Evolution unseres Weltbildapparates über weiteste Strecken unter Konkurrenzdruck erfolgte, dürfen wir *erwarten*, daß auch dieses Weltbild – soweit es der natürlichen Auslese unterlegen hat – nicht ganz falsch ist.

Offenbar handelt es sich hier keineswegs um sichere Prämissen oder um einen deduktiv zwingenden Schluß, sondern nur um ein plausibles

Argument. Welche Züge unseres mesokosmisch *bewährten* Weltbildes auch *wahr* sind, bedarf in jedem Einzelfall der weiteren Prüfung, zum Beispiel mit den überlegenen Mitteln wissenschaftlicher Erkenntnis. Zu einer *endgültigen* Wahrheitszuschreibung kann es dabei wegen des hypothetischen Charakters *aller*, also auch der wissenschaftlichen Erkenntnis, niemals kommen. Trotzdem kann es gute Gründe geben, wissenschaftliche Aussagen für wahr *zu halten*, und damit auch gute Gründe, die mesokosmische Erkenntnis an ihnen zu messen. *Wenn* sich mesokosmische Erkenntnis dabei als korrekt erweist, dann liefert die EE eine *Erklärung* für diesen Erfolg, in anderen Fällen eine *Erklärung* für ihr Versagen.

Bei der Beurteilung mesokosmischer Erkenntnis greifen also zwei Arten von Argumenten, nämlich erstens die Arterhaltung unter Konkurrenz und zweitens der Vergleich mit den Ergebnissen theoretischer Erkenntnis. Hypothetischer Realismus, kritischer Rationalismus und EE werden dabei nicht müde zu betonen, daß diese Argumente nicht zwingend sind und unser Wissen auch danach hypothetisch, vorläufig, fehlbar bleibt. Die EE liefert also sehr wohl Argumente für die *Möglichkeit* wahrer, richtiger, objektiver Erkenntnis, niemals jedoch eine *Garantie*.

Die EE glaubt zwar, Geltungsfragen nur durch Rückgriff auf empirisches Wissen beantworten zu können; sie behauptet aber keineswegs, daß diese Faktenwissen *allein* jene Fragen auch schon beantworte. Allerdings ist das Ausmaß, in dem empirisches Wissen in die erkenntnistheoretischen Betrachtungen eingeht, nicht in allen Fällen gleich, sondern von der *Stoßrichtung* abhängig.

Soweit die EE *erkenntnis-skeptisch* oder erkenntnispessimistisch ist, genügt oft ein Hinweis auf wissenschaftliche Erkenntnis. So reicht die von der EE betonte *Tatsache*, daß unsere Anschauungsformen evolutiv bedingte, *mesokosmische Passungen* darstellen, schon aus, um Anschaulichkeit als Wahrheitskriterium zu disqualifizieren. Ähnliche *faktische* Erwägungen zeigen auch schon, daß der naive Realismus (die Welt ist so, wie sie mir erscheint), der strenge Empirismus (alle Erkenntnis entstammt der individuellen Erfahrung) und der strenge Rationalismus (alles Wissen entstammt dem reinen Denken) falsch sind. Durch Fakten kann man eben nicht nur zeigen, daß *faktische Behauptungen falsch*, sondern auch, daß *Normen unanwendbar* sind. (Diese Tatsache spielt auch eine wichtige Rolle für die Möglichkeit einer Evolutionären Ethik.)

Wo die EE dagegen erkenntnis*optimistisch* ist, genügen Fakten nicht. Dort ist erheblich mehr explikativer und normativer (und somit „genuin erkenntnistheoretischer") Aufwand erforderlich. Wenn sie behauptet, objektive Erkenntnis sei möglich (wenn auch nicht als solche ausweisbar), so zieht sie zum Beleg nicht nur biologische

Fakten (z.B. die Arterhaltung) heran, sondern den hypothetischen Realismus, einen durchaus anspruchsvollen Erkenntnisbegriff, ein projektives Erkenntnismodell, Objektivitätskriterien usw. Aber auch hier spielen empirische Tatsachen eine konstitutive, also auch unverzichtbare Rolle.

Wohl versucht also die EE, auch Geltungsfragen *über* Tatsachen der Genese zu beantworten. Das heißt jedoch nicht, daß sie beides verwechselt.

17 Die EE löst das Geltungsproblem nicht.

Das Geltungsproblem ist die zentrale Frage jeder Erkenntnistheorie. (Engels, 1985, 62) Dieses Problem wird von der EE nicht gelöst; es rückt bei ihr nicht einmal ins Blickfeld. Das ist von ihrem wissenschaftsbezogenen Ansatz her auch gar nicht möglich. „In der Geltungsfrage hat empirisches Wissen sozusagen kein Stimmrecht." (Gerhardt, 1983, 46) „Den einzig angemessenen Zugang zur prinzipiellen Verfaßtheit der Erkenntnis bildet die Geltungs*reflexion*: die Erforschung der Geltungsvoraussetzungen von (wissenschaftlicher) Erkenntnis durch reflexives Eindringen in das zunächst vorgegebene Erkenntnis„faktum"." (Holzhey, 1983, 109)

Darüber, was als die zentrale Frage der Erkenntnistheorie zu gelten habe, bestehen unterschiedliche Meinungen. So ist für Köchler (1983, 59) „das grundlegende Problem der Erkenntnistheorie – die Frage nach der Relation zwischen Wirklichkeit an sich und Erfahrung". Wir wollten jedoch aus solchen Differenzen kein Kapital schlagen. Entscheidend ist der Vorwurf, daß die EE das Geltungsproblem nicht löse. Obwohl dieser Vorwurf wiederholt erhoben wurde, wird an keiner Stelle gesagt, was unter dem „Geltungsproblem", was überhaupt unter „Geltung" zu verstehen sei. Nehmen wir jedoch einmal an, der Begriff „Geltung" sei durch Synonyma wie „Triftigkeit" (Lotze), „diskursive Einlösbarkeit" (Puntel), „Zustimmungsfähigkeit" (Gethmann) hinreichend expliziert. Nehmen wir weiter an, das *Geltungsproblem* lasse sich formulieren in der Frage: „Unter welchen Bedingungen kann eine Aussage (eine Behauptung, eine Norm oder ein Argument) Geltung beanspruchen?" Der Einfachheit halber beschränken wir uns im folgenden auf nicht-analytische, faktische Aussagen. Auch dann wird die entscheidende Frage, ob es sich bei den genannten Geltungsbedingungen um *notwendige* oder um *hinreichende* Bedingungen handeln soll, gewöhnlich schon nicht mehr beantwortet.

Als *notwendig* sind zahlreiche wichtige Merkmale herausgearbeitet worden: Eine faktische Aussage muß syntaktisch korrekt, logisch konsistent, semantisch einwandfrei, intersubjektiv verständlich, diskursfähig, intersubjektiv nachprüfbar, mit anderen anerkannten Aussagen verträglich sein usw. Was jedoch die *hinreichenden* Geltungsbedingungen angeht, so muß man zwischen bedingter (hypothetischer, relativer) und unbedingter (kategorischer, absoluter) Geltung unterscheiden. Eine Aussage hat bedingte Geltung, wenn für den Nachweis ihrer Geltung eine andere Aussage als gültig vorausgesetzt werden muß; andernfalls hat sie unbedingte Geltung.

Nun ist die Existenz unbedingt geltender Aussagen zwar vielfach behauptet worden; dieser Anspruch konnte jedoch niemals eingelöst werden. Transzendentalphilosophie, Phänomenologie, Sprachphilosophie, Konstruktivismus, transzendentale Sprachpragmatik formulieren immer nur notwendige Geltungsbedingungen oder führen relative Geltungsnachweise. Auch Kant zeigt nur, unter welchen Bedingungen allein faktisches Wissen sicher sein kann, *falls es solches gibt*. Die Existenz sicheren Wissens (synthetischer Urteile a priori, notwendiger und nachweislich allgemeingültiger Aussagen) wird auch bei ihm nicht aufgewiesen.

Versteht man unter einer Lösung des Geltungsproblems den *Aufweis erfüllbarer hinreichender Bedingungen für absolute Geltung*, so ist dieses Problem bisher noch *nie* gelöst worden. Daß auch die EE dieses Problem nicht löst, sollte man ihr deshalb nicht zum Vorwurf machen. Darüber hinaus hält die EE in Übereinstimmung mit dem hypothetischen Realismus jeden derartigen Versuch für aussichtslos und geht eben wegen dieser Einschätzung ganz andere Wege als die traditionelle Erkenntnistheorie (nämlich im wesentlichen den Weg des *pankritischen Rationalismus*).

Natürlich beansprucht die EE nicht, den Hypothesecharakter allen faktischen Wissens, die Nichtexistenz synthetischer Urteile a priori oder die Unlösbarkeit des Geltungsproblems zwingend bewiesen zu haben. Eine solche Behauptung würde ja wegen des unvermeidlichen Anspruchs auf Selbstanwendbarkeit sofort in einen Widerspruch führen (vgl. 12). Sie glaubt jedoch, *gute Gründe* für ihre Einstellung zu haben, z.B. das bisherige *Scheitern aller geltungstheoretischen Bemühungen*.

Es ist also nicht so, daß sie „das“ Geltungsproblem nicht sieht oder es zwar sieht, aber zu behandeln versäumt, oder es zwar angeht, aber daran scheitert; sie geht vielmehr von vornherein davon aus, daß dieses Problem unlösbar und *insofern* falsch gestellt ist. Sie versucht dagegen, notwendige und hinreichende Bedingungen für relative Geltung zu formulieren. Das aber gelingt ihr in einem Maße, das *mindestens* eine ernsthafte Diskussion lohnt. Wollte man ihren erkenntnistheoretischen Charakter schon deshalb verneinen, weil sie „das“ Geltungsproblem nicht löst, so müßte man diese Einschätzung fairerweise auf alle bisher vorgetragenen Erkenntnistheorien übertragen.

18 EE und Kant

In ihrem Verhältnis zu Kant unterliegt die EE einer mehrfachen Fehleinschätzung. Soweit sie sich selbst als naturwissenschaftliche Disziplin versteht, als „Biologie der Erkenntnis", ist sie nicht nur keine philosophische Theorie, sondern erkenntnistheoretisch völlig irrelevant. (Dretske, 1971, 585, 589) Sollte sie sich jedoch als philosophische Theorie verstehen, so löst sie keines der einschlägigen erkenntnis-, wahrheits- und geltungstheoretischen Probleme. (Holzhey, 1983, 121; Löw, 1983, 350) Wo sie versucht, Kant zu interpretieren, wird sie der Radikalität seiner Fragestellung nicht gerecht. Wo sie dagegen versucht, ihn zu korrigieren (Erkennbarkeit des Dinges an sich, Relativierung des Apriori), bleibt sie erkenntnistheoretisch naiv (Köchler, 1983, 58) oder fällt aus dem Rahmen prinzipiell zulässiger Kant-Interpretationen heraus (Stegmüller, 1984, 30).

Im Brennpunkt der EE stehen einige *erkenntnistheoretische Probleme*, die sie zu lösen versucht, z.B. Fragen nach dem Zustandekommen von Erkenntnis, nach dem Verhältnis von Erkenntnis und Realität, nach Passung und Übereinstimmung zwischen kognitiven und realen Strukturen, nach der Unterscheidbarkeit und Zuverlässigkeit verschiedener Erkenntnisstufen. Sie bedient sich dabei ausgiebig einzelwissenschaftlicher Forschungsergebnisse und macht insbesondere die Evolutionstheorie für erkenntnistheoretische Fragen fruchtbar. Ein Blick auf die Philosophiegeschichte lehrt dann, daß andere Philosophen sich ebenfalls mit solchen Fragen befaßt haben, dabei aber häufig zu anderen Lösungen gekommen sind.

Dies gilt im besonderem Maße für Kant. Seine Lösungsvorschläge sind so originell, daß der Erkenntnistheoretiker sowohl aus seinen richtigen als auch aus seinen falschen Antworten etwas lernen kann. Die EE hat nun mit der transzendentalen Erkenntnistheorie besonders viel gemeinsam. Im Prinzip könnte sie aber auch mit jeder anderen Erkenntnistheorie verglichen werden; und ich hoffe sehr auf *argumentative* Auseinandersetzungen mit dem Konstruktivismus, dem Operationalismus, dem Konventionalismus, dem Relativismus, dem Lingualismus.

Es liegt aber in der Natur der Sache (bzw. der philosophischen Kritik), daß bei Vergleichen die Unterschiede regelmäßig mehr betont werden als die Gemeinsamkeiten. So werden auch in dem Aufsatz „Kant und die EE" (Vollmer, 1984) vor allem jene Punkte herausgearbeitet, an denen transzendentale und Evolutionäre Erkenntnistheorie einander widersprechen. Diese Kontrastierung zeigt einerseits deutlich, daß die EE durchaus erkenntnistheoretische Ansprüche erhebt. Sie mag andererseits den Eindruck hervorrufen, die EE verstehe sich vornehmlich als eine biologische Tieferlegung, eine „evolutionäre" Deutung der Transzendentalphilosophie (Köchler, 1983, 43;

Titze, 1983, 198; Tennant, 1983, 33) oder als eine gezielte Korrektur an Kant. Sie wird dann leicht daraufhin beurteilt, ob sie Kant richtig *interpretiert*[7], ob sie mit ihrer Kritik den „eigentlichen Kant" getroffen hat, ob Kants „metaphysische Anfangsgründe der Naturwissenschaft" mit der „Kritik der reinen Vernunft" vereinbar sind, ob seine nachgelassenen Schriften nun ernstgenommen oder eher als Symptome zunehmender Verkalkung angesehen werden sollen, und inwieweit Kants Lehre *ohne Widersprüche* biologisch oder sogar evolutionär interpretiert, erweitert, ergänzt werden kann (Lütterfelds, 1982). Dabei werden zwar regelmäßig Teile von Kants Lehre als überholt, als widerlegt oder sogar als nicht ausreichend begründet zugestanden; merkwürdigerweise sollen dann jedoch gerade sie ebenso regelmäßig nicht zum eigentlichen Kern seiner Philosophie gehören (z.B. Prauss, 1971, 63; Engels, 1983, 152–3), so daß mancher sich ketzerisch fragen mag, wieviel von Kant man eigentlich preisgeben müsse, um ihn retten zu können, und ob Kant überhaupt Kantianer war. Solche Interpretationsfragen werden naturgemäß immer strittig bleiben; auf sie soll hier auch gar nicht eingegangen werden.

Die EE (wie ich sie sehe) ist nicht angetreten, um Kant neu zu interpretieren oder biologisch zu untermauern.[8] Ihre Ansprüche gehen über die einer Kant-Interpretation weit hinaus, wenn nicht sogar in die entgegengesetzte Richtung. Sie ist *problemorientiert* und sollte deshalb auch nach ihrem Problemlösungspotential beurteilt werden. Merkwürdigerweise hat sich die Kritik mit den von der EE herausgearbeiteten Problemen und Lösungen (Passungscharakter und seine Erklärung, Konstitution von Erkenntnis, Anschaulichkeit als Wahrheitskriterium, projektiver Charakter der Erkenntnis, Invarianz als Objektivitätskriterium, Anwendbarkeit der Mathematik, Kausalität und Energieübertrag, selektiver Vorteil kognitiver Leistungen; vgl. Vollmer, 1983) überhaupt nicht befaßt, sondern meist mit sehr allgemeinen Fragestellungen aus dem Vor- und Umfeld der EE.

Wenn dann die EE zu Lösungen kommt, die denen Kants eindeutig *widersprechen*, so ist es kein Wunder, daß sie als Ganzes „aus diesem Spektrum prinzipiell zulässiger Kant-Deutungen herausfällt" (Stegmüller, 1984, 30). Schließlich soll eine Interpretation die tatsächliche Meinung des Autors wiedergeben oder wenigstens eine mit seinem Werk verträgliche Deutung liefern und nicht dem Autor oder seinem Werk explizit widersprechen.

Wenn also Kritiker glauben, die EE dadurch widerlegen zu können, daß sie Kant (oder Hegel oder andere Autoren) *zitieren* oder interpretieren und Gegensätze zur EE aufweisen, so beweisen sie damit nur, daß sie vor Texten mehr Respekt haben als vor Fakten und Argumenten.

Die EE löst „das Geltungsproblem" nicht, weil sie – mit guten Gründen – davon ausgeht, daß es unlösbar ist (vgl. 17). Sie braucht die Möglichkeit sicheren faktischen Wissens nicht zu erklären, wenn es solches Wissen augenscheinlich gar nicht gibt. Sie macht keinen Gebrauch vom *Kantischen* Apriori, weil sie es erstens für entbehrlich und zweitens für eine Fiktion hält. Sie bestreitet die transzendentale Rolle der Kantischen Kategorien, weil diese in der Erfahrung nicht allgemeingültig und für wissenschaftliche Erkenntnis nicht notwendig sind. Sie verzichtet auf synthetische Urteile a priori, weil bisher kein einziges überzeugendes Exemplar eines solchen Urteils vorgelegt werden konnte. Sie bezieht empirisches Wissen in ihre Überlegungen mit ein, weil das zirkelfrei möglich und zur Lösung erkenntnistheoretischer Probleme unerläßlich ist. Wenn sie „a priori" als „angeboren" deutet, so liegt darin nicht eine mißglückte (von ihm sogar ausdrücklich abgelehnte) Interpretation von Kant, sondern eine *Problemlösung*, die sich auf eine Teilbedeutung des Begriffs „a priori" („unabhängig von aller individuellen Erfahrung") stützt und beschränkt. Diese Lösung wurde zwar von Kant selbst vorbereitet, indem er doch den „Grund" für die Ausbildung von Kategorien für angeboren erklärt; sie steht zu ihm aber auch in ausdrücklicher Konkurrenz, da sie die Bedeutungskomponenten „notwendig" und „allgemeingültig" mit guten Gründen verwirft und dadurch den eigentlich Kantischen Begriff des Apriori „zerstört" (Lorenz).

19 Das Ding an sich

Die EE behauptet, das Ding an sich sei wenigstens teilweise und approximativ erkennbar. (Lorenz, 1941, 97, 102; Vollmer, 1975, 189) Dieser universale Anspruch auf eine Erkenntnis der Wirklichkeit schlechthin wird jedoch nicht eingelöst und ist auch uneinlösbar. Er beruht auf der unreflektierten Gleichsetzung von physikalisch-biologischer Realität mit Wirklichkeit an sich, somit auf einem kategorialen Mißverständnis eines Zentralbegriffs der Kantischen Erkenntnistheorie. (Köchler , 1983, 51) Nach Kant ist das Ding an sich, das „schlechthin Innerliche", das „transzendentale Objekt", unerkennbar, weil nichts erkannt werden kann, was über die Anschauung hinausgeht. (Kant, 1787, B333)

Man kann diese Behauptung auf dreierlei Weisen verteidigen. Einmal kann man zahlreiche *Zitate* anführen, in denen schon Kant die Unerkennbarkeit des Dinges an sich *betont*. (Köchler, 1983, 52–53) Diese Methode ist beliebt, aber argumentativ untauglich, solange nicht gezeigt wird, daß Kant damit auch recht hat. Letzteres wiederum wird dadurch besonders erschwert, daß Kant den Begriff „Ding an sich" nicht einheitlich verwendet.

Man kann auch das Ding an sich als unerkennbar *definieren*, z.B. als die verborgene (!) Wirklichkeit hinter den Erscheinungen (Austeda). Würde der Diskussion eine solche Definition vorangestellt, so bräuchte es gar keine Meinungsverschiedenheit zu geben. Die Aussage, das Ding an sich sei unerkennbar, ist ja dann *analytisch*. Über ein solches Ding an sich kann man nicht einmal vernünftig reden; es ist völlig überflüssig. Natürlich kann man sich *fragen*, ob es Dinge gibt, die für uns unerkennbar sind, weil sie in *keiner* Weise mit uns in Wechselwirkung treten. Aber die Frage ist unbeantwortbar; eine begründete Antwort würde ja eine *Erkenntnis über Unerkennbares* voraussetzen, und das wäre offenbar ein Widerspruch. Die Existenz eines solchen Dinges an sich (mit Kant) zu behaupten, ist so müßig, wie sie zu bestreiten. Von diesem Ding an sich spricht die EE natürlich nicht, schon gar nicht davon, daß es erkennbar sei. Wenn jemand die Bezeichnung „Ding an sich" definitorisch auf Unerkennbares beschränken will, so bin ich bereit, auf den Gebrauch dieses Ausdrucks zu verzichten.

Man kann aber auch versuchen, das Ding an sich anders (als über seine Unerkennbarkeit) zu definieren und dann über seine Erkennbarkeit eine *synthetische* Aussage zu machen, eine *neue Einsicht* zu gewinnen. So und nur so spricht die EE vom „Ding an sich". Hier ist das Ding an sich das Objektive, das Wirkliche, die Welt, wie sie ist auch und gerade dann, wenn wir nicht hinsehen, die Welt, wie sie wäre, wenn es den Menschen nicht gäbe. Von dieser Welt läßt sich sinnvoll reden, von ihr läßt sich fragen, ob sie erkennbar und wie sie wohl beschaffen ist. Zwar wissen wir über diese Welt nur dadurch, daß sie gelegentlich mit uns in Wechselwirkung tritt; aber unsere Theorien sagen auch etwas über sie für jene Zeiten, in denen wir nicht mit ihr interagieren.

So haben wir von jedem materiellen Objekt zwar immer nur eine Ansicht, einen bestimmten Aspekt, z.B. eine zweidimensionale optische Projektion; trotzdem rekonstruieren wir aus diesen Projektionen in Wahrnehmung und Wissenschaft dreidimensionale reale Gegenstände. So messen wir zwar die Länge eines physikalischen Körpers immer mit irgendeinem *Maßstab*; trotzdem sprechen wir von „der" Länge des Körpers, ohne auf den jeweils verwendeten Maßstab oder auf die Meßmethode überhaupt Bezug zu nehmen. So gibt der Physiker Auskunft über die verschiedenen *Zustände* eines Wasserstoff-Atoms, obwohl er ein solches Atom wegen dessen Kleinheit niemals *sehen* und obwohl er nur *Übergänge* zwischen dessen Zuständen beobachten, nur Energie*differenzen* messen kann.

Über die Welt an sich können wir somit durchaus Erkenntnis gewinnen. Unser Wissen ist zwar nie absolut sicher; aber es unterscheidet sich doch ganz erheblich vom Wissen über Erscheinungen. All unser Wissen ist hypothetisch; aber es hat wenigstens die *Chance*, (nicht nur intersubjektiv, sondern sogar) objektiv zu sein. Die EE ist also sowohl bescheidener als auch anspruchsvoller als Kant. Bescheidener ist sie, indem sie die Hoffnung auf sicheres, absolutes, notwendig wahres, perfektes Wissen (mit guten Gründen!) aufgibt; anspruchsvoller ist sie, indem sie objektive Erkenntnis (im Sinne von *Wirklichkeits*erkenntnis) immerhin für erreichbar hält. Sie liefert keinerlei Garantie für Objektivität, eröffnet und erklärt aber doch wenigstens deren Möglichkeit.

Zwar mag vieles *unbekannt* sein; es gibt aber kein Motiv, hinter der Welt, wie die empirische Wissenschaft sie erforscht und *theoretisch rekonstruiert*, noch eine *unerkennbare* Wirklichkeit an sich zu postulieren. Die von der EE vorgenommene und von Transzendentalphilosophen *kritisierte* Gleichsetzung von physikalisch-biologischer Realität und Wirklichkeit an sich erfolgt also weder erkenntnistheoretisch unreflektiert (Köchler, 1983, 51) noch irgendwie apodiktisch (Köchler, 1983, 50), sondern wohlüberlegt und aus guten Gründen. Daß man „entweder von allem Gegenstande abstrahieren (in der Logik), oder, wenn man einen annimmt, ihn unter Bedingungen der sinnlichen Anschauung denken müsse" (Kant, 1787, B335), daß also „nichts erkannt werden könne, das über unsere Anschauung hinausgeht" (Köchler, 1983, 53), ist einfach falsch. Nicht nur Anschauliches ist erkennbar. Davon könnte sich auch der Transzendentalphilosoph überzeugen, wenn er sich mit den Theorien der modernen Physik vertraut machte.

20 Das Reden von objektiver Erkenntnis ist erkenntnistheoretisch naiv.

Der hypothetische Realismus erklärt, daß objektive Erkenntnis prinzipiell möglich und auch für uns endliche Vernunftwesen erreichbar sei und daß wir sogar durchaus objektive Erkenntnis besäßen. Die EE behauptet darüber hinaus, unsere mesokosmisch geprägten Erkenntnisstrukturen würden auf die reale Welt passen, mit ihnen sogar teilweise übereinstimmen. Sie erklärt dann Passung und Übereinstimmung unseres Erkenntnisapparates (aber auch seine Fehlleistungen) über einen evolutiven Anpassungsprozeß.

Wie aber sollte sich eine solche Übereinstimmung feststellen lassen? Wie die Welt *an sich* ist, das können wir niemals wissen, davon können wir auch nicht die leiseste Vorstellung haben. Wissen können wir allenfalls, wie die Welt uns *erscheint*, wie wir sie *erleben*, wahrnehmen und erfahren. Die Welt, die wir erforschen und erkennen, ist notwendigerweise eben jene Welt, die wir sehen, hören, fühlen, schmecken, riechen. Ohne Vermittlung der Sinne und unseres Erkenntnisvermögens ist uns die Welt überhaupt nicht zugänglich. Es ist also kein Wunder, daß wir zwischen der vermeintlichen realen Welt und unserer mesokosmischen Erkenntnis von dieser Welt jene Übereinstimmung zu finden glauben; schließlich handelt es sich im Grunde um ein und dieselbe Welt, eben um die Welt *für uns*.

So heißt es zum Beispiel, unser Wahrnehmungsapparat rekonstruiere dreidimensionale Strukturen aus zweidimensionaler Netzhautinformation und die äußeren Objekte seien „wirklich" dreidimensional. Die erste Aussage ist richtig, die zweite leer. Die Dinge gelten nämlich nur deshalb als dreidimensional, weil wir sie so konstruieren. Zwar können wir Alltagserkenntnis und wissenschaftliche Erkenntnis *miteinander* vergleichen und Unterschiede feststellen; mit der realen Welt vergleichen können wir beide nicht. „Wenn es stimmt, daß die Sinnesorgane und das Nervensystem unsere Wahrnehmungen und unser Denken determinieren, dann stellen sie gewissermaßen eine Brille dar, die wir nie abnehmen können. Die objektive Wirklichkeit, die objektive Wahrheit kann also nie von uns gesehen werden." (Frey, 1980, 5; ähnlich Stroud, 1981, 463) Objektive Erkenntnis als Erkenntnis der Welt, wie sie ist, und nicht, wie sie uns scheint, ist deshalb unmöglich, von ihr zu sprechen, unsinnig, sie feststellen zu wollen, erkenntnistheoretisch naiv, sie zu behaupten, tautologisch. (Weizsäcker, 1977, 187; Hövelmann, 1983, 113; Gerhardt, 1983, 75; Löw, 1983, 336, 341)

An dieser Schwierigkeit scheitert übrigens jeder erkenntnistheoretische Realismus. „Ich schlage statt dessen die Ansicht vor, daß „real" und „Realität" sinnlose Vokabeln sind, durch deren vollständige Elimination sich an allen positiven Erkenntnissen der Naturwissenschaft überhaupt nichts ändert. Das sollte klar werden, wenn wir bedenken, daß Realität, von der wir wissen können, Realität für uns ist, und Realität, von der wir nicht wissen können, per definitionem in unserem Wissen nicht vorkommt . . . Wenn das Bewußtsein ein Spiegel ist, so kennen wir die Rückseite des Spiegels nur gespiegelt." (Weizsäcker, 1977, 191; Baumgartner, 1984, 70)

Dieses Argument, das im wesentlichen der Transzendentalphilosophie entnommen ist und deshalb von v. Weizsäcker und auch vom Konstruktivismus benutzt wird, enthält einen grundsätzlichen Fehler. Er besteht in der Annahme, daß auch unsere Theorien, soweit sie empirisch prüfbar, geprüft und bestätigt sind, also von Gegenständen möglicher und tatsächlicher Erfahrung handeln, durch die Strukturen eben dieser subjektiven Erfahrung (also durch apriorische Anschauungsformen, Kategorien und Grundsätze) geprägt sein müßten. Danach dürften erfahrungswissenschaftliche Theorien den Strukturen von Wahrnehmung und Erfahrung niemals widersprechen; sie könnten sie immer nur bestätigen. Empirische Wissenschaft könnte sich immer nur auf Objekte der Sinneserfahrung beziehen; wir wären in das Gefängnis unserer kognitiven Strukturen eingeschlossen. „Der Umfang der theoretischen Erkenntnis der reinen Vernunft erstreckt sich nicht weiter, als auf Gegenstände der Sinne." (Kant, 1804, A45) So könnten wir eine physikalische Theorie, die die Welt vierdimensional beschreibt, zwar vielleicht entwerfen, aber niemals empirisch *bestätigen*, sondern, wenn sie überhaupt prüfbar ist, allenfalls *widerlegen*. Gleiches gälte für alle anderen Strukturen menschlicher Erfahrung.

Wenn das wahr wäre, dann müßten auch die Theorien der modernen Physik – soweit sie empirisch geprüft und bestätigt sind –, jene angeblich apriorischen, erkenntniskonstitutiven Strukturen enthalten. Diese Folgerung läßt sich nun aber an jenen Theorien hervorragend überprüfen: Sie ist falsch. Zwar hat die moderne Physik die Dreidimensionalität des physikalischen Raumes bislang immer bestätigt (obwohl auch vierdimensionale Geometrien vielfach erwogen und ausprobiert wurden); sie hat aber an zahlreichen anderen Stellen auf die Strukturen unserer mesokosmischen Erkenntnis verzichtet oder ihnen ausdrücklich *widersprochen*. (Versucht man, in einer rationalen Rekonstruktion die Prinzipien, die den Kantischen Kategorien entsprechen, so zu formulieren, daß sie prüfbar werden, so erweisen sich sogar *alle* diese Prinzipien als falsch. (Vollmer, 1984, 66f.))

Raum und Zeit scheinen absolut und voneinander unabhängig zu sein; aber die Spezielle Relativitätstheorie zeigt, daß sie miteinander verwoben sind. Der physikalische Raum *erscheint* uns euklidisch (und wir können uns nicht-euklidische Räume oder Objekte in keiner Weise anschaulich vorstellen); und doch wissen wir aus der (empirisch hervorragend bestätigten) Allgemeinen Relativitätstheorie, daß er nicht-euklidisch ist. Wir mögen versucht sein, alle Ereignisfolgen *kausal* zu interpretieren; und doch lehrt uns die Quantentheorie (in der Standardinterpretation), daß es Ereignisse ohne Ursache gibt.

Diese und viele andere Beispiele zeigen, daß faktische, empirische, prüfbare, geprüfte, *bestätigte* und anerkannte wissenschaftliche Theorien unseren mesokosmischen Vorstellungen, Wahrnehmungen, Erfahrungen durchaus widersprechen können.[9] Sie belegen, daß theoretische Erkenntnis erheblich weiter reicht als mesokosmische und diese korrigieren kann und daß faktisches Wissen keineswegs – auch nicht „nur" strukturell – auf Sinneserfahrung beschränkt ist. Die nackte Wirklichkeit kann von uns zwar nicht *gesehen* (vgl. das obige Zitat von Frey), wohl aber *erkannt* werden. Zwar können wir Theorien über Moleküle, Atome, Elementarteilchen, Quarks, über Neutronensterne, Schwarze Löcher, Galaxien und den Kosmos als Ganzes nur *testen*, wenn die darin postulierten Objekte irgendwie auf unsere Peripherie projiziert werden; die Theorien selbst aber können sich in empirisch prüfbarer Weise auch auf Strukturen und Objekte beziehen, die weit *außerhalb* unseres Mesokosmos liegen. In der Theorienbildung sind wir somit nahezu frei, keineswegs an apriorische Anschauungsformen, Verstandesbegriffe oder Grundprinzipien gebunden. Selbst wenn wir in Wahrnehmung und Erfahrung unsere anthropomorphen Brillen nie ablegen können – theoretische Erkenntnis vermag eben dies zu tun.

Natürlich bleibt es eine sinnvolle *Aufgabe* zu untersuchen, welchen Einschränkungen (welchen verzerrenden „Brillen") selbst unsere theoretische Erkenntnis dadurch noch unterliegt, daß sie in einer intersubjektiv verständlichen Sprache formuliert werden und intersubjektiv prüfbar (also auf unsere Peripherie projizierbar) sein muß. Man kann die Bemühungen Dinglers, Eddingtons, von Weizsäckers, Apels oder der Konstruktivisten, solche erkenntniskonstitutiven, „transzendentalen" Bedingungen zu formulieren, durchaus als Versuche ansehen, in dieser Frage das Erbe Kants anzutreten. Die genannten Einschränkungen scheinen jedoch so schwach zu sein, daß sich einigermaßen substantielle Prinzipien (wie zum Beispiel – nach dem

Ansatz von Weizsäckers und Drieschners – die Grundlagen der Quantenmechanik) bisher nicht überzeugend gewinnen ließen.

21 Jede Erkenntnistheorie, die empirisches Wissen wesentlich einbezieht, ist zirkulär.

Die EE greift in großem Umfange auf biologisch-psychologische Fakten und auf empirisch-wissenschaftliche Theorien zurück, insbesondere auf Evolutionstheorie, Genetik, Verhaltensforschung, Neurobiologie, Wahrnehmungs- und Entwicklungspsychologie. Sie beschreibt Struktur und Funktion unseres „Erkenntnisapparates", analysiert seine Leistungen und seine Beschränkungen und versucht, all dies evolutiv zu erklären und zu verstehen. Hiergegen ist nichts einzuwenden; von Erkenntnistheorie kann aber soweit auch nicht die Rede sein. Aus solchen Betrachtungen heraus versucht die EE nun aber auch, erkenntnistheoretische Probleme zu lösen. Sie macht Aussagen über die Zuverlässigkeit und Reichweite menschlichen Wissens, über die Möglichkeit objektiver Erkenntnis, über die Sicherheit bzw. Unsicherheit von Wahrnehmung, Erfahrung und Wissenschaft, über die Brauchbarkeit unserer Alltagserkenntnis, über die Rolle der Erfahrung für die Wissenschaft. Diese Vorgehensweise ist zirkulär, und zwar handelt es sich um einen Zirkel der Selbstbestätigung, um eine petitio principii.

Die EE bewegt sich „in einem bedenkenswerten Zirkel, da sie die bessere Angepaßtheit unserer Organe nur durch Theorien zu erklären vermag, die von der menschlichen Vernunft selbst entworfen und deren eigener Passungscharakter schon vorausgesetzt werden muß und nur auf Kosten eines Begründungszirkels selbst evolutionär begründet werden könnte." (Baumgartner, 1982, 191; ähnlich 1981, 46; 1984, 66f.)

Der Zirkel entsteht dadurch, „daß der naturwissenschaftlichen Erkenntnis der Entstehung unseres Weltbildapparates eine absolute Verbindlichkeit . . . zuerkannt wird, während es nach der klassischen (auch Kantischen) Auffassung gerade das Ziel des Erkenntnistheoretikers ist, die Tragfähigkeit der empirischen Wissenschaften im Hinblick auf ihren „Realitätsgehalt" nachzuweisen. Dieser Zweck wird aber korrumpiert, wenn bei diesem Nachweis wiederum Ergebnisse der empirischen Wissenschaften als definitiv ins Spiel gebracht werden. Der Zirkel, der dadurch entsteht, daß ein bestimmter Erkenntnisbereich aus der erkenntnistheoretischen Frage gleichsam herausgenommen wird, wurde vor allem von seiten der Neukantianer als Kritik an der evolutionären Erkenntnistheorie angeführt." (Köchler, 1983, 55)

Dieser Zirkelvorwurf ist sehr beliebt, wohl deshalb, weil er eine *immanente* Kritik ermöglicht, so daß sich der Kritiker auf Theorienvergleich, Beurteilungskriterien und Problemlösungspotential gar nicht erst einzulassen braucht.

Die EE bestreitet nicht, daß sie zur Lösung erkenntnistheoretischer Probleme empirisches Wissen heranzieht und daß sie zwischen Erkenntnis und Erkenntnistheorie eine bestimmte Rückkopplung vornimmt, die man in einem gewissen Sinne als Zirkel ansehen kann. Bei dem hier erhobenen Zirkelvorwurf wird jedoch – wie so oft – vom

Vorhandensein einer rückgekoppelten Struktur vorschnell auf einen *vitiösen* Zirkel geschlossen. Ich habe mich mit diesem Argument an anderer Stelle (Vollmer, 1983a) ausführlich befaßt und kann hier nur eine Übersicht über die Gegenargumente geben. Die Verteidigung stützt sich im wesentlichen auf drei Punkte.

Erstens machen auch traditionelle Erkenntnistheorien von empirischen Fakten ausgiebig Gebrauch. Sie verwenden allerdings weniger wissenschaftliche Erkenntnisse als vielmehr Alltagswissen, Haushaltspsychologie, Kenntnis der Umgangssprache usw. Wie auch könnte man herausfinden, unter welchen Bedingungen Aussagen wahr, Argumente gültig, Maßstäbe intersubjektiv, Erkenntnisse objektiv sind oder sein können, ohne auf die empirische Verfassung des Menschen Bezug zu nehmen? Durch Logik sicher nicht. Durch Begriffsanalyse? Aber die Bedeutung von Begriffen ist entweder konventionell und damit willkürlich oder ein empirisches Faktum. Durch Sprachanalyse? Auch Struktur und Gebrauch von Sprache(n) sind nur empirisch zu ermitteln. Durch Selbstversenkung? Da findet der Erkenntnistheoretiker nur sein privates Ich vor, über das er empirische Aussagen machen kann.

Der Hinweis, daß auch die traditionelle Erkenntnistheorie von empirischen Elementen konstitutiven Gebrauch macht, ist natürlich nicht als Vorwurf zu verstehen; er spielt hier lediglich die Rolle eines *tu quoque*-Arguments nach dem Motto: „Wer selbst im Glashaus sitzt, soll nicht mit Steinen werfen."

Zweitens ist es nicht die Aufgabe der Erkenntnistheorie, absolute Rechtfertigungen für Erkenntnis- und Wahrheitsansprüche zu liefern. Eine solche Rechtfertigung ist weder möglich noch nötig. Sie ist nicht *möglich*, weil wir den archimedischen Punkt nicht besitzen, mit dem sie beginnen müßte (vgl. 12). Und sie ist nicht *nötig*, weil wir auch mit hypothetischem Wissen ganz gut zurechtkommen, im Alltag, in der Wissenschaft und in der Philosophie.

Natürlich kann man sich immer noch *fragen*, unter welchen Bedingungen sicheres faktisches Wissen möglich wäre – eine Lieblingsfrage der traditionellen Erkenntnistheorie.[10] Und man kann auf diese Frage auch vernünftige *Antworten* geben. Sicheres Wissen wäre zum Beispiel möglich, wenn es synthetische Urteile a priori oder induktive Schlüsse gäbe oder wenn die Existenz des ehrlichen cartesischen Gottes gewiß wäre. Aber alle diese Bedingungen sind, soweit wir wissen, unerfüllbar. Damit entartet das „Geltungsproblem" zu einem reinen Gedankenexperiment, zu einer hypothetischen Prüfungsfrage und letztlich doch zu einem Scheinproblem: Wie würden wir sicheres Wissen erklären, *wenn* es existierte? An dieser Frage kann man philosophischen Scharfsinn beweisen; ein *bestehendes* Problem lösen kann man nicht.

Auch so verbleiben der Erkenntnistheorie Aufgaben genug:
- die Explikation unserer Begriffe von Erkenntnis und Wissen,

- die Analyse der Voraussetzungen und Folgerungen einer solchen Explikation,
- die Untersuchung unserer kognitiven Fähigkeiten und der Vergleich verschiedener kognitiver Systeme,
- die Unterscheidung subjektiver und objektiver Strukturen, deskriptiver und normativer Aussagen, konstitutiver und regulativer Ideen, faktischer und konventioneller Elemente in unserer Erkenntnis,
- die Erhellung der Bedingungen für die Entstehung von Erkenntnis, phylogenetisch, historisch, ontogenetisch, methodologisch, und
- der Aufweis von Erkenntnisgrenzen.

Drittens: Haben wir auf die Idee der Letztbegründung wegen ihres utopischen Charakter erst einmal verzichtet, dann können wir uns dem tatsächlichen Verhältnis von Erkenntnis und Erkenntnistheorie zuwenden. Die EE ist eine hypothetisch-deduktive Disziplin besonderer Art. Wenn hier überhaupt ein Zirkel vorliegt, so handelt es sich doch nicht um einen vitiösen Zirkel, sondern um eine fruchtbare selbstkorrigierende Rückkopplungsstruktur, um eine Disziplin, die sowohl empirische als auch normative Elemente enthält, um ein System mit Eigenschaften, die keines seiner Teile von Anfang an besaß, und mit Wirkungen, die keines seiner individuellen Elemente hätte entfalten können, um einen *circulus virtuosus*.

Welt und Wissenschaft sind voller solcher virtuoser Zirkel. Ihre zeitliche Entwicklung läßt sich mit einer *Spirale* vergleichen, die sich, wenn wir Glück haben, bis zu einem stationären Zustand fortentwikkelt, gegen einen festen Punkt konvergiert. Die regulative Idee in einem solchen Prozeß epistemischer Konvergenz ist natürlich *Wahrheit*. Obwohl wir die Existenz von Wirklichkeit, von objektiver Erkenntnis, von Wahrheit nicht beweisen können, gehen wir doch in Alltag und Wissenschaft von der Annahme aus, daß sie existieren. Konvergenz ist dabei – wie Invarianz oder Intersubjektivität – ein *notwendiges* Wahrheitskriterium. Und wieder liefert die Tatsache, daß diese Annahmen sich bewähren, daß sie vor allem den Erfolg einiger Theorien und das Scheitern anderer *erklären,* zwar keinen Beweis, wohl aber gute Argumente für diese Annahmen.

Gegen die Behauptung, die EE arbeite mit einem virtuosen Zirkel, wurde eingewandt, sie beschreibe zwar das Vorgehen der Wissenschaftstheorie, nicht jedoch der EE. Letztere sei auf die Ebene der biologischen Evolution beschränkt. Wenn sie alle die vorgenannten Aufgaben für sich in Anspruch nehme, überschreite sie unbefugt die Ebene der biologischen Evolution. (Engels, 1983, 157)

Diese Kritik beruht auf einer merkwürdigen Vertauschung der Argumentationsebenen. Der Zirkelvorwurf richtete sich eindeutig gegen die EE als eine erkenntnistheoretische Position. Eine Verteidigung wird also das methodische Verfahren der EE darzustellen und als zirkelfrei zu erweisen suchen. Daß sie dies auf dem Boden des kritischen Rationalismus tut, ist konsistent und ihr gutes Recht. Danach arbeiten *alle* wissenschaftlichen Disziplinen hypothetisch-deduktiv, und alle *rückbezüglichen* Disziplinen (vgl. S. 314) müssen den erwähnten virtuosen Zirkel enthalten. Natürlich muß dann auch die Wissenschaftstheorie dieses Verfahren anwenden. Gerade sie umfaßt – wie bereits betont (vgl. 14, 16) – sowohl deskriptive als auch normative Elemente. Deshalb ist es auch schwierig, wenn nicht unmöglich, Erkenntnis- und Wissenschaftstheorie scharf voneinander abzutrennen; dazu haben sie zu viel gemeinsam. Sie lassen sich jedoch sehr wohl *unterscheiden*: Unter den verschiedenen Erkenntnisstufen konzentriert sich die Wissenschaftstheorie auf eine bestimmte, auf die wissenschaftliche Erkenntnis. Zu Wahrnehmungs- und Erfahrungserkenntnis hat sie nicht viel zu sagen. Ihren Charakter als erkenntnistheoretische Metadisziplin verliert sie durch diese Spezialisierung nicht.

Umgekehrt erhebt die EE nicht den Anspruch, eine spezielle Wissenschaftstheorie zu sein. Sie behauptet auch nicht, alle erkenntnistheoretischen Probleme ließen sich unter Bezugnahme auf die biologische Evolution lösen. Schließlich sind auch nicht *alle* Einsichten der Transzendentalphilosophie über eine transzendentale Argumentation, nicht alle Behauptungen der Phänomenologie phänomenologisch gewonnen. Die EE zeigt jedoch, daß die Evolution für viele erkenntnistheoretische Fragen *relevant* ist. Darin *unterscheidet* sie sich von anderen Erkenntnistheorien, und daher hat sie ihren Namen.

Evolutive Gesichtspunkte können viele – auch inhaltliche – Züge mesokosmischer Erkenntnisfähigkeit positiv *erklären*; sie könne auch die biologischen Voraussetzungen wissenschaftlicher Erkenntnis *aufklären*. Die Inhalte wissenschaftlicher Theorien können sie dagegen *nicht* erklären. Nach den *biologischen Wurzeln* der Relativitätstheorie, der Transzendentalphilosophie (Werner, 1978, 203) oder auch der EE sucht man vergebens; und die EE hat nie beansprucht, sie ausgegraben zu haben. Großen Erklärungswert hat der evolutive Gesichtspunkt jedoch vor allem dann, wenn es darum geht, Hemmnisse und Fehlleistungen bei Weltorientierung und Erkenntnisfortschritt zu erklären, sei es in wahrnehmungstheoretischer, wissenschaftshistorischer, ontogenetischer (entwicklungsphysiologischer) oder didaktischer Hinsicht.

Wir erklären Täuschungen beim Tiefensehen durch das Fehlen von Tiefenkriterien, die mesokosmisch normalerweise vorhanden sind. Wir verstehen, inwiefern die Aristotelische Bewegungslehre sowohl *mesokosmisch angemessen* als auch (gerade deshalb) *intuitiv plausibel* war. Wir sehen ein, warum die kognitiven Phasen des heranwachsenden Kindes nicht vertauscht und nicht beliebig beschleunigt werden können. Wir machen uns klar, warum die *intuitive Physik*, die ein Schüler in den Unterricht mitbringt (und wieder mit nach Hause nimmt!), keineswegs der Newtonschen Mechanik, sondern etwa der *Impetustheorie* des ausgehenden Mittelalters entspricht. Und wir erkennen daran, welche mesokosmisch-lebensweltlichen Widerstände einer Objektivierung des Weltbildes oft im Wege stehen.

Für die EE halten wir folgende Behauptungen aufrecht:

- sie ist erkenntnistheoretisch, aber – wie alle Erkenntnistheorien – nicht auf normative Fragen beschränkt;
- sie ist fruchtbar, löst aber nicht alle erkenntnistheoretischen Probleme;
- einige dieser Probleme löst sie über die Evolutionstheorie; daher hat sie ihren Namen;
- sie ist keine Wissenschaftstheorie, besitzt aber durchaus wissenschaftstheoretische Relevanz;
- sie enthält keine vitiösen, wohl aber virtuose Zirkel.

22 Die Vernunft kann sich nicht selbst erklären.

„Soll Vernunft geschichtlich erklärt werden, d.h. genauer, soll Vernunft sich durch sich selbst geschichtlich betrachten, dann dreht sie sich letztlich im Kreis . . . Jede . . . Theorie über das Entstehen der Vernunft behauptet etwas Unmögliches: ihre Münchhausenhafte Selbsterklärung. Achtet man darauf, daß jede mögliche Erklärung Vernunft . . . voraussetzt, so läßt sich einsehen, daß Vernunft alles, nur nicht sich selbst *erklären* kann. Wer auch noch diese Erklärung der Vernunft durch sich selbst als sinnvoll in Anspruch nimmt, müßte schon ein von der Vernunft unabhängiges Wissen über die Wirklichkeit im ganzen besitzen, und so eine durch nichts zu rechtfertigende erkenntnismetaphysische Voraussetzung machen, die in der Konsequenz zu einem widersprüchlichen Begriff der Erkenntnis führen würde . . .

Der Ursprung der Vernunft bleibt der Vernunft bei geschärfter Selbsterkenntnis und Selbstreflexion notwendig im dunkeln: Sie vermag diesen Ursprung nur auszulegen anhand ihrer eigenen Struktur . . .

Die Vernunft kann aus sich selbst nicht heraustreten, sofern sie sich selbst erklären will. Sie ist in diesem Sinne faktisch absolut und unhintergehbar." (Baumgartner, 1982, 186–7, 188, 199; ähnlich 1981, 42–43; 1984, 61f.; Löw, 1983a) „Ich kann das Auge durch mancherlei Apparaturen dazu bringen, sich selbst anzusehen; sein Sehen indessen kann es nie sehen, da es ja immer sein Sehen schon vollzieht . . . Hier liegt eine prinzipielle „geistige Unschärferelation" vor, die sich nicht eliminieren läßt. (Zimmerli, 1981, 1302)

„Erkenne dich selbst" rät das Delphische Orakel, und wenn wir nicht zu engherzig sind, steckt darin sicher auch die Aufforderung an das Erkennen, sich selbst zu erkennen. Mir scheint, daß die Erkenntnistheorie eben dies versucht, seit es sie gibt. Von ihrem Erfolg hat sie sich dabei selbst nicht so recht überzeugen können. Glaubt man der diesbezüglichen Kritik an der EE, so ist es sogar gänzlich unmöglich. Da heißt es, die Vernunft könne sich nicht selbst erklären (Baumgartner, 1981; 1982), das Gehirn könne sich nicht selbst erkennen (Löw, 1983a), *kein* System könne sich selbst erklären (Hayek, 1952, 185), es gebe ein Paradoxon der Selbstbeobachtung (Zimmerli, 1981, 1302), das Sprachvermögen sei prinzipiell nicht hintergehbar (Hövelmann, 1983, 109).

Da die Kritik sich so selbstsicher gibt, wird man erwarten, daß sie handfeste Argumente vorzuweisen hat. Diese Erwartung wird jedoch bitter enttäuscht; man findet keine Explikation für „Vernunft", für „erklären", „erkennen", „hintergehen", keine genaue Analyse des Problems, keine präzisen Antworten. Meistens werden die Behauptungen immer nur wiederholt.[11] Offenbar wird auch hier die *Rückbezüglichkeit* des Vorgehens gleich als *vitiöser* Zirkel gesehen und verurteilt.

Natürlich können Selbsterkenntnis und Selbsterklärung kein sicheres oder vollständiges Wissen vermitteln. In diesem übertrieben anspruchsvollen Sinne wäre – wie Nelson gezeigt hat – Erkenntnistheorie überhaupt unmöglich. Das schließt jedoch *hypothetische* Selbsterkenntnis keineswegs aus. Viele Systeme – materielle und begrifflich-abstrakte – sind in ähnlicher Weise rückbezüglich, aber durchaus konsistent und informativ.

Aus Platzgründen können wir die folgenden Beispiele nicht untersuchen, sondern nur nennen:

- eine Definition für den Begriff „Definition";
- eine Erklärung für das Zustandekommen von Erklärungen;
- eine Theorie, die Entstehung und Entwicklung von Theorien erklärt (z.B. Theoriendynamik);
- eine Begründung dafür, daß Begründungen gewisse Eigenschaften (Widerspruchsfreiheit, Freiheit von vitiösen Zirkeln, Nachvollziehbarkeit) aufweisen müssen;
- eine Methodologie, die – unter anderem – ihre eigenen Methoden analysiert bzw. normativ vorschreibt (z.B. pankritischer Rationalismus);
- eine axiomatisierte Theorie der Axiomatik;
- eine Historiographie, die – unter anderem – ihre eigene Geschichte beschreibt;
- eine Erkenntnistheorie, die erkenntnistheoretische Theorien einschließt;
- ein (erlassenes) Gesetz über den Erlaß oder die Durchführung von Gesetzen;
- ein Spiel, das darin besteht, daß man seine eigenen Regeln verändert (z.B. „Nomic");
- eine Anzeige, die die Methoden unterschwelliger Werbung verrät, mit denen sie selbst arbeitet;
- ein Katalog, der (alle Gegenstände im Raum und) sich selbst verzeichnet;
- ein Neurophysiologe, der sein eigenes Gehirn untersucht;
- eine (veröffentlichte und richtige) Prognose, die den Einfluß ihrer Bekanntgabe (Bandwagon-Effekt) bereits berücksichtigt;
- eine Sprache, die Sprachstrukturen (auch ihre eigenen) zu beschreiben gestattet;
- ein System, das sich reproduziert und dabei auch die Anleitung für seine Reproduktion kopiert und weitergibt (alle Lebewesen und einige Turingmaschinen).

In all diesen Fällen handelt es sich – wenn die Konsistenzbedingung erfüllt ist – um *virtuose Zirkel*. Die Tatsache, daß solche Systeme wegen ihrer Rückbezüglichkeit *in Spezialfällen* zu Widersprüchen (syntaktischen, semantischen, pragmatischen Antinomien) führen *können*, bedeutet doch nicht, daß sie dies tun *müßten*. Auch daß es zu jeder (eindeutig interpretierten) Sprache *bestimmte* Tatsachen gibt, die sich in dieser Sprache nicht ausdrücken lassen (Kutschera, 1981, 281–2), daß kein System alle Wahrheiten über sich selbst *beweisen* kann (Gödel) und daß insbesondere kein System, das die Zahlentheorie enthält, seine eigene Widerspruchsfreiheit beweisen kann (Gödel), all das verhindert zwar die traditionell erhoffte Perfektion, nicht aber eine realistische Erkenntnistheorie.

Auch eine Vernunft, die ihre eigenen Strukturen, ihr Funktionieren und ihre Geschichte beschreibt und erklärt, wird dies zwar immer innerhalb dieser ihrer Strukturen tun (so etwas wie echte Selbsttranszendenz gibt es natürlich auch hier nicht); darin braucht aber *keine wesentliche Beschränkung* zu liegen. Unser Erkenntnisvermögen ist weder an die Humeschen Instinkte gebunden noch an die Kantischen Kategorien, weder an Lorenz' „angeborene Lehrmeister" noch an Riedls „ratiomorphe Hypothesen". Nicht nur bei der Erfassung der Welt, sondern auch bei seiner Beschäftigung mit sich selbst ist dieses Vermögen frei, (zwar nicht über sich selbst, wohl aber) über solche Strukturen hinauszugehen (auf sie zu verzichten oder ihnen sogar zu widersprechen), eine künstliche Sprache zu erfinden, neue Begriffe zu schaffen, abstrakte Theorien zu entwerfen, unanschauliche Strukturen zu postulieren, kühne Hypothesen zu formuliren (und an ihren mesokosmischen Folgerungen zu überprüfen). Dabei kann es sich logischer Schlüsse, mathematischer Modelle, empirischer Verfahren, anderer Subjekte, mächtiger Instrumente und umfangreicher Informationsspeicher bedienen.

Alle diese Hinweise *garantieren* natürlich nicht, daß wir die erhoffte Aufklärung über unser Erkenntnisvermögen auch erlangen werden; sie können und sollen nur zeigen, daß wir *keinen Anlaß* haben, den Versuch einer Selbsterklärung der Vernunft von vornherein aufzugeben.

23 EE und Kausalität

Nach der EE spielt Kausalität eine dreifache Rolle. Erstens ist sie eine *Ordnungsform der Natur*, die bestimmte Ereignisse (als verursacht) und Ereignispaare (als Ursache und Wirkung) kennzeichnet. Zweitens ist sie eine *Denkkategorie*, mit deren Hilfe wir den Ablauf unserer Empfindungen, Beobachtungen und Erfahrungen zu erfassen, zu systematisieren, zu erklären versuchen. Drittens ist diese Denkkategorie im Laufe der Evolution durch Selektion, also in *kausaler* Wechselwirkung zwischen Lebewesen und Umwelt, entstanden. Also erzeugt letztlich Kausalität über Kausalität Kausalität. An dieser Auffassung sind mehrere Punkte problematisch.

a) Durch die Mehrfachbedeutung des Begriffs „Kausalität" wird das Prinzip der methodischen Ordnung verletzt, wie es der Konstruktivismus aufstellt. Nach diesem Prinzip muß der Aufbau wissenschaftlicher Erkenntnis mit lebensweltlicher Erfahrung beginnen, in einer „Protoempirie" die methodischen Grundlagen zur Gewinnung wissenschaftlicher Daten, Gesetze und Theorien bereitstellen und damit schließlich zu wissenschaftlicher Erkennis aufsteigen. (Gerhardt, 1983, 67–69, 75)

b) Wenn Kausalität eine Denkkategorie ist, dann kann sie nicht zugleich ein Erfahrungsprodukt sein. Dazu müßte sie nämlich – wie jede Erfahrung – induktiv oder abstraktiv aus kausalen Ereignisfolgen gewonnen worden sein; also müßten solche Ereignisfolgen zunächst einmal als kausal erkannt worden sein. Jede Kausalitätserfahrung setzt ihrerseits schon ein kausales Apriori voraus. (Lütterfelds, 1982, 113–6)

c) Wenn wir die Naturordnung ausschließlich über die Denkordnung erkennen, wie können wir dann überhaupt wissen, daß die Naturordnung real (und nicht ein Artefakt unserer Denkordnung) ist? (Löw, 1983, 341)

d) Gelegentlich (Riedl. 1976, 92, 98; 1980, 120, 128; Wuketits, 1981, 18, 39) wird die Behauptung, Kausalität sei eine Ordnungsform der *Natur*, im Anschluß an Hume und die modernen Empiristen wieder zurückgenommen. „Ob es Kausalität wirklich gibt, können wir . . . nicht mit Bestimmtheit sagen. Wir wissen nur, daß sich unsere Kausalhypothese im Normalbereich oft bewährte." (Riedl, 1976, 98) Dann kann aber von einer Anpassung dieser Denkkategorie an die Realität nicht mehr die Rede sein. Und wenn die Welt gar nicht kausal geordnet sein sollte, wieso hat sich dann das kausale Denken so gut bewährt? (Löw, 1983, 342)

Kausalitätsprobleme spielen nicht nur für die Naturphilosophie, sondern auch für die EE eine zentrale Rolle. So lassen sich am *Beispiel* der Kausalität nicht nur viele Einwände gegen die EE formulieren, sondern auch zahlreiche Mißverständnisse bei den Kritikern aufzeigen. Die genannten Einwände richten sich übrigens nicht nur gegen die phylogenetische, sondern gleichlautend auch gegen jede ontogenetische These über das Entstehen des kausalen Denkens. Insgesamt leidet die Diskussion unter der ungenügenden Explikation des Kausalitätsbegriffs. Immerhin haben gerade Vertreter der EE zu dieser Explikation Entscheidendes beigetragen, was den Kritikern bisher leider völlig entgangen ist (vgl. unten: *Antwort auf d*).

Antwort auf a: Die Mehrdeutigkeit des Kausalitätsbegriffs ist zuzugeben. Sie läßt sich aber, wo sie tatsächlich stört, leicht beseitigen. Der monierte Satz stellt dann fest, Kausalität als Realkategorie erzeuge über eine kausal wirksame natürliche Auslese Kausalität als Denkform. Dieser Satz ist weder eine lebensweltliche Erfahrung noch eine protoempirische Handlungsanweisung, sondern ein Element einer hochentwickelten Wissenschaftssprache. Das Prinzip der methodischen Ordnung – das hier undiskutiert bleiben soll; im wesentlichen verbietet es Zirkel und Lücken[12] – wird dabei in keiner Weise verletzt. Im Rahmen des hypothetischen Realismus sind auch alle verwendeten Begriffe explizierbar; die erwähnte Aussage ist deskriptiv, und es kann sinnvoll nach ihrer Wahrheit oder Falschheit *gefragt* werden. Weder von einer Lücke in der Beweisführung noch von einer Vermischung der Ebenen kann hier die Rede sein.

Natürlich braucht der ontologischen Priorität der Kausalität als einer realen Ordnungsform keine epistemische Priorität zu entsprechen. Was zuerst da war, das ist uns nicht unbedingt am besten oder auch als erstes bekannt.

Antwort auf b: Der hier zugrundegelegte Erfahrungsbegriff ist so eng (kantianisch), daß der Einwand nahezu tautologisch wird: Erfahrung ist danach nur möglich im Rahmen der Kategorien; also können die Kategorien nicht der Erfahrung entstammen. Dieser allgemeine Satz braucht dann nur auf die Kategorie „Kausalität" spezialisiert zu werden. Mit einem solchen Erfahrungsbegriff wird das anstehende Problem aber in unzulässiger Weise vorentschieden.

Der Erfahrungsbegriff der EE (des hypothetischen Realismus und des kritischen Rationalismus) ist weiter; danach ist es durchaus zulässig, angesichts der Bewährung (oder des Scheiterns) verschiedener kognitiver Systeme von einer „stammesgeschichtlichen Erfahrung" zu sprechen. Der erste (und auch jeder weitere Versuch), Ereignisfolgen kausal zu interpretieren, kann dabei durchaus zufällig (durch Mutation oder wildes Raten), ohne Vorwissen und ohne ausdrückliche Belehrung erfolgt sein. Nicht die Entstehung dieser Interpretation ist entscheidend, sondern ihr Erfolg in der Auseinandersetzung mit der Umwelt. Auch das ist – im üblichen Sprachgebrauch – eine Form von Empirie.

Antwort auf c: Offenbar bezieht sich diese Kritik nicht speziell auf Probleme der Kausalität, sondern auf die Frage nach der Möglichkeit objektiver Erkenntnis überhaupt. Soweit dabei jeder (ontologische oder erkenntnistheoretische) Realismus in Frage gestellt wird, ist der Einwand in 20 behandelt.

Antwort auf d: Dieser Einwand ist der interessanteste. Er ist *völlig berechtigt*, ist aber von seiten der EE bereits mehrfach diskutiert worden, leider ohne Resonanz bei ihren Kritikern.

Ob und wann wir kausal denken und ob die kausale Interpretation bestimmter, vieler oder aller Ereignisfolgen genetisch vorprogrammiert ist, das sind Fragen, deren Beantwortung außer einer brauchbaren Explikation vor allem empirische Untersuchungen erfordert. Die bisherigen Ergebnisse solcher Untersuchungen lassen eine klare Entscheidung noch nicht zu.[13]

Die Schwierigkeit bei der letzten Frage liegt darin, daß man zwar herausfinden kann, ob Säuglinge Farben oder Tiefe sehen, nicht aber, ob sie Ereignisfolgen kausal interpretieren oder „nur" als in regelmäßiger Weise verknüpft; dazu müßte man sie nämlich fragen können. Ähnlich kann man empirisch kaum entscheiden, ob der Pawlowsche Hund das Tönen der Glocke nur als *Zeichen* für die Fütterung oder als *Ursache* des Fütterns deutet. Hier begnügt man sich gewöhnlich mit der einfacheren ersten Annahme.

Wenn wir einmal annehmen, daß das kausale Denken zumindest eine angeborene Komponente enthält, die über bedingte und unbedingte

Reflexe hinausgeht (und davon gehen fast alle Philosophen aus: Hume und Kant, Hume-Kritiker und Kant-Kritiker), dann behauptet die EE *erstens*, diese kausale Komponente sei in der Evolution entstanden (das ist biologisch gesehen trivial); *zweitens*, die Entwicklung des kausalen Denkens müsse einen Überlebensvorteil bedeutet haben (darin folgt sie dem heuristisch fruchtbaren panselektionistischen Prinzip, vgl. 8); *drittens*, in der realen Welt müsse es somit etwas geben, was dieser Interpretation entspricht und über regelmäßige Abfolgen hinausgeht (denn zur Bewältigung regelmäßiger Ereignisfolgen genügt ja schon der bedingte Reflex); und *viertens*, dieser ontologische Unterschied zwischen regelmäßigem *post hoc* und kausalem *propter hoc* müsse sich, da er kausal (nämlich selektiv) wirksam war, auch empirisch festmachen lassen. Worin dieser Unterschied genau besteht, läßt sich aus der EE nicht ableiten. Sie kann nur eine Existenzbehauptung aufstellen und die Erfahrungswissenschaft auffordern, diese Differenz ausfindig zu machen.

Ein ähnliches heuristisches Argument läßt sich natürlich auch aus ontogenetischer bzw. entwicklungspsychologischer Sicht vorbringen. Die Suche nach einer derartigen ontologischen Differenz ist also auch dann nicht sinnlos, wenn es für das kausale Denken *keine genetische* Programmierung geben sollte.

Vertreter der EE haben jedoch einen Vorschlag gemacht, worin der gesuchte Unterschied bestehen könnte: im Energieübertrag.[14] Was regelmäßige zeitliche Abfolgen von kausal verknüpften Ereignisfolgen unterscheidet, ist demnach die Tatsache, daß zwischen Ursache und Wirkung *Energie* ausgetauscht wird. (Lorenz, 1941, 120; 1943, 349–351; 1973, 138–9; Vollmer, 1981; 1982, 66; 1983, 77–83) Wann immer sinnvoll von einer kausalen Verknüpfung die Rede ist, sollte also auch ein Energieübertrag nachweisbar sein. Diese Vermutung läßt sich nun an zahlreichen Beispielen bestätigen (vor allem, wenn man berücksichtigt, daß *jede* Informationsübertragung mit einem Energietransfer verbunden und auf ihn angewiesen ist).

Man kann versuchen, das Kriterium des Energieübertrags zu verallgemeinern, z.B. auf Energie und Impuls (aus relativistischen Gründen), auf Erhaltungsgrößen im allgemeinen (um Sonderfällen gerecht zu werden) oder auf die Zufuhr von Negentropie (Büchel). Solche Alternativen sollen hier nicht diskutiert werden; es geht nur um den Nachweis, daß Kausalität tatsächlich als Realkategorie aufgefaßt werden kann.

24 Sagt die EE etwas Neues?

„Es ist fatal, daß viele Vertreter der EE auf ihre Originalität so bedacht sind, daß sie sie unbedingt erst 1941 beginnen lassen wollen . . . Ein Blick in Spencers Erkenntnistheorie würde sie belehren, daß ihre Ideen nicht nur sehr alt, sondern auch schon recht gut widerlegt sind." (Löw, 1983, 358)

„Die biologische oder evolutionäre Erkenntnistheorie, die beansprucht, neue Antworten auf alte Fragen geben zu können, ist keineswegs neu: schon um die Jahrhundertwende gab es Versuche der biologischen Fundierung von Natur- und Gesellschaftserkenntnis. Bei Haeckel findet sich schon die Beziehung „biologische Erkenntnistheorie“.“ (Dvořak, 1983, 58)

„Die These vom Verstand als Organfunktion erinnert an die physiologische Kant-Interpretation bei H. Helmholtz und F. A. Lange, insbesondere an Langes Deutung des Apriori als physisch-psychische „Organisation“.“ (Holzhey, 1983, 115)

Daß die EE 1941 nicht aus dem Boden gestampft werden mußte, ist völlig richtig. Meines Wissens hat das auch niemals jemand behauptet. Campbell hat die Vorläufer der EE mit großer Akribie zusammengestellt. Ich habe der „Evolution der EE“ ein Kapitel meines Buches gewidmet (Vollmer, 1975, 177–180). Gewiß sind auch dabei noch einige Autoren übersehen worden. So waren mir Boltzmanns Beiträge bei der Abfassung meines Buches nicht bekannt. Ausgerechnet Haeckel ist jedoch *kein* Vorläufer der EE und erst recht nicht einer ihrer Begründer. Er hat zwar eine stark *biologische* und identitätstheoretische (monistische) Orientierung; aber gerade die *Evolution* der Erkenntnisfähigkeit im Sinne einer phylogenetischen Entwicklung erkennt er nicht. Auch bei Helmholtz und Lange ist von der *Evolution* unserer kognitiven Fähigkeiten nicht die Rede, wobei ja Helmholtz mit dem Kantischen Apriorismus auch gerade den Naturalismus bekämpfen zu müssen glaubt. Bei Spencer ist es etwas anders: Er hat den Evolutionsgedanken klar gefaßt und auch auf geistige Fähigkeiten übertragen; ihm fehlen aber Selektions- und Anpassungsprinzip. Für die EE dagegen ist das Selektionsprinzip konstitutiv.

Möglich war eine evolutionäre Deutung unseres Erkenntnisvermögens jedoch schon seit Bestehen der Darwinschen Theorie. Tatsächlich vermerkt bereits Darwin in seinem Notizbuch 1838: „*Platon* . . . sagt im *Phaidon*, unsere *'notwendigen Ideen'* entstammten der Präexistenz der Seele, seien nicht von der Erfahrung abgeleitet, – lies Affen für Präexistenz.“ (Ghiselin, 1973, 965)

So haben Evolutionsbiologen und Philosophen die Grundgedanken einer EE mehrfach formuliert. Sie haben sie jedoch nicht ausgearbeitet, vermutlich weil sie sich nicht in eine fremde Disziplin – hie Erkenntnistheorie, da Evolutionstheorie – vorwagen wollten. So kommt erst Konrad Lorenz das Verdienst zu, diese Gedanken in seinen Arbeiten von 1941 und vor allem 1943 ausführlich und unter Berücksichtigung beider Seiten, der biologischen und der erkenntnistheoretischen, dargestellt zu haben. Dies war vorher nicht unternommen worden, und es wurde auch erst durch die Entwicklung der vergleichenden Verhaltensforschung möglich. Daß gerade Lorenz zum Begründer der EE wurde, hängt – neben einigen biographischen Umständen – vor allem damit zusammen, daß der Wissenschaftler aus dem Systemvergleich, der Biologe aus dem Artvergleich, der Verhaltensforscher aus dem Vergleich kognitiver Systeme so viel lernen kann.

Lorenz ist dabei über seine Vorgänger wesentlich hinausgegangen. Auch Kopernikus oder Darwin hatten Vorläufer. Sie haben diese in ihren epochemachenden Werken sogar eigens genannt. (Das hat Lorenz freilich nicht getan.) Trotzdem waren ihre Arbeiten keineswegs überflüssig. Die Lorenzschen Arbeiten blieben allerdings – bedingt durch Kriegs- und Nachkriegsereignisse – unbekannt oder unverstanden. (Zum Beispiel scheint fast keiner der Kritiker der EE – ja selbst ihrer Vertreter – Lorenz' ausführliche Arbeit von 1943 zu kennen, obwohl gerade sie in ihrer Ausführlichkeit und ihrem Gedankenreichtum als die eigentliche Grundlegung der EE gelten darf.) So gab es auch nach dem Kriege noch mehrere unabhängige Ansätze zur EE: Campbell ab 1966, Vollmer ab 1968, Riedl ab 1973).

25 Die EE – eine kopernikanische Wende?

Die EE wurde bei ihrem Erscheinen als eine „kopernikanische Revolution“ gefeiert und hat sich gegen eine solche Etikettierung auch nicht gewehrt, hat sie zum Teil sogar für sich in Anspruch genommen. Dieser Anspruch ist jedoch in keiner Weise gedeckt. Weder handelt es sich um eine Revolution, noch kann die EE Kant das Verdienst streitig machen, in der Philosophie eine kopernikanische Revolution vollzogen zu haben. (Baumgartner, 1981, 64; Hövelmann, 1984, 101)

In der Physik ist von Phasensprüngen die Rede, in der Geologie von Katastrophen, in der Paläontologie von Faunenschnitten, in der Geschichtsschreibung von Revolutionen, in der Wissenschaftsgeschichte auch von wissenschaftlichen Revolutionen. Die verwendeten Begriffe legen dabei die Vorstellung nahe, es handle sich um *unstetige* Erscheinungen, um Ereignisse mit Sprungcharakter, um Diskontinuitäten. Sieht man jedoch genauer hin, so findet man in der Regel, daß auch solche Vorgänge zwar vergleichsweise schnell, im übrigen aber durchaus stetig verlaufen. Ob ein Geschehen oder eine Idee *revolutionär* ist, ist deshalb immer eine Frage der Optik, des Maßstabes, des Vergleichs, des Abstandes. Sogar ob Kopernikus ein Revolutionär war, ist umstritten.

Ob die EE eine Revolution darstellt, soll deshalb hier gar nicht untersucht und erst recht nicht entschieden werden. Ich selbst halte die EE für einen bedeutsamen Erkenntnisfortschritt, aber keineswegs für revolutionär. Man wird es journalistischer Übertreibung zugute halten dürfen, wenn hier Rezensionen gelegentlich über das Ziel hinausgeschossen sind.

Der Einwand hat aber neben dem bewertenden einen durchaus sachlichen und zwar vor allem historischen Aspekt. Da ich wohl als erster die EE als „die wahre kopernikanische Wendung" bezeichnet habe (Vollmer, 1975, 170–2), möchte ich diesen Aspekt etwas erläutern.

Die Rede von der kopernikanischen Wende hat *zwei* Wurzeln, die von Kritikern und Vertretern der EE nicht immer genügend auseinandergehalten werden. Die eine hängt allein mit Kopernikus, die andere mehr mit Kant und der Kant-Interpretation zusammen.

Die *erste* Wurzel ist die Tatsache, daß das heliozentrische System und die EE etwas *gemeinsam* haben: Sie geben einen anthropozentrischen Standpunkt auf und versuchen, diesen durch einen neutraleren, objektiveren zu ersetzen. So nimmt die EE den Menschen aus seiner zentralen Stellung als „Gesetzgeber der Natur" (Kant) heraus und macht ihn zu einem zwar befangenen, aber objektiver Erkenntnis durchaus fähigen Beobachter kosmischen Geschehens – das ihn einschließt. „In diesem Sinne (und nur in diesem!) können wir behaupten: Was das heliozentrische System für die Physik leistet, die Abstammungslehre für die Biologie und die vergleichende Verhaltensforschung für die Psychologie, das leistet die evolutionäre Erkenntnistheorie für die Philosophie." (Vollmer, 1975, 172)

Kant kommt in dieser Aufzählung offenbar gar nicht vor. Aber auch von ihm wird behauptet, er habe eine kopernikanische Wende vollzogen. Er selbst hat diesen Ausdruck nie gebraucht. Man muß deshalb das, was er wirklich *gesagt* hat, sorgfältig trennen von dem, was andere darin *lesen* und wie andere seine Leistung *beurteilen.*[15]

Kopernikus behauptet ja zweierlei, nämlich erstens, die Erde *drehe* sich um ihre eigene Achse, und zweitens, sie *bewege* sich – wie alle Planeten – um die Sonne. Die erste These erklärt die (scheinbare) Bewegung der Sonne und der Fixsterne und alle *Tages*rhythmen; die zweite – die eigentlich heliozentrische – erklärt gewisse Besonderheiten der Planetenbahnen (z.B. Schleifen) und sämtliche *Jahres*rhythmen. Diese Thesen sind – obwohl beide einen Wechsel des Bezugssystems vornehmen – voneinander völlig unabhängig. Kant nun beruft sich überhaupt nur auf die *erste* These.

> Es ist hiermit ebenso, als mit den ersten Gedanken des *Kopernikus* bewandt, der, nachdem es mit der Erklärung der Himmelsbewegungen nicht gut fortwollte, wenn er annahm, das ganze Sternenheer drehe sich um den Zuschauer, versuchte, ob es nicht besser gelingen möchte, wenn er den Zuschauer sich drehen und dagegen die Sterne in Ruhe ließ. In der Metaphysik kann man nun, was die *Anschauung* der Gegenstände betrifft, es auf ähnliche Weise versuchen. (Kant, 1787, B XVI)

Es ist also *nicht die Heliozentrik* des Kopernikus, mit der Kant seinen erkenntnistheoretischen Entwurf vergleicht, sondern nur die Erddrehung. Er hat auch die Anthropozentrik in der Philosophie weder eliminiert noch eliminieren wollen. Was Kopernikus und Kant verbindet, ist allein die von ihnen angeregte (revolutionäre?) Änderung der Denkungsart; was sie trennt, ist die Tatsache, daß Kant in erkenntnistheoretischer Hinsicht gerade jene Anthropozentrik beibehält und verstärkt, die Kopernikus in kosmologischer Hinsicht aufgegeben hatte. Deshalb vergleicht Russell Kants Vorgehen nicht mit einer kopernikanischen Revolution, sondern mit einer *ptolemäischen Gegenrevolution*. Und in diesem Sinne hat auch *nicht* Kant, sondern erst die EE eine kopernikanische Wende vollzogen.

Hier also liegt die *zweite*, die eigentliche Wurzel für die Einschätzung der EE als der *wahren* kopernikanischen Wende. Kants Verdienste werden durch diese Feststellung in keiner Weise geschmälert. Und ob die Leistungen der EE so epochemachend oder so revolutionär sind wie die Kants, kann dabei auch völlig *offen* bleiben.

Anmerkungen

1 Für die dynamische Auffassung von Anpassung, wie Biologen sie vertreten, sei verwiesen auf die Beiträge von Hans Schaefer („Anpassung als biologisches Prinzip") und Günther Osche („Anpassung in der Stammesgeschichte von Pflanze und Tier") in Schlemmer, 1973.

2 Eine gute Einführung in die Schwierigkeit, unter Berücksichtigung der Quantenmechanik genau zu sagen, was Realismus ist, sein kann oder sein soll, gibt Stöckler, 1983 und 1985, Teil 5 und 6.

3 Den abgeschwächten Lügner (possible liar) untersucht Post (1970; 1979).

4 Gleichzeitig sei hingewiesen auf eine interessante Diskussion um Bartleys „pankritischen Rationalismus", eine Position, die im Gegensatz zu Popper auch noch das Bekenntnis zur rationalen Kritik für rational kritisierbar, letztere also für selbstanwendbar hält. Dazu Radnitzky, Gerard: In defense of self-applicable critical rationalism; Post, John F.: A Gödelian theorem for theories of rationality; Watkins, J.W.N.: What has become of comprehensively critical rationalism? Bartley, W.W.: The alleged refutation of pancritical rationalism. Alle in Proc. 11th. Int. Conf. on the Unity of the Sciences (Philadelphia 1982). Int. Cultural Foundation Press, New York 1983, 1025–1179.

5 Nach Stegmüller (1973, 8–15) trägt auch die moderne Wissenschaftstheorie sowohl deskriptive als auch normative Züge. Es ist mir deshalb ein Rätsel, wie gerade er die explikativen und normativen Ansprüche der EE übersehen oder in Abrede stellen kann (Stegmüller, 1984, 10, 12ff.).

6 Es ist aufschlußreich, wenn auch an dieser Stelle zu aufwendig, die Diskussion um die gleiche Frage – Verkopplung deskriptiver und normativer Elemente – im Hinblick auf Piagets Genetische Erkenntnistheorie oder Chomskys universelle Grammatik zu verfolgen. So schreibt Hamlyn (in Mischel, 1971, 23): „Mir scheint Piagets Theorie eine Mischung nicht nur aus empirischen und begrifflichen Elementen (was ja annehmbar und unvermeidlich wäre), sondern aus empirischen und philosophischen Elementen zu sein ... Ich neige zu der Annahme, daß eine Theorie, die auf empirischen und zu-

gleich auf philosophischen Betrachtungen aufbaut, eine gewisse Inkohärenz aufweisen muß." Diese Auffassung wird jedoch von anderen (Toulmin, Kaplan, Wartofsky in Mischel, 1971; Ros, 1983, Kap. III) heftig kritisiert.

7 So bezeichnet selbst Piaget Lorenz zunächst (1974a, 54) als „überzeugten Kantianer", meint aber dann, er gleite, „anscheinend ohne es selbst zu merken", vom Apriorismus zum Konventionalismus hinüber, wenn er die apriorischen Erkenntnisformen als „ererbte Arbeitshypothesen" betrachte, mithin als angeboren, aber nicht notwendig (1974a, 119). Lorenz ist eben bezüglich der Notwendigkeit der Kategorien von vornherein *kein* Kantianer.

8 Dies betont z.B. auch Tennant, 1983, 33.

9 Wenn also Gerhardt mit Riehl von einer „empirischen Unwiderlegbarkeit des Apriori" spricht und behauptet, „die Grundbegriffe und Grundsätze der Erfahrung [könnten] nicht durch Erfahrung in Abrede gestellt werden" (Gerhardt, 1983, 47) und es sei „widersinnig zu erwarten, das Ergebnis empirischer Forschung könne seine eigenen Voraussetzungen . . . falsifizieren" (70), so ist dies einfach falsch. Soweit sich diese Behauptungen dagegen auf methodische Normen beziehen, ist deren Nichtfalsifizierbarkeit natürlich trivial (weil Normen nicht wahr oder falsch sind); hier genügt aber auch schon die *faktische* Unrealisierbarkeit für eine ernsthafte Kritik und für eine Verpflichtung zur Normenänderung.

10 So sieht Prauss (1971, 63–65) Kants „eigentliche Leistung" in der Frage, wie ein Urteil beschaffen sein müsse, damit es wahr oder falsch sein könne, und wie gültige Erkenntnis strukturiert sein müßte. Auf die erste Frage antworten aber schon Logik und Sprachphilosophie, notfalls ergänzt durch eine Wahrheitstheorie, die Definition und Kriterien für die Wahrheit von Urteilen formuliert. Erst die zweite Frage ist erkenntnistheoretisch interessant. Sie bleibt aber doppelt akademisch, wenn erstens *keine* Erkenntnis als gültig ausgewiesen werden kann und wenn zweitens die faktischen Bedingungen nicht berücksichtigt werden, denen das erkennende System (der Mensch) auch biologisch unterliegt.

11 Der einzige mir bekannte Präzisierungsversuch (Hayek, 1952, 184–190) argumentiert folgendermaßen: Erklären erfordert Klassifikation (Einordnen). Ein System, das Objekte nach n (z.B. binären, also ja-nein-)Merkmalen klassifizieren soll, muß mindestens 2^n verschiedene Klassen bilden und unterscheiden können. *Also* muß das klassifizierende System wesentlich komplexer sein als jedes der klassifizierten Objekte. Da kein System sich selbst an Komplexität übertreffen kann, ist Selbstklassifikation und somit Selbsterklärung unmöglich.

Dieser Schluß ist falsch, weil schon die elementaren Naturkräfte zu einer Sortierung (z.B. Gravitation zur Sedimentierung) führen können. Deshalb kann ein System – unter Ausnützung der Naturgesetze – auch Objekte ***gleicher*** oder sogar höherer Komplexität sortieren.

12 Zum Begriff des methodischen Zirkels Wohlrapp, 1978, und Kamlah, 1979, 335–7.

13 Interessant sind Michottes Experimente zur Kausalitätswahrnehmung. Danach ist die kausale Deutung von Ereignisfolgen kein Lerneffekt, sondern bereits in der Organisation der Wahrnehmung angelegt. Die Frage, ob wenigstens die kausale Wahrnehmung angeboren sei, würde Michotte bejahen. – Die Arbeiten von Michotte waren bisher schwer zugänglich; inzwischen existiert jedoch eine deutsche Sammlung seiner Arbeiten zur Kausalität (Michotte, 1982) mit einer informativen Einführung der Herausgeber.

14 Völlig unabhängig von der EE wird dieser Gedanke auch geäußert in Fair (1979) und Castañeda (1980, 95).

15 Zum Verhältnis Kant-Kopernikus vgl. Hanson, 1971.

LITERATUR

[Die Zahlen in den eckigen Klammern verweisen auf die Abschnitte, in denen die von den Kritikern jeweils erhobenen *Einwände* behandelt werden.]

Albert, Hans: Traktat über kritische Vernunft. Mohr, Tübingen 1968

Baumgartner, Hans Michael: Über die Widerspenstigkeit der Vernunft, sich aus Geschichte erklären zu lassen. In Poser, Hans (Hrsg.): Wandel des Vernunftbegriffs. Alber, Freiburg 1981, 39–64 [9, 10, 21, 22, 25]

– Ereignis und Struktur als Kategorien einer geschichtlichen Betrachtung der Vernunft. „Grenzfragen" Band 12: Aufbau der Wirklichkeit. Alber, Freiburg 1982, 175–224 [10, 12, 21, 22]

– Die innere Unmöglichkeit einer evolutionären Erklärung der menschlichen Vernunft. In Spaemann et al., 1984, 55–71 [9, 20, 21, 22]

Busse, Martin: Mikrobiologie, Jacques Monod und Metaphysik. Forum Mikrobiologie *7* (1984) 93–96. (Meine Antwort *8* (1985) 6–7) [12]

Castañeda, Héctor-Neri: Causes, energy and constant conjunctions. In Inwagen, Peter van (ed.): Time and cause. Reidel, Dordrecht 1980, 81–108

Ditfurth, Hoimar von: Der Geist fiel nicht vom Himmel. Hoffmann und Campe, Hamburg 1976 (auch dtv)

– Wir sind nicht nur von dieser Welt. Hoffmann und Campe, Hamburg 1981 (auch dtv)

Dretske, Fred I.: Perception from an epistemological point of view. J. of Philosophy *68* (1971) 584–591 [14, 15, 18]

Dvořak, Johann: Historische Bemerkungen zur „biologischen" oder „evolutionären" Erkenntnistheorie. Conceptus *17* (1983) 57–70 [24]

Engels, Eve-Marie: EE – ein biologischer Ausverkauf der Philosophie? Z.f.allg. Wissenschaftstheorie *14* (1983) 138–166 [14, 16, 18, 21]

– Die EE in der Diskussion. Information Philosophie *13/2* (April 1985) 49–68 [15,17]

– Was leistet die EE? Z.f.allg. Wissenschaftstheorie *16* (1985a) 113–146 [15]

Fair, David: Causation and the flow of energy. Erkenntnis *14* (1979) 219–250

Frey, Gerhard: Möglichkeit und Bedeutung einer EE. Z.f.philosophische Forschung *34* (1980) 1–17 [4, 7, 9, 20]

Gerhardt, Gerd: Wider die unbelehrbaren Empiriker. Königshausen und Neumann, Würzburg 1983 [9, 15, 17, 20, Anm. 9, 23]

Ghiselin, Michael T.: Darwin and evolutionary psychology. Science *179* (1973) 964–8

Halstead, Beverly: Popper: good philosophy, bad science? New Scientist *87* (July 17, 1980) 215–7

Hanson, Norwood R.: Copernicus' role in Kant's revolution. In: What I do not believe, and other essays. Reidel, Dordrecht 1971, 155–164

Hayek, Friedrich August von: The sensory order. Routledge & Kegan Paul, London 1952 [22, Anm. 11]

Holzhey, Helmut: Genese und Geltung. Studia Philosophica *42* (1983) 104–123 [4, 10, 17, 18, 24]

– Kritik der EE. Information Philosophie *13/4* (1985) 46–51

Hövelmann, Gerd H.: Sprachkritische Bemerkungen zur evolutionären Erkenntnistheorie. Z.f.allg. Wissenschaftstheorie *15* (1984) 92–121 [10, 20, 22, 25]
Kambartel, Friedrich: Zur grammatischen Unmöglichkeit einer evolutionstheoretischen Erklärung der humanen Welt. In Spaemann et al., 1984, 35–53 [3]
Kamlah, Andreas: Zur Diskussion der Protophysik. In Lorenz, Kuno (Hrsg.): Konstruktionen versus Positionen. de Gruyter, Berlin 1979, 311–339
Kant, Immanuel: Kritik der reinen Vernunft. [1]1781 (=A), [2]1787 (=B)
– Kritik der Urteilskraft. 1790
– Fortschritte der Metaphysik. 1804
Kochanski, Zdzislaw: Conditions and limitations of prediction-making in biology. Philosophy of Science *40* (1973) 29–51
Köchler, Hans: Erkenntnistheorie als biologische Anthropologie? In Pfligersdorfer, Georg (Hrsg.): Blickpunkte philosophischer Anthropologie. Pustet, Salzburg 1983, 43–63 [12, 16, 17, 18, 19, 21]
Kutschera, Franz von: Grundfragen der Erkenntnistheorie. de Gruyter, Berlin 1981 [15]
Lewontin, Richard C.: Testing the theory of natural selection. Nature *236* (1972) 181–2
Locker, Alfred: EE - ein „Katarrh der Vernunft". Paderborner Studien Heft 3/4 (1981) 101–6 [Einf.]
Lorenz, Konrad: Kants Lehre vom Apriorischen im Lichte gegenwärtiger Biologie. Bl.f. Deutsche Philosophie *15* (1941) 94–125. Abgedruckt in Lorenz/Wuketits, 1983, 95–124; in Evans, Richard I. (Hrsg.): Konrad Lorenz. Ullstein, Frankfurt 1977, 162–191; und in Eibl-Eibesfeldt, Irenäus (Hrsg.): Das Wirkungsgefüge der Natur und das Schicksal des Menschen. Piper, München 1978, 82–109.
– Die angeborenen Formen möglicher Erfahrung. Z.f.Tierpsychologie *5* (1943) 235–409
– Die Rückseite des Spiegels. Piper, München 1973 (auch dtv)
– /Kreuzer, Franz: Leben ist Lernen, Piper, München 1981
Lorenz, Konrad/Wuketits, Franz M. (Hrsg.): Die Evolution des Denkens. Piper, München 1983
Löw, Reinhard: Evolution und Erkenntnis – Tragweite und Grenzen der evolutionären Erkenntnistheorie in philosophischer Absicht (1983). In Lorenz/Wuketits, 1983, 331–360 [9, 12, 13, 15, 18, 20, 23, 24]
– Kann das Gehirn sich selbst erkennen? In Locker, Alfred (Hrsg.): Evolution – kritisch gesehen. Anton Pustet, Salzburg/München 1983a, 157–171 [22]
Lütterfelds, Wilhelm: Kants Kausalkategorie – ein stammesgeschichtliches Aposteriori? Philosophia Naturalis *19* (1982) 104–124 [18, 23]
Michotte, A.: Gesammelte Werke, Band 1: Die phänomenale Kausalität (hrsg. v. O. Heller und W. Lohr). Huber, Bern 1982
Mills, S. / Beatty, J.: The propensity interpretation of fitness. Philosophy of Science *46* (1979) 263–286
Mischel, Theodore (ed.): Cognitive development and epistemology. Academic Press, New York 1971
Mues, Albert: Die Einheit unserer Sinnenwelt. Fink, München 1979 [5]
Olding, A.: Biology and knowledge. Theoria *49* (1983) 1–22
Piaget, Jean: Weisheit und Illusionen der Philosophie. Suhrkamp, Frankfurt 1974 ([1]1965)
– Biologie und Erkenntnis. S. Fischer, Frankfurt 1974a ([1]1967)
Popper, Karl R.: Objektive Erkenntnis. Hoffmann und Campe, Hamburg 1973 ([2]1984, englisch 1972) [3]

– Autobiography in P.A. Schilpp (ed.): The philosophy of Karl Popper. Open Court, La Salle 1974 (dt.: Ausgangspunkte. Hoffmann und Campe, Hamburg 1979) [3, 7]
– Natural selection and the evolution of mind. Dialectica *32* (1978) 339–355
Post, John F.: The possible liar. Nous *4* (1970) 405–9
– Presupposition, bivalence and the possible liar. Philosophia *8* (1979) 645–9
Prauss, Gerold: Erscheinung bei Kant. Ein Problem der „Kritik der reinen Vernunft". de Gruyter, Berlin 1971
Putnam, Hilary: Why there isn't a ready-made world. Synthese *51* (1982) 141–167 [11]
– Why reason can't be naturalized. Synthese *52* (1982a) 3–23 [14]
Quine, Willard van Orman: Naturalisierte Erkenntnistheorie. (Epistemology naturalized, 1968) In: Ontologische Relativität. Reclam, Stuttgart 1975, 97–126
Riedl, Rupert: Die Ordnung des Lebendigen. Parey, Hamburg/Berlin 1975
– Die Strategie der Genesis. Piper, München 1976
– Biologie der Erkenntnis. Parey, Hamburg 1980
Ros, Arno: Die Genetische Epistemologie Jean Piagets: Resultate und offene Probleme. Philosophische Rundschau *30* (1983, Beiheft 9) 1–92
Roth, Gerhard: Stellungnahme zum Aufsatz „Evolution der Erkenntnisfähigkeit – Ansätze zu einer EE" von Gerhard Vollmer. Dialektik, Heft *8* (1984) 224–9 (Antwort 230–6) [1, 8]
Ruse, Michael: Karl Popper's philosophy of biology. Philosophy of Science *44* (1977) 638–661
Sachsse, Hans: Rezension von Popper, 1973, und Lorenz, 1973. Z.f. Soziologie *4* (1975) 82–88 [4]
Schlemmer, Johannes (Hrsg.): Anpassung als Notwendigkeit. Piper, München 1973
Scriven, Michael: Explanation and prediction in evolutionary theory. Science *130* (1959) 477–482
Simmel, Georg: Über eine Beziehung der Selectionslehre zur Erkenntnistheorie. Archiv f. syst. Philosophie *1* (1895) 34–45
Spaemann, Robert/Löw, Reinhard: Die Frage Wozu? Piper, München 1981 [2, 3, 7]
Spaemann, Robert/Koslowski, Peter/Löw, Reinhard (Hrsg.): Evolutionstheorie und menschliches Selbstverständnis. Verlag Chemie, Weinheim 1984
Stegmüller, Wolfgang: Glauben, Wissen und Erkennen Z.f.phil. Forschung *10* (1956) 509–549
– Probleme und Resultate der Wissenschaftstheorie und analytischen Philosophie, Band IV. Springer, Berlin 1973
– Ibid. Band I, ^{2}1983 [7]
– Evolutionäre Erkenntnistheorie, Realismus und Wissenschaftstheorie. In Spaemann et al., 1984, 5–34 [11, 14, Anm. 5, 18]
Stöckler, Manfred: Realismus und Quantenmechanik. Akten d. 7. Int. Wittgenstein-Symposiums (Aug. 1982). Hölder-Pichler-Tempsky, Wien 1983, 397–401
– Philosophen in der Mikrowelt – ratlos? Z.f.allg. Wissenschaftstheorie *17* (1986) 68–95
Stroud, Barry: The significance of naturalized epistemology. Midwest Studies in Philosophy, VI. University of Minnesota Press 1981, 455–471 [20]
Tennant, Neil: In defence of EE. Theoria *49* (1983) 32–48

Titze, Hans: Evolutionäre und transzendentale Erkenntnistheorie. Akten d. 7. Int. Wittgenstein-Symposiums (Aug. 1982). Hölder-Pichler-Tempsky, Wien 1983, 198–203 [18]

Vollmer, Gerhard: EE. Hirzel, Stuttgart 1975, [4]1987

– EE und Leib-Seele-Problem. In W. Böhme (Hrsg.): Wie entsteht der Geist? Herrenalber Texte *23* (1980) 11–40 [abgedruckt in Band 2]

– Ein neuer dogmatischer Schlummer? Kausalität trotz Hume und Kant. Akten des 5. Int. Kant-Kongresses (Mainz 1981). Bouvier, Bonn 1981, 1125–1138 [abgedruckt in Band 2]

– Des Biologen philosophische Kleider (Rezension von Riedl, 1980. Allg. Z. f. Philosophie 7/2 (1982) 57–68

– Mesokosmos und objektive Erkenntnis. Über Probleme, die von der EE gelöst werden. In Lorenz/Wuketits, 1983, 29–91 [im vorliegenden Band S. 57]

– Über vermeintliche Zirkel in einer empirisch orientierten Erkenntnistheorie (1983a) [im vorliegenden Band S. 217]

– Kant und die EE. Allg. Z. f. Philosophie *9*/2 (1984) 19–71 [im vorliegenden Band S. 166]

– Die Unvollständigkeit der Evolutionstheorie. In B. Kanitscheider (Hrsg.): Moderne Naturphilosophie. Königshausen und Neumann, Würzburg 1984a, 285–316 [abgedruckt in Band 2]

Waddington, Conrad H.: Evolutionary adaptation. In S. Tax (ed.): Evolution after Darwin, vol. I. Chicago University Press 1960, 381–402

Wassermann, Gerhard D.: Testability of the role of natural selection within theories of population genetics and evolution. Brit. J. Phil. Sci. *29* (1978) 223–242

– On the nature of the theory of evolution. Philosophy of Science *48* (1981) 416–437

Weizsäcker, Carl Friedrich von: Die Rückseite des Spiegels, gespiegelt. In: Ders: Der Garten des Menschlichen. Hanser, München 1977, 187–205 [20]

Werner, Hans-Joachim: Besprechung von Vollmer, 1975. Phil. Jahrbuch *55* (1978) 201–4 [21]

Williams, Mary B.: Falsifiable predictions of evolutionary theory. Philosophy of Science *40* (1973) 518–537

– Similarities and differences between evolutionary theory and the theories of physics. In Asquith, P.D./Giere, R.N. (eds.): PSA 1980, vol. 2. Reidel, Dordrecht 1981, 385–396

– The importance of prediction testing in evolutionary biology. Erkenntnis *17* (1982) 291–306

Wohlrapp, Harald: Was ist ein methodischer Zirkel? In J. Mittelstraß/M. Riedel (Hrsg.): Vernünftiges Denken. de Gruyter, Berlin 1978, 87–103

Wuketits, Franz M.: Biologie und Kausalität. Parey, Berlin, Hamburg 1981

– Erkenntnis ohne Illusion. Conceptus *17* (1983) 44–56

Wulffen, Barbara von: Hinter den Spiegel geblickt? Merkur *28* (1974) 798–804 [Einf.]

Zimmerli, Walter Ch.: Wissenschaft von der Natur als Wissenschaft vom Menschen. Mitt. d. Vb. dt. Biologen (Beilage zur Naturwissenschaftlichen Rundschau) Nr. 280 (Aug. 1981) 1293–5, 1302–4 [7, 16, 22]

NAMENVERZEICHNIS

SACHVERZEICHNIS